大型燃气－蒸汽联合循环发电机组运行技术

三菱F级

浙江大唐国际绍兴江滨热电有限责任公司　编

中国电力出版社
CHINA ELECTRIC POWER PRESS

内 容 提 要

本书以三菱 M701F4 燃气-蒸汽联合循环发电机组为例，介绍了大型燃气-蒸汽联合循环的主要设备和辅助系统，并结合实际的运行经验，对主要设备和辅助系统的结构、组成、运行操作方法、事故处理、运行优化等进行阐述。全书共分为六章。前三章针对燃气轮机、汽轮机、余热锅炉的工作原理、结构、性能等进行介绍；第四章对各辅助系统的组成、运行维护、异常处理进行了阐述；第五章介绍了联合循环机组启停操作。第六章针对联合循环机组相关电气设备的运行方式和规定进行了介绍。

本书适用于从事大型燃气轮机及其联合循环电厂设计、调试、运行的技术人员、管理人员使用，可作为运行人员及相关生产人员培训教材，也可供高等院校热能及动力类专业师生参考。

图书在版编目（CIP）数据

大型燃气-蒸汽联合循环发电机组运行技术．三菱 F 级/浙江大唐国际绍兴江滨热电有限责任公司编．—北京：中国电力出版社，2019.4

ISBN 978-7-5198-3033-5

Ⅰ.①大…　Ⅱ.①浙…　Ⅲ.①燃气-蒸汽联合循环发电—发电机组—运行　Ⅳ.①TM611.31

中国版本图书馆 CIP 数据核字（2019）第 057085 号

出版发行：中国电力出版社
地　　址：北京市东城区北京站西街 19 号（邮政编码 100005）
网　　址：http：//www.cepp.sgcc.com.cn
责任编辑：宋红梅（010-63412383）
责任校对：黄　蓓　太兴华
装帧设计：王红柳
责任印制：吴　迪

印　　刷：三河市万龙印装有限公司
版　　次：2019 年 6 月第一版
印　　次：2019 年 6 月北京第一次印刷
开　　本：787 毫米×1092 毫米　16 开本
印　　张：18
字　　数：420 千字
印　　数：0001—2000 册
定　　价：70.00 元

序　言

近年来，在我国电力行业快速发展的大形势下，以燃气（包括天然气、高炉煤气、天然气掺混煤制气等）为燃料的燃气-蒸汽联合循环发电机组以其调峰能力强、排放清洁等特点得以快速发展。燃气-蒸汽联合循环发电，与“节约、清洁、安全”的国家能源战略方针，与“节能优先、绿色低碳、立足国内、创新驱动”的国家能源四大战略高度契合，前途无限，一片光明。预计到2020年，全国燃气发电新增投产可达1.1亿kW以上，在我国未来的电力发展大局中，天然气发电有着广阔的发展空间。

浙江大唐国际绍兴江滨热电有限责任公司作为中国大唐集团公司第一个自主建设的燃气发电项目，几年来，积累了丰富的运行经验，并培养了一批技术骨干和内训师，为中国大唐系统内外输送了大量燃气轮机方面人才。为了进一步加强培训工作，浙江大唐国际绍兴江滨热电有限责任公司组织编写了本书，是十分有益的一件事情，本书涵盖了三菱M701F4型机组运行和设备的各个方面，更加注重实际运行经验、系统优化、事故处理等方面，内容深入浅出，凝结了编写人员的智慧和心血，在此对各位参编人员表示感谢，并致以崇高的敬意。

好学才能上进，好学才有本领。希望每一名电力员工要勤于学、敏于思，坚持“博学之、审问之、慎思之、明辨之、笃行之”，以学益智，以学修身，以学增才。要努力在实践中增加才干，不断提高知识化、专业化水平，不断提高履职尽责的素质和能力。这无疑对每一名员工的成长极为重要，衷心祝愿本书成为员工的良师益友。

张瑞云

2019年5月

前　言

燃气-蒸汽联合循环机组具有供电效率高，污染排放少，启停灵活，自动化程度高，建设周期短等优点，切合高效环保的电力发展要求，近年来获得快速发展，具有广阔的发展空间。

浙江大唐国际绍兴江滨热电有限责任公司在运的 2 台 45.2 万 kW，F 系列“一拖一”燃气-蒸汽联合循环机组，是当时国内在役单轴单机容量最大的燃气轮机。2 台机组于 2013 年实现双投，投产当年即实现了“即投产、即稳定、即盈利、即达设计值”的“四即”目标。机组顺利投运以来，电厂同时高度重视对员工进行专业培训，以不断提高运行人员专业水平和技能，并先后取得了大唐国际燃机专业培训基地、华北电力大学燃机教学实操培训基地、浙江省电力行业燃机发电技术培训基地资质，专业培训实力不断增强。基于此，浙江大唐绍兴江滨热电有限责任公司组织运行骨干人员编写了《大型燃气-蒸汽联合循环发电机组运行技术　三菱 F 级》。

本书着重于燃气-蒸汽联合循环的各热力设备和系统进行阐述，以三菱 M701F4 燃气-蒸汽联合循环发电机组为例，介绍了整个联合循环的主要设备和辅助系统，并结合实际的运行经验，对主要设备和辅助系统的结构、组成、运行操作方法、事故处理、运行优化等进行阐述。全书共分为六章。前三章针对燃气轮机、汽轮机、余热锅炉的工作原理、结构、性能等进行介绍；第四章对各辅助系统的组成、运行维护、异常处理进行了阐述；第五章介绍了联合循环机组启停操作。第六章针对联合循环机组相关电气设备的运行方式和规定进行了介绍。

在本书的编写过程中，编者参阅了大量国内外的学术著作、论文，参考了许多相关专业说明书和资料，甚至引用或介绍了其中部分的论述和观点，在此特致感谢。

由于作者水平有限，书中难免有不足之处，敬请广大读者批评指正。

编　者

2019 年 5 月

目 录

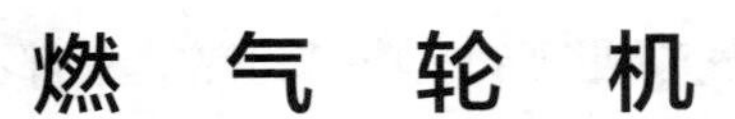

燃 气 轮 机

第一节 燃气轮机概述

燃气轮机工业是从蒸汽轮机和航空发动机两大工业发展而来的。燃气轮机对压气机的要求很高，对燃烧室的要求比锅炉高，对透平的要求比汽轮机高，因此20世纪30年代以前虽经试验，但仍没有获得实用。

燃气轮机从初步试验成功，发展到制造出有工业应用价值的装置，前后经历了约40年时间。在这个阶段中，工业发展早且技术领先的欧洲由于在冶炼工艺和空气动力学方面有了很大的提高，而具备了生产燃气轮机的条件。1907年左右，法国涡轮机协会制造的燃气轮机获得了3%的效率，同时，霍尔兹瓦斯设计了第一台应用于工业的50马力(36.78kW)等容燃烧式燃气轮机。

1939年，BBC公司制造了第一台功率较大的发电用燃气轮机，这台4000kW燃气轮机发电装置的效率达到18%。同年，Heinkel工厂的涡轮喷气式发动机试车成功。1940年BBC公司又制造了第一台燃气轮机机车，功率为2200马力（1618kW)，效率达16%。

随着燃气轮机工业技术的发展，20世纪40年代后期，航空用涡轮喷气发动机由于比活塞式发动机体积小、质量轻、功率大，得到迅速发展，在军用飞机上得到了广泛的应用。喷气发动机在航空工业上基本取代了活塞式发动机，并且将大量的航空结构设计经验应用到运输式及固定式燃气轮机上。它不但对陆海用燃气轮机的改革和发展起到了决定性的引导作用，还对蒸汽轮机和透平式压气机的设计和制造起到了带动作用。

20世纪50年代后期，这些轻型结构的燃气轮机在与根据传统设计的重型结构燃气轮机的竞争过程中占了优势。同一时期，自1950年Rover公司第一台燃气轮机汽车行驶后，小功率燃气轮机获得了很大发展。由于小功率燃气轮机的技术周期比较短，较成熟的小功率燃气轮机也在这个阶段的后半期制造出来。

20世纪60年代，轻型结构燃气轮机的经济性和可靠性经受了考验，并被公众认可。喷气式发动机被成批地改装成陆海用装置，单机功率已达10万kW，在这种情况下，苏美英三国决定更新海军，使舰艇动力装置燃气轮机化。而由于1965年美国又遇到了东北电网大停电事故，损失惨重，所以各国电力行业决定增建大批燃气轮机调峰应急发电机组。再加上输油、输气管线建设中加压设备需要动力设备，促进了中小燃气轮机的推广应用，故在20世纪60年代的10年时间里，陆海用燃气轮机功率总容量猛增了13倍，其中大都以发展简单循环单轴、分轴的燃气轮机机型为主。1970年，全世界陆海用燃气轮机达到了7000kW，其中3700kW用于发电，3300kW用于舰船。

20世纪70年代，性能指标更高的新一代燃气轮机问世，实现了用电子计算机监视、遥控的全自动化动力装置。透平进气温度近400℃，压比近30，开式简单循环燃气轮机效率高达36%，回热式燃气轮机效率高达38%，单机功率达到11万kW，多台喷气发动机的燃气发生器组装后各配或合配一台动力透平驱动一台发电机时，功率可达16万～35万马力（11.8万～25.7万kW）。

20世纪80年代，由于燃气轮机的单机功率和热效率都有很大程度的提高，特别是燃气-蒸汽联合循环渐趋成熟，再加上世界范围的天然气资源的进一步开发，燃气轮机及其联合循环在世界电力系统中的地位发生了明显的变化，它们不仅可以用作紧急备用电源和尖峰负荷机组，还能携带基本负荷和中间负荷。

自20世纪90年代到现在，燃气轮机的技术得到不断发展，透平入口温度和机组热效率持续提高，透平入口温度超过1400℃甚至达到1600℃（2011年），单机功率已超过200MW，达到470MW（2011年）；单机机组热效率已超过35%，达到41%（2011年）。而联合循环机组功率已超过350MW，最高达到826MW（2017年）；热效率已超过55%，最高达到64%（2017年）。显然，从热力性能及环保性能的角度看，燃气-蒸汽联合循环机组比超超临界参数的燃煤发电机组要优越得多。

另外，燃气轮机具有快速无外电源启动即“黑启动”的特性，它能保证电网运行的安全性和可快速恢复性。欧美国家的经验证明：从安全和调峰的要求出发，在电网中安装功率份额为8%～12%的燃气轮机发电机组是必要的。

总而言之，燃气轮机及其联合循环发电具有如下一些优点：①供电效率远远超过燃煤的汽轮机发电机组；②在国外，交钥匙工程的比投资费用为500～600美元/kW，它要比带有烟气脱硫装置（FGD）的燃煤蒸汽轮机发电机组低很多；③建设周期短，可以按照“分阶段建设方针”建厂，资金利用率最高；④占地面积少，用水量也比较少；⑤机组运行自动化程度高，启动快速，每天都能启停；⑥机组运行的可用率高达85%～95%；⑦可以快速无外电源启动，即可以进行“黑启动”；⑧由于机组大多采用天然气作为燃料，污染排放问题得到彻底解决，其排放一般无烟尘，SO_2和NO_x都很少，还可以大大减少CO_2的排放量。

一、目前国内F级燃气轮机介绍

目前，世界上能设计和生产重型燃气轮机的厂家主要有3家，即美国的GE公司、德国的西门子（Siemens）公司、日本的三菱公司。3家共占有国际市场份额约88%。原先美国的西屋公司（Westing house Electric Corporation）也是生产燃气轮机的主要厂商，后来与Siemens公司合并，其专利技术一部分归Siemens公司所有，另一部分则为三菱公司继承和发展，致使三菱公司取代了西屋公司的原有地位，而成为世界上具有独立设计和生产重型燃气轮机能力的主要厂商之一。

我国是一个在一次能源的消耗上以煤为主的国家，随着近些年经济的高速发展，对电

力的需求速度也基本与经济发展同步，尤其是经济更为发达的东南沿海地区，电力供需矛盾连年突出。全国总体缺电容量约为10%，而且许多地区电网的峰谷差相当大，急需启动快、调峰性能好、建设周期短的燃气轮机及其联合循环机组来适应建设发展的需要，特别是在某些沿海开放地区更是如此。因此近些年来，在这些地区陆续引进了一批燃气轮机及其联合循环机组，也充分说明我国的电力工业对燃气轮机及其联合循环是有需求的，而且正在逐步打破我国过去长期实行的“发电设备只准烧煤”的燃料政策的限制。

环境保护政策的实施也为促进燃气轮机及其联合循环机组在我国的应用提供了机会。目前，因煤炭的燃烧而造成的环境严重污染已经引起我国各界的关注。1995年8月29日我国政府公布了新修订的《中华人民共和国大气污染防治法》，2011年9月29日发布了GB 13223—2011《火电厂大气污染排放标准》。在有天然气资源的条件下，用燃气轮机及其联合循环机组来改造燃煤电厂不仅是节约能源，更是改造中心城市环境污染最简捷的途径。

必须指出，天然气的价格对于燃气轮机及其联合循环机组的发电成本有决定性的影响，因为，在燃气轮机发电成本的三项主要组成部分——设备的折旧、机组的运营维护费用以及燃料费用中，燃料成本的比例将高达60%～65%，设法降低天然气的价格是降低燃料成本的关键。

我国天然气“西气东输”工程的建设以及广东省液化天然气工程的实施，奠定了我国大规模地建设燃气轮机及其联合循环电站的决心。

为了配合这两大工程的建设，原国家计委于2001年10月发布了《燃气轮机产业发展和技术引进工作实施意见》，此后，又于2004年发布了428号文，委托中国技术进出口总公司，按照市场换技术的方针，就17年燃气轮机及其联合循环电站建设项目实施捆绑招标，为我国引进了PG9351FA、M701F和V94.3A燃气轮机的部分制造技术和40多套燃气轮机及其联合循环机组的设备。这个举措大大地加快了我国建设燃气轮机及其联合循环电站以及重建我国燃气轮机制造业的步伐。

按照引进技术合同规定的工程进度，哈尔滨动力设备股份有限公司、东方电气集团公司和上海电气（集团）总公司必须与GE公司、日本三菱重工业株式会社和西门子公司合作，按时、按质地完成当时总共40多套PG9351FA、M701F和V94.3A燃气轮机及其联合循环机组的制造任务，以便向我国17个电站提供全套设备。与此同时，上述三大制造厂应逐渐完成设备和工艺的制造任务，达到并提高合同规定的机组制造的国产化率，完成对上述三种机组制造技术的消化和吸收工作，培训燃气轮机及其联合循环机组的设计研究人员，为今后进一步消化吸收机组的设计技术准备条件，以便重建我国燃气轮机的设计和研究体系。

通过近几年的发展，我国在F级机组的设计、制造、维修、调试和运行等方面积累了一定的经验，同时还将引进F级其他机型的燃气轮机制造技术，机组制造的国产化率也已超过70%。燃气轮机及其联合循环机组将在我国掀起新一轮的蓬勃发展时期，我国电力系统中的高峰将有相当一部分容量使用燃气轮机及其联合循环机组。但是，由于在电力系统中燃气轮机所携带的负荷性质不同，燃气轮机的类型和功率等级应该是多种多样的，在规划我国电力系统中应用燃气轮机及其联合循环机组时必须注意到这个特点。总体来说，电力系统中应该分别配备以下几种燃气轮机类型，而不只是限于几种大容量机型。

（1）大型高效率的燃气轮机及其联合循环机组。这种机组主要在电力系统中承担调峰负荷、中间负荷和基本负荷。它的特点是功率大、效率高，在电网中能够长期地稳定运行，力求启动次数少，以保证机组的使用寿命和很高的可用率。目前，国内正在使用的F型及国外正在发展的G型和H型燃气轮机及其联合循环机组，主要是为此目的而设计的。

（2）中型的、有快速启动和加载能力的燃气轮机。这种机组一般是航机改型的轻结构类型、功率等级比较小（20～50MW）的燃气轮机。这种机组主要在电力系统中承担快速启动和加载任务，以适应调峰负荷或处理电网紧急事故的需要。它并不刻意追求机组的效率（当然若有高效率机组也是希望优选的）。

（3）适用于分布式电站的热电联产型或热电冷三联供型的燃气轮机及其联合循环机组。这种机组的功率与分布式电站的使用场所密切相关。对于比较大的小区来说，单机功率可以达到20～30MW；对于大型的机场来说，单机功率一般为4～5MW；大型医院和商城则为数百千瓦等级；一般银行、旅社仅需数十千瓦等级，适宜选用微型燃气轮机系列的机组。对于分布式电站来说，特别侧重的是高效的能源利用效率。在热电联供的条件下，能源的利用效率可以达到75%以上；当采用热电冷联供时，则有望达到80%以上。应该说：采用热电冷联供的分布式电站方案，可以使天然气资源获得最有效的利用。

此外，功率为数兆瓦的移动式电站（卡车电站或列车电站）也是电力工业使用的一种燃气轮机类型。

国外的实践经验证明：为了确保整个电力系统的安全性，燃气轮机的总装机容量应占全电力系统总容量的8%～12%。目前我国的比例仅为2%～3%，因而在我国增大燃气轮机的使用量是急需的。

总之，我国的燃气轮机工业正进入一个重建和复兴的阶段，燃气轮机及其联合循环机组在我国电力工业中的作用将逐渐增强。到2030年左右燃气轮机及其联合循环机组的装机容量有望达到全国发电设备总装机容量的10%左右，任重而道远，但发展的前景则是乐观的。

通过国家计委领导的捆绑招标，我国已引进了PG9351FA、M701F、V94.3A型号的燃气轮机制造技术（见表1-1）。目前，这些机组制造的国产化率已达到70%，并可向用户供应大部分热部套备件。今后，国内外用户可以向哈尔滨动力设备股份有限公司、东方电气集团公司、上海电气（集团）总公司订购上述燃气轮机及其联合循环机组。此外，南京汽轮电机（集团）公司早已能制造PG6581（B）型燃气轮机。因而在我国生产大型（PG9351FA、M701F和V94.3A）、中型（PG9171E、M701DA和V94.2）和小型［PG6581（B）］重型燃气轮机及其联合循环机组的格局已经形成。这对于我国电力系统扩大使用先进燃气轮机及其联合循环发电技术大有推动作用，同时，也为提高我国燃气轮机制造业的水平奠定了坚实的基础。特别是由于这些机组主要部件的生产和备件供应的本地化，可以大量节省建厂的投资和机组运行维护费用，因此，必将提高燃气轮机电站在电网中的竞争能力。

近年来，我国更是把重型燃气轮机的研制上升到了一个战略高度，“航空发动机和燃气轮机两机专项”经过多年论证从今年开始进入实施阶段，从国家能源局公布的行动路线图来看，燃气轮机专项的奋斗目标已经明确，即2020年实现F级300MW燃气轮机自主研制、2030年实现H级400MW燃气轮机自主研制。

表 1-1　　**典型 F 级燃气轮机的型号与性能参数**

厂商	型号	第一台生产年份	基本功率（MW）	热耗率［kJ/(kW·h)］	热效率（%）	压缩比	空气流量（kg/s）	排气温度（℃）
GE 公司	PG9351（FA）	1996	255.6	9756.9	36.90	17.0	640.5	602.2
西门子公司	V94.3A	1995	265.9	9324.4	38.60	17.0	655.9	584.4
三菱公司	M701F	1992	270.3	9419.4	38.2	17.0	650.9	586.1

虽然我国尚不能自主研制 H 级重型燃气轮机，但是也参与了国外公司 H 级燃气轮机零部件的制造。比如现今世界最大燃气轮机——GE 公司 9HA 系列燃气轮机的排气缸就是由中国宜昌船舶柴油机公司制造的，这个部件重达 50t 左右，对工艺要求较高，这也是我国企业参与世界最先进的 H 级重型燃气轮机制造的一个缩影。

由于 H 级燃气轮机优异的发电效益，2016 年初，H 级燃气轮机在北美市场占有率就已经超过了 50%。

我国尚没有投入商业运营的 H 级燃气轮机电厂。不过 2017 年 3 月，哈电集团已经与 GE 公司签署了重型燃气轮机合资协议，在河北秦皇岛建立燃气轮机制造基地，共同推进重型燃气轮机本土化制造，推动中国高端制造产业升级。合资项目将专注于 GE 公司 9F 及 9H 级燃气轮机和部件制造，并通过哈电集团和 GE 公司进行销售。同时，GE 公司还拿下了华电天津军粮城项目的 9HA 燃气轮机合同，这是中国大陆的首个 H 级燃气轮机项目。

此外，由上海电气持股的意大利安萨尔多公司收购了阿尔斯通的 H 级燃气轮机 GT36 的相关技术，目前也在推进 H 级燃气轮机的国产化。

二、三菱 M701F 系列燃气轮机概况

三菱燃气轮机各型号燃气初温和额定功率如图 1-1 所示。

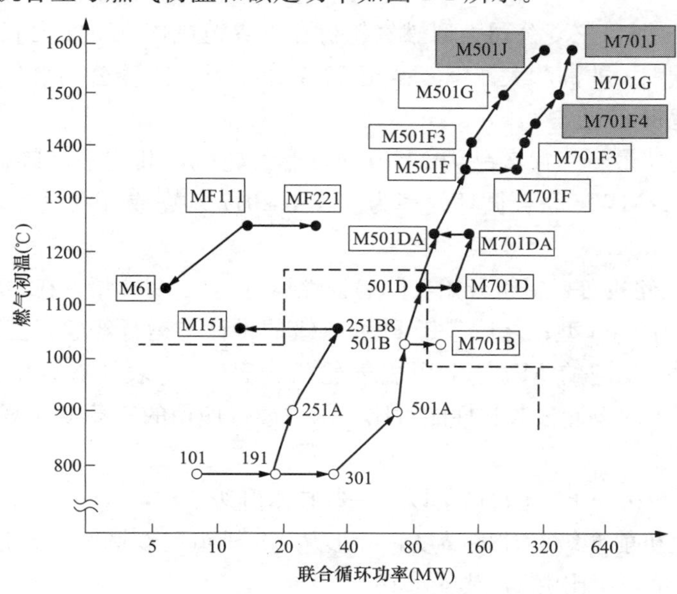

图 1-1　三菱燃气轮机各型号燃气初温和额定功率

本书中所讲述的燃气-蒸汽联合循环发电机组中的M701F4型燃气轮机由三菱公司研制。三菱公司于20世纪60年代引进西屋公司的燃气轮机技术，并与西屋公司等联合开发以及自主研发新技术。自1998年西屋公司被西门子公司收购后，三菱公司便终止了与西屋公司的技术合作关系，但在燃气轮机开发及生产中仍沿用西屋公司传统大型燃气轮机的设计理念。

三菱公司目前所生产的大型燃气轮机主要为D、F、G 3个系列（级别），每个系列中又有50Hz和60Hz两种机型，表1-2所示为D、F、G 3个系列大型燃气轮机的性能参数。

表1-2　D、F、G 3个系列大型燃气轮机的性能参数

项目		60Hz			50Hz		
		M501D	M501F	M501G	M701DA	M701F	M701G
空气流量（kg/s）		346	453	567	441	651	737
压比		14	16	20	14	17	21
透平进口温度（℃）		1250	1400	1500	1250	1400	1500
排气温度（℃）		542	607	596	542	586	587
燃气轮机	功率（MW）	114	185	254	144	270	334
	效率（%）	34.9	37	38.7	34.8	38.2	39.5
联合循环	功率（MW）	167	280	371	213	398	484
	效率（%）	51.1	56.7	58	51.4	57	58
压气机级数		14	16	17	19	17	14
透平级数		4	4	4	4	4	4
燃烧室数量		14	16	16	18	20	20
NO_x		25	25	40	25	25	40

截至2017年3月，三菱公司大型燃气轮机在世界范围内共941台投入商业运行，遍及亚洲、美洲、欧洲、非洲和大洋洲。截至2017年5月，三菱公司燃气轮机在国内累计安装及投入商业运行66台。

目前，三菱公司最新一代产品为M701JAC燃气轮机，其透平进口温度达到1700℃，联合循环功率为717MW，联合循环效率为63%，2017年完成开发设计，预计2020年投入商业运行。

M701F型燃气轮机首台机组开始实际验证性运行是在1992年，在2002年通过技术提高，推出该系列M701F3型；之后基于F和G级的设计与运行经验，三菱公司又于2009年推出了经过技术改进的M701F4型燃气轮机。表1-3、表1-4分别为M701F3型和M701F4型燃气轮机的设计参数和性能对比。国内最近使用的三菱F级燃气轮机大多数为M701F4型。

M701F4燃气轮机与F3比较做了以下一些技术升级。

（1）增加压气机前6级叶片的高度，叶形从F3机组的双圆弧叶形改为多圆弧叶形，加大了6%的进气量，压比由17提高到18。

（2）燃烧室采用声衬结构，避免了燃烧不稳定。

表 1-3　　**M701F3 和 M701F4 设计参数对比表**

机型	推出时间	透平进口温度（℃）	透平排气温度（℃）	空气量（kg/s）	压比	转子	
						直径（mm）	轴承间距（mm）
M701F3	2002 年	1400	586	652	17	2450	8914
M701F4	2009 年	1427	597	703	18	2450	8914

表 1-4　　**M701F3 和 M701F4 性能对比表**

机型及轴系	净出力（MW）	热耗（kJ/kWh）	效率（%）
M701F3 简单循环	270	9424	38.2
M701F3 单轴联合循环	398	6239	57.7
M701F4 简单循环	312	9160	39.3
M701F4 单轴联合循环	465	6050	59.5

（3）透平第 4 级叶片采用宽弦比的叶片，通过增加高度来减少余速损失。

（4）热部件方面，引进了三菱公司 G 级燃气轮机的有关技术，燃烧室采用了与透平喷嘴相同的 MGA2400 材料。

（5）透平部件通过更先进的冷却技术，使得透平进口温度提高了近 30℃而不影响部件使用寿命和大小修的周期。

（6）优化了排气段形状，通过增加通道面积减小气流速度。

（7）通过以上升级改造，M701F4 型燃气轮机单机出力和效率分别提高了 1.56%和 1.1%，联合循环出力和效率提高了 1.68%和 1.3%。

目前，三菱公司最新 F 级燃气轮机为 M701F5 型，主要改进为采用 F4 叶型改良的压气机、空冷燃气器、J 型透平技术。联合循环负荷达到 566MW，效率 62%。截至 2017 年底，全球累计投入商业运行 6 台。

第二节　燃气轮机热力学基本理论

一、燃气轮机主要热力性能指标

（一）热效率

热效率是指当工质完成一个循环时，把外界加给工质的热量 q，转化为机械功（或电功）w_c、w_s或 w_e的百分数。热效率有以下几种表示形式。

（1）循环效率为

$$\eta_c = \frac{w_c}{q} = \frac{w_t - w_y}{fQ_{net,\ Var}}$$

（2）装置效率（发电效率）为

$$\eta_c^G = \eta_c \eta_{Mgt} \eta_{Ggt} = \frac{w_s}{fQ_{net,\ Var}}$$

（3）净效率（供电效率）为

$$\eta_c^N = \eta_c^G(1-\eta_e) = \frac{w_e}{fQ_{net,\ Var}}$$

式中 w_s——相对于1kg空气而言扣除了燃气轮机的机械传动效率 η_{Mgt} 和发电效率 η_{Ggt} 后，在发电机轴端的净功，kJ/kg；

w_e——相对于1kg空气而言，在 w_s 基础上扣除了机组（电站）厂用电耗率 η_e 后所得的净功，kJ/kg；

w_c——相对于1kg空气而言燃气轮机的循环功，kJ/kg；

q——相对于1kg空气而言加给燃气轮机的热量，kJ/kg；

w_t——相对于1kg空气而言燃气轮机的膨胀功，kJ/kg；

w_y——相对于1kg空气而言压气机的压缩功，kJ/kg；

f——加给1kg空气的燃料量，kJ/kg；

$Q_{net,Var}$——燃料的低位发热量，kJ/kg。

由于机组的供电效率最容易测量，因而，一般常用 η_c^N 作为衡量燃气轮机热经济性的一项指标。显然，热效率越高，燃气轮机发出同样功率所需消耗的燃料量就越少。

此外，在工程上常用热耗率 q_e[kJ/(kW·h)] 来衡量燃气轮机热经济性，它的含义是指每产生1kW·h的电能所需消耗的燃料热能，即

$$q_e = \frac{3600fQ_{net,\ Var}}{w_e} = \frac{3600}{\eta_c^N}$$

（二）比功

比功是指进入燃气轮机压气机的1kg空气，在燃气轮机中完成一个循环后所能对外输出的机械功（或电功）w_s(kJ/kg)，即

$$w_s = (w_t - w_y)\eta_{Mgt}\eta_{Ggt}$$
$$w_e = (w_t - w_y)\eta_{Mgt}\eta_{Ggt}(1-\eta_e)$$

由于

$$p_{gt} = M_a w_e$$

所以

$$w_e = p_{gt}/M_a$$

式中 p_{gt}——燃气轮机的净功率，kW；

M_a——每秒钟流进燃气轮机压气机的空气流量，kg/s。

显然，比功的大小，在一定程度上反映了机组尺寸的大小。因为比功越大，就意味着1kg空气能够在完成循环后对外输出更多的机械功（或电功）；因而，为了输出相同数量的功，使流经燃气轮机的空气流量可以减少，整台机组的尺寸就可以设计得比较小。

（三）压比

压比 π 是燃气轮机简单循环中透平进口压力 p_2^* 与压气机进口压力 p_1^* 之比，即

$$\pi = p_2^*/p_1^*$$

（四）温比 τ

温比 τ 是燃气轮机简单循环中透平进口温度 T_3^* 与压气机进口温度 T_1^* 之比，即

$$\tau = T_3^* / T_1^*$$

二、改善燃气轮机热效率的措施

目前，燃气轮机的燃气初温已达 1400℃，压比达到 17～18，燃气轮机排气温度一般都很高，最高达到 600℃，如果能充分利用这部分排气的热量，使其转化为机械功，则燃气轮机的效率就能进一步提高。

为了达到此目的，有两个途径可循，即利用燃气透平的排气余热，使燃气轮机与蒸汽轮机结合起来成为燃气-蒸汽联合循环；使燃气轮机采用回热循环。同时，采用燃气-蒸汽联合循环也是改善燃气轮机比功的首选措施。提高燃气轮机比功的办法还有两个，即采用所谓间冷循环和再热循环方案。

三、燃气轮机热力循环分析

燃气轮机热力循环是一种所谓的“布雷顿循环”，在可逆的理想条件下，它由以下 4 个过程组成，即①理想的绝热压缩过程；②等压燃烧过程；③理想的绝热膨胀过程；④等压放热过程。

（一）理想简单循环

图 1-2 表示一台燃气轮机理想简单循环的压容图、温熵图和热力系统示意图，其上的数字表示每个热力过程的起点和终点。假定燃气轮机中的工质是理想气体，气体的热力性质和流量不变，以及各热力过程无损耗，这个循环就称为理想循环。

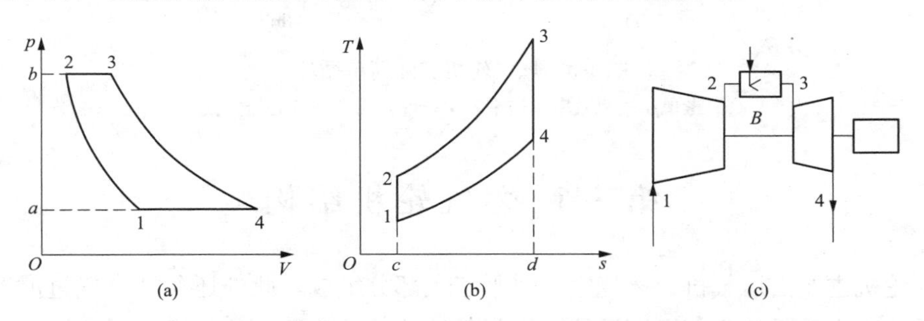

图 1-2　燃气轮机理想简单循环的压容图、温熵图和热力系统示意图

（a）压容图；（b）温熵图；（c）热力系统示意图

理想简单循环的热力过程见图 1-2（a）和（b）。1→2 过程是气体在压气机中被等熵压缩，2→3 过程是气体在燃烧室中被等压加热，3→4 过程是气体在透平中被等熵膨胀做功，4→1 是气体排入大气后被等压冷却。

在燃气轮机循环中，一般用比功和热效率这两个指标来进行分析比较，这是在循环计算中必须计算的，并作为确定循环参数的重要依据。

在做功量相同时，比功大的循环所需工质的量少；反之，就多。对于一台燃气轮机来讲，比功表明了单位工质流量输出功的大小。因此，两台功率相同的燃气轮机，比功大的

工质流量少，机组的尺寸就可能较小。热效率反映了热量的利用情况，热效率高时表明热量的利用率高；反之，利用率低。

（二）实际简单循环

燃气轮机实际循环与理想循环存在较大的差异。首先是由于循环中的各个过程存在损失，如实际的压缩过程和膨胀过程都不是等熵，使得实际压缩功大于等熵压缩功、实际膨胀功小于等熵膨胀功，即压气机效率和透平效率都小于1。又如燃烧室中存在流动的压力损失和燃烧不完全损失。其次是作为工质的燃气与空气的热力性质不同，两者的流量也有差别。此外，还有其他的损失，如燃气轮机的进气和排气压力损失、轴承摩擦和辅机耗功等机械损失。

燃气轮机实际简单循环见图1-3。图1-3（a）是考虑压气机效率 η_C 和透平效率 η_T 后循环的变化，即由 $12'34'$ 变为1234，其中 $1\rightarrow2'$ 和 $3\rightarrow4'$ 是等熵的，$1\rightarrow2$ 和 $3\rightarrow4$ 是计及 η_C 和 η_T 后的实际过程。图1-3（b）是再考虑各处压力损失后的循环图，Δp_1^* 是进气压力损失，使压气机的进口空气状态由 p_a 降至 p_1^*；Δp_2^* 是从压气机出口到透平进口的压力损失，它一般就是燃烧室中的压力损失；Δp_4 为排气压力损失，使排气压力 p_a 升至 p_4。

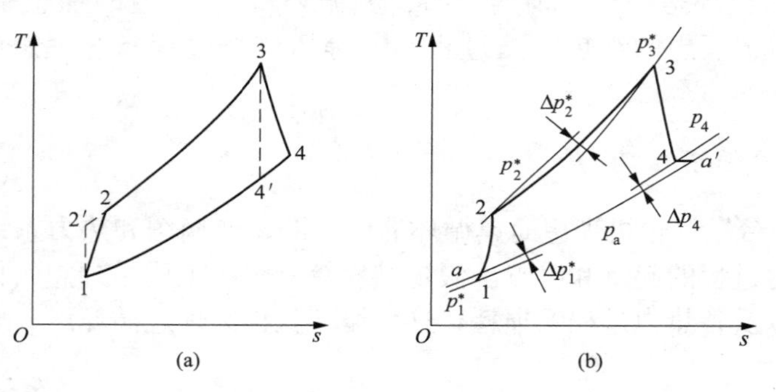

图1-3　燃气轮机实际简单循环
（a）考虑压气机效率和透平效率；（b）再考虑各处压力损失

第三节　燃气轮机结构

燃气轮机主要由压气机、燃烧室、透平三大部分组成，此外还包括进气过滤系统、控制调节系统、启动系统、润滑油系统、燃料系统等辅助系统。从外观上看，燃气轮机整个外壳是个大气缸，在前段是空气进入口，在中部有燃料入口，在后端是排气口（燃气出口），见图1-4。

三菱M701F型燃气轮机采用双轴承、单轴结构，冷端出力和轴向排气结构；采用带有进气可调导叶（IGV）的17级高效率轴流式压气机；燃烧室由环绕机轴呈环状布置的20只燃烧器组成；透平段包括4级反动式叶片。燃气轮机的特点是高温透平，而且沿用了许多三菱燃气轮机系列发展过程中的特性。燃气轮机叶片装有先进的冷却系统。叶片涂有涂层，以改进耐腐蚀和抗机械磨损的能力。从入口顺着气流方向观察，透平叶片沿顺时针方向旋转。

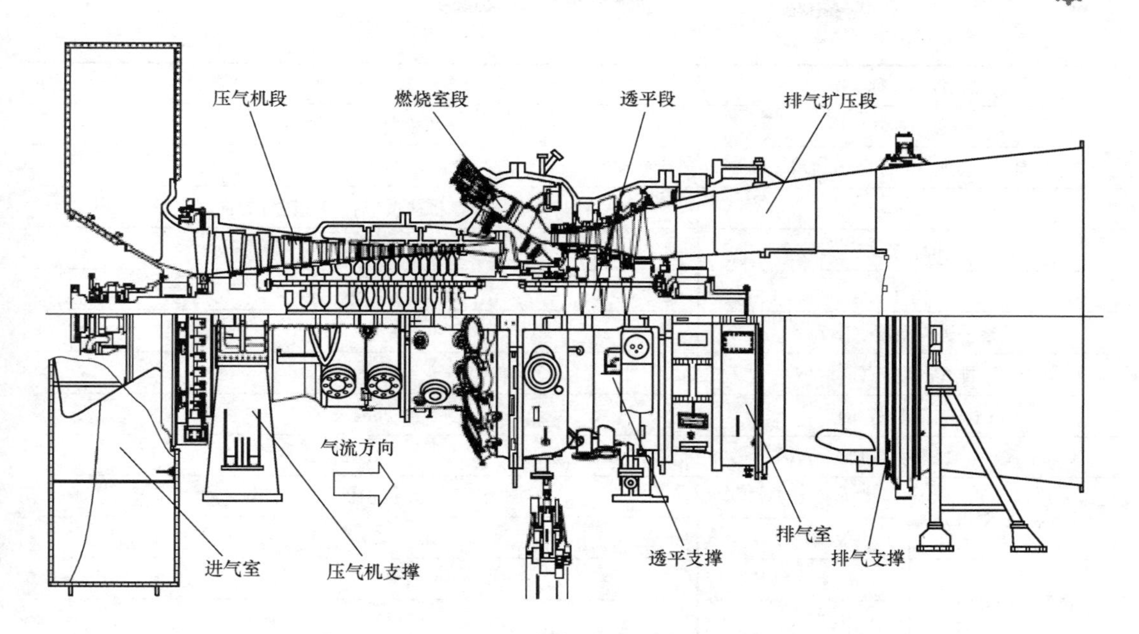

图 1-4 燃气轮机结构图

环境空气通过进气过滤系统、进气道、进气室和进气缸吸入压气机。吸入的空气被加压至 1765kPa 并被强制送入燃烧器，在燃烧器内与天然气混合燃烧，产生高温高压的烟气。燃烧器被设计成能尽量减少 NO_x 生成物的形式。

高压和高温的烟气被送到透平，在透平段转换成机械动能。一部分动能用于驱动压气机，另一部分动能用于驱动发电机和励磁机。

从透平出来的烟气通过排气扩压段和轴向排气通道，进入 HRSG（余热锅炉）、烟囱和消声器，最后排入大气。

为了确保燃气轮机的良好启动性能，在压气机的第 6 级和第 11 级安装有抽气阀，在启动期间抽气阀打开，而当燃气轮机达到同步转速时关闭。在压气机的第 14 级安装的抽气阀，只在停机期间打开。

燃气轮机借助 2 个支撑的组合保持其对中。压气机侧是刚性支撑，而透平侧则是挠性支撑，该挠性支撑允许轴向热膨胀。

一、M701F4 燃气轮机技术规范

M701F4 燃气轮机技术规范见表 1-5。

表 1-5 M701F4 燃气轮机技术规范

名　　称	数据或说明
燃气轮机型号	M701F4
制造厂家	日本三菱重工
驱动端	冷端驱动
轴结构	单轴、刚性连接

续表

名　称		数据或说明
燃用燃料		天然气（单燃料）
频率/转速［Hz/(r/min)］		50/3000
转向		从压气机往透平看，顺时针方向
循环方式		联合循环
压比		18
透平进口温度（℃）		1427
排气温度（℃）		586
排气流量（t/h）		2604.8
排气压力（kPa）		4.02
燃气轮机（GT）	功率（MW）	312
	效率（%）	39.7
汽轮机（ST）	功率（MW）	133.7
	效率（%）	31.2
联合循环	功率（MW）	452.07
	效率（%）	58.36
	热耗率［kJ/(kW·h)］	6168.6
压气机	级数	17 级
	形式	轴流水平布置
	IGV（进口可调导叶）控制方式	连续可调
透平	级数	4 级
	形式	轴流水平布置
燃烧器	个数	20
	形式	环管布置、干式低 NO_x 型燃烧器
	喷嘴形式	8 个主喷嘴、1 个值班喷嘴、16 个顶环喷嘴
	点火器个数	2 个（分别在 8、9 号燃烧器上）
	火焰探测器个数	4 个（分别在 18、19 号燃烧器上）
转子	结构	组合式轮盘结构
	冷却方式	压气机出口空气经外部冷却后导入转子
第一级静叶冷却方式		尖头喷流冷却、气膜冷却、冲击冷却、销片冷却
第一级动叶冷却方式		尖头喷流冷却、气膜冷却、回流冷却、销片冷却
支撑形式		双轴承支撑
防喘抽气级数		6、11、14 级抽气

二、M701F4 压气机结构

M701F4 燃气轮机采用 17 级、压比为 18 的轴流式压气机。在压气机第 6、11、14 级后分别设置了 3 个抽气口和相应的放气阀，以防止机组在启动、停机等变工况中或非设计工况下发生喘振。压气机本体部分由静子和转子两大部件组成。压气机静子部分主要包含有压气机气缸和静叶。

（一）气缸

气缸是静子的核心，所有静子叶片均安装、固定在气缸上。气缸承受着整台机组的质量以及缸内压缩空气的压力，因此，气缸必须刚性好，以防受力后发生较大的变形。

M701F燃气轮机压气机缸体为合金钢铸件，采用了水平中分面结构。气缸沿轴向分为进气缸段、压气机缸段、燃烧室兼压气机缸段，缸体最前端与进气室相连。这种分段式气缸具有以下优点：

（1）由于前后段温度不同，采用分段后前后段缸体可以采用不同的材料。

（2）每段气缸比较短，便于气缸内表面和静叶根槽的加工。

（3）在每段结合处可以设计成为一圈环状的放气口，以满足压气机的防喘放气要求，使气流能沿圆周方向均匀地流出。

（二）进气缸

在压气机的前端是进气缸，其作用是为空气进入轴流式压气机提供平稳过渡，同时还为推力轴承和前径向轴承提供轴承箱（见图1-5）。进气缸采用单独的铸件，通过定位止口和垂直法兰与压气机缸相连。

进气缸由喇叭口式设计的内环和外环构成。压气机进气缸实物图如图1-6所示，大气进入轴流压气机形成一个光滑的边界，具有非常高的气动效率，对空气的阻力和压力损失均较小；在内外环之间由多个螺旋桨状的径向支撑板支撑；2号径向轴承箱的下半部分与进气缸是个整体，轴承承受的力通过进气缸传到整个缸体上。

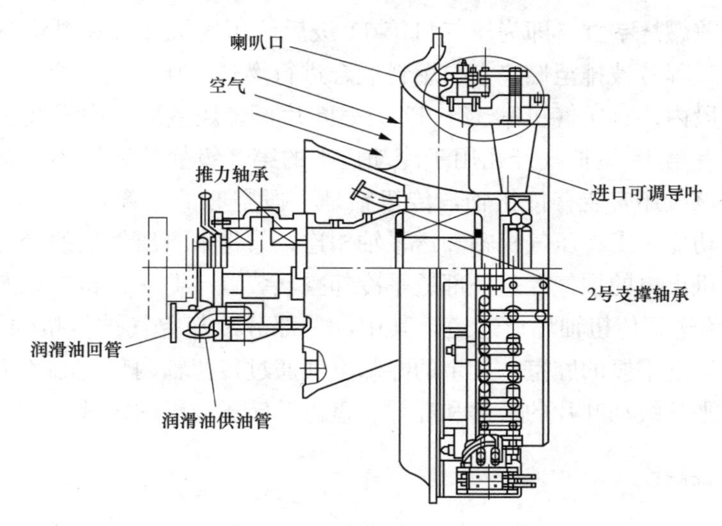

图1-5　压气机进气缸剖面图

进气缸还安装有压气机的进气可调导叶（IGV），其紧靠轴流压气机第1级动叶片的前面，主要功能是在启动和带负荷运行期间调节进入压气机的空气流量。

图 1-6　压气机进气缸实物图

（三）压气机缸

压气机缸位于整个压气机缸体的第 2 段（见图 1-7），前端包含有 1～6 级压气机静叶，后端包含有 7～11 级压气机静叶。在缸体上分别开有第 6、11 级抽气孔用于启动时的防喘放气和冷却透平第 3、4 级静叶和持环。

压气机缸的后半段为双层缸结构，这样带来的好处是既能降低缸体的整体质量，保持良好的对中，又能更好地适应机组的快速启停和加载。

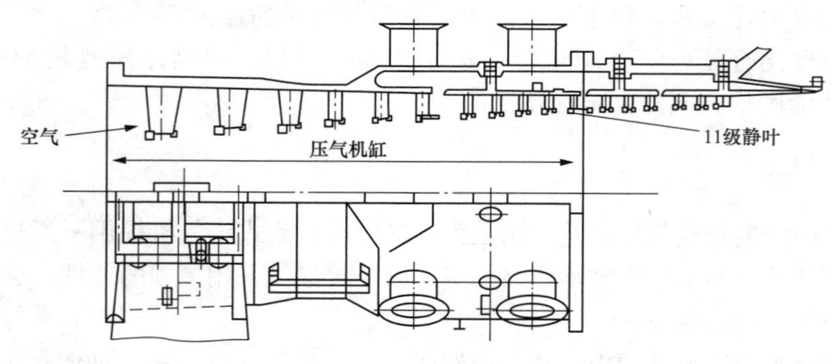

图 1-7　压气机缸

（四）压气机兼燃烧室缸

所谓压气机兼燃烧室缸，即为压气机第 11 级后的压气机外缸和燃烧室缸的总称，空气在此完成压缩过程并被排至燃烧室与燃料混合进行燃烧。压气机兼燃烧室缸如图 1-8 所示，在压气机缸段内装有压气机第 12～17 级静叶片；燃烧室缸段内安装有火焰筒、过渡段等。该气缸还有第 14 级抽气开孔用于冷却透平的第 2 级静叶和持环，以及停机时防喘放气。此外，在该段还安装有传扭轴，传扭轴是一段空心的圆筒，位于压气机和透平之间，它具有下列功能：①将压气机轴和透平轴相连；②将来自压气机的冷却空气送至透平轮盘。来自压气机出口的抽气经过外部透平冷却空气装置（TCA）冷却以及过滤后，通过 4 根扭力软管被传送到传扭轴环形通道，其中，一部分冷却空气被传扭轴密封系统利用，以隔离压气机段和透平段的腔室；其余的冷却空气通过传扭轴内部空心流道被送到透平转子，用于冷却透平各级动叶片的根部和叶片、盘齿及转子周围的区域。

（五）压气机静叶

M701F 型燃气轮机压气机静叶从中分面分为上、下两半环，由 400 系列的 12Cr 不锈钢材料制成，具有较佳的防蚀能力和机械强度。为增加防磨和防腐蚀能力，前 3 级静叶片还采用了特别涂层。在静叶安装方式上，采用了先将各个静叶加工成形，然后焊接上内外围带形成上、下静叶环，再将其分别滑进压气机上、下半汽缸的静叶凹槽中。每

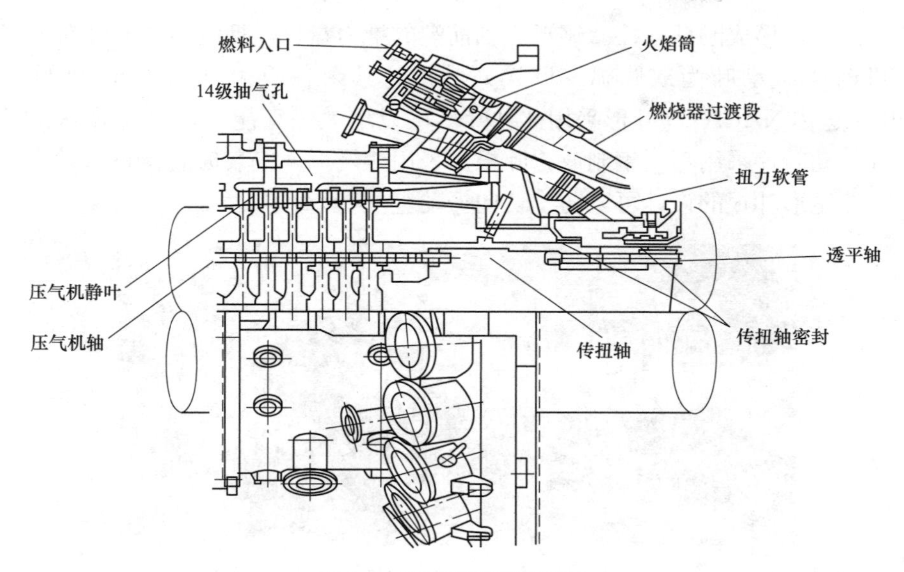

图 1-8　压气机兼燃烧室缸

块静叶环均通过水平中分面处的止动螺钉限制旋转（见图 1-9）。焊接在静叶内围带上的气密封齿与在压气机转子轮盘上相对应的密封齿形成迷宫式气封，使每级静叶环的级间泄漏降到最低限度，这种结构虽然制造复杂，但增强了叶片刚度，同时内围带气封系统减少了级间的漏气，使机组的可靠性和经济性都有所提高，另外，在检修的时候，不需要吊出压气机转子就可以取出下半缸静叶隔板进行检查和维修，并且无须解体压气机转子即可更换动叶。

图 1-9　压气机下半缸前六级静叶及持环

（六）压气机转子

压气机转子组件包括压气机主轴、14 个轮盘以及动叶片（见图 1-10）。压气机主轴的前 3 级叶轮和前端轴颈是整体锻造成一体的，其与后面的 14 个轮盘以及传扭轴用 12 根均匀分布在圆周方向的长拉杆紧紧联接在一起。在 14 个轮盘间沿径向布置了若干骑缝销钉以帮助传递扭矩，每两个轮盘间为中空形式以达到降低转子质量的目的。

对于单轴燃气-蒸汽联合循环机组，压气机主轴前端的联轴器轮毂与汽轮机上的联轴器轮毂相互匹配，形成刚性连接。靠近主轴前端的推力盘可以抑制转子的轴向位移。

压气机前 4 级动叶为双圆弧（DCA）叶形，其余各级为 NACA-65 叶形。双圆弧（DCA）叶形是在 NACA-65 叶形采用此种叶形可以增大进气能力，提高效率。M701F 燃气轮机压气机动叶片采用不锈钢制成，叶根部采用燕尾形，安装时直接楔入轮盘，再用定位销锁死。燕尾形叶根的设计可以防止切向振动。

图 1-10　压气机转子

三、M701F 燃烧室结构

三菱 M701F 型燃气轮机采用了环管型预混多喷嘴干式低 NO_x 燃烧室结构，该燃烧室外壳与压气机和透平的外缸联接成一个整体。整个燃烧室由 20 个圆周布置的干式低 NO_x，燃烧筒组成。燃烧筒之间用联焰管相连（18 号和 19 号燃烧筒之间除外）。该燃烧室结合了环形燃烧室和分管形燃烧室的优点，既便于分开调节燃料又便于火焰连接，不至于部分燃烧筒熄火。每个燃烧筒都设置有一个旁路阀，旁路阀通过一个圆形滑环由一个油动机驱动，统一调节各个燃烧筒的燃料空气比（见图 1-11）。

(a)

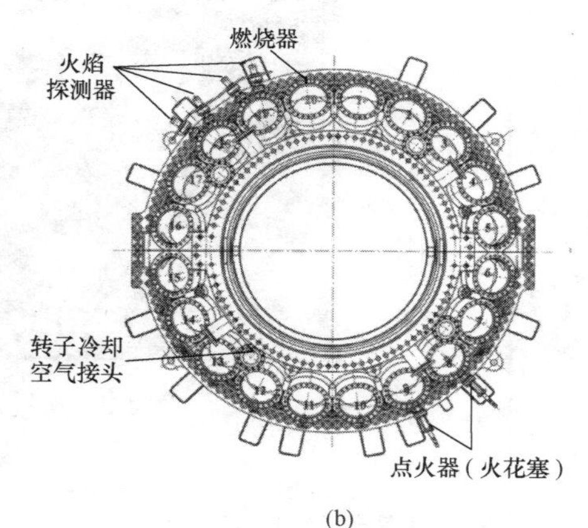

(b)

图 1-11　燃烧器实际安装图及布置图

（a）实际安装图；（b）布置图

每个燃烧筒都包含预混合火焰筒、过渡段、主燃料喷嘴（预混燃烧）、值班燃料喷嘴（扩散燃烧）、顶环喷嘴、旁路阀组件、联焰管等。8 号和 9 号燃烧筒上设置有点火火花塞。同时，在对侧的 18 号和 19 号燃烧筒上分别设置火焰探测器，以确认点火后火焰通过联焰管点燃 20 个燃烧筒。

（一）燃料喷嘴

M701F 燃气轮机燃料喷嘴采用混合运行方式，配有两级燃烧器组件，包括 1 个值班燃料喷嘴、8 个主燃料喷嘴和 16 个顶环喷嘴。值班燃料喷嘴位于燃烧器的中心，采用扩散燃烧方式（见图 1-12）。8 个主燃料喷嘴彼此独立环绕在值班燃料喷嘴周围，采用预混燃烧方式。在机组启动、低负荷或者出力剧烈变化时，为防止火焰熄灭，利用值班燃料喷嘴进行扩散燃烧稳定火焰；在机组高负荷时，控制值班喷嘴的燃料保持火焰稳定，增加主喷嘴的燃料提升机组出力，同时，增加预混燃烧的比重，维持 NO_x 的排放在合理范围。而 M701F4 型燃气轮机使用的 FMK-8 型低氮氧化物燃烧器，创新地增加了顶环喷嘴设计，顶环喷嘴更靠近燃烧器的上游侧，这使得顶环喷嘴的燃料气体与压缩空气混合更加充分，燃烧更加稳定、充分。

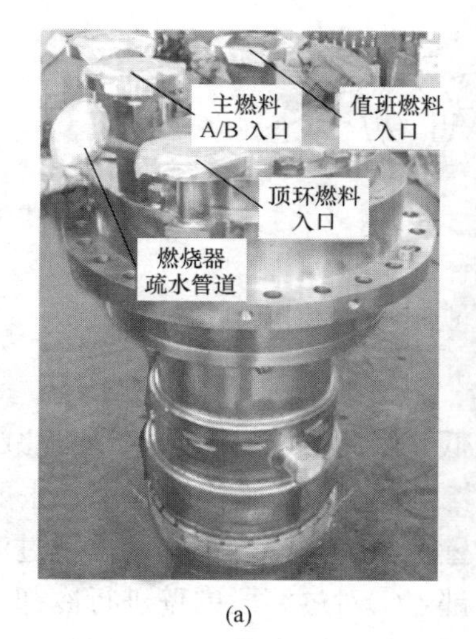

(a)

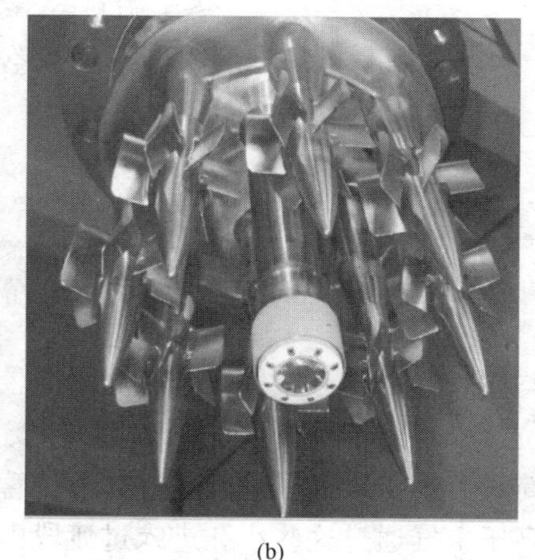

(b)

图 1-12　火焰筒及喷嘴实物图
（a）火焰筒；（b）喷嘴实物图

（二）火焰筒和过渡段

火焰筒安装于燃烧室缸内，提供燃料燃烧的空间。火焰筒顶部安装有空气旋流器，值班燃料喷嘴和主燃料喷嘴安装时穿过空气旋流器中间的孔插入火焰筒内（见图 1-13）。

来自压气机的高压空气通过压气机出口的转向导叶排入燃烧室后，部分空气经火焰筒顶部的空气旋流器进入火焰筒内部的预混合段，以获得恰当比例的空气与燃料混合物，此混合物在火焰筒中燃烧，产生的高温高压燃气进入过渡段。另外，火焰筒壁还有许多冷却空气孔，为火焰筒提供冷却空气。

由于值班燃料喷嘴与主燃料喷嘴火焰燃烧方式不同，与空气旋流器在设计上有所差异。当空气通过值班燃料喷嘴旋流器后，与值班喷嘴喷出的燃料气直接混合燃烧，形成扩散燃烧。而流经主燃料喷嘴旋流器的空气形成涡流，在一个喇叭口形组件中与来自主喷嘴的燃料气预混合但并不燃烧，然后从喇叭组件的侧边射入值班火焰所在的燃烧区被点燃，

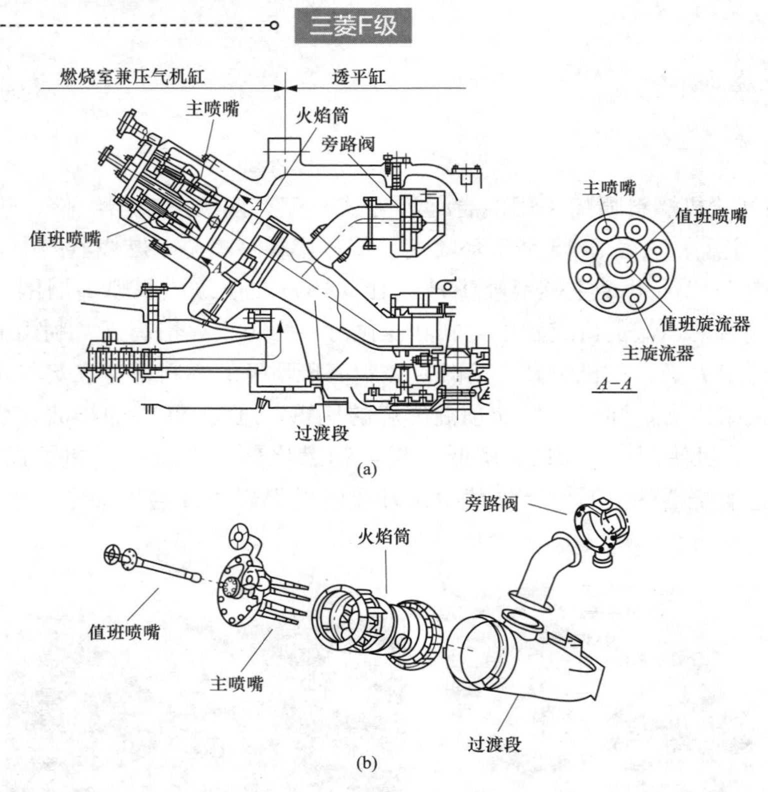

图 1-13　M701F 燃烧筒剖面图及分拆图

(a) 剖面图；(b) 拆分图

此时的燃料与空气为均相可燃气体，燃烧温度较低，因此 NO_x 排放量可明显减少。

过渡段位于火焰筒的下游（见图 1-14），安装在上、下透平汽缸周围，主要作用是将燃气从火焰筒送到第 1 级透平静叶。过渡段的管壁上加工有许多小孔，位于过渡段外侧来自压气机的高压空气通过这些小孔进入过渡段内部，①对过渡段内壁进行冷却；②当燃气轮机在高负荷的工况下，火焰会相对较长，需要的空气量也会较大，被拉长的火焰可能会从火焰筒进入过渡段区域，来自小孔的空气会参与过渡段内部燃烧。

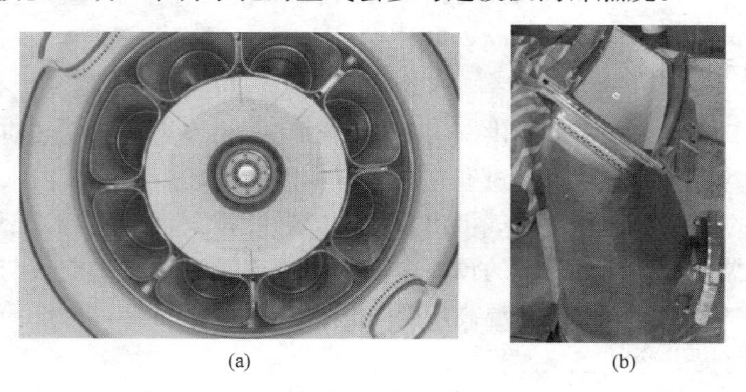

图 1-14　旋流器及过渡段实物图

(a) 旋流器；(b) 过渡段

火焰筒和过渡段是燃气轮机中承受温度最高的部件，因此，对内壁材料防护及冷却技术要求也较高。为保护火焰筒和过渡段部件，两者均采用了叠层冷却技术，以提高冷却效果和可靠性，保证火焰筒和过渡段壁温不至于超过金属蠕变的极限温度。图 1-14（a）所示为火焰筒的双层壁面，下面为内壁，冷却空气从外壁的小孔进入，并在夹层中沿壁面的沟槽流动形成对流换热，然后从沿圆周方向的缝隙中流出，对火焰筒的下游形成气膜式冷却；图 1-14（b）所示为过渡段的壁面结构，冷却空气通过外壁的多个圆形孔进入夹层，同样沿壁面的沟槽流动，并从下游的出口进入燃气的主流。火焰筒的材料为 Hastelloy X 合金，过渡段的材料为 Tomilloy 镍基合金，两者内壁面都采用隔热涂层，以降低金属温度，并防止有害介质对金属的腐蚀。

（三）旁路阀机构

旁路机构由栅形阀、伺服执行机构和连杆组成。栅形阀包括旁路本体和旁路滑环，旁路滑环为一环绕压气机缸体的圆环，滑环上开有 20 个等直径进气孔，这些孔都通过旁路弯头与过渡段相通。伺服执行机构通过连杆转动旁路滑环，改变滑环上进气孔与旁路弯头之间的开度，调节经旁路弯头进入过渡段的空气量，从而达到调节燃料空气比的目的，燃烧室旁路部分实物图如图 1-15 所示，燃烧室旁路阀结构图如图 1-16 所示。

(a)　　(b)

图 1-15　燃烧室旁路阀部分实物图

（a）外观；（b）局部

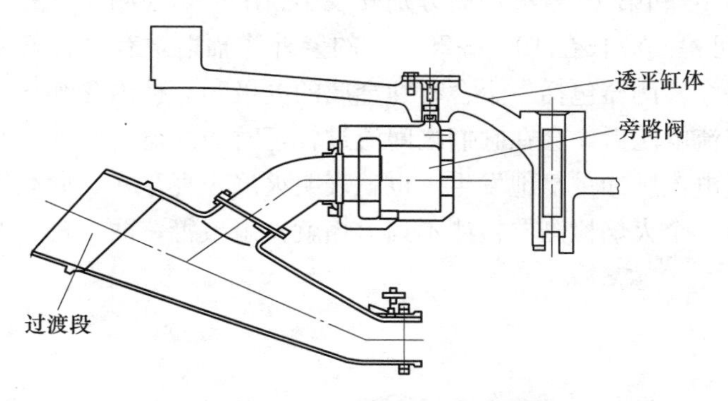

图 1-16　燃烧室旁路阀结构图

在下列情况下，旁路阀将参与调节进入过渡段的空气量：当燃料流量小，难以保持火焰稳定时；当燃料流量大，$N0_x$ 值急剧增大时。也就是说在启动或者部分负荷时，压气机排气的一部分直接通过旁路阀供给过渡段，减小进入燃料喷嘴的空气量，使预混燃烧的空气配比保持在最佳值，从而扩大预混燃烧的稳定区域；在接近全负荷时该旁路阀逐渐关闭。

（四）点火与火焰检测系统

在第8个和第9个燃烧筒分别安装有两个点火系统。点火系统包括点火棒、气缸和点火变压器（见图1-17）。点火棒通过一个空心套筒穿过压气机燃烧室缸体，插入对应的两个燃烧器的过渡段开口中。机组启动时，点火棒由仪用空气推入点火区。点火完成后，点火棒在弹簧力和压气机缸内气体压力作用下从燃烧区退出，返回到初始备用位置，防止电极被火焰烧坏。点火变压器在点火期间以设定时间产生1200V高压电，该电通到点火棒，点火棒将产生高密度能量激发持续火花来点火。设定时间结束时，无论是否点火成功点火棒都将断电退出。

(a)

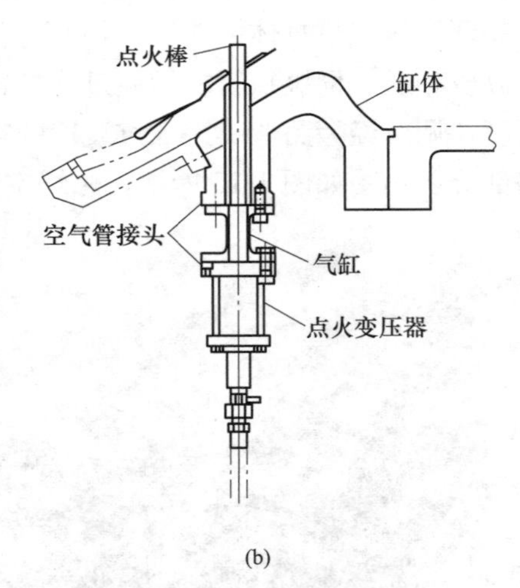

(b)

图1-17　联焰管和点火器系统

（a）联焰管；（b）点火器

另外，在第18号和第19号火焰筒分别安装了一组火焰检测器（各包含两个火焰检测器）。火焰检测器可检测波长在1900～2900Å的紫外线辐射，有这种紫外线存在时表明有正常火焰存在。每个检测器包括一个含有纯金属的电极和一种内含纯净气体的特殊玻璃外壳。电极上施加交流电压后，会在它们之间流过较短时间的电流脉冲。只要有特定波长的光存在就能使这些电流脉冲重复地发生，也就表明火焰一直存在。此系统用来监控燃烧系统，如果其中任意一个火焰检测器检测不到火焰就发出报警，两个都检测不到火焰时，则机组跳闸。

（五）联焰管

为了确保所有燃烧筒中的燃气点火，在每两个相邻的燃烧室（18号和19号燃烧室间除外）的火焰筒上安装有联焰管（见图1-17）。联焰管将20个燃烧室的内部空间连接成一体，起传递火焰的作用。当点火器点燃8号和9号燃烧室内的火焰时，火焰会通过联焰管利用两个火焰筒之间的压力差向两侧相邻的燃烧器传播。当火焰检测装置在18号和19号燃烧器内部均检测到火焰后，即表明全部20个燃烧室内均已经成功点火。

四、透平工作原理及结构

燃气轮机透平的作用是把来自燃烧室的高温高压燃气的热能转化成为机械能，其中一部分用来带动压气机旋转，多余的部分则作为燃气轮机的有效功输出。

按照燃气在透平内部的流动方向，可以把燃气轮机透平分为轴流式和径流式两大类。径流式透平常适宜小功率燃气轮机，通常大多数燃气轮机透平与压气机一样均为轴流式，这样燃气轮机可采用多级以满足大流量、高效率、大功率的要求。

（一）透平工作原理

轴流式燃气透平的主要部件由安装在气缸上的静叶栅和装有动叶的工作叶轮组成，一列静叶和一列动叶串联组成了透平的级，多级透平则是多列静叶和动叶交替组合而成。透平的级是燃气透平中能量交换的基本单位。当高温高压的燃气流过静叶栅时，燃气的压力和温度逐渐下降，燃气的流速加快，燃气的部分热能转化成为动能。具有相当速度的燃气以一定的方向冲击动叶栅时，就会推动工作叶轮旋转，同时燃气的流速降低，在此过程中，燃气把大部分能量传递给工作叶轮，使叶轮在高速旋转中输出机械功。

在气流流过透平膨胀做功过程中，也同样不可避免地存在各种能量损失，除了常见的型阻损失、端部损失以及二次流损失、摩擦鼓风损失之外，燃气透平做功时还有如下损失：

（1）径向间隙漏气损失。透平动叶顶部与气缸的间隙以及动叶片叶弧与叶背压差的存在，造成了动叶片顶部叶弧与叶背侧发生了气流泄漏流动，这种泄漏带来的直接后果是部分气流未经做功而流入了下流，降低了透平工作效率。

（2）余速损失。由于气流流出透平时会带有一定绝对速度，所以必将带走一部分动能损失，称为余速损失。对于余速损失可以通过动叶出口气流绝对速度设计成是在轴向方向，就能减小到最低的程度。

（二）M701F燃气轮机透平结构

M701F燃气轮机透平为4级，主要包括静子和转子，如图1-18所示。

1. 透平静子

透平静子部分包括透平缸和静叶组件。

（1）透平缸。M701F燃气轮机透平缸采用双层缸结构，即分为外缸和内缸。透平外缸体由合金钢铸件制成，前半部分为燃烧室段，后半部分为透平静叶组件外壳。透平内缸由各级上、下两半静叶持环组合而成。在外缸和内缸之间的腔室通有来自压气机的冷却空气。这种缸体设计的优点：外缸与高温高压燃气隔绝，可有效地降低外气缸的工作温度，减少外气缸的热膨胀和热应力，有利于机组的快速启动和加载，并保证气缸与转子的同心度，使动叶顶部与内缸内表面的间隙变化细小且均匀。

透平外气缸通过水平中心面被分为上半缸和下半缸。这样的结构便于检查、组装和维护。安装在缸体水平处法兰的键销和上、下半缸中的扭矩销可以防止静叶持环旋转。透平外缸上半缸装有外接插孔，通过这些插孔可将内窥镜探头插入第2、3、4级静叶持环的开

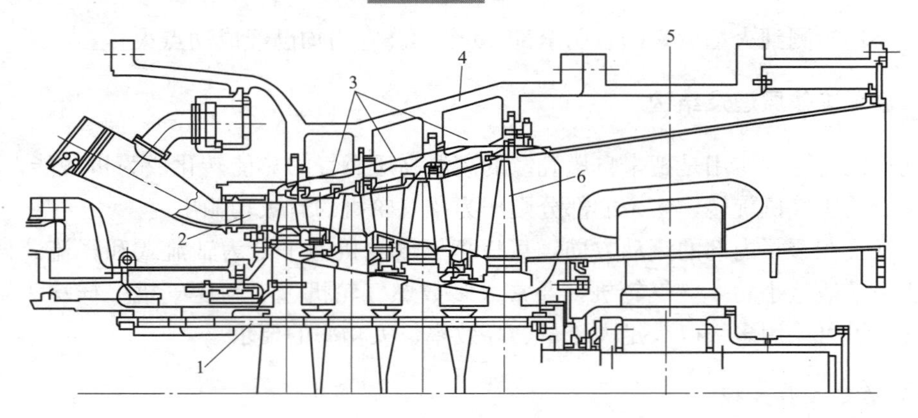

图 1-18　M701F 燃气轮机透平剖面图

1—转子拉杆；2—级静叶；3—静叶持环；4—透平外缸；5—排气缸；6—4 级动叶

口，从而可在不揭缸的情况下对叶片进行检查。在下半缸开有滑油管线接口，透平缸体支撑也安装于下半缸处。另外，在上、下半缸均有冷却空气接口，接受来自压气机的抽气。

（2）静叶组件。透平静叶组件引导燃烧室高温高压气体流入动叶片通道，气流在通过静叶通道时会发生膨胀，压力降低，速度增加，然后以很高的速度冲击动叶片，从而推动燃气轮机转子旋转。静叶组件由静叶持环、静叶扇段、隔热环和分割环等组成，见图 1-19。静叶持环是合金钢铸件，分上、下两半；静叶扇段是静叶片与内外围带整组铸造而成，然后滑入静叶持环中；分割环同为环形弧段，主要作用是减少动叶顶部间隙的泄漏，阻隔高温燃气对静叶持环的影响。分割环通过隔热环与静叶扇段并排固定于静叶持环上，并用螺钉和扭矩销固定在静叶持环隔板上。在静叶扇段以及分割环弧段之间插有密封板，以阻止高温气体在其间的流动泄漏。

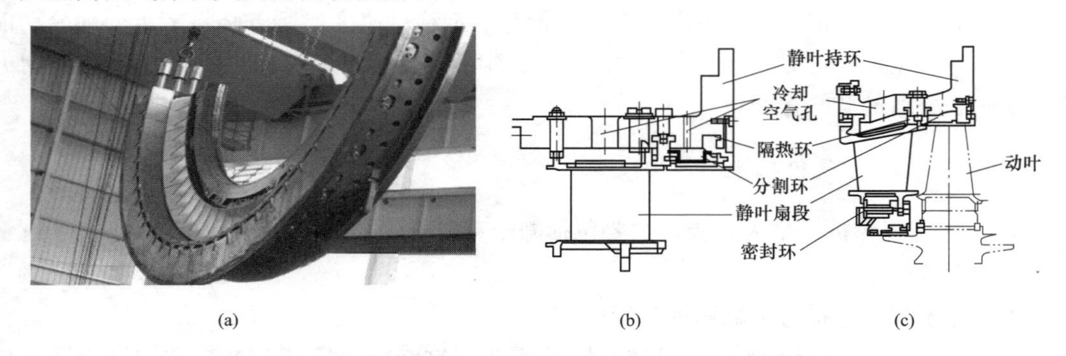

图 1-19　燃气轮机第二级静叶下半部分及静叶组件剖面图

（a）静叶；（b）1 级静叶；（b）2～4 级静叶

透平后 3 级静叶的内围带靠近轮盘处均安装有级间密封环，此密封环与转子轮毂表面事先加工成形的密封齿形成迷宫式密封腔室。来自静叶内部的冷却空气被导入由级间密封环和轮盘密封齿形成的密封腔室，最后进入通流通道，从而防止高温气流进入该区，始终保持轮盘处于允许温度中。密封腔室内安装有热电偶监测该区域的冷却空气的温度（见图 1-20），间接监视冷却情况的好坏以及轮盘的金属温度。为防止静叶片温度过高，透平每级静叶内部均通有来自压气机的冷却空气进行冷却。透平 4 级静叶片均为精密浇铸，采用全三维设计叶形，以降低流道壁面附近的二次流损失。为承受 1400℃以上的高温，前 3 级静叶片采用的新材料 MGA2400 是一种钴基合金，它不仅具有良好的高温蠕变强度，以及较强的抗低周波热疲劳和抗热腐蚀及氧化的能力，同时还具有良好的焊接性能。

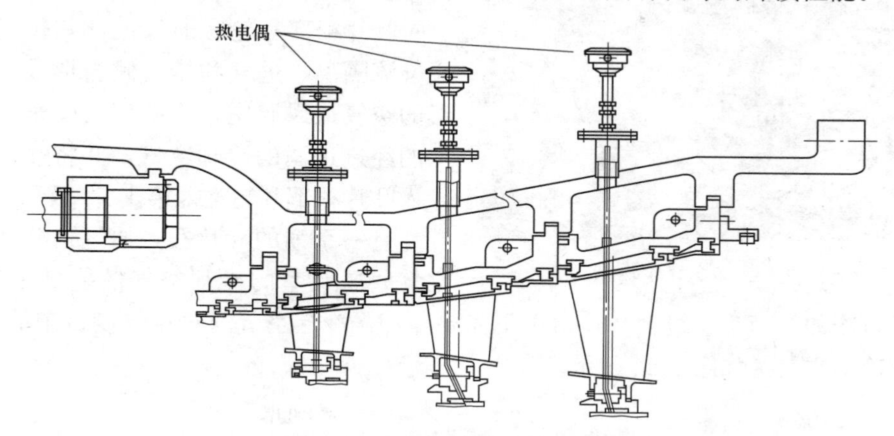

图 1-20　轮间热电偶测量通道

2. 透平转子

透平转子由主轴和动叶组成，见图 1-21。

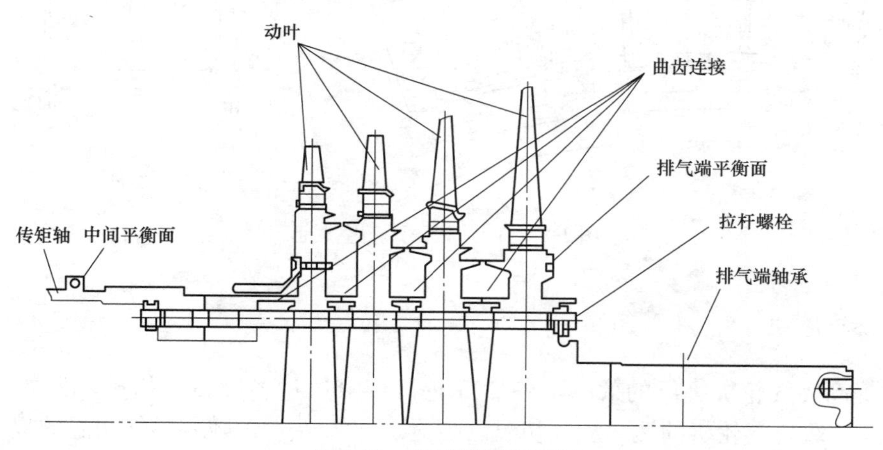

图 1-21　透平转子剖面图

(1) 透平主轴。透平主轴是由 4 个轮盘使用专用的拉杆螺栓固定在一起而形成的。轮盘之间的结合和扭矩传递采用曲齿联轴器，即一侧为沙漏形齿，而与其啮合面的齿为桶形。当所有轮盘用拉杆螺栓固定在一起后，曲齿联轴器互相啮合。曲齿联轴器的齿结构虽然简单，但精度很高。每级透平轮盘之间的连接处均具有足够的弹性以适应级间的温差和膨胀需要。

(2) 透平动叶。透平动叶片由耐高热合金材料浇铸而成，前两级叶片均有涂层。它们采用枞树形叶根，轴向插入轮盘，由轮盘中相对应的叶根齿支撑。叶片可以单个分别拆卸，可在转子不吊出气缸的情况下检查叶片，但第 4 级叶片除外，如图 1-22 所示。

当气体流过每一级动叶时，压力和温度都有所降低，由于压力降低，需要增大环形面积以适应气体容积的变大，所以透平动叶片从第 1 级到第 4 级尺寸逐渐增大。第 3、4 级

图 1-22　透平动叶实物图

动叶片顶部带有 Z 形叶冠，目的是为了降低叶片旋转时的振动，减少顶部漏气。

叶片根部和轮缘通过进气和排气侧板与主气流隔离。进气和排气侧板形成了一个环形的空气通风腔室，该腔室接受来自转子内部的经过过滤的冷却空气，并将该空气轴向导入叶片根部和轮槽。第 1、2 级和第 3 级动叶片有一系列的叶片孔，通过这些孔将来自空气通风腔室的冷却空气散射到主气流中，对叶片进行冷却，而第 4 级动叶片由于不需要冷却，冷却空气通过排气侧板中的孔排出。叶片根部冷却空气道如图 1-23 所示。

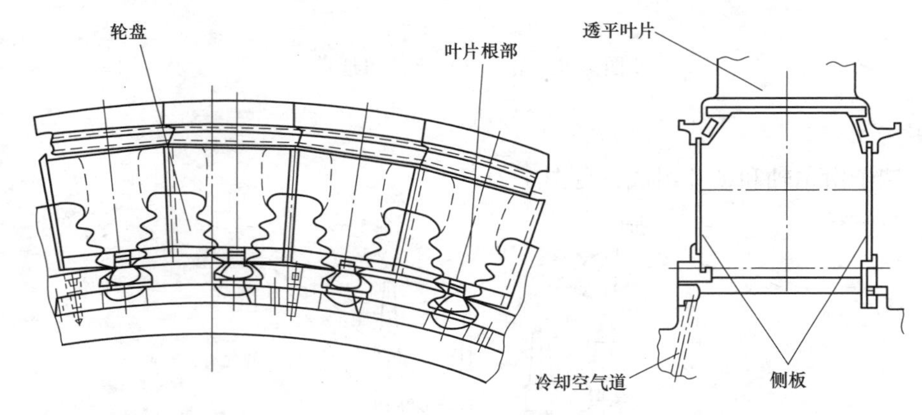

图 1-23　叶片根部冷却空气道

五、透平冷却

为了提高燃气轮机机组的效率，各燃气轮机厂家通过各种技术措施不断提高燃气初温，目前，F 级燃气轮机的透平燃气初温已高达 1400℃左右。随着燃气初温的提高，为了保证燃气轮机的安全、可靠运行，除了在叶片材料上运用新型高温合金材料外，改进叶片的冷却技术也成为必要手段之一。根据资料统计，冷却叶片技术改进所致的燃气初温提高程度是材料改进所获得效果的 2 倍，其研究费用仅是开发新材料的 1/4，由此可知，燃气轮机叶片冷却方式的研究对于燃气轮机的重要性。

（一）冷却方式简介

一般燃气轮机叶片的冷却方式主要有两种方法：①以冷却空气吹向叶片表面进行冷却，这种冷却方式可降低叶片表面金属温度 50～100℃，如气膜冷却和冲击冷却；②将冷却空气通入叶片内部的通道进行冷却，此种冷却方式可使叶片金属温度比周围高温燃气温度低 100℃以上，如对流冷却和鳍片式冷却，如图 1-24 所示。

1. 对流冷却

当冷却空气和高温燃气在空心叶片内外流过时，通过冷却空气进行对流换热来降低叶片的温度。在叶片的出气边沿半径方向有大小形式不同的孔，对流冷却后的冷却空气依靠自身压力和离心力的共同作用通过该孔高速排入主燃气气流中继续做功。另外，这些冷却空气以较大的速度冲向气缸内壁，形成一层防止径向间隙漏气的气封层，起阻止主气流的漏气和潜流的作用，减少二次流的损失。

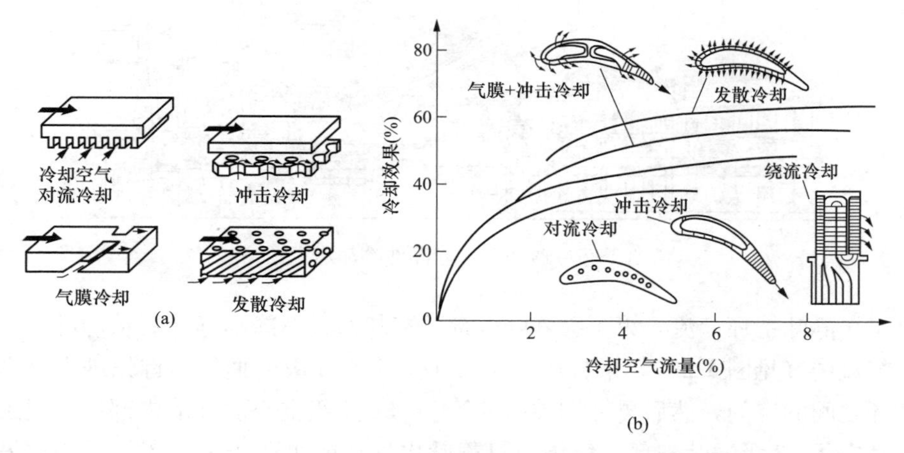

图 1-24　叶片冷却方式及效果图

（a）叶片冷却方式；（b）效果图

2. 冲击冷却

在空心叶片的内部嵌入导管，导管上开有很多小孔，冷却空气先进入导管，然后从导管上的小孔流出冲向被冷却叶片的内表面进行冷却，由于冲击的效果使换热系数变大提高了冷却效果。冲击后的气流再沿叶片内表面作横向流动进行对流冷却，所以采用冲击冷却往往伴随对流冷却。

3. 气膜冷却

在空心叶片的表面开有很多小孔或缝隙，冷却空气从这些小孔或缝隙流出后顺着燃气气流方向流动，在叶片表面形成一层薄气膜，将叶片表面与燃气隔开而对叶片起保护作用。与对流冷却对比，气膜冷却效果更好。

4. 销片冷却

通过在叶片出气边加装一些针状筋（鳍片）来加大换热效果。

（二）M701F 透平冷却系统

M701F 燃气轮机透平冷却系统包含有静叶冷却系统和转子冷却系统。

透平静叶的冷却空气根据级数不同采用来自不同的压气机抽气：第 1 级静叶冷却空气直接取自压气机出口空气；第 2 级静叶冷却空气来自压气机第 14 级抽气；第 3 级静叶冷却空气来自压气机第 11 级抽气；第 4 级静叶冷却空气来自压气机第 6 级抽气。而透平动叶片冷却气源则全部来自压气机的排气，压气机排气首先经过外部冷却器 TCA 冷却和过滤器过滤，然后通过扭力软管送到传扭轴，再通过传扭轴送到透平转子内部去冷却叶轮和动叶片，如图 1-25 所示。

透平静叶冷却流程：来自压气机第 17 级出口的冷却空气，经燃烧室火焰筒周围的空

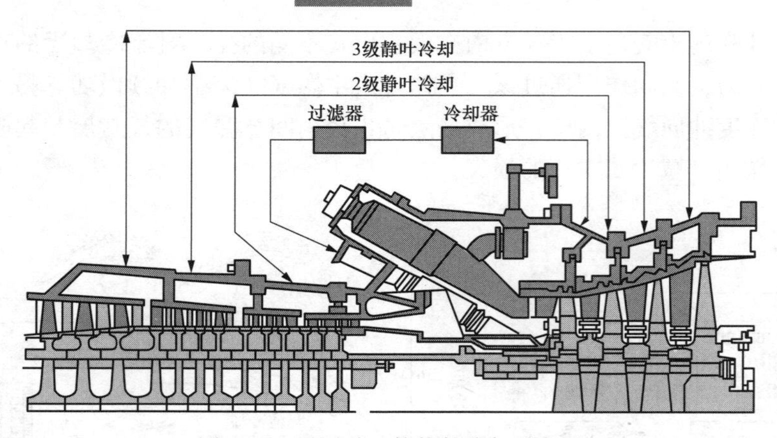

图 1-25　透平动、静部件冷却示意图

腔引入第 1 级静叶持环，流入第 1 级静叶内部的冷却通道，冷却静叶后从静叶出气边小孔排至主燃气流中（见图 1-26）。来自压气机第 14、11、6 级的抽气，首先进入透平外气缸与静叶持环之间的空间，然后再分别被引入第 2、3、4 级空心静叶的内部冷却通道。冷却静叶后，其中 2、3 级静叶一部分气体通过静叶出气边的小孔排至主燃气流中，另一部分进入密封环腔室；4 级静叶中的冷却气体则全部进入密封环腔室中。

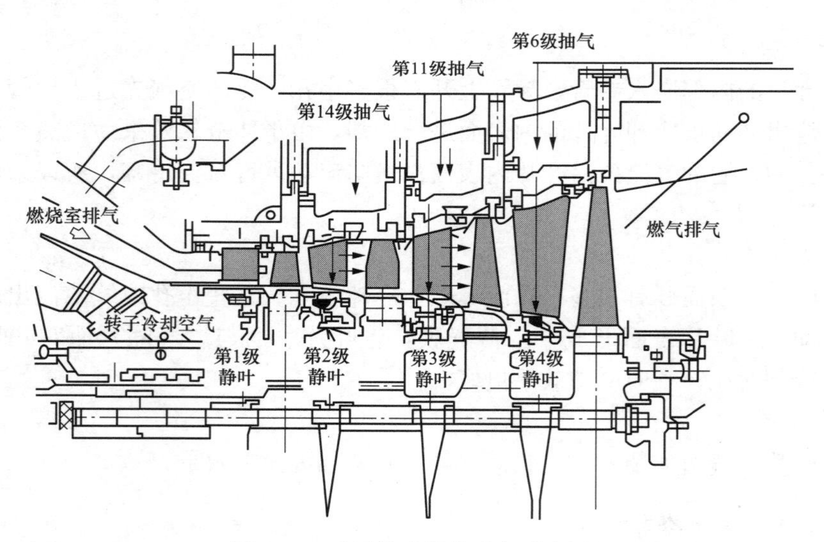

图 1-26　透平静叶部件冷却示意图

透平动叶冷却流程如图 1-27 所示，来自 TCA 冷却器的冷却空气分成两路：一路空气经第 1 级轮盘上的径向孔引至第 1 级动叶根部，再进入第 1 级空心动叶内部冷却通道进行冷却后，从叶顶和叶片出气边小孔排至主燃气流中；另一路空气经第 1 级轮盘上的轴向流道流至第 2 级和第 3 级轮盘之间的空腔，经动叶根槽底部的径向孔去冷却第 2 级和第 3 级轮缘及叶根。这样使每级叶轮的进气侧和出气侧都有冷却空气流过，使燃气透平各级叶轮的表面全部被冷却空气所包围，与燃气完全隔开，保证透平能够长期在高温下安全运行。

燃气轮机第 1 级静叶和动叶的工作条件最为恶劣，因此，第 1 级静叶和动叶的冷却最

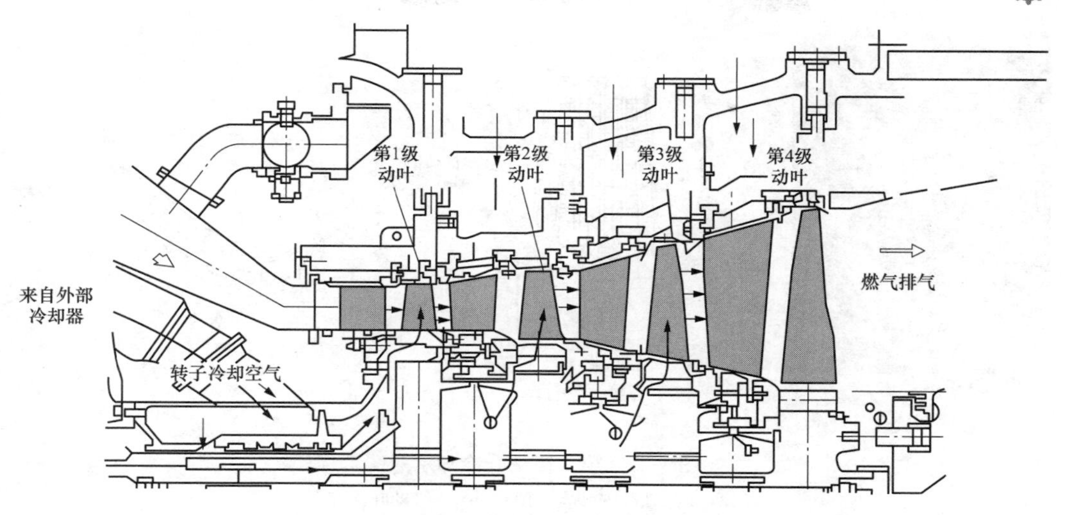

图 1-27　透平动叶冷却流程图

为重要。下面重点描述 M701F 燃气轮机该组叶片的冷却过程。

第 1 级静叶采用了头部喷流冷却、冲击冷却、气膜冷却和销片冷却（见图 1-28）。静叶内部用 3 个带孔的导管将冷却空气隔开，冷却空气通过内外缸之间的夹层引入静叶，从静叶的一端流入静叶内部的 3 个导管，进入导管中心的冷却空气通过导管壁的小孔垂直射向静叶内表面，利用冲击冷却形成湍流换热。静叶出气边横向布置的鳍片增强了冷却空气与静叶表面的换热效果，在叶片出气边形成气膜冷却和鳍片式冷却；沿静叶进气边及叶片表面小孔喷出的冷却空气同时又环绕叶身形成气膜冷却，同时在各部分还伴有对流冷却。

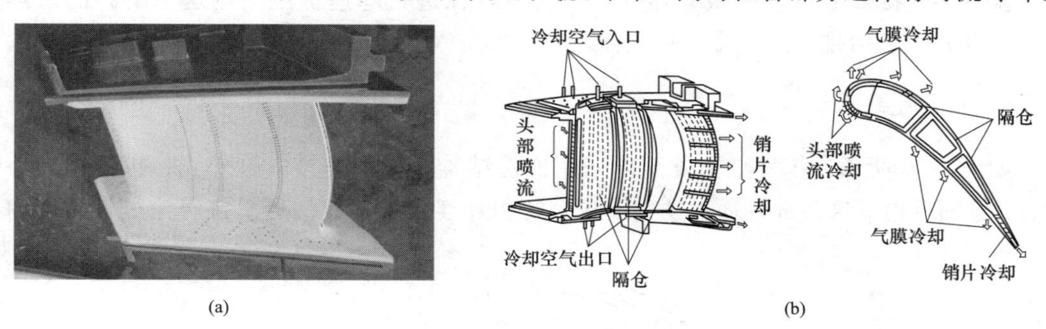

图 1-28　第 1 级静叶冷却示意图

（a）1 级静叶实物图；（b）1 级静叶冷却结构示意图

第 1 级动叶采用头部喷流冷却、对流冷却、气膜冷却和鳍片式冷却（见图 1-29）。动叶内部的通道是多通道曲线型的，并在通道内设有扰动槽，以增强扰动换热，即绕流冷却；在动叶进气边同样采用头部喷流冷却和气膜冷却；动叶尾部采用鳍片冷却。这些冷却技术的综合效应可使叶片的金属温度低于主燃气流温度 300～600℃，使金属温度始终保持在材料允许的强度极限温度（约 800℃）以下。第 1 级动叶冷却示意图如图 1-29 所示。

其他各级动静叶片冷却方式如下所述。

第 2 级静叶主要采用了气膜冷却、冲击冷却和销片冷却，第 3 级静叶主要采用了气膜冷却和对流冷却，第 4 级静叶则主要采用对流冷却。

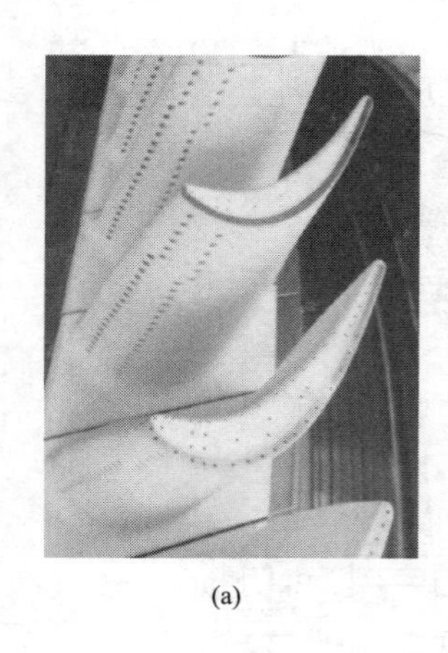

(a)

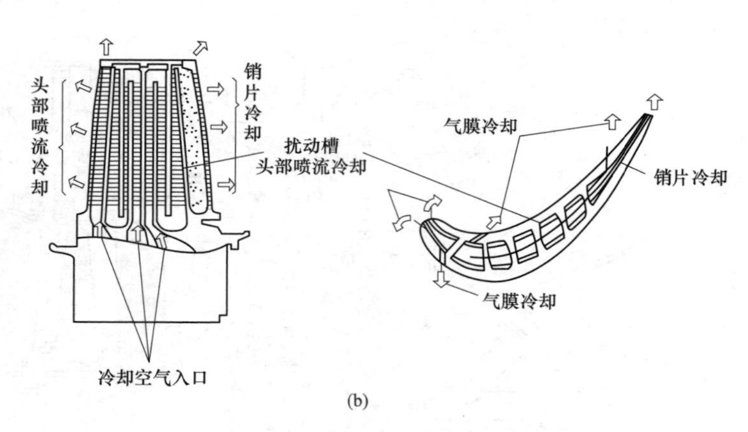

(b)

图 1-29　第 1 级动叶冷却示意图

（a）1 级动叶安装实物图；（b）1 级动叶冷却

第 2 级动叶主要采用了绕流冷却和销片冷却，第 3 级动叶主要采用了气膜冷却和对流冷却，第 4 级动叶则没有进行冷却。

除了上述动静叶冷却系统外，在静叶冷却系统中还有两个重要的地方就是密封环处和隔热环的冷却。密封环处的冷却空气来自静叶冷却完毕后的排气，冷却空气在通过密封环与轮盘腔室后分前后排入燃气主气流中。

六、排气装置

排气装置接受来自透平做完功的燃气排气，在进行降速扩压后输送至下游的余热锅炉。排气装置包括排气缸（排气扩压器）和前后排气通道。

（一）排气缸

如图 1-30 所示，排气缸由外至内采用四层结构，分别是排气缸外壳、扩压器内外锥体、1 号轴承箱，这些部件通过切向支撑系统相互连接在一起。透平排气流过扩压器内外

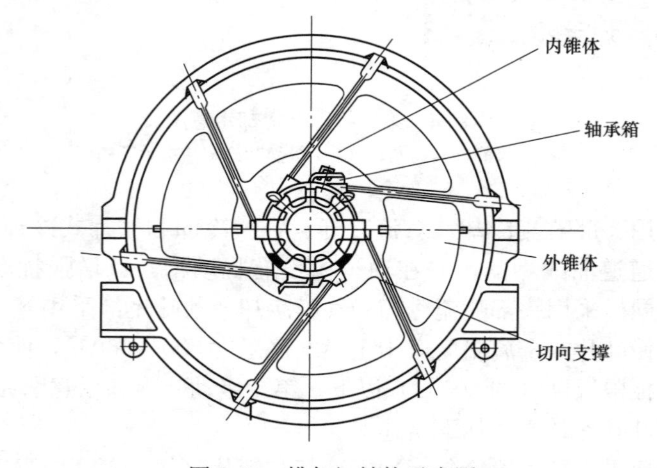

图 1-30　排气缸结构示意图

椎体之间的空间，内外椎体的横截面被设计成渐扩型，目的是为降低排气余速，提高排气压力，故排气缸也称排气扩压器。外锥体可防止排气缸外壳过热，内锥体保护 1 号轴承箱免于暴露在热排气中。1 号轴承座与排气缸是一个整体部分。在排气缸圆周方向布置有 26 个热电偶，分别用来监测叶片通道的温度和排气温度，所测量的温度数值除用于机组的控制保护外，叶片通道热电偶测量值还用于机组的负荷控制。

（二）排气通道

排气通道的目的是引导热烟气从排气缸进入余热锅炉，同时继续降速增压，以充分利用排气余速，保持燃气轮机的高性能运行。

排气通道分为前排气通道和后排气通道。前排气通道用螺栓连接到排气缸的垂直法兰上并开有人孔门，这样可以在不揭缸的情况下，进入排气缸内部进行轴承检查和维修。后排气通道前端通过膨胀节连接到前排气通道，下游端与排气导管连接起到支撑的作用。膨胀节可允许燃气轮机轴向膨胀，且不会产生过大的应力。

为达到降速扩压的目的，排气通道在横截面上也是渐扩型，由内外锥体构成。内外锥体之间由上、下两个垂直锥体内表面的支撑支持。这两个支撑也是空心设计，以便为管道系统和仪器仪表等提供了安装检修通道。后排气通道外部装有挠性排气支撑和中心支撑。

七、燃气轮机轴承

轴承是支撑燃气轮机转子并允许转子高速旋转的承力部件。燃气轮机运行时，轴承将承受转子旋转所产生的径向及轴向作用力，并经过轴承座传至气缸或直接传至底盘上。轴承按照功能可分为径向轴承和止推轴承两种。径向轴承承受径向力，起支撑的作用，也称支撑轴承。止推轴承承受轴向力，起承受燃气轮机机组轴向推力的作用，也称推力轴承。

M701F 燃气轮机采用双轴承支撑着整个燃气轮机转子，分别位于燃气轮机的压气机进气缸和透平排气缸；其中在压气机侧还安装有一个双工作面的推力轴承，用来保持整个转子的轴向位置。

（一）径向轴承

从排气方向看，位于透平排气端的轴承为 1 号径向轴承，压气机进气缸侧是 2 号径向轴承，两个径向轴承的结构相同，如图 1-31 所示。轴承的下半部轴承座为缸体的一部分，轴承盖由可拆卸的钢质壳体制成，该壳体在水平中分面处用螺栓与下半部分连接。径向轴承采用两块巴氏合金瓦连同瓦垫支撑安装在球面销上，此设计可保证轴承间隙和转子对中。径向轴承轴端安装有油密封和气密封，以防止润滑油泄漏。油密封处的油压通过控制轴承的进油量来保持。轴承壳体中的防转销与缸中的槽吻合在一起，以防止轴承旋转。

推力轴承与 2 号径向轴承共同装在压气机进气缸的 2 号轴承箱内，其功能是保持转子的轴向位置。推力轴承分为主推力轴承和副推力轴承，这是因为燃气轮机转子在正常运行和启停过程时，转子所承受的轴向推力是不一样的，方向正好相反。为了承受两个方向上的推力负荷，在一个转子轴上装有两个推力轴承，承载正常运行时轴向推力的为主推力轴

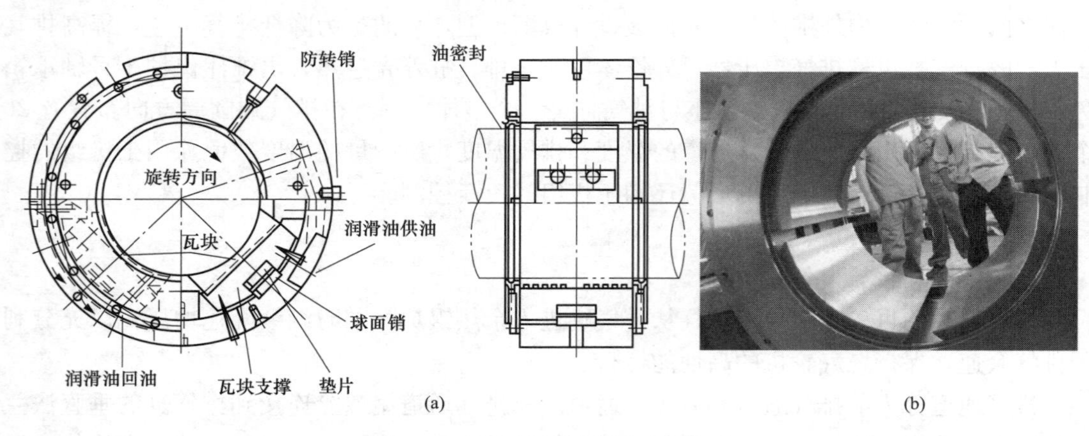

图 1-31　径向轴承剖面图及实物图

(a) 径向轴承剖面图；(b) 实物图

承，承载启停过程推力的为副推力轴承。对于 M701F 型单轴联合循环燃气轮发电机组，主推力轴承位于压气机的出气侧。

如图 1-32 所示，推力轴承包括推力盘、推力瓦（工作面与非工作面瓦块各 10 块）、油喷嘴和等。推力盘与转子轴为一个整体，随转子一同旋转，转子推力通过推力盘传送到推力轴承上。负载平衡机构由装在两个开口环圈中的联锁平衡板组成，推力瓦由铜合金和带有锡基巴氏合金面制成，瓦块就位后，每块推力瓦均以钢支撑为枢轴旋转，与平衡板相互支撑。如果任一个推力瓦受压，则其运动立即传输到与其邻近的平衡板上，使平衡板一端向下倾斜，另一端则向上倾斜，从而强制下一个推力瓦向上移动，迫使它们承载均匀的负载。由于有负载平衡机构，所有推力瓦的厚度不一定相同，因为少量的差异可由平衡板进行补偿。推力瓦在偏离位有枢轴点，因此，为达到最佳承载能力，一般采取偏心支撑方式。

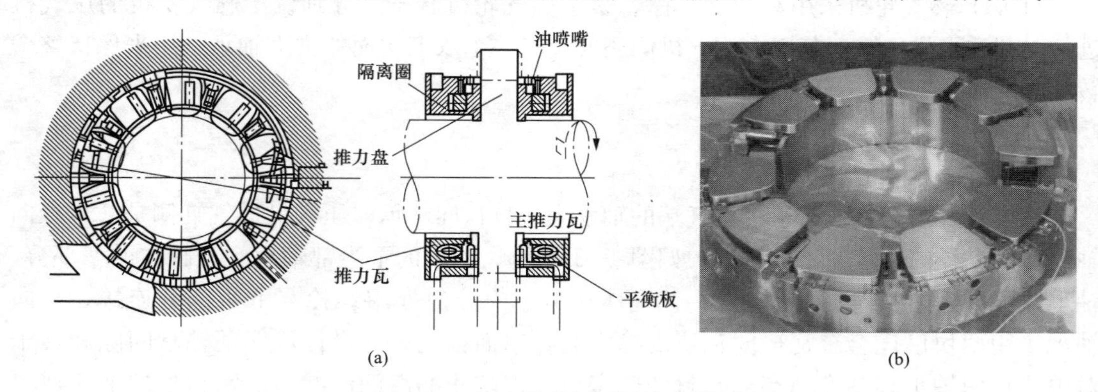

图 1-32　推力轴承剖面图及实物图

(a) 推力轴承剖面图；(b) 实物图

另外，推力轴承的两端安装有油密封，以防止滑油的泄漏。

（二）轴承润滑

燃气轮机径向轴承和推力轴承处的冷却和润滑用油均来自燃气轮机的润滑油系统。

经过滤和冷却后的润滑油以恒定流量通过径向轴承下半轴瓦体中的孔进入径向轴承，再经水平中分面连接处的供油连接管向轴瓦的上半部分供油。当润滑油经过轴承时润滑和冷却轴瓦，润滑和冷却完成后的油通过箱体下半部的回油点排出。轴瓦上有孔可起类似于节流孔板的作用，可计量通过轴承的油流量。轴承两端安装的油密封可保证轴承中的油压正常。

推力轴承的润滑油从两端进入，然后流经瓦块和转子推力盘之间的间隙。当到达推力盘时，在离心力驱使下油自然向外进入轴承箱的排油孔，润滑油从此处返回到润滑油箱。

（三）轴承密封

轴承处的密封分为油密封和气密封。

压气机侧 2 号轴承箱内的油密封分为推力轴承油密封和径向轴承油密封。推力轴承的油密封位于轴承密封壳体中，轴承两端各一个，它们由一系列加工成形、环绕转子布置、直径相等的密封齿环与转轴表面共同组成迷宫式密封。在 2 号径向轴承靠压气机侧，为防止润滑油沿转子泄漏到压气机中，也安装有油密封。油密封和转子之间的迷宫式间隙可减少沿轴方向的润滑油的泄漏量，并且沿轴方向泄漏的油也可在微负压作用下经过轴承回油管路返回润滑油箱内（正常运行时，润滑油箱保持微负压状态）。

为防止轴承滑油沿转子轴向流入压气机，使压气机叶片免受油污染，在轴承箱内还安装了迷宫式气密封，来自压气机的第 6 级抽气被直接送到轴承密封空气系统，并最终送到该气密封处，对轴端进行密封。密封空气进入迷宫式密封腔室后，一部分沿轴向进入具有微负压的轴承箱内，防止润滑油沿轴向流向压气机；另一部分沿轴向从轴端漏出，防止外部空气进入透平侧。1 号径向轴承的两侧各有一个挡油环，靠近透平侧装有迷宫式油气密封，工作原理和作用与压气机侧相同。1 号轴承箱外装有一密封箱将 1 号轴承箱与第 4 级后的透平轮盘腔室分开，该密封箱开有气流通道，与透平第 4 级轮盘腔室相通。

来自压气机的第 6 级抽气进入 1 号轴承箱与排气缸内锥体之间的空间，再通过密封箱的气流通道进入第 4 级后的轮盘腔室，最后被不断吸入透平排气气流中以防止轮盘腔室处的热空气进入 1 号轴承座及空间内。另外，1 号轴承气密封系统中一部分空气通过油气密封顺燃气排气流方向泄漏到微负压的轴承腔室内部，形成的油气混合物随回油管回到润滑油箱。其余则沿着 1 号轴承气密封向着燃气轮机排气反方向流动，进入 4 级轮盘腔室空间，最后也汇进燃气轮机排气气流中。

这样的结构既保证了 1 号轴承的油气密封，而且为轴承箱周围提供了连续的通风，也保证了轴承箱的工作温度在允许范围。第 4 级轮盘腔室处安装有热电偶测量轮盘温度，以监视冷却空气流量是否充足。

（四）缸体支撑

整个燃气轮机缸体共有 3 处支撑，分别位于压气机缸、透平缸和排气通道处。

（1）压气机缸体支撑。在压气机缸的前端下部装有一刚性支架，此支架将压气机缸体沿轴向锁死，是整个燃气轮机缸体的膨胀死点，从而保证在燃气轮机缸体受热膨胀后，其变化方向只能从压气机进气端朝向透平排气端。

（2）透平缸体支撑。在透平缸的两侧装有柔性的耳轴支撑臂（也可称支撑腿），支撑臂与透平缸和支架基座连接处均装有耳轴轴承。当透平气缸的温度增高时，耳轴支撑允许透平气缸沿轴向和水平方向进行热膨胀，而不会影响与转子的对中。耳轴支撑臂上装有润滑油管路，润滑油通过其进入支撑臂中的油路通道冷却上部耳轴轴承。

（3）排气通道支撑。在后排气通道的上游端外部安装有挠性排气支撑和中心支撑，此两支撑与压气机侧和透平侧支撑共同完成对整个燃气轮机缸体的支持作用。挠性排气支撑可吸收排气通道的热膨胀，用螺栓固定到基础板上，支架可按照需要加设垫片，以便透平找中。

第二章

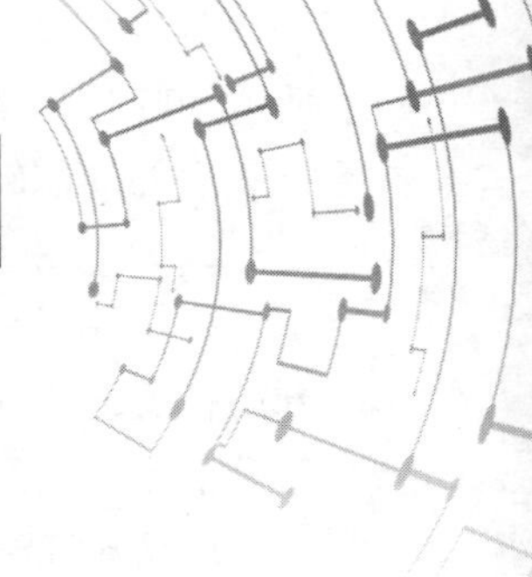

汽　轮　机

第一节　汽轮机基本工作原理和分类

汽轮机是以蒸汽为工质，将蒸汽的热能转化为转子旋转的机械能的动力装置。来自锅炉的过热蒸汽，进入汽轮机后，依次经过一系列环形配置的喷嘴和动叶，将蒸汽的热能转化为汽轮机转子旋转的机械能。

$$蒸汽热能 \xrightarrow{喷嘴（静叶栅）} 蒸汽动能 \xrightarrow{动叶栅} 机械能$$

汽轮机由转动部分（转子）和静止部分（静子）组成。转动部分主要包括主轴和叶轮、动叶片、联轴器等；静止部分主要包括汽缸、隔板和静叶、汽封、轴承等。

一、汽轮机级的工作原理

在汽轮机中，由一列静叶栅和其后的一列动叶有所组成的将蒸汽热能转换成机械能的基本单元称为汽轮机的级，如图 2-1 所示。

具有一定压力和温度的蒸汽通过汽轮机级时，先在静叶栅中将蒸汽的热能转化成汽流的动能，然后高速的汽流作用在动叶片上，使装配动叶片的转子转动，从而将汽流的动能转化成转子的机械能。在汽轮机级的工作过程中，汽流对动叶片的作用分为冲动作用和反动作用两种。

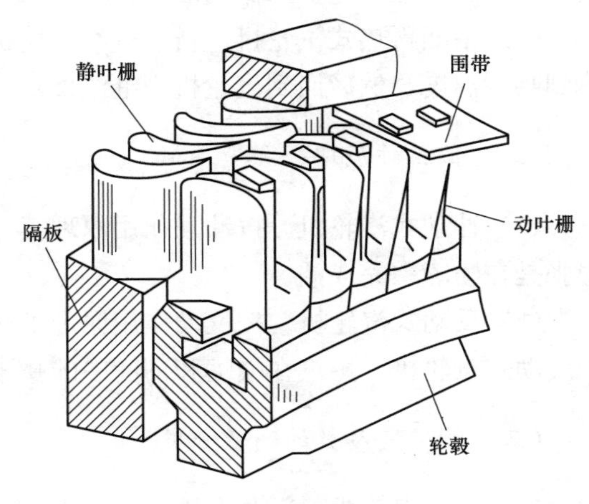

图 2-1　级的示意图

1. 冲动作用原理

当一运动物体碰到另一个静止或运动速度较低的物体时，就会受到阻碍而改变其速度，同时给阻碍它运动的物体一个作用力。此作用力的大小取决于运动物体的质量和速度变化。质量越大，作用力越大；速度变化越大，作用力也越大。若阻碍运动的物体在此力的作用下，产生了速度变化，则阻碍物体就做了机械功。

蒸汽在静叶栅中加速膨胀，压力降低，速度增加，蒸汽的热能转化成动能。高速汽流冲击动叶片，由于汽流运动方向改变，产生了对叶片的冲动力，从而推动叶轮旋转做功，将蒸汽的动能转变成轴旋转的机械能。

2. 反动作用原理

一物体对另一物体施加一个作用力时，这个物体上必然要受到与其作用力大小相等、方向相反的反作用力。例如，火箭是利用燃料燃烧时产生的大量高压气体从尾部高速喷出对火箭产生的反作用力使其高速飞行。

反动式汽轮机的特点是蒸汽的冲动力和反动力同时对动叶片做功，其所做的功等于热能转化为汽轮机转子的机械能的能量。反动式汽轮机是同时利用冲动和反动作用原理工作的。

为反应蒸汽在动叶中的膨胀程度，引入反动度的概念，它等于汽流在动叶栅中的理想焓降与整个级的滞止理想焓降之比。反动度为0的级称为纯冲动级，反动度为0.5的级称为反动级。

二、汽轮机的分类

（一）按热力过程特性分

（1）凝汽式汽轮机。进入汽轮机做功的蒸汽，除很少一部分漏气外，全部排入凝汽器，这种汽轮机称为纯凝汽式汽轮机。进入汽轮机的蒸汽，除大部分排入凝汽器外，有少部分蒸汽从汽轮机中分批抽出，用来加热锅炉给水，这种汽轮机称为有回热抽汽的凝汽式汽轮机，简称凝汽式汽轮机。

（2）背压式汽轮机。进入汽轮机做功后的蒸汽在高于大气压力下排出，供工业或生活使用，这种汽轮机称为背压式汽轮机。

（3）调节抽汽式汽轮机。部分蒸汽在一种或两种给定压力下抽出，供给工业或生活使用，其余蒸汽在汽轮机内做功后仍排入凝汽器。

（4）中间再热式汽轮机。新蒸汽在汽轮机前面若干级做功后，全部引至锅炉内再次加热到某一温度，然后回到汽轮机中继续做功。

（二）按工作原理分

（1）冲动式汽轮机。按冲动作用原理工作的汽轮机称为冲动式汽轮机。蒸汽大部分的膨胀是在喷嘴中完成的。

（2）反动式汽轮机。按反动作用原理工作（同时也按冲动作用原理工作）的汽轮机称为反动式汽轮机，蒸汽在喷嘴和动叶中的膨胀程度近似相等。

（三）按进汽参数的高低分类

（1）低压汽轮机。新蒸汽压力小于1.5MPa。

（2）中压汽轮机。新蒸汽压力为2～4MPa。

（3）次高压汽轮机。新蒸汽压力为4～6MPa。

（4）高压汽轮机。新蒸汽压力为6～10MPa。

(5) 超高压汽轮机。新蒸汽压力为12～14MPa。

(6) 亚临界参数汽轮机。新蒸汽压力超过22.16MPa。

(7) 超临界参数汽轮机。新蒸汽压力为22.115～26MPa。

(8) 超超临界汽轮机。新蒸汽压力超过25.0MPa。

第二节　联合循环汽轮机的特点

与常规火电相比，联合循环汽轮机具有如下特点。

1. 排汽量大

在常规火电汽轮机中，由于设置给水加热器，回热系统抽汽占汽轮机进汽的20%～30%，排汽量只有主蒸汽流量的70%～80%。在联合循环的蒸汽轮机系统中一般均取消了回热抽汽，不在汽轮机侧设置给水回热加热器，而在余热锅炉低温段设置省煤器，以充分利用烟气余热，降低排烟温度。就单压循环的汽轮机来说，排汽量几乎与主蒸汽量相等。在双压联合循环汽轮机中，低压蒸汽约占主蒸汽的20%，排到凝汽器的蒸汽量比常规汽轮机多45%左右。因而相同容量的机组在相同背压下，末叶片的长度和凝汽器面积都比常规机组高一个等级。

对于不设置给水回热抽汽的单排汽轮机组，往往设计成轴向排汽或侧向排汽，安装基础较低，可不用高的厂房，以降低电站建设成本。

2. 启动速度快，调峰性能要求高

大多数联合循环电站肩负调峰任务，两班制运行，启、停频繁。燃气轮机启动很快，从点火到满负荷最快只需要25min。在汽轮机启动及带满负荷前，余热锅炉产生的蒸汽通过旁路排到凝汽器或燃气轮机的排气直接被旁通大气，影响电厂的经济性。因此，要求汽轮机必须具备快速启动的特性，在结构设计方面必须采取相应措施，适应快速启停要求。

为了满足快速启动和经济性的要求，应采取以下一些措施。

(1) 尽可能加强汽缸的对称性。汽缸的结构要设计成等强度壁厚，不同压力段壁厚不同，在关键部位要控制其几何形状，以尽量减小汽轮机快速启停过程中的热变形和热应力。

(2) 汽缸的中分面法兰要尽可能采用高窄法兰结构，中分面螺栓尽可能靠近转子轴心，使法兰和螺栓比较容易加热和膨胀，以减小其内、外温差造成的热应力。

(3) 采用径向式汽封，减小径向动静间隙，加大轴向动静间隙，既可保证运行时减小漏汽、提高效率，又可防止在快速启动时由于膨胀不同步而引起动静之间的碰撞或摩擦。

(4) 汽轮机的各级均采用全周式进汽结构，保证进汽部分上下温度比较均匀，减少其热应力，主汽阀、调节阀、导汽管、外接管道等一般要尽可能布置对称。

(5) 尽量采用先进的定中心梁的推拉结构，保证机组频繁启停时膨胀收缩顺畅，防止汽缸跑偏。

(6) 通流部分用锥形通道；接近高温区的转子直径要设计得稍小一些，这样可以使在机组启停时，最关键的部位的热应力最小；位于第一级附近的叶轮与转轴间的过渡圆角应尽可能大。

(7) 二次进汽的流道和蜗壳型线要设计得光滑、流畅，减小进汽压损和对主流的干扰。

(8) 叶片应采用先进高效的全三维叶型，动叶要自带围带，保证子午面通道的光顺，低压各级长叶片要采用弯扭联合成型，保证高的级效率。末两级叶片要采取良好的强化措施防止水蚀。末级叶片要精心设计，根部的反动度要适当加大以提高机组的变工况性能。

(9) 调节方式宜采用DEH（数字式电调系统），能对机组实现快速、灵活、精确的调节、控制和保护，适应快速启停和工况变化频繁的要求。

(10) 汽封系统采用自密封的形式，提高机组的自动化水平。为满足快速启停的要求，以及防止在快速启动时由于膨胀不同步而引起动静之间的碰撞或摩擦，因此，在通流部分以及轴封、油封挡处的轴向动静间隙要较常规机组适当放大。由于轴向间隙适当放大，为保证机组的高效率，通常在通流部分的前几级增设汽封。

3. 配汽采用全周进汽，节流调节方式，滑压运行

联合循环机组调峰和调频的任务是由燃气轮机来完成的，汽轮机负荷的变化取决于燃气轮机的排烟量和排烟温度，处于被动状态。汽轮机运行时，进汽阀门处于全开状态，不参与调节。余热锅炉产生的蒸汽全部进入汽轮机。主汽门前的压力随着蒸汽流量的增减自然变化、动态平衡。为了保证小流量时蒸汽的品质，防止余热锅炉因压力过低而汽中带水，在40%负荷以下采用定压方式。

采用节流调节、滑压运行方式，汽轮机内效率随负荷变化不大，变工况性能好。另外，在部分负荷时，可以降低末级排汽温度。这是因为，在部分负荷时，随着燃气轮机初温的下降，余热锅炉产生的主蒸汽温度有较大幅度的降低，如果主蒸汽压力不随之降低，在h-s（焓-熵）图上，热力过程线左移，排汽湿度增大，影响末级叶片的安全。

在联合循环中应用的汽轮机的结构，主要是围绕着前文所述的特点进行设计的，即汽轮机的结构应该反映安全高效、快速启动、蒸汽容积流量大和滑参数运行这几方面特点的要求。

为了满足滑压运行的要求，汽轮机采用节流调节，无须设置调节级。各级均采用全周进汽的结构，运行时调节阀通常都全开，并精心设计进汽蜗壳。

对于功率和背压彼此相同的汽轮机来说，常规火电机组的排汽环形面积的尺寸要比联合循环的小很多。这是由于在常规机组中有多级回热抽汽口，而在联合循环机组中，不仅少有抽汽口，反而要在低压部位注入大量二次蒸汽，排汽侧的环形面积尺寸和排汽量比同容量等级的常规火电机组大很多。为此，必须认真地设计这种汽轮机的低压缸。联合循环的汽轮机一般都设有百分之百的蒸汽旁路系统，凝汽器的机组启动、停机或甩负荷时要接收并凝结大量的高焓蒸汽，因此，凝汽器的设计也要特别加以考虑。

第三节　TC2F-35.4型汽轮机概述

TC 2F-35.4型汽轮机为单轴、高中压合缸、双排汽、再热凝汽式汽轮机，具有高运行效率和高安全可靠性。高中压合缸，这种设计缩短了汽轮机的总体长度。高中压汽轮机是个冲动式汽轮机。从余热锅炉来的高压主蒸汽通过一组高压主汽阀和高压调节阀进入高压段，高压主汽阀和高压调节阀布置在高中压汽轮机的右侧（从汽轮机向发电机方向看）。高压调节阀出口通过一根主蒸汽管道连接到高中压汽缸的高压段进汽腔室上。蒸汽经过高压缸做功后，经汽缸底部的高压排汽口流到余热锅炉。从余热锅炉来的再热器热段蒸汽通过一组中压主汽阀和中压调节阀返回到中压进汽段，中压主汽阀和中压调节阀布置在高中

压汽轮机的左侧（从汽轮机向发电机方向看）。中压调节阀出口通过一根主汽管道与高中压缸的中压段进汽腔室相连接。蒸汽通过中压缸做功后，从汽缸上部的中压排汽口排向连通管。排汽口通过一根连通管连接到低压缸进汽口。从余热锅炉来的低压蒸汽通过一组低压主汽阀和低压调节阀在连通管内与中压排汽混合。汽轮机低压缸设计为双排汽反动式，混合后的汽体进入低压缸，蒸汽从叶片通流级的中间进入，向两侧排汽，两侧的排汽各自排向凝汽器。低压主汽阀和调节阀布置在高中压汽轮机的左侧（从汽轮机向发电机方向看）。

一、TC2F-35.4 型汽轮机技术规范

TC 2F-35.4 型汽轮机技术规范见表 2-1。

表 2-1　TC2F-35.4 型汽轮机技术规范

项　　目	参数及说明		
汽轮机型号	TC2F-35.4	高中压合缸、双排汽、单轴再热凝汽式汽轮机	
额定功率	143.77MW		
主蒸汽参数	高压蒸汽压力（MPa）		11.04
	高压蒸汽温度（℃）		540
	中压蒸汽压力（MPa）		3.848
	中压蒸汽温度（℃）		568
	低压蒸汽压力（MPa）		0.484
	低压蒸汽温度（℃）		241.8
排汽压力（kPa）			6.23
汽轮机速度（r/min）			3000
转向	逆时针方向		（从燃气轮机侧看）
与发电机的连接	刚性联轴器		
汽轮机级数	高压缸	8 级	
	中压缸	8 级	
	低压缸	2×6 级（双流）	
轴承	支承轴承	高压-中压汽轮机：4 瓦块可倾瓦轴承（×2） 低压汽轮机：2 瓦块可倾瓦轴承（×2）	
	推力轴承	与燃气轮机共用	
盘车装置	1 个	交流电动机驱动的自动脱开式	
主汽门	高压主汽阀	数量 1	228.6m 提升式
	高压调节阀	数量 1	184.15mm 提升式
	中压主汽阀	数量 1	381mm 扑板式
	中压调节阀	数量 1	355.6mm 提升式
	低压主汽阀	数量 1	381mm 扑板式
	低压调节阀	数量 1	355.6mm 提升式
阀门控制系统	电液控制（与润滑油系统分离）		

二、TC2F-35.4 型汽轮机设计特点

（1）整个汽轮机参见纵剖面图 2-2。

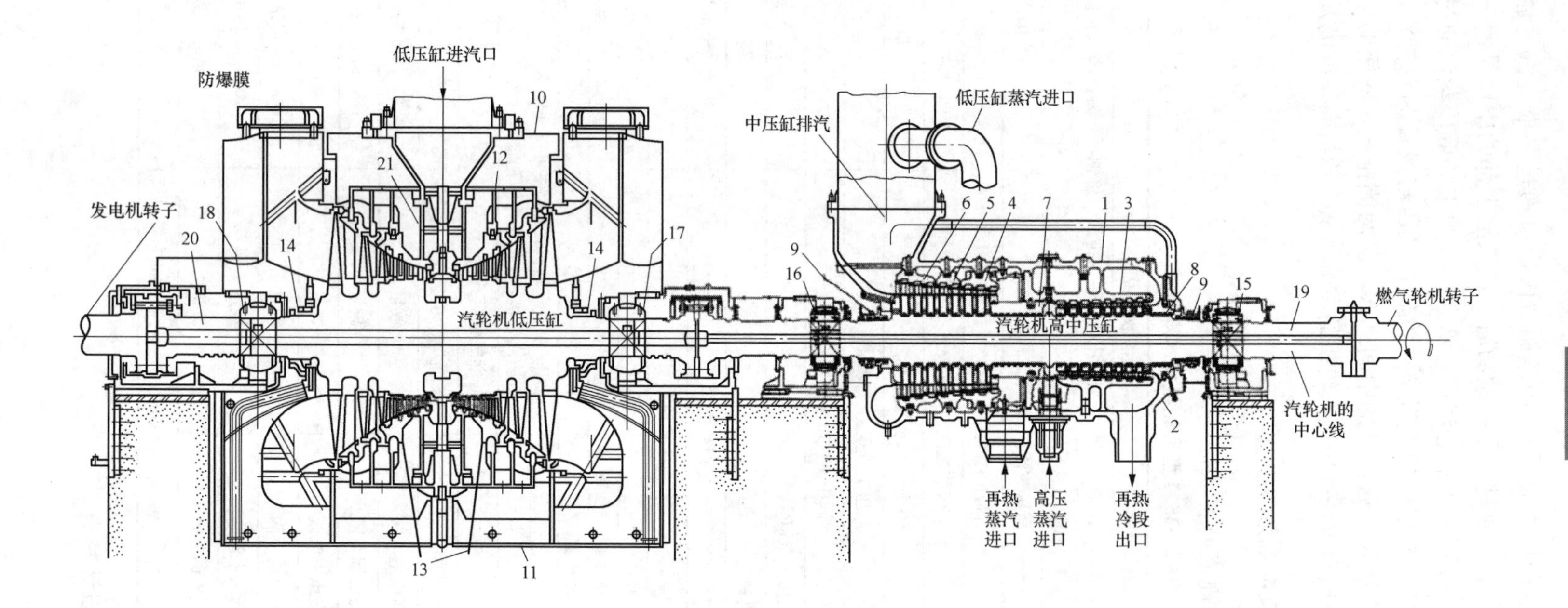

图 2-2　TCF-35.4 型汽轮机剖面图

1—高中压外汽缸上半部分；2—高中压外汽缸下半部分；3—高压内汽缸；4—高中压 1 号叶片环；5—高中压 2 号叶片环；6—高中压 3 号叶片环；7—高中压 1 号平衡环；8—高中压 2 号平衡环；9—高压外汽封环；10—低压外汽缸上半部分；11—低压外汽缸下半部分；12—低压内汽缸；13—低压叶片环；14—低压外汽封环；15—3 号轴承；16—4 号轴承；17—5 号轴承；18—6 号轴承；19—高中压转子；20—低压转子；21—低压蒸汽室

（2）TC2F-35.4 型汽轮机低压级使用了高效率反动式叶片。这些叶片被称为“全三维”设计反动式叶片，用来提高循环效率。采用弯扭型叶片，大大减少了级损失。末级叶片的效率和可靠性对汽轮机装置的性能和可用性有很大的影响。TC2F-35.4 型汽轮机采用经过最新技术不断开发改进的低压末级叶片，以获得更高的可靠性，并改进机组的效率和运行灵活性。

（3）机组在启动和负荷变化期间，汽轮机的高温高压部件由于蒸汽温度的极大变化而承受严重热应力。为了减小热应力并提高机组的快速启动能力，将汽缸和阀门分开，将热应力减至最低程度，并提高热适应性。

（4）汽轮机的每根转子均有两个滑动支承轴承。高中压转子的 3 号和 4 号及低压转子的 5 号和 6 号轴承都为可倾瓦轴承。这些轴承用于提高轴的稳定性。

三、TC2F-35.4 型汽轮机结构

（一）汽缸

汽缸是汽轮机的外壳，它体积庞大、形状复杂且经常在高温高压的环境里工作。汽缸起着密封的作用，即将汽轮机内部做功的工质与外界隔绝，使工质在一个密闭的空间内流动；另外，汽缸起支撑定位作用，汽缸里面安装着隔板套、隔板、汽封等静子部件，外部连接着进汽、排汽、抽汽等管道。

汽缸本身的受力情况复杂，汽轮机工作时，汽缸除了承受其本身和装在其内部各零部件的质量静载荷及汽缸内外的巨大压差外，还要承受由于沿汽缸轴向、径向温度分布不均匀而产生的热应力，对于高参数大功率汽轮机，这个问题更为突出。因此，在结构上，汽缸除了要保证有足够的强度和刚度、严密性，各部分受热时能自由膨胀且始终保持中心不变以及通流部分有较好的流动佳能外，还应尽量减小缸体工作时的热应力。

汽缸的结构形状和支持结构在受到热应力时可自由且对称地膨胀，从而减少非对称变形的可能性。中高压缸的缸体是合金钢铸件，汽轮机轴以水平中心分为上、下两个部分。主蒸汽进汽管道连接缸体的部分有膨胀节，从而使管道与缸体间的热膨胀相互影响最小。

1. 高中压缸

高中压缸采用的合缸结构，通流部分为反向布置。它由高、中压外缸，高压内缸和中压内缸组成，形成双层汽缸结构。高、中压外缸和内缸缸体都是合金钢铸件，各沿水平中分面分为上汽缸和下汽缸，上、下汽缸之间用法兰螺栓紧固，以便于机组的安装及检修，如图 2-3 所示。

汽缸的结构形式和支撑方式在设计时给予充分考虑，当受热状况改变时，可以保持汽缸自由且对称地收缩和膨胀，并且把可能发生的变形降到最低限度。由合金钢铸造的高中压外缸通过水平中分面形成上、下两半。内缸同样为合金钢铸件并通过水平中分面形成上、下两半。内缸支撑在外缸水平中分面处，并由上部和下部的定位销导向，使汽缸保持与汽轮机轴线的正确位置，同时使汽缸可根据温度的变化自由收缩和膨胀。连接到汽轮机的蒸汽进口管道具有若干回路以便使热应力保持到最小。

高压内缸装有高压 1～8 级隔板。支撑结构为悬挂销，定位采用径向销结构。内缸轴

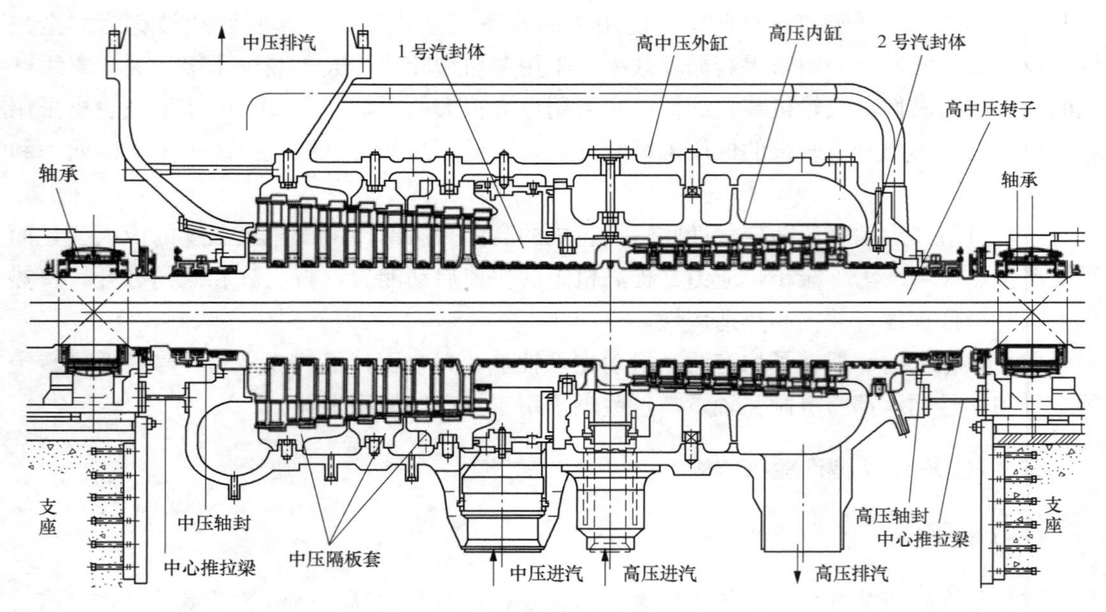

图 2-3 高中压缸结构图

向定位死点位于高压进汽口之前，内缸此处有一定位环，其外缘与外缸上相应位置的凸缘配合，确定内外缸轴向位置，构成内缸相对于外缸的轴向膨胀死点。内缸外壁高压第 4 级处设置有隔热环将内外缸夹层空间分成 2 个区域，可以降低内缸内外壁温差，提高外缸温度。内缸通过左右悬挂销搭在外缸上，配准悬挂销下面垫片可以调整内缸中心高度，上面垫片的配准是为了配准内外缸的热膨胀间隙。螺栓安装时需要热紧。内、外缸之间靠径向销保持内外缸中心一致和内外缸间的自由膨胀。

1 号、2 号汽封及隔板通过水平中分面支撑在汽缸上，并在底部及顶部安装有导向作用的径向销。高、中压缸的缸体由 4 个支撑臂支撑，它们全部被熔铸入地基当中，因而将缸体水平中心线附近定义为支撑点。高压缸末端的支撑臂固定于它们与高压缸基座之间的键上，从而使支撑臂可以自由滑动。在中压缸的末端，缸体的支撑臂也同样固定于它们和基座（低压缸与中高压缸之间）间的键上，并以同样的方式自由滑动。缸体间由各自基座末端引出的横梁相连接，并用法兰和螺栓相互连接基座与缸体。这些横梁用于维持缸体相对于基座的轴向形变与位移。

高压缸缸体的基架是可以在其地基上轴向自由移动的，但其横向的位移由一组位于缸体与地基间径向中心线的键固定。而所有的垂直方向上的变形由每个支撑臂间的拉杆约束。这些由螺母固定的拉杆又有足够的余量以满足缸体支撑臂的自由热膨胀。

高中压间汽封体。叶片上存在的蒸汽压差产生相当大的推力，这种推力使转子沿轴向向排汽侧移动。对高中压间汽封和轴封上的一段进行机械加工，以形成平衡活塞，这种设计用于平衡部分轴向推力，并减少施加于推力轴承的负载，从而限制所有运行条件下的转子推力。高中压间汽封还作为转子轴封的部分起作用，并降低轴封的最终压力。经过汽封体泄漏的蒸汽通过平衡管道，连接到中压排汽。蒸汽压力将取决于运行条件和汽轮机的设计条件。作用于汽封体的有效压差趋向于将转子移向进汽端，从而减少推力轴承上的负载。汽封体是个单独的部件，机加工成两半，在汽缸中分面处由悬挂销支承，并在顶部和底部由径向稍对中。这种布置能够保证相对于汽轮机轴保持正确的位置，但允许由于温度的变化而自由移动。每个高低齿汽封圈带有“T形”定位凸肩，该“T形”定位凸肩装入汽封体的相应槽内。位于中分面的两个汽封圈弧段用防转销固定。当提升上半汽封体时，该防转销能防止上半汽封圈脱落。

2. 低压缸

低压缸处于蒸汽从正压到负压的过渡工作区域，排汽压力很低，蒸汽比容增加很大，故低压缸多采用双缸反向对称布置的双分流结构，采用这种结构的主要优点是能很好地平衡轴向推力。另外，由于蒸汽比容变化较大，为避免叶片过长，低压缸分成两个独立的缸体，如图 2-4 所示。

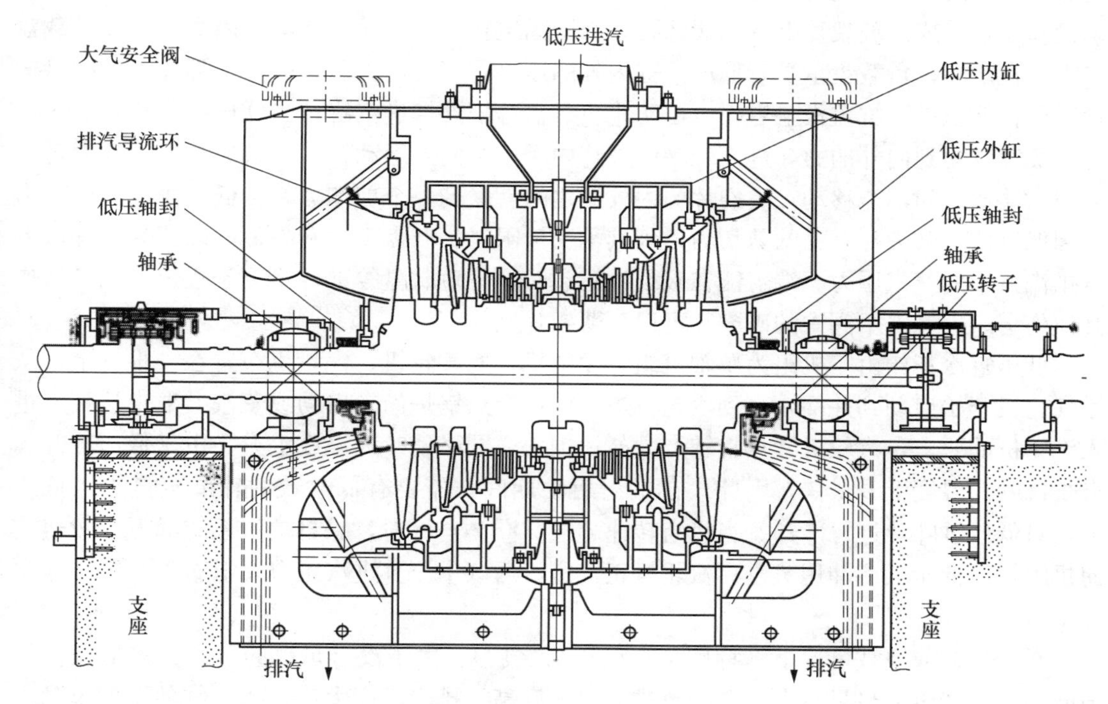

图 2-4　低压缸纵剖面图

低压缸内每一级压降不大，但其做功能力超过高中压缸的任何一个压力级（压比较大）。所以，低压缸的结构应能保证机组安全的前提下，多做功，低压缸排汽的压力低。因此，缸体庞大，并与凝汽器直接连接。

低压缸用地脚套来支撑，该地脚套与机组底座连成一个整体并延伸到每个底座端。地脚套落在各自的座板上，座板用水泥砂浆浇注在基础上。低压缸由位于地脚套和基础之间的 4 个锚块来定位，位置如下：一个位于高压侧端，一个位于发电机端，置于横向中心线上，这样使汽轮机缸体定位于横向位置，但是能够轴向膨胀；另两个锚块，每端各一个，置于靠近低压汽轮机纵向中心线上，使汽轮机定位于轴向，但还是允许横向膨胀。于是低压缸缸体可以在水平低座板上，向任何方向自由膨胀。

低压缸采用焊接双层缸结构，轴承座为非落地式结构。内缸通过其下半水平中分面法兰支撑在外缸上。水平法兰中部及内缸下半底部对应进汽中心处有定位键，作为内外缸的轴向相对死点，使内缸轴向定位而允许横向自由膨胀；内缸下半两端底部有纵向键，沿纵向中心线轴向设置，使内缸相对外缸横向定位而允许轴向自由膨胀。低压外缸沿轴向分为两段，用垂直法兰螺栓连接，现场组装后再密封焊接。低压外缸上半顶部进汽部位有膨胀节与内缸进汽口和连通管连接，以补偿内外缸胀差和保证密封。低压外缸下半四周的支承台板放在成矩形排列的基架上，承受整个低压部分的质量。

排汽口与凝汽器采用刚性连接，凝汽器由弹簧支承在基础上，正常运行时凝汽器水重由低压外缸承受。

低压外缸两端的上半缸上均装有大气薄膜阀，其作用是当低压缸的内压超过其最大设计安全压力时，自动进行危急排汽。大气薄膜阀由低压排汽缸盖板、负载盘、破裂片、支承盘和端盖组成。玻裂片上有两圈螺孔，外圈固定在端盖与盖板之间，内圈固定在负载盘与支承盘之间。负载盘承受着低压汽缸内外的压差，当缸内为负压时，破裂片和负载盘被紧紧压在低压排汽缸盖板上启板，可防止负载盘等部件掉进汽缸；当低压排汽缸内为正压时，负载盘受到向外的力，进而带动破裂片内圈一起向外运动，由于破裂片的外圈固定在盖板与端益之间不能移动，破裂片的内外圈之间就受到一个剪切力，当低压排汽缸内压力升到保护值，破裂片所受的剪切力达到其承受极限时负载盘带动破裂片向外撕裂，释放低压排汽缸中的蒸汽压力。端盖能在破裂片爆裂时保证负载盘等部件不至于飞出，以免造成其他伤害。大气安全阀中的破裂片可以用薄铝片制作。

低压缸冷却：由于机组为单轴机组，发电机、燃气轮机、汽轮机布置在一根轴上，从燃气轮机开始启动到并网，直到汽轮机进汽前，余热锅炉尚未启动或蒸汽参数未达到能进入汽轮机的要求，汽轮机叶片空转产生鼓风损失，同时使叶片温度上升。由于低压缸叶片最长，叶片温度上升最快，因此，在机组启动期间，需要有低参数的辅助蒸汽进入低压缸，对低压缸叶片进行冷却。当机组转速超过2000r/min时，来自辅汽系统的低参数蒸汽向机组提供低压缸冷却用蒸汽。汽轮机正常进汽后（中压缸进汽压力大于0.38MPa）退出冷却蒸汽。

在低负荷或空载情况下（特别是在甩负荷之后），由于没有足够的蒸汽量将低压汽缸内摩擦鼓风产生的热量带走，会导致排汽温度升高。排汽温度太高，排汽缸的温度也随之过高，则会影响与排汽缸连在一起的轴承座的标高，使低压转子的中心线改变，造成机组振动或发生事故。因此，在低压缸排汽区设有喷水装置，当排汽温度升高时按要求自动投入，以降低低压缸排汽温度。

低压缸喷水系统设计成在转子的转速超过600r/min，同时排汽缸温度超过70℃自动投入，排汽温度低于60℃时停止喷水。气动控制阀由凝结水泵提供的冷却水控制，可自动控制也可手动喷水。

另外，还设定了低压缸排汽温度的报警值和跳闸值分别为80℃和120℃，当超过此数值时，分别发出报警和跳闸信号。

（二）喷嘴组、隔板

隔板把汽轮机的流通部分分隔成若干个能量转换的独立腔室，它的作用是固定汽轮机各级的静叶片和阻止级间漏汽。汽轮机中的蒸汽流过由隔板上固定的一圈静叶间形成的流道，蒸汽降压增速，将蒸汽的热能转换成动能。

隔板和隔板套是在冲动式汽轮机中的命名方式，反动式汽轮机没有叶轮和隔板体，一般称为静叶环和静叶持环。

隔板在工作时承受着高温高压蒸汽或者湿蒸汽的作用，为了保证隔板的安全和经济运行，在结构上要求它具有足够的刚度和强度、良好的汽密性、合理的支撑与定位（保证与汽缸、转子有良好的同心度）；还应使其结构简单，便于安装和检修。

隔板通常制成水平对分形式，如图 2-5 所示。隔板下半通过两侧悬挂销安装在汽轮机缸体或隔板套内，下半隔板中间处会设置一个中心销进行定位；上、下半隔板通过安装螺栓连接，压力较高部分隔板的中分面，因隔板体较宽，一般设置水平键进行密封定位。隔板体内侧开有一圈汽封槽，安装汽封后可形成隔板与转子之间的密封。

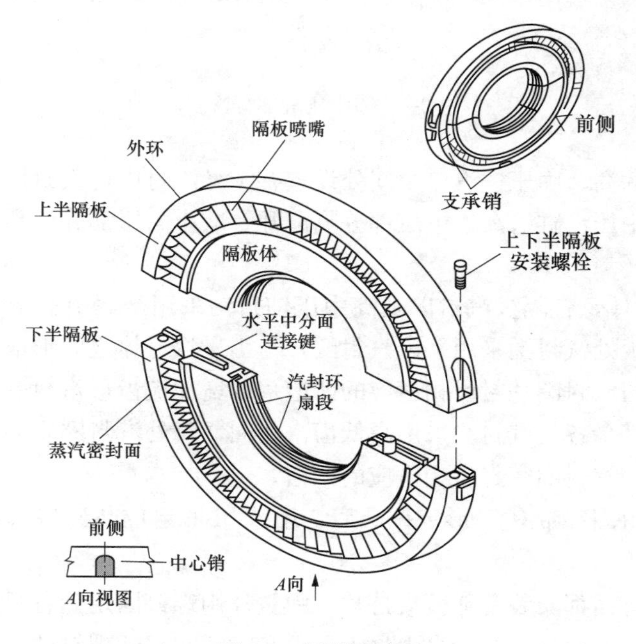

图 2-5　隔板示意图

TC2F-35.4 型汽轮机的高、中压隔板都采用自带冠静叶的焊接结构。它是将喷嘴叶片焊接在内、外围带之间，组成环形叶栅，然后再将其与隔板体及隔板外环焊接在一起，组成焊接隔板。焊接隔板具有较高的强度和刚度、较好的汽密性。

（三）汽封

汽轮机工作时，转子高速旋转而静止部分不动，动静部分之间必须留有一定的间隙，以避免相互碰撞或摩擦；而间隙两侧的蒸汽一般都存在压差，这样就会有漏汽，造成能量损失，使汽轮机的效率降低。汽封就是减少汽轮机蒸汽泄漏的专用部件，依照安装部位和用途可分为隔板汽封、叶顶汽封、端部汽封（轴封）及其他特定用途汽封体。

汽轮机正常运行过程中，主轴振动、动静部件热变形会导致汽封间隙变小，甚至引起动静摩擦而磨损汽封齿，使汽封间隙增大，漏汽量增加，降低汽轮机的工作效率。由于汽封装置一般需要在机组开缸时才能检修，使大多数因汽封齿磨损导致漏汽增大的故障都不能及时处理，而较为长期地影响机组运行的经济性，因此，在机组正常运行过程中需要特别注意控制机组振动、热部件温度变化率，以保护汽封装置，保证机组的经济运行。

TC2F-35.4 型汽轮机的高中压缸部分汽封设置如图 2-6 所示。

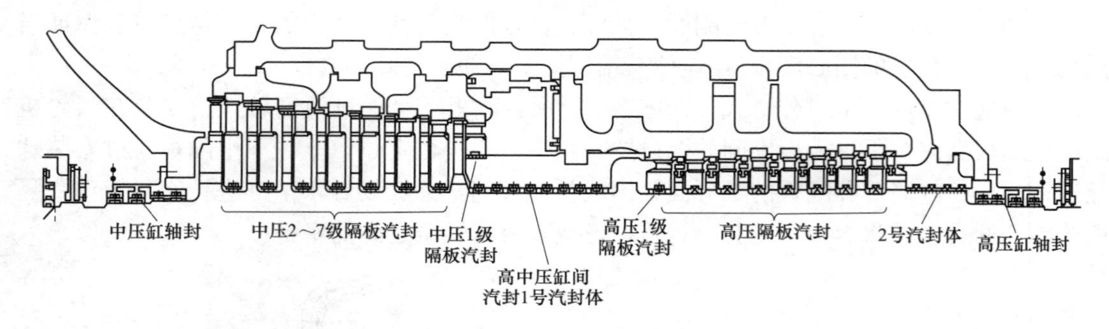

图 2-6　高中压缸部分汽封

高中压汽轮机的高、中压进汽口中间处设置有 1 号汽封体，汽封体上安装有 6 道汽封圈，其作用是将高中压汽缸的高、中压部分隔离开，减小高压部分的高压蒸汽向中压侧的漏汽量。

1 号、2 号汽封体，各隔板汽封以及高中压轴封均采用金属梳齿形、弹簧分段式汽封圈。中压第 1 级隔板处汽封圈采用平齿汽封圈，与 1 号汽封体之间形成密封，在 1 号汽封体外环面上加工有与汽封圈密封齿相适应的凹槽，以增加梳齿形汽封的密封效果；除中压一级隔板汽封外的其余各处汽封均采用高低齿汽封圈，每处汽封圈安装位置所对应的高中压转子上均加工有与汽封圈密封齿相适应的凹槽。

汽封圈每段汽封圈都带有 T 形定位凸肩，用该 T 形定位凸肩将汽封圈装入各处相应的装配槽内。

每段汽封圈的背面都安装着弹簧支持片，弹簧片用螺钉固定到各弧段，在螺钉头部的下面留有足够的间隙，允许弹簧片自由移动。组装时，在靠近螺钉的头部冲铆，以使螺钉在运行期间不会退出。

高中压缸各级的级间汽封、叶顶处的径向汽封采用镶片式齿形汽封，汽封齿镶嵌在径向汽封安装环中，与动叶顶部加工出的形状相配合，形成叶顶汽封。

低压缸轴封如图 2-7 所示。

低压缸两端分别设置有低压轴封，低压轴封采用平齿、金属梳齿形、弹簧分段式汽封圈，低压轴封处所承受的压力较低，低压转子上未加工与汽封圈相适应的凹槽，汽封圈结构如图 2-7 所示。

低压汽缸各级动叶和静叶处的汽封均采用镶片式齿形汽封，图 2-7 中视图 *C* 和视图 *D* 分别为低压汽缸第 3 级静叶和动叶处的汽封结构，其他各级动、静叶处的汽封布置方式与第 3 级处基本相同，只是根据各动静密封处部件形状的不同，采用汽封齿的数量有所差异。

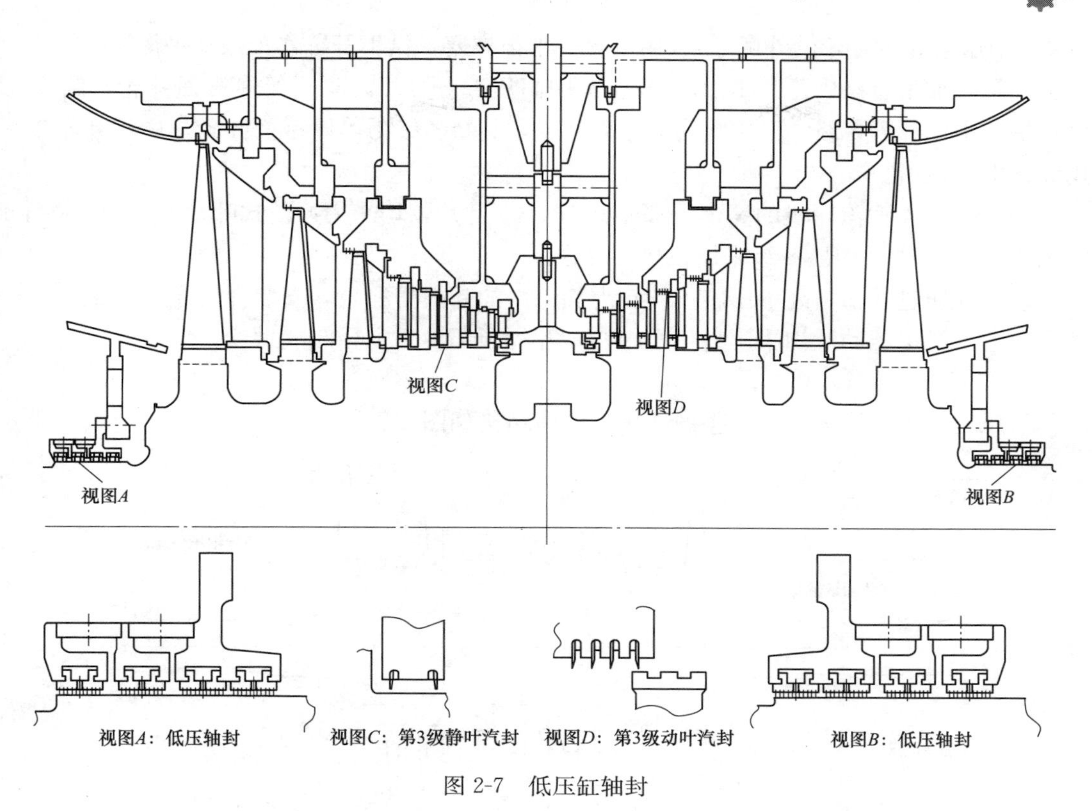

图 2-7　低压缸轴封

（四）转子

转子即为汽轮机的转动部分，它包括动叶片、叶轮和主轴（反动式汽轮机称为转鼓）、联轴器等部件。转子的作用是汇集各级动叶栅上的旋转机械能，并将其传递给发电机。

1. 高中压转子

高中压转子为无中心孔整锻转子，主轴、叶轮、联轴器对轮等都由一个锻件加工而成，如图 2-8 所示。

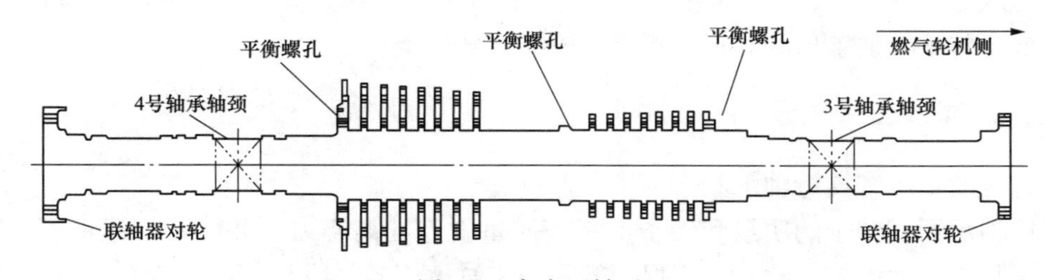

图 2-8　高中压转子

整段转子结构紧凑、强度和刚度好，对机组启停和变工况的适应性较强，适于高温条件下运行。其缺点是加工工艺要求比较高，造价高，加工周期较长。

转子的两处轴颈分别为 3 号和 4 号轴承的安装位置；转子两端分别加工有联轴器对轮，用来同燃气轮机转子及低压转子连接。

转子中间和两端末级叶轮外侧端面上加工有平衡螺孔（即进汽中心处主轴上和高压第

8 级、中压第 8 级叶轮的外侧处)，用以安装平衡螺塞，供不开缸作轴系动平衡用。

主轴上加工有高中压共 16 级叶轮。其中高压部分 8 级，均为等厚截面叶轮，倒 T 形叶根槽；中压部分 8 级，第 1 级为变截面叶轮，其余各级为等厚截面叶轮，中压叶轮都采用纵树形叶根槽。

TC2F-35.4 型汽轮机的高中压部分共 16 级动叶片，均采用冲动式叶片。其中，高压 8 级采用 T 形叶根，中压 8 级采用枞树形叶根。

动叶片通过叶根与高中压转子叶轮上加工出的叶根槽配合，安装在转子叶轮上，呈一整周布置。高中压动叶均采用自带冠结构，叶冠顶部设置了径向汽封。

2. 低压转子

低压转子也采用无中心孔整锻转子，整体结构如图 2-9 所示。

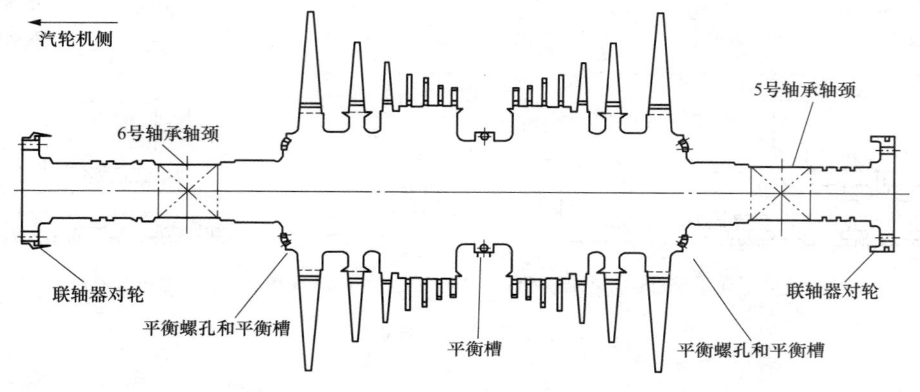

图 2-9　低压缸转子整体结构

转子的两处轴颈分别为 5 号和 6 号轴承的安装位置；转子两端分别加工有联轴器对轮，用来与高中压转子及发电机转子连接。

正反向末级叶轮外侧和转子中部主轴上均有平衡槽，供制造厂作动平衡时用；正反向末级叶轮外侧有平衡螺孔，供不开缸作轴系动平衡用。

低压双流向共 14 级动叶均采用反动式弯扭叶片，全部采用枞树形叶根，动叶片通过叶根与低压转子上加工出的叶根槽配合，安装在转子上。

(五) 轴承

汽轮机的轴承有支持轴承和推力轴承两种。

支持轴承承受转子的质量和转子不平衡质量引起的离心力，并确定转子的径向位置，保证转子与汽缸的中心一致，从而保持转子与汽缸、汽封、隔板等静止部分之间的径向间隙正确；推力轴承承受转子上的轴向推力并确定转子的轴向位置，以保证动静部分之间正确的轴向间隙。

由于汽轮机转子的质量和轴向推力都很大，且转子的转速很高，故轴承处在高速重载条件下工作。为了保证机组安全平稳地工作，汽轮机轴承都采用油润滑和冷却的滑动轴承，工作时在转子轴颈和轴承轴瓦之间形成油膜，建立液体摩擦。

M701F 型燃气-蒸汽联合循环机组轴系共有 8 个径向轴承，其中，燃气轮机 2 个，汽轮机 4 个，发电机 2 个。从燃气轮机排气侧至发电机侧依次编号 1～8 号。支撑汽轮机高中压转子的 3 号、4 号轴承为 4 瓦块可倾瓦轴承，支撑低压转子的 5 号、6 号轴承为圆筒式轴承。

4 瓦块可倾瓦轴承是自对中式轴承，由轴承润滑油系统供油，进油口位于轴承下部的中间处，从轴承下部的两侧回油。

轴瓦套为水平中分的上、下两半，用两侧的销在中分面处定位对中。上、下半轴瓦套内各安装有两块轴瓦，轴瓦通过垫块支撑在轴瓦套内。垫块的一面呈球面，与内垫块接触，这样允许轴瓦以垫块的球面为中心旋转并与转子自动对中。

轴承在轴承座的球形孔座中由 4 个外垫块支撑。外垫块的外表面加工成半径稍小于支座孔半径的球面。这些外垫块装在上、下两半轴瓦套的外侧，外垫块与水平和垂直中心线分别成 45°角。在每个外垫块和轴瓦套之间放有调整垫片。通过改变调整墊片的厚度对轴承的位置进行调整，以此来调整转子在汽缸中的精确位置。

在下半轴瓦套的水平中分面处装有一个止动销，止动销的一端伸入轴承座的凹槽内，从而防止轴瓦套相对于轴承座旋转。

4 块可倾瓦块在工作时可以随转速、载荷及轴承温度的不同而自由摆动，在轴颈四周形成油楔并自动调整油楔间隙，使其达到最佳位置。位于下半轴瓦套的两个瓦块承受着转子的载荷，上面的两个瓦块保持轴承运行的稳定。上半轴瓦套中的两个瓦块上装有弹簧，起减振的作用。

由于可倾瓦轴承的瓦块可以自由摆动，增加了支撑柔性，能够吸收转子振动的能量，所以具有较好的减振性；另外，可倾瓦轴承还具有运行稳定性高、承载能力大、摩擦耗功小等优点。但其结构复杂，安装检修比较困难，成本也较高。

5 号和 6 号轴承为 3 垫块式圆筒轴承，同样由轴承润滑油系统供油，进油管口在轴承侧下方，润滑油通过轴承体内加工出的通道由轴承的侧上方进入内部，从轴承下部的两侧回油。

轴承体为水平中分的上、下两半，用两侧的销在中分面处定位对中。轴承体内表面镀有巴氏合金。

轴承在轴承座的球面孔中由 3 个垫块支撑，垫块的外表面加工成半径稍小于轴承座孔半径的球面。其中，两个垫块装在轴承的下半，与水平和垂直中心线成 45°角的位置，另一个垫块装在轴承顶部的垂直中心线上。在每个垫块和轴承之间都装有调整垫片，用来调整轴承位置，将转子精确地定位在汽缸内。

在下半轴承水平中分面处装有一个止动销，止动销的一端伸入轴承座的凹槽内，从而防止轴承相对于轴承座旋转。

轴承箱包括的主要部件如下。

（1）3 号轴承箱：3 号轴承、振动传感器、偏心传感器。

（2）4 号轴承箱：4 号轴承、高压-低压调整垫片、振动传感器、高中压转子胀差传感器。

（3）5 号轴承箱：5 号轴承、振动传感器、测速传感器、脉冲探头。

（4）6 号轴承箱：6 号轴承、低压-发电机调整垫片、盘车齿轮、振动传感器、低压转子胀差传感器。

在燃气轮机2号轴承箱内设置有一个推力轴承，承受整个轴系的轴向不平衡力。推力轴承的受力面即为整个转子相对于静子的轴向膨胀死点。推力轴承与燃气轮机共用。

（六）滑销与膨胀

汽轮机每一次运行周期都包括启动、带负荷运行及停机3个阶段。在这样的运行周期中，汽轮机承受着加热和冷却的过程。随着机组温度的变化，汽轮机要热胀冷缩。为了引导因热胀冷缩给汽轮机带来的位移，汽轮机组装设了推力轴承和滑销系统，以确保机组安全运行。

TC2F-35.4型汽轮机的整个转子由4个径向轴承支撑（见图2-10），汽轮机高中压转子和低压转子及燃气轮机转子之间用刚性联轴器连接。推力轴承位于汽轮机高中压转子和燃气轮机转子之间，推力轴承是汽轮机转子的定位点，即为整个转子相对于静子的轴向膨胀死点，汽轮机转子由此点开始向低压汽缸方向膨胀。高中压汽缸的轴向膨胀死点位于3号轴承座处，高中压汽缸在轴向上由此处开始向4号轴承座方向膨胀，低压汽缸的轴向膨胀死点位于低压汽缸中部靠近5号轴承侧，低压汽缸在轴向上由此点开始向两边膨胀。

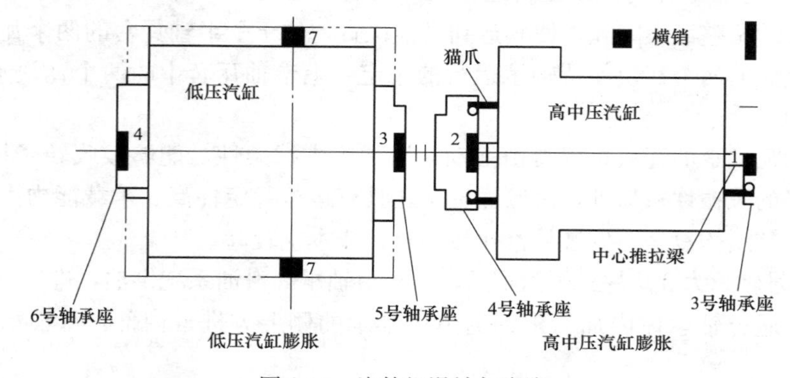

图2-10　汽轮机滑销与膨胀

高中压汽缸由4个与汽缸一同铸造的猫爪支撑在和4号轴承座处的键上，汽缸猫爪在键上能自由滑动。汽缸抬升及离开轴承座的任何趋势都受到穿过各个猫爪的螺栓限制，螺栓装配时，在螺母下面和螺栓四周都留有足够的间隙，允许汽缸猫爪由于温度变化而自由移动。

高中压汽缸底座通过H形中心推拉梁连接到3号和4号轴承座上，该中心推拉梁对高中压汽缸同3号及4号轴承座进行对中定位，中心推拉梁两侧分别使用螺栓和偏心销与高中压汽缸下部及轴承座相连。

3号轴承座由一个纵销引导轴承座的自身轴向膨胀，由定位横销进行轴向固定，这样高中压汽缸的热膨胀就通过中心推拉梁传到4号轴承座，使高中压汽缸整体向4号轴承座方向膨胀。

4号轴承座在其支撑台板上可以自由轴向滑动，由一个轴向键导向并防止轴承座横向移动，轴向键位于轴承座和其台板之间的纵向中心线上。4号轴承座两侧装有压板，形成角销，防止轴承座移动过程中的倾斜或抬起。

余 热 锅 炉

第一节 余热锅炉概述

一、余热锅炉的作用

由于燃气轮机的排气温度高达600℃，排气流量也较大，因而有大量的热能随着高温燃气排入大气。而对于蒸汽动力循环（朗肯循环）来说，由于材料耐温、耐压程度的限制，蒸汽轮机进汽温度一般为540～560℃，但是蒸汽动力循环放热平均温度很低，一般为30～38℃。由于燃气轮机的排气温度正好与朗肯循环的最高温度相接近，如果将两者结合起来，互相取长补短，就可以形成一种工质初始工作温度高而最终放热温度低的燃气-蒸汽联合循环。这种循环也可概括地称为总能系统，在系统中能源从高品位到中低品位被逐级利用，形成能源的阶梯利用，从而提高机组的热效率。余热锅炉正是有效利用这些能量的设备。

带余热锅炉的联合循环是将燃气轮机布雷顿（Brayton）循环和汽轮机朗肯（Rankine）循环组合在一起，按照能量利用的先后，一般把其中的燃气轮机循环称为顶部循环或前置循环，把朗肯循环称为底部循环或后置循环。图3-1给出了有余热锅炉的燃气-蒸汽联合循环的T-S图。

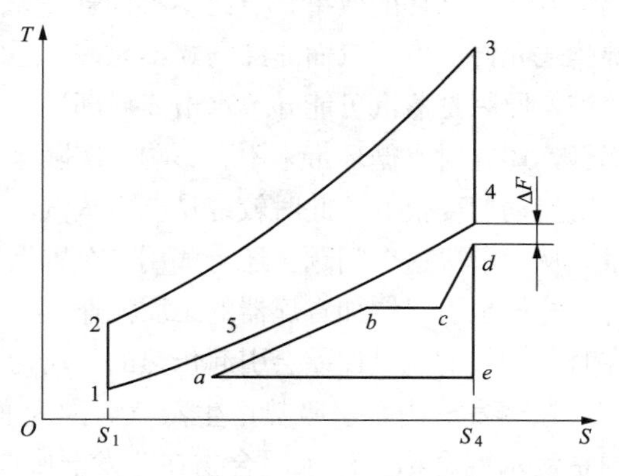

图3-1 余热锅炉联合循环T-S图

从图3-1中可以看出，燃气轮机排放给大气的热量可以用面积1-4-S_4-S_1-1表示。当采用燃气-蒸汽联合循环，即采用余热锅炉的时候，燃气轮机排放给大气的热量就减少了相当于汽轮机热力过程所包围的面积a-b-c-d-e-a表示的热量。采用余热锅炉，燃气轮机机组的效率将显著提高。燃气轮机引入余热锅炉，会使透平的排气压力略有增加，与直接排入大气相比，燃气轮机功率略有下降，但下降很少。余热锅炉中蒸汽轮机输出功率约为燃气轮机功率的30%～50%；采用余热锅炉的联合循环效率要比其中的燃气轮机效率高30%～50%。余热锅炉作为燃气-蒸汽联合循环中的一个重要设备，把燃气、蒸汽联合起来，有效地利用了能量，提高了燃气轮机的效率，因而对余热锅炉的研究具有举足轻重的作用。

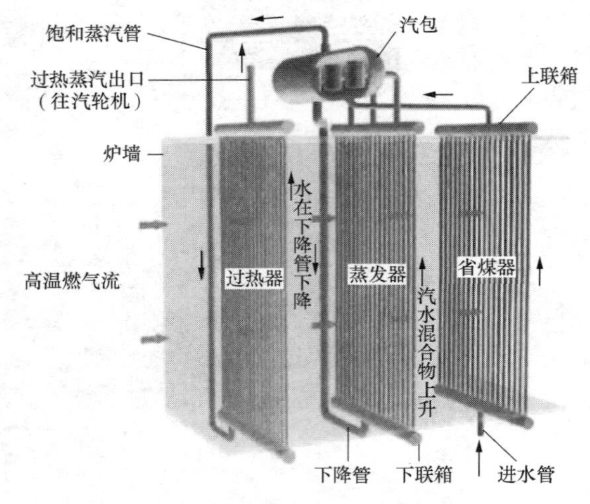

图 3-2　典型余热锅炉汽水流程图

二、余热锅炉的工作原理

通常，余热锅炉由省煤器、蒸发器、过热器、再热器及联箱和汽包等换热管组和容器等组成。在省煤器中，锅炉的给水完成预热的任务，使给水温度升高到接近饱和温度的水平；在蒸发器中，给水转变成为饱和蒸汽；在过热器中，饱和蒸汽被加热升温成为过热蒸汽；在再热器中，再热蒸汽被加热升温到所设定的再热温度。典型余热锅炉汽水流程如图 3-2 所示。余热锅炉给水进入余热锅炉后吸收热量，蒸发后成为过热蒸汽。给水吸收的总热量根据热力学分析可以分为预热热、汽化热和过热热三部分。随着给水温度、蒸汽参数的不同，这三部分热量的比例也不同。压力越高，汽化热的比例越小，预热热和过热热的比例则越大，各类受热面的面积发生相应变化。过热器的作用是将蒸汽从饱和温度加热到一定的过热温度。它位于温度最高的烟气区，而管内工质为蒸汽，受热面的冷却条件较差，从而在余热锅炉各部件中具有最高的金属管壁温度。考虑到启动阶段还存在一定程度的干烧，因此，在过热器设计中需要注意，燃气轮机工况改变带来的热疲劳及高温、高压带来的蠕变问题。省煤器的作用是利用尾部低温烟气的热量来加热余热锅炉给水，从而降低排气温度，提高余热锅炉及联合循环的效率，节约燃料消耗量。常规锅炉的省煤器分为沸腾式和非沸腾式两种，沸腾式允许产生蒸汽而非沸腾式不允许。通常不希望联合循环中的余热锅炉在省煤器中产生蒸汽，原因是蒸汽可能导致水击或局部过热。此外，省煤器中的蒸汽进入汽包后如被带入下降管，还会对水循环带来不利影响。实际运行表明，在机组刚启动及低负荷时，省煤器管内工质流动速度很低，此时较容易产生蒸汽。采用省煤器再循环可以增加省煤器中水的质量流量，从而解决这个问题。还有些用户布置烟气旁路系统，在部分负荷时将部分省煤器退出运行，这样也可以增加省煤器的工质流速。当设计不当或烟气挡板存在问题导致烟气走廊的存在时，烟气的流量偏差会引起传热的不均匀，部分受热面吸收较多的热量也会产生蒸汽。

在蒸发器内，水吸热产生蒸汽。因为通常情况下只有部分水变成蒸汽，所以管内流动的是汽水混合物。汽水混合物在蒸发器中向上流动，进入对应压力的汽包。在立式布置的余热锅炉中，由于蒸发器为水平方向布置，当工质流速很低时容易发生汽水分层；管内有水的区域，由于水的换热系数很大，管壁温度保持正常；在蒸汽区域里蒸汽的换热系数是水的 5.5%，因此，在管壁很容易超温。此外，汽水分层的界面常常会上下波动，使得这部分管壁交替地与汽、水接触，壁温的交替变化将使材料产生热应力疲劳，减弱其工作的安全性。因此，水平蒸发器的设计和运行必须防止汽水分层的现象。蒸发器在运行中经常出现的问题是，在水处理不良的情况下，各种杂质在蒸发器的内壁会形成沉淀物，增加管子的热阻，导致局部超温爆管。因为正常运行的省煤器和蒸发器管内始终有水存在，所以能够被很好地冷却；同时，因为它们所处区域烟气温度较低，所以通常采用碳钢制造。

在自然循环和强制循环的余热锅炉中，汽包是必不可少的重要部件，汽包除了汇集省煤器给水和汇集从省煤器来的汽水混合物外，还要提供合格的饱和蒸汽进入过热器或供给用户。汽包内装有汽水分离设备，可以将来自蒸发器的汽水混合物进行分离，水回到汽包的水空间与省煤器的来水混合后重新进入蒸发器，而蒸汽从汽包顶部引出。汽包的尺寸要大到足以容纳必需的汽水分离器装置，并能适应锅炉负荷变化时所发生的水位变化，因此是很大的储水容器，从而具有较大的水容量和热惯性，对负荷变化不敏感。汽包通常不受热；因为在接近饱和温度下运行时抗拉强度和屈服强度是关键的。

但在实际运行中由于种种原因，蒸汽的温度总是上下波动，当超过过热器材料的使用温度时还会带来严重的后果。为了控制蒸汽温度而普遍采用喷水减温器。减温器通常位于过热器或再热器出口管组的进口处，如一、二级过热器之间。减温水一般来自锅炉给水泵，为了能够正常地工作，它的压力要比蒸汽压力高 2～3MPa。减温水通过喷口雾化后喷入湍流强烈的蒸汽中，蒸汽的速度和雾化的水滴尺寸是确定减温效果的两个最重要因素。一个设计较好的过热器或再热器，在额定负荷稳定运行时只需要很少的喷水量。

在有补燃的余热锅炉中，燃烧器是重要部件。在小型系统中，燃烧器也许只提供 5000kW 辅助热量；而在大型系统中，为了均匀地加热蒸汽，几万千瓦的热量可能通过几个口喷入炉中。随着补燃量的增加，烟气温度分布不均匀的可能性大大增加；燃气轮机排气方向对烟气温度分布也有一定影响。增加流动控制叶片可以改善烟气温度的不均匀分布。在设计燃烧器时，对流场需要仔细考虑，杜绝火焰下游受热面的情况。早期的燃气轮机排气中有 14%～15%（体积百分比）的氧气，而新型的只有 10%～12%（体积百分比）。氧气浓度低可以降低火焰中心温度，减少 NO_x 的排放，但同时会增加 CO 和未燃尽碳氢化合物的绝对排放量。

三、余热锅炉的分类

（一）按余热锅炉烟气侧热源分类

1. 无补燃的余热锅炉

无补燃的余热锅炉单纯回收燃气轮机排气的热量，产生一定压力和温度的蒸汽。

2. 有补燃的余热锅炉

由于燃气轮机排气中含有 14%～18%（体积百分比）的氧，所以可在余热锅炉的恰当位置安装补燃燃烧器，让天然气和燃油等燃料进行充分燃烧，提高烟气温度还可保持蒸汽参数和负荷稳定，以相应提高蒸汽参数和产量，改善联合循环的变工况特性。如果这部分氧气全部利用，蒸汽循环所占的发电份额将上升为联合循环总功率的 70%左右。

一般来说，采用无补燃的余热锅炉的联合循环效率相对较高。目前，大型联合循环大多采用无补燃的余热锅炉。

（二）按余热锅炉产生的蒸汽压力等级分类

目前，余热锅炉采用单压、双压、双压再热、三压、三压再热五大类的汽水系统。

1. 单压级余热锅炉

单位级余热锅炉只生产一种压力的蒸汽供给蒸汽轮机。

2. 双压或多压级余热锅炉

双压或多压级余热锅炉能生产两种不同压力或多种不同压力的蒸汽供给汽轮机。

（三）按受热面布置方式分类

1. 卧式布置余热锅炉

图 3-3 所示的余热锅炉是卧式布置的，各级受热面部件的管是垂直的，烟气横向流过各级受热面。

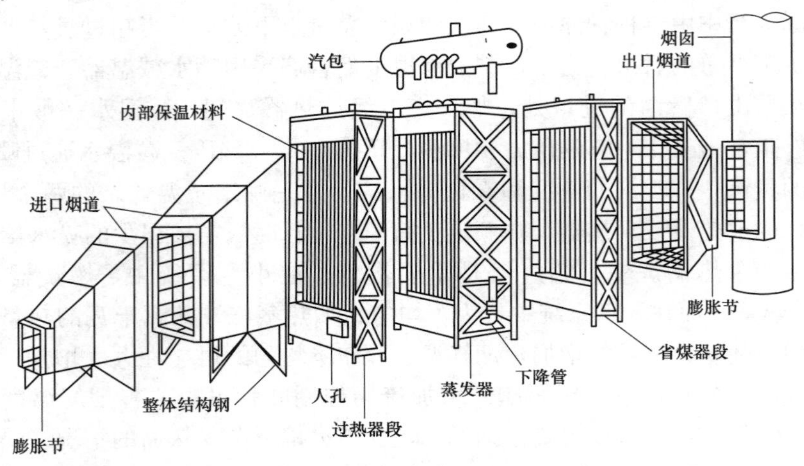

图 3-3　卧式自然循环余热锅炉

2. 立式布置余热锅炉

图 3-4 所示的余热锅炉是立式布置的，各级受热面部件的管子是水平的，各级受热面部件是沿高度方向布置，烟气自下而上流过各级受热面。

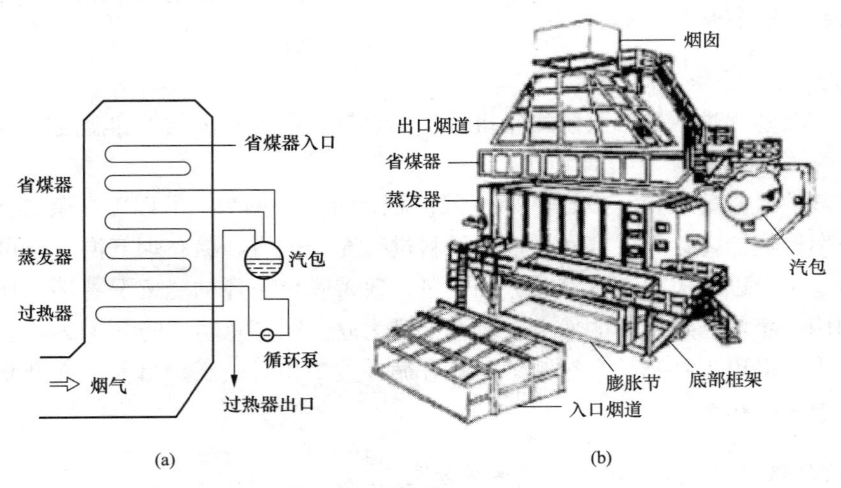

图 3-4　立式强制循环余热锅炉

（a）流程图；（b）结构图

（四）按工质在蒸发受热面中的流动特点分类

1. 自然循环余热锅炉

图 3-3 给出了自然循环方式的余热锅炉的模块式结构示意图，它是卧式布置的。通常，自然循环余热锅炉中蒸发受热面中的传热管束为垂直布置，而烟气是水平方向地流过垂直方向安装的管簇的。下降管向蒸发器管簇供水，其中一部分水将在蒸发器管簇中吸收烟气热量而转变成为饱和蒸汽，水与蒸汽的混合物经上升管进入汽包。管簇中的水汽混合物与下降管中冷水的密度差是维持蒸发器中汽水混合物自然循环的动力。即下降管内的水比较重，向下流动，直立管束内的汽水混合物比较轻，向上流动，形成连续产汽过程。

（1）自然循环余热锅炉具有如下优点。

1）锅炉重心低，稳定性好，抗风、抗振性强。

2）垂直管束结构情况比水平管束均匀，不易造成塑性形变和故障，同时也缓解了结构而使锅炉性能下降的问题等。

3）锅炉水容量大，有较大的蓄热能力，适应负荷变化能力强，热流量不宜超过临界值，对燃气轮机排气热力波动的适应性和自平衡能力都较强。

4）自动控制要求相对不高。

（2）自然循环余热锅炉具有如下缺点。

1）蒸发受热面为立式水管，常布置于卧式烟道，因此，占地面积大。

2）锅炉水容量大，启停及负荷速度慢。

3）自然循环余热锅炉有时不能采用直通烟，而需要加一些挡板，因而会增加燃气的流动阻力，对燃气轮机的工作不利。

2. 强制循环余热锅炉

强制循环余热锅炉是在自然循环锅炉基础上发展起来的。图 3-4 中给出了强制循环方式的余热锅炉的模块式结构示意图，它是立式布置的。传热管束为水平布置，吊装在钢架上，汽包直接吊装在锅炉上。强制循环余热锅炉中的烟气通常总是垂直地流过水平方向布置的管簇的。从汽包下部引出的水借助于强制循环泵压入蒸发器的管簇，水在蒸发器内吸收烟气热量，部分水变成蒸汽，然后蒸发器内的汽水混合物经导管流入汽包。强制循环余热锅炉通过循环泵来保证蒸发器内循环流量的恒定。

采用强制循环虽能加速管簇内的水流速度，对改善水侧的换热系数是有利的，但是锅炉的传热系数主要取决于烟气侧对管壁的表面传热系数，因而在烟气流动情况相似的情况下，相对于同样的换热负荷，强制循环与自然循环余热锅炉的换热面积是很接近的。

3. 直流余热锅炉

直流余热锅炉靠给水泵的压头将给水一次通过各受热面变成过热蒸汽。由于没有汽包，在蒸发和过热受热面之间无固定分界点。在蒸发受热面中，工质的流动不像自然循环那样靠密度差来推动，而是由给水泵压头来实现，可以认为循环倍率为 1，即是一次经过的强制流动。其主要优点是蒸发受热面布置自由，加工制造较方便，金属耗量较少。由于热容量小，故调节反应快、负荷适应性强、启停迅速，最低负荷一般可比汽包锅炉低。缺点是对给水品质和自动调节要求高，给水泵耗电量大，并且要用高级合金，成本较高，经济性方面不一定有利。另外，还需注意以下几点：要避免在水冷壁内发生膜态沸腾或类膜态沸腾；要防止水动力特性不稳定及热偏差过大；要设置专门的启动旁路系统，减少热损失和工质损失。

随着燃气轮机单机功率的增大，联合循环装置的蒸汽初参数逐步提高。当蒸汽压力增至16MPa以上时，选用直流余热锅炉可以有效提高联合循环装置的热效率。

综上所述，大多数联合循环余热锅炉既可以是自然循环方式的，也可以是强制循环方式的。而直流循环方式主要应用在与大型燃气轮机配套的亚临界、超临界压力余热锅炉中，而且是超临界压力锅炉的唯一形式。在设计余热锅炉时应根据总体特性的要求，如负荷的性质、机组启停的周期特点、经济性和安全性要求等因素，合理地选择余热锅炉的循环方式。通常认为，当燃气轮机的负荷变化较大或者启停比较频繁时，采用强制循环是比较合理的。当今，美国各电站联合循环系统更多地采用自然循环，而欧洲各电站则倾向于强制循环。

在某些特定的情况下，尤其是在多压系统中，也采用自然循环、强制循环和直流循环中两种兼有的复合循环方式。

四、无补燃余热锅炉的特点

用于燃气-蒸汽联合循环发电的余热锅炉，多为无补燃余热锅炉，燃气轮机排气温度为400～610℃，且具有燃气轮机排气温度和流量将随大气参数和燃气轮机负荷的变化而改变的特点。余热锅炉具备建设周期短、快速启停以及调峰能力强等优点，在我国多用于调峰。F级余热锅炉在设计方面有下列特点。

（1）余热锅炉采用大模块设计，减少现场施工量，缩短建设周期。

（2）整个系统具有较低的热惯性，以使余热锅炉能够适应燃气轮机快速启动和快速加减负荷的动态特性要求。

（3）余热锅炉的换热方式主要是对流换热，而常规蒸汽锅炉中的蒸发受热面则以辐射换热方式为主：为了增大换热面积而减小烟阻，余热锅炉厂家均采用鳍片管簇来扩展受热面积。

（4）在保证受热面不出现低温腐蚀和结露的前提下，尽量降低余热锅炉出口的排烟温度，以获得较高的余热锅炉热效率。

（5）余热锅炉具备适应滑压运行方式的能力。燃气轮机排气温度和流量随着大气参数和燃气轮机负荷的改变而变化，进入余热锅炉的热量也将随之变化，因此，余热锅炉的蒸汽参数宜按滑压方式变化，这样才能适应燃气轮机的排气温度随负荷的减少而降低的变化特点，防止在高压、低温的条件下，汽轮机中蒸汽湿度超标，造成对叶片的损坏。

（6）确保SCR能在290～410℃温度范围内工作，否则无法控制NO_x的排放。

五、余热锅炉的技术规范

某锅炉厂生产的三压、再热、无补燃、卧式、自然循环余热锅炉，型号为NG-

M701F4-R2。在设计条件下（性能保证工况），余热锅炉的性能参数如表 3-1 所示。

表 3-1　在设计条件下（性能保证工况），余热锅炉的性能数据

项目名称			数　据
余热锅炉效率（%）			≥86
蒸汽流量（t/h）	高压过热器出口		300.8
	中压过热器出口		51.6
	低压过热器出口		63.8
	再热器进口		288.4
	再热器出口		340.2
蒸汽压力（MPa）	高压过热器出口		11.04
	中压过热器出口		3.85
	低压过热器出口		0.484
	再热器进口		3.85
	再热器出口		3.8
蒸汽温度（℃）	高压过热器出口		540
	中压过热器出口		324
	低压过热器出口		241.8
	再热器进口		395.5
	再热器出口		568
排烟温度（℃）			88.1
高压汽包	内径×长度（mm×mm）		1900×15 000
	总水容积（m^3）		219
	设计参数	压力（MPa）	11.78
		温度（℃）	323.3
	最高工作压力（MPa）		12.93
	汽包厚度（mm）		108
中压汽包	内径×长度（mm×mm）		1500×13 400
	总水容积（m^3）		104
	设计参数	压力（MPa）	3.94
		温度（℃）	249.5
	最高工作压力（MPa）		4.41
	汽包厚度（mm）		32
低压汽包	内径×长度（mm）		2600×15 000
	总水容积（m^3）		250
	设计参数	压力（MPa）	0.42
		温度（℃）	145.4
	最高工作压力（MPa）		0.79
	汽包厚度（mm）		28

六、余热锅炉的主要性能参数

众所周知，在余热锅炉的热力系统中存在一个热端温差 ΔT_s、节点温差 ΔT_p 和接近点温 ΔT_a，如图 3-5 所示。

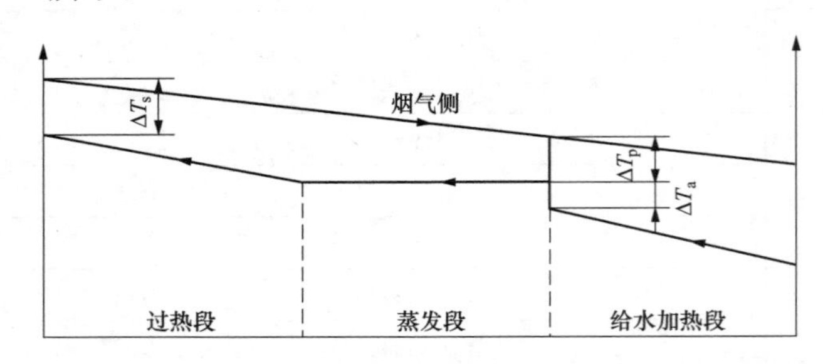

图 3-5　单压余热锅炉温度变化趋势图

（一）余热锅炉的热端温差

余热锅炉的热端温差 ΔT_s 是指换热过程中过热器入口烟气与过热器出口过热蒸汽之间的温差。降低温差，可以得到较高的过热度，从而提高过热蒸汽品质。但降低热端温差，同时也会使过热器的对数平均温差降低，也就是增大了过热器的传热面积，加大了金属耗量。大量计算表明，热端温差选择在 30～60℃，是比较合适的。

（二）余热锅炉的节点温差

余热锅炉的节点温差 ΔT_p 也叫窄点温差，是换热过程中蒸发器出口烟气与被加热的饱和水汽之间的最小温差。当节点温差减小时，余热锅炉的排气温度会下降，烟气余热回收量会增大，蒸汽产量和汽轮机输出功都随之增加，即对应着高的余热锅炉热效率，但平均传热温差也随之减小，这必将增大余热锅炉的换热面积。此外，随着余热锅炉换热面积的增大，燃气侧的流动阻力损失也将增大，有可能使燃气轮机的功率有所减小，导致联合循环的热效率有下降的趋势。

当节点温差减小时，由于余热锅炉换热面积的增加幅度较大，锅炉的投资费用就会增大很多。但当节点温差取得比设计点值大时，总投资费用和单位热回收费用的减小程度却要缓和一些。对于多压或多压再热系统，还存在多个 ΔT_p 优化及其组合的问题，从投资费用以及联合循环最佳效率的角度考虑，必然存在一个如何合理地选择余热锅炉节点温差的问题。目前，ΔT_p 的一般范围为 10～20℃，最低达 7℃。

（三）余热锅炉的接近点温差

余热锅炉的接近点温差 ΔT_a 是指余热锅炉省煤器出口压力下饱和水温度和出口水温之间的温差。接近点温差增大时，余热锅炉的总换热面积会增加。这是由于省煤器的对数平均温差虽略有增大，致使其换热面积有所减小；但蒸发器的对数平均温差却会减小较多，致使蒸发器的换热面积会增大甚多的缘故。当然，那时过热器的换热面积是保持不变的，结果是余热锅炉的总换热面积要增大。由此可知，当节点温差选定后，减小接近点温差有利于减小余热锅炉的总换热面积和投资费用。如果设计时接近点温差取得过小，那么在部分负荷工况下或启动过程中，省煤器内就会发生部分给水蒸发汽化的问题，将导致部分省煤器管壁过热现象，对于自然循环余热锅炉则可能导致水动力循环破坏，而对于强制循环余热锅炉则可能导致强制循环泵产生汽蚀。因此，省煤器设计要保证在最低的外界环境温度下运行时，ΔT_a 不出现零值和负值，否则要采用烟气侧或水侧旁通办法来避免汽化。接近点温差取在 5～20℃，是合适的。

（四）余热锅炉的排烟温度

对于余热锅炉来说，降低排烟温度就意味着排烟热量损失减小，也就是燃气轮机排气余热被回收得充分，即余热锅炉的当量效率高。但余热锅炉出口的排气温度不是独立的热力变量，而与所选的蒸汽循环形式、节点温差以及燃料中的硫含量有密切关系。如饱和蒸汽压力和节点温差 ΔT_p 已定时，它就被确定。如前所述，当节点温差选得较小时，余热锅炉出口的排烟温度就能降低。当采用双压或三压蒸汽循环时，排烟温度可以比单压式蒸汽循环降低很多。例如，单压系统排烟温度就比高，为 150～180℃；双压系统为 100～150℃；三压系统的排烟温度最低，可达 80～100℃。降低排烟温度还要受到露点温度（排烟中水蒸气开始凝结的温度）的制约，因为当燃气轮机燃用含硫较高的燃料时，排气中含有较多的 SO_2，水蒸气凝结时它就变为亚硫酸而腐蚀金属壁面，所以余热锅炉的排烟温度应高于露点。因而，排烟温度限制又常与燃气轮机燃料中含硫量有关。一般规定，排烟温度应比酸露点高 10℃左右。对于烧重油的燃气轮机，无法把烟气中含硫量降得太低（一般为 400mg/kg 左右），排烟温度一般不宜低于 150℃，余热锅炉效率就无法设计得更高。

当燃气轮机采用天然气为燃料或是在燃煤的整体煤气化联合循环发电系统（IGCC）系统中，则排气温度不受露点的限制，可余热锅炉的排气温度降低到 80～90℃，甚至更低。如当余热锅炉预热供热系统的热水时，则可以降低到 52℃左右。

第二节　余热锅炉结构

一、余热锅炉本体结构

NG-M701F4-R2 型余热锅炉为三压、再热、卧式、无补燃、自身除氧、带锅炉雨棚、自然循环余热锅炉，主要由进口烟道、锅炉本体（本体受热面和钢架护板）、出口烟道、主烟囱、高中低压汽包、管道、平台扶梯等部件以及给水泵、排污扩容器等辅机组成。

锅炉从入口法兰至尾部总长为 507m，宽度约为 20m（包括顶部平台宽度），高压汽包中心标高为 29.2m，中压汽包中心标高为 28.895m，低压汽包中心标高为 29.75m，烟囱顶部标高为 80m。

（一）锅炉的模块结构

NG-M701F4-R2 型锅炉本体受热面采用标准设计模块结构，由垂直布置的顺列螺旋鳍片管和进出口集箱组成，以获得最佳的传热效果和最低的烟气压降。燃气轮机排出的烟气通过进口烟道进入锅炉本体，依次水平横向冲刷各受热面模块，再经出口烟道由主烟囱排出。沿锅炉宽度方向各受热面模块均分成 3 个单元，预留 SCR（选择性催化还原）空间，余热锅炉的模块结构如图 3-6 所示。

项目	模块1	模块2	模块3	预留模块	模块4	模块5	模块6	烟囱
受热面名称	再热器2/高压过热器2	再热器1/高压过热器1	高压蒸发器/中压过热器	SCR	高压省煤器2/中压蒸发器/低压过热器	高压省煤器1/中压省煤器/低压蒸发器	低压省煤器2/低压省煤器1	

烟气流向

图 3-6　余热锅炉的模块结构

（二）锅炉的蒸发系统

锅炉受热面中用以吸收炉内高温火焰或烟气的热量来加热水产生饱和蒸汽的受热面称为蒸发受热面。蒸发受热面及与它直接相配合工作的设备称为蒸发设备，蒸发设备组成了锅炉的蒸发系统。

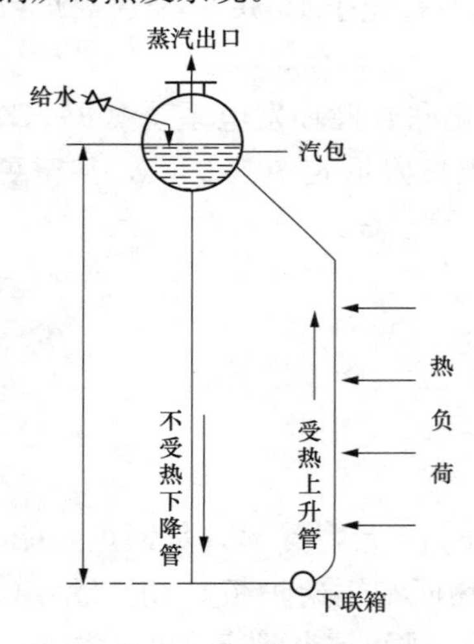

图 3-7　自然循环锅炉原理

蒸发设备是余热锅炉的重要组成部分，其作用就是吸收燃料燃烧放出的热量，使水受热汽化变成饱和蒸汽。自然循环锅炉的蒸发设备是由汽包、下降管、上升管、水冷壁、联箱及一些连接管道组成。自然循环锅炉原理如图 3-7 所示。

1. 汽包

汽包是锅炉蒸发设备中的主要部件，是一个汇集锅水和饱和蒸汽的圆筒形容器。

（1）汽包的作用。汽包是生产过热蒸汽的过程中加热、蒸发、过热三个阶段的连接枢纽或大致分界点。汽包中储存有一定的汽量、水量，因而汽包具有一定的储热能力。在运行工况变化时，可以减缓汽压变化的速度，对锅炉运行调节有利。汽包中也装有各种装置，能进行汽水分离，清洗蒸汽中的溶盐、排污，以及进行锅内水处理等，从而改善蒸汽品质。

（2）汽包的结构。汽包本体是一个圆筒形的钢质受压容器，由筒身（圆筒部分）和两端的封头组成。筒身由钢板卷制焊接而成，凸形封头用钢板冲压而成，然后两者焊接成一体。封头上开有人孔，以便进行安装和检修，同时起通风作用。人孔盖一般由汽包里面向外关紧，封头为了保证其强度，常制成椭球形的结构或制成半球形的结构。

汽包外面有许多管座，用以连接各种管道，如给水管、下降管、汽水混合物引入管、蒸汽引出管、连续排污管、事故放水管、加药管、连接仪表和自动装置的管道等。管座安装时只需将管子对焊在管座上即可。

汽包内部装有各种提高蒸汽品质的装置，如汽水分离装置、蒸汽清洗装置、连续排污装置、加药装置、分段蒸发装置，还有给水分配管、紧急放水管等，如图 3-8 所示。

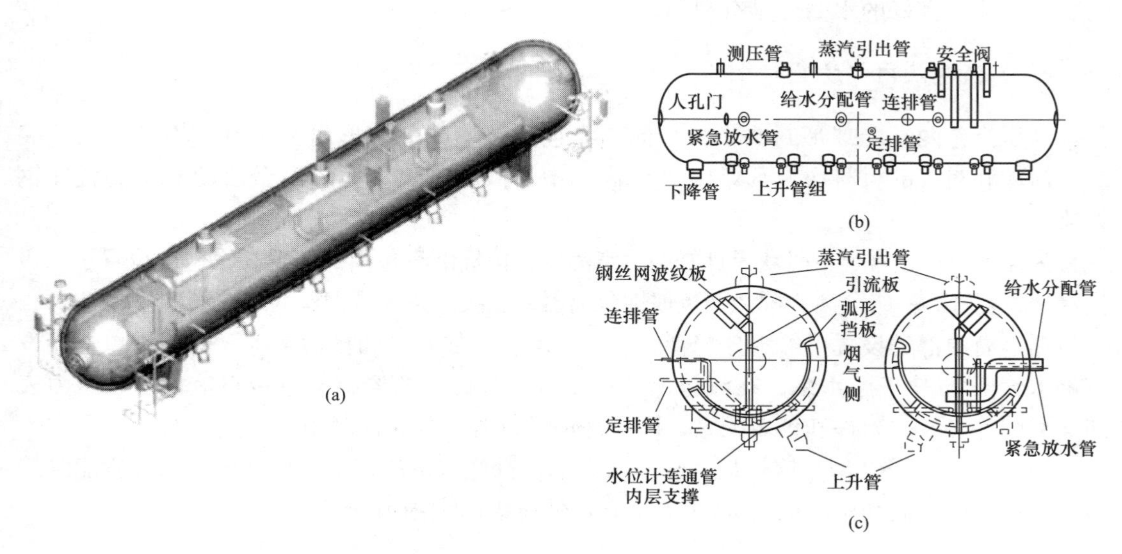

图 3-8　典型汽包示意图

(a) 示意图；(b) 管道布置图；(c) 内部结构

由于现代锅炉普遍采用悬吊式构架，故汽包的支吊方式都是悬吊式，即用吊箍将其悬吊在炉顶钢梁上，以保证运行中汽包能自由膨胀。在中小型锅炉上一般是用滚柱支座将汽包支承在钢架上。

2. 下降管

下降管的作用是将汽包中的水或将直接引入下降管的给水连续不断地送至下联箱并供给水冷壁，以维持正常的水循环。

下降管的一端与汽包连接，另一端直接或通过分配支管与下联箱连接。为了保证水循环的可靠性，下降管自汽包引出后都布置在炉外，不受热，并加以保温，以减少散热损失。

为了减小阻力，加强水循环，节约钢材，简化布置，现在生产的高压以上大容量锅炉都采用大直径集中下降管根数较少（一般为 4～6 根）的大直径下降管，其下部是通过分配支管与水冷壁各下联箱连接，以达到配水均匀的目的。

3. 联箱

除蒸发设备外，过热器、再热器、省煤器等设备上也有联箱。

4. 汽水循环

锅炉水循环分两种：一种是自然循环；另一种是强制循环。在余热锅炉中较广泛采用自然循环。自然循环是在锅炉密闭的循环回路中因工质密度差而形成的水循环称自然水循环。

锅水受热后产生的汽水混合物密度变小，沿上升管进入汽包。新进入汽包的水温度低、密度大，便顺下降管进入下集箱来补充受热后上升水的位置。这样水在炉管内不断地流动、不断地吸收受热面金属壁的热量同时冷却金属壁，使金属壁不会超温，保证水的正常循环。

运动压头与流动阻力的关系的物理意义：当建立起稳定的自然循环流动时，运动压头正好用来克服循环回路的流动阻力。即运动压头与流动阻力的平衡表现为有一定的循环流速。运动压头将增大，循环回路中的工质流速一般也增高，表示它能克服更大的流动阻力。这对建立良好的水循环是有利的。

（三）汽包及内部装置

高压汽包两端配球形封头，中、低压汽包两端均配椭球形封头，封头均设有人孔装置。筒体和封头的材料均为SA516-70。高、中、低压汽包均通过两个活动支座搁置在钢架梁上。

为保证锅炉正常运行时获得良好的蒸汽品质，按标准汽包内部装置在汽包内设置了二级汽水分离装置。一级分离为圆弧挡板惯性分离器，二级分离为带钢丝网的波形板分离器。

在锅筒内部还设置了给水分配管、紧急放水管、加药管和排污管等，低压汽包上还设有供水管至高-中压给水泵。在汽包上还设有水位计、平衡容器、电接点液位计、压力表和安全阀等必要的附件和仪表配置，以供锅炉运行时监督、控制用。

NG-M701F4-R2型在锅炉最大连续出力下，汽包水位从正常水位到低低水位所能维持的时间：高压锅筒和中压锅筒大约为2min，低压锅筒大约为5min。

（四）过热器、再热器与减温器

过热器是将饱和蒸汽过热到额定过热温度的热交换器，在发电锅炉中是不可缺少的组成部分。采用过热器能够使饱和蒸汽加热至所需要的温度，可以提高汽轮机的工作效率，减少汽轮机的蒸汽消耗量，减少蒸汽输送过程中的凝结损失，消除对汽轮机叶片的腐蚀。

提高过热蒸汽的初参数（压力和温度）是提高电厂热经济性的重要途径。但是，蒸汽初温度的提高受到金属材料耐温性能的限制。如果只提高蒸汽初压力而不相应地提高蒸汽初温度，则会导致蒸汽在汽轮机内膨胀做功终止时的湿度过高，影响汽轮机的安全工作，为了进一步提高电厂热力循环的效率以及在继续提高蒸汽初压力时使汽轮机末端的蒸汽湿度控制在允许范围内，因而在高参数锅炉中普遍采用蒸汽中间再热系统。即将汽轮机高压缸的排汽送回锅炉中再加热到高温，然后又送往汽轮机中、低压缸膨胀做功。这个再加热蒸汽的部件就称为再热器。通常把过热器中加热的蒸汽称为一次过热蒸汽或主蒸汽；把再热器中加热的蒸汽称为二次过热蒸汽或再热蒸汽。再热蒸汽的参数与热力循环的经济性有关，一般，再热蒸汽的压力为主蒸汽压力的20%～25%，再热器出口的蒸汽温度与主蒸汽温度相同或相近，再热蒸汽量约为主蒸汽量的80%。采用一次中间再热可使电厂循环热效率提高4%～6%，二次再热可再提高约2%。我国生产的超高压以上机组都采用了一次中间再热系统。

锅炉运行中，保持蒸汽温度的稳定对保证机组的安全经济运行是十分重要的。但是由于很多因素的影响，会使过热蒸汽温度和再热蒸汽温度发生变化，甚至偏离额定值过大，因此，必须装设气温调节设备，采取调节措施，以保持蒸汽温度稳定在规定范围内。

现代大型电站锅炉蒸汽温度调节方法常用的有喷水减温、汽-汽热交换、蒸汽旁通、烟气再循环、分割烟道挡板调节和改变火焰中心位置等。前 3 种属蒸汽调节方法，后 3 种属烟气侧调节方法。

对蒸汽温度调节方法的基本要求是：调节惯性或延迟时间小，调节范围大，对循环热效率影响小，结构简单、可靠及附加设备消耗少。使锅炉在低负荷时能达到额定蒸汽温度，而在高负荷时投入减温器减温。

NG-M701F4-R2 型余热锅炉的高压过热器和再热器蒸汽温度调节采用喷水减温形式，喷水减温是将水直接喷入过热蒸汽中，水被加热、汽化和过热，吸收蒸汽中的热量，达到调节蒸汽温度的目的。喷水减温是直接接触式热交换，惯性小，调节灵敏，易于自动化，加上其结构简单，因此，电站锅炉普遍采用。而表面式减温器由于结构复杂，调温惯性大，只在给水品质要求较低的小型锅炉中应用。

大型锅炉的给水品质很好，一般直接取给水泵出口的给水作为过热器喷水。设计喷水量为锅炉额定蒸发量的 5%～8%，可使蒸汽温度下降 50～60℃。再热器内压力低，其喷水从给水泵中间级抽取。

减温器通常布置在过热器联箱或联箱之间的大口径连接管道中。减温器的结构形式很多，常用的两种如图 3-9 和图 3-10 所示。

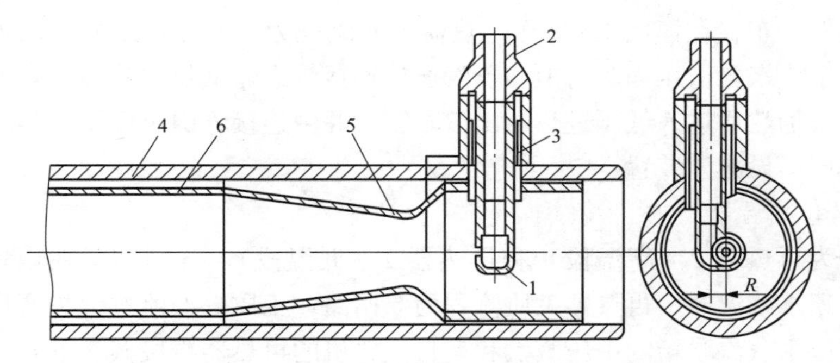

图 3-9　漩涡式喷嘴水减温器

1—漩涡式喷嘴；2—减温水管；3—支撑钢碗；4—减温器联箱；5—文丘里管；6—混合管

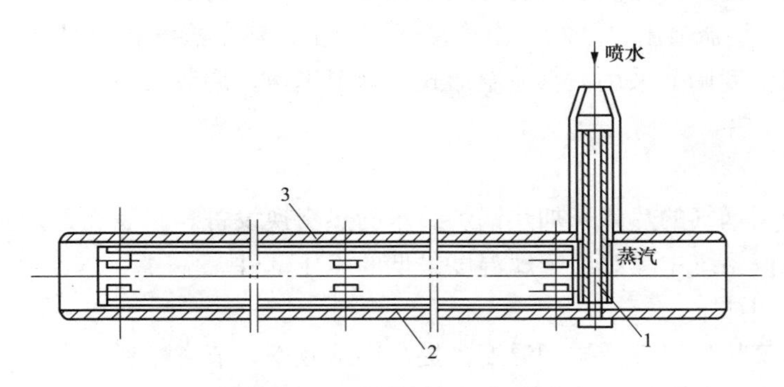

图 3-10　笛管式喷水减温器

1—多孔笛形管；2—混合管；3—减温器联箱

1. 高压过热器和减温器

高压过热器分为高压过热器 2（高温段）和高压过热器 1（低温段），分别布置在模块 1 和模块 2 中（见图 3-7），中间设置喷水减温器。高压过热器工质流程为全回路，工质一次流过锅炉宽度方向的一排管子。来自汽包的饱和蒸汽通过饱和蒸汽连接管进入高压过热器 1 进口联箱，依次流经 3 排鳍片管，进入高压过热器 1 出口联箱，再由连接管引至喷水减温器，根据高压主蒸汽联箱出口蒸汽温度进行喷水减温后，进入高压过热器 2 进口联箱，再依次流经 3 排鳍片管进入高压过热器 2 出口联箱，由连接管引至由高压主蒸汽联箱引出。

高压过热器蒸汽温度调节采用喷水减温形式，减温迅速，调节灵敏度。

2. 中压过热器

中压过热器布置在模块 3，横向排数 4663 排，纵向排数 1 排，和低压过热器 2 并列布置在同一排上，中压过热器工质流程为半回路，工质一次流过锅炉宽度方向的半排管子。来自中压锅筒的饱和蒸汽通过连接管进入中压过热器进口联箱，经过螺旋鳍片管被烟气加热后进入出口联箱，再有连接管引至中压主蒸汽联箱，再引出与汽轮机来的再热器冷段蒸汽混合后至再热器 1 进口联箱。

中压过热器不设减温装置。

3. 低压过热器

低压过热器分布置在模块 4，低压过热器工质流程为双回路，工质一次流过锅炉宽度方向的 2 排管子。来自低压锅筒的饱和蒸汽通过连接管进入低压过热器进口联箱，经过螺旋鳍片管被烟气加热后进入低压过热器出口联箱，并由连接管引至低压主蒸汽联箱。

低压过热器不设减温装置。

4. 再热器和减温器

再热器分为再热器 2（高温段）和再热器 1（低温段），分别布置在模块 1 和模块 2 中，中间设置喷水减温器。再热器工质流程为双回路，工质一次流过锅炉宽度方向的两排管子。来自中压主蒸汽联箱的中压蒸汽和来自汽轮机的再热器冷段蒸汽混合后进入再热器 1 进口联箱，一次流经 2 排鳍片管，进入再热器 1 出口联箱，再由连接管引至喷水减温器，根据再热主蒸汽联箱出口蒸汽温度进行喷水减温后，进入再热器 2 进口联箱，再一次流经 2 排鳍片管进入再热器 2 出口联箱，由连接管引至由再热主蒸汽联箱引出。

再热器蒸汽温度调节采用喷水减温形式，减温迅速，调节灵敏。

（五）省煤器

省煤器是利用烟气的热量来加热锅炉给水的热交换设备。它装在锅炉垂直对流烟道的尾部，是锅炉水汽系统中受热面金属温度最低的承压部件。

省煤器的作用如下。

（1）吸收烟气热量以降低排烟温度，提高锅炉效率，节省燃料。

（2）给水在进入蒸发器之前先在省煤器中被加热，可以减少水在蒸发受热面中的吸热量，因此，省煤器取代了部分蒸发受热面。

（3）提高了进入汽包的给水温度，减小了给水与汽包壁之间的温差，从而使汽包热应力减小，工作条件得到改善。

省煤器按其出口工质的状态可分为沸腾式和非沸腾式两种。其出水管与汽包连接，省煤器出口的水温可能低于汽包中锅水的温度，当运行工况变化时，省煤器出口水温将发生剧烈波动。如果省煤器的引出水管直接与汽包壁接触，则会因温差热应力或金属热疲劳而易导致汽包壁产生裂纹。因此，省煤器的引出水管与汽包壁的连接处装有保护套管。

（六）钢架和护板

对自然循环的卧式余热锅炉而言，钢架部分其实就是与烟气通道的护板（墙板）焊成一个整体的框架（梁和柱）。由于钢架与护板有机地连在一起形成整体的钢架护板结构，护板在密封烟气的同时，加强了框架侧向刚度。框架一般由宽翼缘 H 型钢组成，工厂采用焊接连接，工地采用栓接与焊接接合的混合连接。

烟气密封护板用冷护板结构，这种护板可以极大地减小热膨胀，并使护板不会因热变化快而导致应力过大及破裂。护板是由墙板、加强肋、内保温层、支撑钉及特殊的可滑动的内衬板组成的，内衬板可以自由热膨胀，如图 3-11 所示。在高温烟气强扰动区域，每块内衬板都装有压条等额外的固定。内衬板高温区域采用 ss409 材料，低温医域采用 1Cr13 材料，墙板为普通的 6mm 厚的 Q235 板。

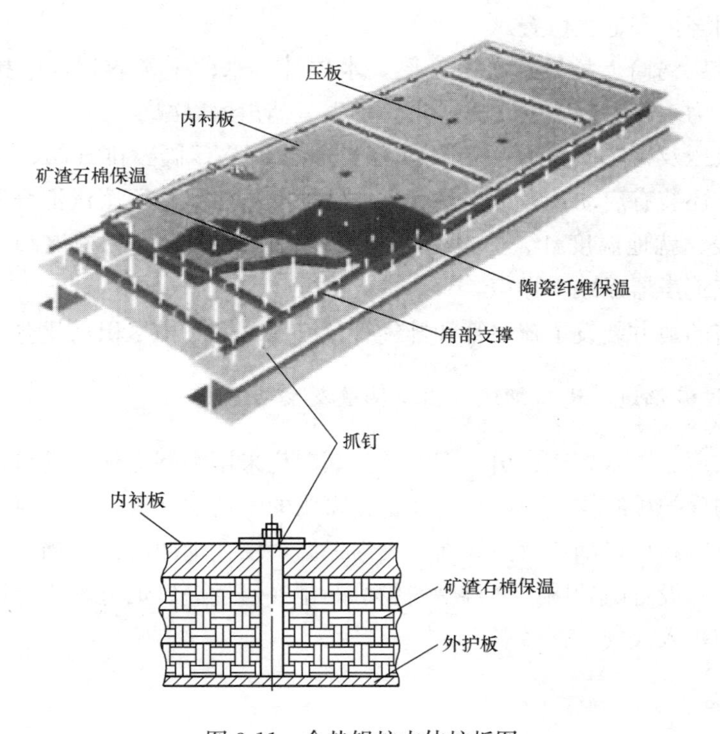

图 3-11　余热锅炉本体护板图

冷护板能适应快速起停，抗爆能力强，标准设计能抵抗 4.9kPa 的内压，按特殊要求设计的能抵抗 7.5kPa 的内压。

二、余热锅炉附属设备

（一）平台扶梯

平台扶梯是为适应锅炉运行和检修方便而设置的，除检修平台采用花钢板外，其余平台均采用适应露天布置的栅架平台。平台、走道、扶梯的栅格均采用热镀锌。

（二）锅炉岛范围内管道及附件

主要设备有高中压给水泵相应的阀门、仪表、过滤器、最小流量阀及再循环管路等。高压给水操纵台布置在高压省煤器1前，减温水在给水操纵台前引出至高压过热器中间减温；中压给水操纵台布置在中压省煤器后，减温水在给水操纵台前引出至再热器中间减温。

在低压省煤器1出口布置再循环回路，配备两台循环泵，一用一备，并配备了相应的阀门、仪表、流量测量装置、过滤器等。

高、中、低压锅筒上均装有加药管、连续排污、紧急放水管、充氮管等，在主蒸汽集箱、饱和蒸汽管、锅筒排污管、给水等处设置取样装置。锅筒排污、紧急放水、蒸发器的定期排污、过热器和省煤器的疏水管等均纳入排污疏水系统；各加药点的加药管及各取样点的取样管均引至炉底适当位置。

高、中、低压锅筒上均设置了安全阀，水位计，水位平衡容器，电接点液位计，排气、充氮管，压力表等管座。安全阀排汽管均引至消声器以减少噪声。

高、中、低压及再热主蒸汽联箱设置有安全阀、PVC阀、排气阀、压力表、就地温度计、热电偶，还装有启动及紧急排汽和反冲洗管；再热器冷段蒸汽汇合联箱上，也装有安全阀、压力表、就地温度计、热电偶等阀门仪表。启动及紧急排汽阀、安全阀、PCV阀出口引至排汽消声器以减少噪声。

在所有必需的地方装设了疏水管和排气管，以保证彻底排尽积水及空气。

（三）进口过渡烟道、进口烟道、出口烟道及主烟囱

进口过渡烟道、进口烟道、出口烟道及主烟囱均采用钢制壳体。进口过渡烟道、进口烟道为内保温的冷护板结构，内侧装有能自由膨胀的不锈钢（碳钢）内衬板，壳体与内衬之间夹装保温材料。出口烟道及主烟囱不设内保温，仅在烟囱底部、挡板门、测点等人可能接触的地方局部设置防护网。来自燃气轮机的排气通过进口烟道，流经锅炉本体后经出口烟道、主烟囱排入大气。

（四）膨胀节

余热锅炉在进口烟道前及出口烟道前设置膨胀节以吸收各部热膨胀量，膨胀节采用先进的柔性膨胀节，这种膨胀节具有三向补偿和吸收热膨胀推力的性能，具有吸收膨胀量大，并能降低噪声、隔振、结构简单、质量轻等特点。

（五）检查门、测量孔及主要测点布置

为了便于安装、检修，在进口烟道、本体炉底及出口烟道上布置有检查门，在进口烟道入口、各受热面模块前后和锅炉出口布置有测量孔，以便在运行及性能测试时检测烟温、烟压。

（六）给水泵

余热锅炉配有 2 台高-中压定速抽头电动给水泵，如图 3-12 所示。1 号泵型号为 HGC6/8，主出口流量为 384m^3/h，抽头流量为 160t/h，主出口扬程为 1627m，抽头扬程为 585m，轴功率为 2500kW，转速为 2880r/min，必须空蚀余量为 11m。2 号泵型号为 200×150SSD10FM，主出口流量为 506.3m^3/h，抽头流量为 160t/h，主出口扬程为 1776m，抽头扬程为 585m，轴功率为 2449kW，转速为 2890r/min，必须空蚀余量为 9m。正常运行中，考虑运行的经济性和安全性，以 1 号高中压给水泵为主用泵，2 号高中压给水泵为长期备用泵。

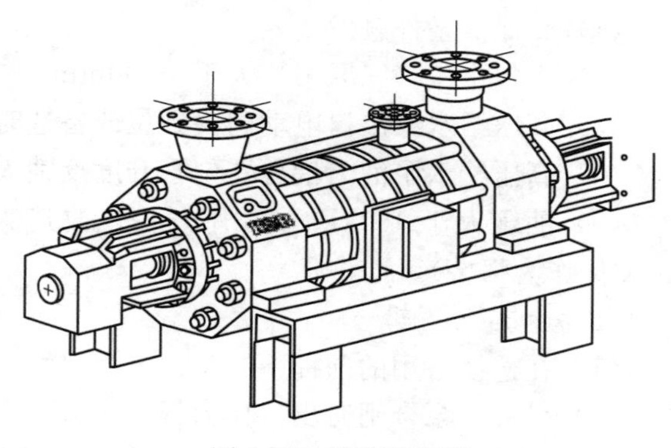

图 3-12　给水泵简图

1. 给水泵报警逻辑

（1）给水泵吸入过滤器前后压差（DI）报警值 50kPa。

（2）给水泵驱动端径向轴承温度报警值 1：大于 80℃；报警值 2：大于 90℃；报警值 3：大于 100℃。

（3）给水泵非驱动端径向轴承温度报警值 1：大于 80℃；报警值 2：大于 90℃；报警值 3：大于 100℃。

（4）给水泵驱动端轴承 X 测振（AI）报警值 1：大于 71mm；报警值 2：大于 112mm。

（5）给水泵驱动端轴承 Y 测振（AI）报警值 1：大于 71mm；报警值 2：大于 112mm。

（6）给水泵非驱动端轴承 X 测振（AI）报警值：大于 71mm；报警值 2：大于 112mm。

（7）给水泵非驱动端轴承 Y 测振（AI）报警值 1：大于 71mm；报警值 2：大于 112mm。

（8）给水泵转速（AI）报警值：小于 1500r/min。

（9）电动机绕组温度（共 6 个）报警值 1：大于 100℃；报警值 2：大于 130℃；报警值 3：大于 160℃。

（10）工作出油温度（DI）报警值为 100℃。

（11）轴承温度 1/2/3（AI）报警值 1：大于 90℃；报警值 2：大于 95℃；报警值 3：

大于 105℃。

(12) 工作油回油油温（AI）报警值 1：大于 50℃；报警值 2：大于 55℃。

(13) 双筒过滤器前后压差（DI）报警值 60kPa。

(14) 油箱油位（DI）报警值为 15mm。

(15) 电动机非驱动端径向轴承温度报警值 1：大于 80℃；报警值 2：大于 90℃。

(16) 电动机驱动端径向轴承温度报警值 1：大于 80℃；报警值 2：大于 90℃。

2. 启动允许逻辑（且条件）

(1) 无保护条件触发。

(2) 汽包水位（三取中）大于－700mm。

(3) 高压给水泵出口电动门关到位或备选时开到位。

(4) 高压给水泵液力耦合器勺管开度反馈大于 25%。

(5) 油压大于 150kPa（暂用开关，改造为压力变送器后用压力变送器设定值低于 150kPa 作为报警）。

3. 联锁启动逻辑

(1) 在选择备用的前提下。

(2) 另一台泵合闸时出口压力低于 10MPa（脉冲 3s）。

(3) 另一台泵闸时抽头出口压力低于 1.5MPa（脉冲 3s）。

(4) 另一台泵分闸信号到位且合闸反馈反向延时 3s。

（七）再循环水泵

低压省煤器设置有两台再循环泵，一用一备，主要是用来保证低压省煤器管束的烟气温度高于酸露点，以避免烟气结露，腐蚀管束，损害锅炉。再循环泵站由再循环水泵、隔离阀、止回阀和调节阀组成，位于低压省煤器 1 出口，用于将经预热的水在管束内再循环。调节阀采用从管束入口的热电偶的信号来调节再循环流量至足够水平而保持加热器管壁温度始终高于酸露点。

如果在极端环境条件时，最大出力的再循环水量仍不足以保持管壁温度始终高于酸露点，就需要将给水通过低压省煤器 1 前的旁路直接引到低压省煤器 1 出口后的管道并进入低压省煤器 2，在低压省煤器 1 被全旁路时，管屏的温度等于进入管束的排烟温度。

（八）烟囱挡板

烟囱挡板应用于各种燃气轮机余热锅炉中，目的是在余热锅炉停炉期间，通过关闭主烟囱挡板门，有效阻断烟囱拔风，从而显著减少余热锅炉的散热，不仅能延长锅炉的寿命，更有利于缩短余热锅炉重新启动所需时间，对大中型燃气轮机余热锅炉两班制运行提高效益效果明显。

（九）水位计

锅炉汽包水位是锅炉运行中重要的监视和调节对象，保证水位的准确性至关重要。

1. 电触点水位计

电触点水位计是利用锅水和蒸汽的电导率差异的特性进行测量的，汽包液位的变化使部分电极浸入水中，部分电极置于蒸汽中，在锅水中的电极对筒体阻抗小，而在蒸汽中的电极对筒体的阻抗大，利用这一特性，可将非电量的水位转化为电信号，送给二次仪表，从而实现水位的显示、报警输出等功能。电触点水位计主要由测量筒、陶瓷电极、二次仪表等几部分组成，如图 3-13 所示。

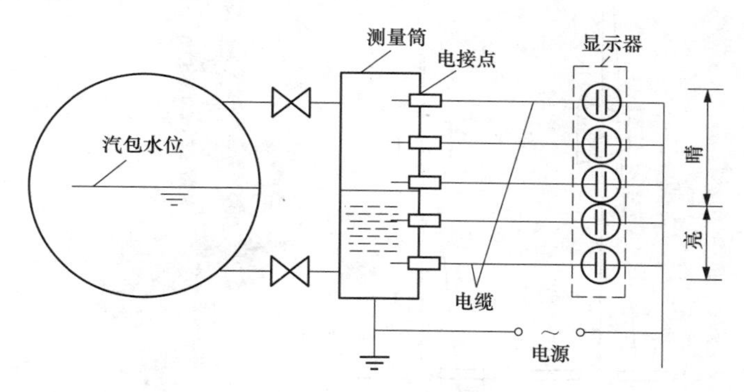

图 3-13　电接点水位计原理图

电极式水位计基本上克服了汽包压力变化的影响，可用于锅炉启停及变参数运行中。电极式水位计离汽包很近，电极至二次仪表全部是电气信号传递，因此，这种仪表不仅迟延小而且误差小，不需要进行误差计算与调整，使得仪表的检修与校验大为简化。

2. 差压水位计

差压水位计是根据液体静力学原理，通过测量变动水位和恒定水位之间的静压差，将差压值转换为水位值，再通过差压变送器将汽包水位转换为随水位连续变化的电信号。压差式水位原理如图 3-14 所示。

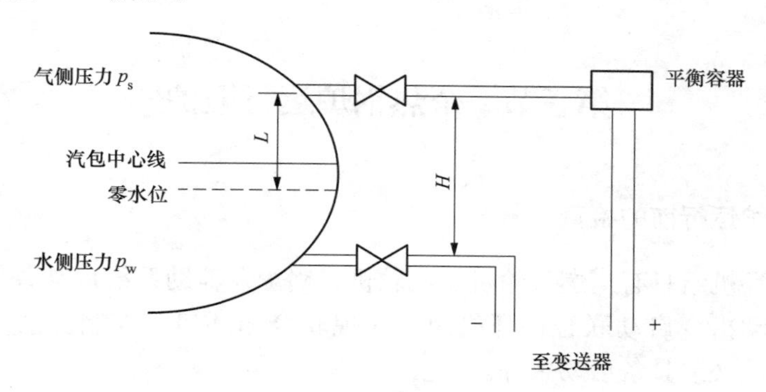

图 3-14　压差式水位原理图

3. 双色水位计

双色水位计采用连通器原理制成。光源发出的光，通过红绿滤色片，再通过聚光镜射向水位计本体，在水位计本体内，汽相部分红光射向正前方，绿光斜射到壁上被吸收；而在液相部分，由于水的折射使绿光射向正前方，红光斜射到壁上被吸收，结果在正前方观察即显示出汽红、水绿的现象，如图 3-15 所示。

双色水位计观测明显直观，但在实际运行中，由于锅炉加药腐蚀和水汽冲刷，运行一段时间以后，石英玻璃管内壁磨损严重，引起汽、水分界不明显。尤其现在一般采用工业

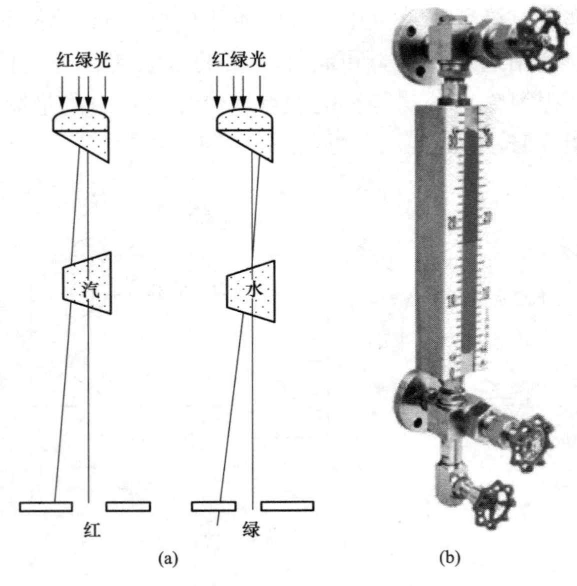

图 3-15 双色水位计原理和实物图

（a）原理；（b）实物图

电视监视，现场摄像头受光线变化影响使水位显示更加模糊不清，另外，由于水位计处于汽包上，环境温度高，使水位计的照明维护工作量明显增加。

某电厂高、中、低压汽包均使用了以上三种水位计，运行中应至少保持 2 台就地双色水位计及 2 个远方差压式汽包水位计完好，应定期冲洗就地双色水位计，保证水位电视的水位显示清晰。

第三节 余热锅炉运行维护

一、余热锅炉运行前的检查

（1）联合循环机组只有当燃气轮机、汽轮机、锅炉及辅助系统启动条件均满足时，机组才可以发出启动指令启动联合循环机组，实现联合循环启动控制。余热锅炉系统启动前，下列设备系统必须具备启动条件。

1）锅炉控制系统完好。

2）水位显示器和变送器完好。

3）各调节阀电动阀完好。

4）化学加药系统完好。

5）排污系统完好。

6）给水系统、给水再循环系统完好正常。

7）烟囱挡板正常。

（2）为保证机组的正常启动，余热锅炉在启动前可重点检查以下项目。

1）余热锅炉相关检修工作已结束，炉内杂物已清除，烟道保温完好，所有人孔和检查门必须紧固。

2）汽水管道支吊架完好，管道能自由膨胀。

3）各阀门、挡板与管道连接完好，法兰螺栓紧固，开关灵活，位置指示器与实际位置相符，电气热控装置完好。

4）汽包水位计严密、清晰；水位标志正确，水位计高、低水位线应明显；保温完好，防护罩齐全、可靠；安装牢固，照明良好；集控操作员站画面（CRT）上汽包水位监视正常。

5）安全门排汽通畅，疏水管完整、畅通、牢固；弹簧安全阀的弹簧完整，压紧适当。

6）锅炉系统所有表计指示正常，投入正常。

7）锅炉膨胀指示正常。

8）高、中、低压系统注入高品质给水（经彻底除氧、软化和预处理的水）；注水过程中开启相应的对空排气阀，应确保管道中空气全部排出；当锅炉注水时，水温与管壁温的温差应尽量小，注意控制汽包上、下壁温差。

9）烟囱挡板位置。

10）无论从上次水压试验后有任何修理工作，锅炉必须检漏。如果人孔门拆过，当压力达到0.15MPa时必须重新紧固，以完全密封。

二、余热锅炉的启动

（一）启动概述

余热锅炉的启动是机组运行相对比较复杂和容易出现故障的阶段，运行控制人员应该重点注意以下事项及特点。

（1）余热锅炉启动期间会产生热应力，这期间的温升速度越快则产生的应力越大，如果不加以控制则会产生疲劳，缩短锅炉的寿命。

（2）锅炉输入热量的控制是根据监控锅炉每一压力系统的汽包内饱和温度的上升速度（温升速度）实现的，由下列因素限制温升速度：通过启动释放蒸汽、主蒸汽管路或其他放汽管路释放蒸汽；通过限制燃气轮机负荷控制进入锅炉的热量。

（3）最好在锅炉温度尽可能高时开启燃气轮机，在启动前用热的高品质水在锅炉中循环，将温度尽可能上升到接近沸腾温度。

（4）锅炉启动和运行的关键是保持正确的汽包水位。高水位运行可能会造成过热器损坏，低水位运行会造成蒸发器管壁因过热而损坏，并导致故障停机。

（5）启动排汽阀一般为气动球形调节阀。在冷启动时，启动放汽阀必须在燃气轮机点火时完全打开，而且当温升速度超过规定值时关闭。启动阀门可在快速启动而温升速度不超值期间关闭。任何情况下阀门不可以在开度小于10%时运行（启动排汽阀在开度小于10%时操作时可能损坏阀门的密封面）。某些情况下，可用电动截止阀来代替气动调节阀，但是，电动截止阀只能用于启动，如果任何其他运行模式使用电动截止阀可能会导致阀门的损坏，并且会增加潜在的阀门泄漏危险。

（二）余热锅炉启动过程

下面就余热锅炉的三种状态简要叙述启动过程。

1. 冷态启动（水温低于沸点时的机组冷启动）

（1）如果机组已充水一段时间，应考虑打开省煤器和蒸发器的疏水阀一段时间直到排完沉渣，检查汽包水位报警系统和设定点，打开过热器和再热器疏水阀，保证所有凝结水已排出。

（2）开启给水泵，并调整、监视汽包水位在合适的高度，一般汽包上水至启动水位并维持稳定。

（3）根据运行规程调整任何必要的阀门位置和烟道挡板的位置。

（4）余热锅炉已具备运行条件，燃气轮机此时可以点火并带到最小负荷。

（5）监测高、中、低压汽包的温度和水位，当每一压力系统达到沸腾时汽包水位将会升高，表明蒸汽已经产生。

（6）余热锅炉启动后高压部分首先达到额定压力，然后是中压部分，最后是低压部分。达到沸腾的时间大概需要10～45min，根据启动时的温度和燃气轮机的负荷而定。达到基本负荷的时间根据启动时的温度、燃气轮机负荷和机组具体的温度梯度变化率而定。

（7）当余热锅炉疏水阀开闭和蒸汽轮机旁路开闭时，余热锅炉汽包将产生虚假水位，事先应做好预控措施，保证汽包水位在正常范围内，必要时手动调节蒸汽系统旁路阀，作为汽包水位调节的最有效手段。

（8）减温器隔离阀应在蒸汽出力达到基本负荷的25％时就打开，这是为了保证足够的蒸汽热量能把减温水加热。另外，操作人员必须保证减温后的蒸汽温度高于饱和温度14℃。无法满足蒸汽过热度时，DCS应触发报警。在蒸汽饱和温度状态下喷水会损坏管子。连续排污的流量应在汽包用水量确定后再设定（在蒸汽为饱和温度附近时，减温器对其进行喷水减温时会导致管子损坏，原因是会在管与管之间产生很大的膨胀差）。

（9）余热锅炉启动过程中最重要的是控制锅炉参数不要超过上述有关参数的限制。

（10）当锅炉出口蒸汽流量超过30％额定流量时，汽包水位由单冲量控制切至三冲量控制。

（11）机组继续升负荷，当机组进入稳定负荷后，应当整体检查余热锅炉各设备及参数是否稳定正常。在运行期间，蒸汽流量、压力和温度不能超过所规定的设计条件。

（12）初次启动时应注意各参数的变化情况，以便在以后的启动过程中加以改进和完善。特别注意各系统到达沸腾的时间和汽包水位波动到达的最高水位，据此确定初次上水的汽包水位。

2. 温态启动

（1）为了将温态启动的压力损失减到最少，在给机组点火前不推荐开启过热器疏水阀。燃气轮机在点火以前要做余热锅炉的5倍容积的空气吹扫，冷却空气可以将过热器和再热器内滞留的蒸汽冷凝，冷凝水必须在启动前的合适时间内疏出。

（2）开启给水泵和再循环水泵，并调整、监视汽包水位在合适的高度，一般汽包上水至启动水位并维持稳定。

（3）根据运行规程调整任何必要的阀门位置和烟囱挡板的位置。

（4）机组点火升负荷至暖机负荷，锅炉疏水阀开启延时后关闭，锅炉开始升温升压，密切监视汽包水位，工质水膨胀扩容和虚假水位产生。

（5）机组升负荷至基本负荷，余热锅炉的操作与冷态启动相同。

3. 热态启动

余热锅炉的热态启动与温态启动过程基本一致。

余热锅炉的三种状态启动过程基本一样，它们的不同点主要是热态锅炉的升温升压速度限制更大，锅炉启动更快。热态对余热锅炉产生虚假水位更剧烈，此时监视调节汽包水位是余热锅炉启动的重要事项。运行控制人员应熟悉了解余热锅炉产生虚假水位的原因及节点，在汽包水位波动前应做好预控措施，保证汽包水位波动不超过限值。

三、余热锅炉运行调整

余热锅炉运行工况的变化主要反映在参数的变化上。运行人员的任务就是要保证参数的稳定和运行的绝对安全。为做到上述两点，要求余热锅炉的运行人员必须随时监视运行工况的变化，对各运行参数进行分析总结，然后进行准确的调整。

在余热锅炉运行中，监视与调整的主要任务包括各阶段汽包水位的正常，蒸汽压力、蒸汽温度的正常，各给水流量蒸汽平衡正常，给水、饱和蒸汽和过热蒸汽合格的品质，辅机运行正常等。下面简要介绍主要监视调整内容。

（一）汽包水位

机组运行时，当汽包的水位低于低低水位时，将导致管子和联箱过热，此时燃气轮机保护动作跳闸停机。低水位报警时，运行人员应采取措施以避免到达低低水位。当汽包运行水位高于高高水位运行时，将会导致过热器管子和其他下游设备受污染（结垢），并导致高压蒸汽带水，危及汽轮机安全。达到高高水位时应立即启动自动调节装置降低水位，机组也将在高高水位报警延时后发机组跳闸指令。整个运行过程，密切监视给水流量、蒸汽流量等参数是否正常，在汽包水位异常时，可对给水调节阀、疏水阀等进行必要的干预，使汽包水位恢复至正常水位。

（二）工作压力

运行人员的责任就是确保机组充分疏水的情况下，保证机组稳步升温、升压及蒸汽压力不超过设计压力。

（三）工作温度

运行人员操作过程中需保证如下几点。

（1）喷水减温器工作正常，过热蒸汽、再热蒸汽均不超温导致机组负荷回切（run back，RB）。

（2）高、中、低再热蒸汽温度稳步升高，在温升率不超限情况下较快达到蒸汽轮机进汽条件。

（3）余热锅炉各受热面温度均在正常范围内。

（4）锅炉排烟温度正常，低压省煤器温度均在正常范围内，防止尾部烟道的结露腐蚀。

（5）汽包均匀升温，壁温差在正常范围，避免壁温超限报警。

（四）排气背压

为了保护锅炉模块的安全及燃气轮机排气烟道和膨胀连接支承设备的安全，在整个运过程中密切监视锅炉的排气压力。当锅炉的排气压力达到保护值时发出报警提示运行人员。

（五）烟囱挡板

燃气轮机启动前烟囱挡板门需100%打开，挡板门位置必须通过硬接线连接显示在操作控制面板上作为燃气轮机启动的必要条件，否则会损坏锅炉护板，特别是烟气侧的膨胀节更易损坏。为了安全起见，一般在机组启动时，烟囱挡板至于手动开启全开位，当机组停运时再投入自动状态。

（六）减温器

部分负荷下，高压过热蒸汽和再热蒸汽会超过设计温度。因此，必须监测减温器是否正常运行，在减温器故障时，必须控制燃气轮机负荷，以保证受热面不超温。

（七）再热器和高压过热器启动情况

在燃气轮机排烟温度升高时，再热器和高压过热器管簇不能处于干烧状态。在燃气轮机点火升温后，必须有蒸汽通过再热器和高压过热器管簇以冷却管壁。蒸汽流量不够时，将导致管壁温度短时超温最终引起管簇失效。

（八）排污扩容器

锅炉中不溶的水垢和沉淀物排至排污扩容器。排污扩容器需经常疏水和清洗，以防沉淀物沉积在扩容器中破坏扩容器。

四、余热锅炉的停炉

余热锅炉停炉方式有两种：对于正常检修、长时间停运或者锅炉不需要检修时的停炉，应使用正常停机程序；如需要立即进入锅炉检修，应使用紧急停炉程序。下面简单介绍停炉操作过程。

无论是正常停炉还是紧急停炉，停炉前应做好以下准备。

炉水循环时其中的泥垢和其他物质呈悬浮状态。当水循环停止时，固体物质有可能堆积和附着在内部表面，这会影响换热并加快腐蚀，因此，可以在停运前期通过以下步骤来减少腐蚀。

（1）增加10%的连续排污量，并提高底部排污频率。

（2）增加化学加药，适当提高锅水pH值。

(3) 在受压下短暂地打开每个排污阀以便排出积聚的泥垢，并检查管路是否堵塞。

(4) 在燃气轮机熄火前，保证给水系统的给水品质。

(一) 正常停炉

当燃气轮机停机时，余热锅炉开始冷却。除非要对锅炉进行检修，否则应尽量减小锅炉散热，保持工质侧压力。燃气轮机熄火后，将余热锅炉高、中、低压汽包上水至高水位（如第二天计划启动，应根据各系统泄漏量和启动时间合理确定上水水位；如第二天无启动计划，则上至最高可见水位）。停运给水泵和给水再循环泵，关闭高、中压过热器出口隔离阀及旁路阀和低压过热器出口隔离阀。机组转速低于 300r/min 延时 20min 烟囱挡板自动关闭。停机后，如果汽包水位下降过快应及时补水，防止一次上水过多导致汽包上、下壁温差增大过快。

(二) 紧急停炉

只有在要求立即进入锅炉检修或余热锅炉出现严重故障时，才可使用紧急停炉。正常检修时不需紧急停炉，因为这样会增加锅炉的热应力。

需要紧急停炉时，待机组停止运转后，关闭高、中、低压给水调节阀，打开高、中、低压系统排污阀直至汽包水位到水位计可见的最低水位。关闭排污阀，等待 5min，汽包上水至高水位。等 5min 后，再重复放水及上水。注意，在此过程中应严密监视汽包上、下壁温差在规定范围，一般不能超过 30℃。

重复上面步骤直到压力达到 0.07MPa。开启对空排汽阀防止锅炉形成真空。此时，过热器、蒸发器和省煤器管束可以开始疏水。疏水管必需畅通，若有堵塞需立即处理。

余热锅炉采用空冷，打开所有的疏水阀和对空排汽阀，增加冷却速度。必要时，打开离燃气轮机最近的检查门，用风机鼓风冷却。如果需在炉顶检修，应对炉顶部分单独进行强制通风，可采用压缩空气对炉顶部分吹扫等方法加快冷却。

五、余热锅炉的停炉维护

(一) 停炉维护的重要性

无论是大型燃煤机组还是天然气联合循环机组，锅炉和热力管道都是其重要的组成部分，对应机组运行中的高压力、高温度，重要部件的金属材质多为高强度合金钢或碳钢，具有暴露在空气中易腐蚀的特性。

锅炉停用期间，如果不采取有效的防护措施，在空气中氧气和温度的作用下，金属内表面便会产生溶解氧腐蚀，尤其以过热器最为严重。因为锅炉停用后，外界空气必然会大量进入锅炉汽水系统，此时，锅炉虽然存水已放尽，但管内金属表面上往往因受潮而附着一层水膜，空气中的氧便溶解在此水膜中，使水膜饱含溶解氧，很容易引起金属的腐蚀。

当停用锅炉的金属内表面上结有盐垢等沉积物时，腐蚀过程会进行得更快。这是因为，金属表面的这些沉积物具有吸收空气中水分的能力，而且本身也常会有一些水分，故沉积物下面的金属表面仍然会有一层水膜。在未被沉积物覆盖的金属表面上或沉积物的孔隙、裂缝处的金属表面上，由于空气中的氧容易扩散进来，使水的含氧量较高。沉积物下面的金属表面上，水含氧量相对较低。这样就使金属表面产生了电化学不均匀性。溶解氧浓度大的地方电极电位高而成为阴极。溶解氧浓度小的地方，电极电位较低而成为阳极。这样金属便遭到腐蚀。当沉积物中含有易溶性盐类时，这些盐类溶解在金属表面的水膜中，使水膜中的含盐量增加，由于易溶性盐类溶液的高导电性，从而导致溶解氧腐蚀的作用加速。

停用腐蚀的主要危险还在于，它将加剧设备运行时的金属腐蚀过程。这是因为停用锅炉的腐蚀，使金属表面产生腐蚀沉积物，由于腐蚀产物的存在以及由此而造成的金属表面的粗糙状态，成了运行中腐蚀加剧的促进因素。锅炉在停用期间，金属的温度很低，使腐蚀本身的速度还是比较缓慢的，然而腐蚀产物是由高价氧化铁组成的，在锅炉重新投入运行时起着腐蚀微电池的阴极去极化剂作用，使腐蚀过程逐渐发展。当金属表面形成相当数量的氧化物后，这种氧化物便有可能转移到热负荷较高的受热面区段产生高温腐蚀并使传热恶化，造成金属管壁超温；或随蒸汽进入蒸汽轮机，沉积在蒸汽轮机的通流部分。因此，做好防止锅炉受热面在备用和检修期间的腐蚀工作是十分重要的。

（二）余热锅炉维护方法

锅炉在停止运行期间，无论事先操作或者事后操作，必须做适当的停运维护，以避免腐蚀和结冻伤害。

锅炉停运后常用的维护方法有热炉放水烘干维护、干法停炉维护、湿法停炉维护、防冻。

这里创新地使用了一种新型的充氮方式。充氮设备使用先进的空气分子筛氮气制备技术。该种方式利用分子筛技术对空气进行分离，得到高纯度的氮气。该制氮工艺为物理提取，对环境没有影响，较常见的低温空气分离制备氧气和氮气技术有较大的优势。分子筛是由碳组成的多孔物质，具有气体分子级大小的微孔结构，利用空气中各种气体在分子筛微孔中的不同扩散速度进行分离。其原理类似于常见的高过滤精度的纳米级网布，用于过滤空气，对氮气和氧气进行分离，得到一定纯度的氮气。氮气制备装置一般由 2 台分子筛容器和过滤器、氮气储气罐、阀门及控制系统等附件组成。制氮工艺流程一般采用变压吸附法，碳分子筛对氧气在充压、产气时吸附，在降压排气时向外排出氧气，在此过程中完成氮气的收集。氮气生产装置设置 A、B 两只分子筛吸附塔，吸附塔中填充碳分子筛，一只塔吸附氧，制取氮气；另一只塔解吸、再生，排出上次吸附在碳分子筛表面的氧，两组分子筛循环作用连续生产高品质氮气。

该氮气制备装置可室外布置，在常温下即可完成氮气生产。控制系统由可编程逻辑控制器（PLC）和电磁阀组成，通过电磁阀的开关改变系统流程压力，完成制氮功能。在制氮装置接入清洁度符合要求的压缩空气，在出口储气罐就能够得到浓度 99.9%的氮气。

氮气维护系统的应用经验如下。

（1）在应用氮气供应装置以后，成功地采用了多种方式对余热锅炉系统进行充氮维护。

1）锅炉带水充氮维护。对于短时间的停机备用，在锅炉汽包压力小于 0.2MPa 开始充氮保养。首次充氮合格后，对氮气压力进行监视，维持氮气压力为 20～50kPa，低于 20kPa 补充氮气。

2）干法停炉充氮维护。在余热锅炉受热面水放净后，向、高、中低压汽包充入氮气，通过控制阀门逐个完成3个压力省煤器、蒸发器和过热器换热模块的氮气置换操作。各受热面氮气置换完成后，对氮气压力进行监视，维持氮气压力为20～50kPa，低于20kPa补充氮气。氮气制备装置工艺及流程如图3-16所示。

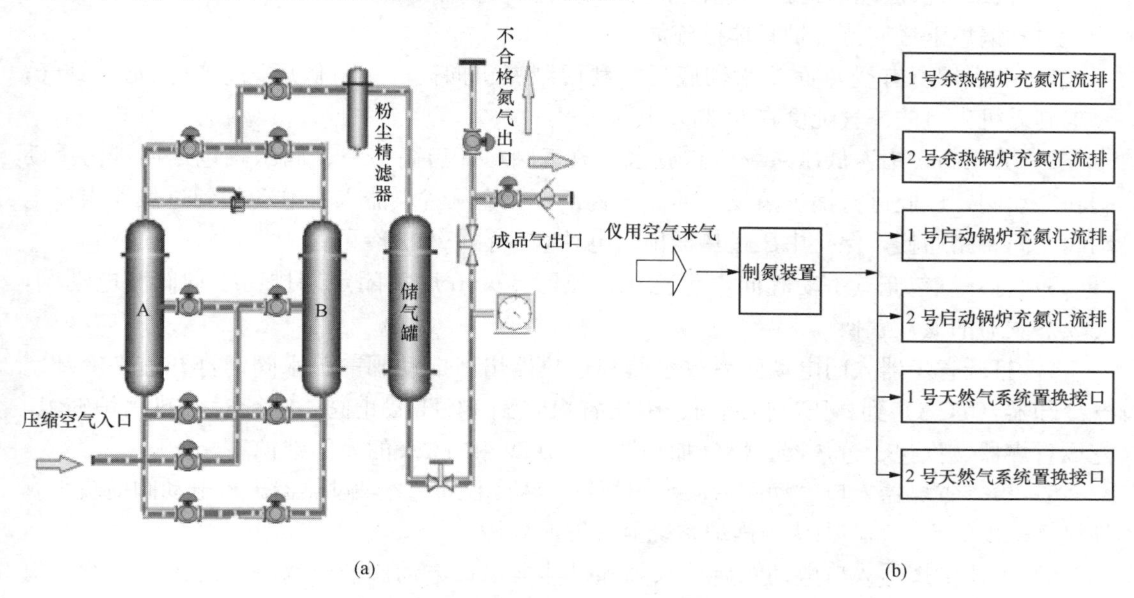

图3-16　氮气制备装置工艺及流程图

（a）装置；（b）流程图

3）湿法充氮维护。锅炉水侧采用化学加药的方式进行维护，通过添加无机盐或挥发性的联氨和氨水来达到水侧维护效果；锅炉气侧采用氮气进行密封，防止空气进入。

（2）为了保证充氮维护效果和操作中的安全，需在实施中采取如下措施。

1）规范锅炉充氮维护作业流程。在余热锅炉充氮中要根据充氮方式的不同，采取不同的氮气浓度检查方法。如在锅炉放水前由锅炉高点充入氮气，则需要在水放净前建立氮气压力，保证氮气充满余热锅炉上部空间，在余热锅炉下部放水点测取氧气浓度。在余热锅炉无水状态下充氮时，空气已完全占据余热锅炉的内部空间，在余热锅炉内部氮气压力升高后，连续由锅炉下部进行放气，确保空气中的氧气全部排出，直至在锅炉下部放水点测取氧气浓度合格。

2）氮气维护装置产出的是0.6MPa的常温氮气，因其压力低，在充氮操作中不会因压力下降而使温度下降过多，因此，没有瓶装氮气压力降低时温度下降，可能会造成冻伤的可能，在正常操作中是安全的。

3）在有限空间作业中如果氮气浓度过高，在其中工作存在窒息的危险。因此，要提前对保养区域通风，并对其中的氧气含量进行检查确认，防止发生危险。

（3）锅炉带水充氮维护法具体措施如下。

1）在机组停运后，密切监视高、中、低压汽包压力。

2）在余热锅炉汽包压力达到0.2MPa时，启动制氮机，通过排放使氮气纯度高于99.9%，调节制氮机出口氮气压力为0.5～0.6MPa。

3）打开高、中、低压汽包手动充氮阀对汽包进行充氮维护。

4）每日在01：00～05：00，13：00～17：00两个时段启动制氮机对汽包充氮。

5）做好锅炉充氮维护期间的指标记录。

6）机组再次启动前对锅炉进行水质冲洗直至水质合格。

（4）锅炉干法充氮维护具体措施如下。

1）在锅炉所有受热面放水彻底后，利用制氮机向高、中、低压汽包炉管充入氮气，要求制氮机出口的氮气纯度在99%以上。

2）关闭高、中、低压系统所有放水、放气阀，开启高、中、低压汽包定期排污手动阀和电动阀，以此进行锅炉蒸发器的氮气置换；检查从省煤器入口电动阀到过热器出口电动阀之间管路通畅，保持中压过热器出口电动阀开启来维护冷再管。

3）打开汽包充氮手动阀向汽包充氮，充氮30min后关闭定期排污手动阀和电动阀，完成蒸发器的氮气置换。

4）打开省煤器入门电动阀后放水阀和过热器出口电动阀前疏水阀，打开透平冷却空气冷却器（TCA）到高压汽包调阀、中压省煤器到FGH截止阀，继续对余热锅炉充氮，完成省煤器、汽包、过热器、燃气加热器（FGH）和TCA的氮气维护。

5）检查省煤器入口电动阀后放水阀处氧气浓度低于2%，过热器出口电动阀前疏水阀处氧气浓度低于2%，则认为锅炉系统氮气置换合格。

6）关闭省煤器入口电动阀后放水阀和过热器出口电动阀前疏水阀，对锅炉继续充氮直至压力超过50kPa，锅炉充氮维护结束。

7）正常情况下，锅炉内氮气维持在20～50kPa，低于20kPa后进行氮气补充。

8）充氮时，锅炉水汽系统的所有阀门应关闭，并应严密不漏，以免泄漏使氮气消耗量过大和难以维持氮气压力。在充氮保护期间，要经常监督氮气的压力。若发现氮气消耗量过大，应查找泄漏的地方并采取措施消除。

（5）新型充氮保养经济和社会效益如下。

1）采用氮气维护系统后，减少了冷态启动除盐水的消耗。按两台机组年冷态启动30次，在氮气系统安装前每次启动放水3次，每次换水量300t计算，年可节省除盐水2.7万t，除盐水按10元/t进行计算，年可节省费用达27万元。锅炉减排水量也得到了大幅减少，减少了工业废水的处理和外排，有利于节能环保。机组启动期间，高、中、低压系统需100%开度，连续排污需5～6h，日补水在700t以上。实施后20min后锅炉水质合格，连续排污全关。单台机组日节约除盐水500t/(台·次)。按机组启动360次（两班制运行，昼起夜停）计算，年可节约除盐水18万t，可节省费用达180万元。

2）采用氮气系统对锅炉系统进行维护后，运行人员可以在控制室完成充氮维护的所有操作，并能进行连续监视，保证锅炉的充氮维护效果。相对于采用瓶装氮气、杜瓦罐液氮，槽罐车液氮等维护方式而言，采用氮气制备装置后节省了大量的人力。该装置采用后减少人力操作，消除了瓶装氮气和液氮带来的安全隐患。

3）在采用了氮气系统对锅炉维护后，金属壁面锈蚀状况被改善，锅炉启动及正常排污次数大幅减少，减少了制备除盐水的制备量和锅水的排污量，有利于节能环保。可以低成本地提供氮气用于天然气系统的检修置换操作，缩短了设备检修时间。

燃气-蒸汽联合循环辅助系统

第一节 天然气调节系统

一、天然气基本介绍

天然气是存在于地下岩石储集层中以烃为主体的混合气体的统称，相对密度约为0.65，比空气轻，具有无色、无味、无毒之特性。

天然气主要成分为烷烃，其中甲烷占绝大多数（96%），另有少量的乙烷、丙烷和丁烷，此外一般有硫化氢、二氧化碳、氮、水和少量一氧化碳及微量的稀有气体，如氦和氩等。天然气在送到最终用户之前，为助于泄漏检测，还要用硫醇、四氢噻吩等来给天然气添加气味。

天然气不溶于水，密度为0.717 4kg/m^3（标准状态），相对密度（水）约为0.45（液化），燃点（℃）为650，爆炸极限（V%）为5～15。天然气不含一氧化碳，也比空气轻，一旦泄漏，立即会向上扩散，不易积聚形成爆炸性气体，安全性较其他可燃气体高。

天然气热值分为高位热值（HHV）和低位热值（LHV）。高位热值是指单燃气完全燃烧后，其烟气被冷却到初始温度，其中的水蒸气以凝结水的状态排出时所放出的全部热量；低位热值是指单位燃气完全燃烧后，其烟气被冷却到初始温度，其中的水以蒸汽的状态排出时，所放出的全部热量。由于实际中燃气排气水蒸气基本以气态形式存在，所以在燃气轮机性能计算上均以低位热值作为参考。由于天然气的成分差异，天然气高位热值和低位热值分别为39、35MJ/kg左右。

目前，燃气电厂使用的天然气主要分为管输气（气田采集气）和液化天然气（LNG）两种，其主要特点为：

（1）管输气。压力低、波动大，温度高，杂质多，成分、气质不稳定。

（2）LNG。压力高、稳定，温度低，杂质少，成分、气质比较稳定。

LNG是天然气在常压下，冷却至约－162℃时，由气态变成液态的过程，其甲烷纯度更高，几乎不含二氧化碳和硫化物，且无色无味、无毒。其密度是标准状态下甲烷的625倍。

二、天然气供应系统的主要流程

天然气供应系统主要由调压站、前置模块及FG单元组成。外界天然气管网进入燃气轮机电厂的天然气调压站，在调压站内，天然气进行计量、分离、过滤、调压等一系列的处理后达到燃气轮机所需的要求后，再进入单元机组的前置模块，在前置模块内对天然气进行加热和过滤后进入燃气轮机的FG单元，FG单元负责对燃料紧急关断、压力控制和流量调节，是天然气进入燃气轮机前的最后处理单元，天然气供气流程如图4-1所示。

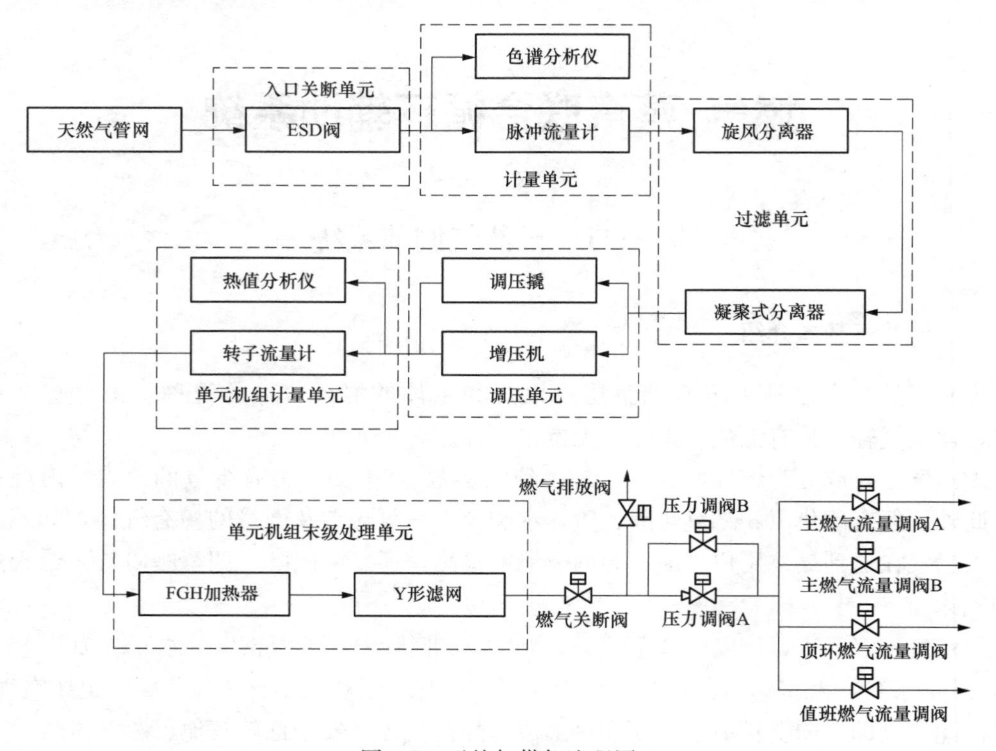

图4-1　天然气供气流程图

三、调压站系统

调压站系统作为电厂天然气使用终端与供气侧的纽带，其主要作用为提供经过初步处理的热力学参数相对稳定的天然气。其主要功能包括接口隔离、紧急遮断、高精度计量、色谱分析、除去大颗粒固体及液体、粗过滤、调压。主要由绝缘接头、ESD（火警遮断阀）、超声波流量计、色谱仪、旋风分离器、挡板过滤器、调压撬/增压机以及一些手动隔离阀、平衡管阀、排空管阀、排污管阀等组成，来完成上述功能。

调压站的主要用户是1、2号燃气轮机及燃气锅炉。

调压站系统的组成如下。

1. 入口紧急关闭系统ESD

此主要用于在发生火灾等紧急时刻迅速切断进入调压站的天然气气源，以保障整个系统的安全。

天然气入口紧急切断阀（ESD）设计流量是 224 158m³/h（标准状态）。开关操作是依靠气动执行机构来进行的 ESD 阀的设计气源来源于其前侧天然气管路，经减压调压后作为动作气源。后来为了防止天然气上游压力下降导致 ESD 阀控制气源失效，重新设计了一路压缩空气作为 ESD 阀的控制气源。调压站系统流程如图 4-2 所示。

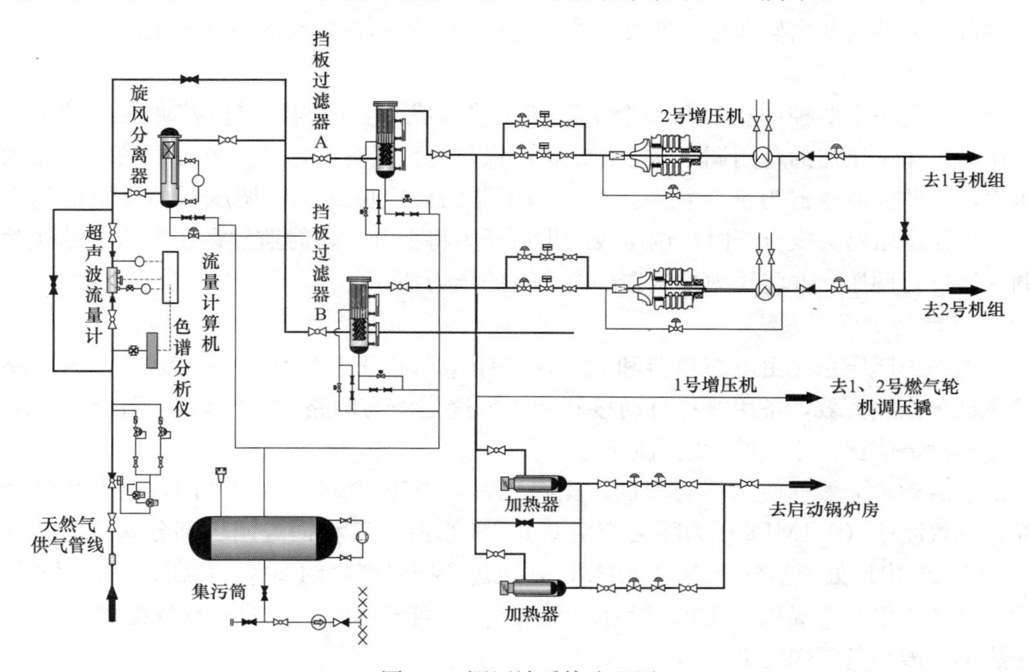

图 4-2　调压站系统流程图

2. 超声波流量计及色谱分析仪

流量计系统将实际测得的流量连同实际测得的温度和压力信号传送给流量计算机，流量计算机据此以 m³/h（标准状态）为单位计算出实际消耗的天然气流量。计量系统安装的气相色谱仪分析天然气的组分和热值，流量计设置了旁路阀，以便于流量计有检修工作时使用。

样气通过取样口进入色谱仪单元，在进入分析仪之前首先进入样气加热单元。分析仪使用标准气和作为载体的氦气。分析出来的值从分析仪发送到控制器（控制器安装在现场控制室）。

3. 旋风分离器

旋风分离器主要应用在需要高效除去固、液颗粒的场合，不论颗粒尺寸大小都可以用，使用于各种燃气及其非腐蚀性气体。旋风分离的效果很好但是压降很大。过滤精度为 50μm、过滤效率大于或等于 99%。

其工作原理：天然气通过设备入口进入设备内旋风分离区，当含杂质气体沿轴向进入旋风分离管后，气流受导向叶片的导流作用而产生强烈旋转，气流沿筒体呈螺旋形向下进入旋风筒体，密度大的液滴和尘粒在离心力作用下被甩向器壁，并在重力作用下，沿筒壁下落流出旋风管排尘口至设备底部并定期手动排出。

4. 立式挡板过滤器

调压站设置了 2×100% 的挡板过滤器，用于将天然气中的固体小颗粒和液体小液滴分离出来，以给燃气轮机提供清洁的天然气。

每台过滤/分离器设计为两段的立式压力容器。第一段挡板分离，第二段经凝聚式过滤芯过滤。气体从进口管进入过滤分离器，在过滤器入口处，天然气与挡板撞击，较大的固体颗粒和液滴由于重力沉降作用被分离出来。天然气通过挡板后，进入带有凝聚式滤芯的过滤段。天然气从内侧向外侧通过滤芯，将较小的固体颗粒和液滴分离出来。

5. 调压撬

调压撬由一个监控调压器和一个工作调压器组成。监控调压器监控调压线的出口压力，作为工作调压器的备用调压器。在正常的操作时，只有工作调压器在调解调压站的出口压力，而监控调压器为全开状态。监控调压器的设定值比工作调压器的设定值稍高一些，当工作调压器失效全开时，调压线的出口压力将上升，这时监控调压器将开始接替工作调压器进行调压，并将压力控制在一个稍高的压力值。

6. 启动锅炉调压系统

启动锅炉调压系统由电加热器和调压阀组组成。在正常操作时一路运行，另一路备用。一旦工作线失效，备用线将自动接管调压。这是因为两路的二级调压器的设定不同，工作线的设定值比备用线的设定值略高。

由于启动炉天然气使用压力较低，压降较大（4MPa 降至 0.06MPa），会产生较大的温降，导致冰堵（0.1MPa 压力降会产生 0.5℃的温降。启动锅炉调压部分入口天然气压力约 4MPa，出口处天然气压力约 0.1MPa，通过调压将产生约 20℃的温度降）。因此，需要设置电加热单元，提供一定的过热度，保证启动锅炉调压出口的天然气温度高于 1℃。电加热单元需具备防爆能力。

启动锅炉调压系统用来将天然气的压力降至 60kPa。这一降压过程分两个阶段完成：首先，一级调压器将来气降至 0.7MPa；然后，再由二级调压器将 0.7MPa 的天然气的压力降至 60kPa。

在启动锅炉调压系统中，所有的调压器为切断与调压一体化结构，即每一级调压器由一个调压器和一个快速切断阀（SSV）组成。当调压器出口处的天然气压力高于该调压器的设定值时，与该调压器一体化的 SSV 将迅速切断。

四、前置模块

前置模块负责对进入燃气轮机的天然气进行热值分析、流量计量、加热、过滤。主要设备由热值分析仪、转子流量计、FGH 加热器、末级过滤器等组成。

每台燃气轮机安装一台涡轮式流量计用来监测燃气流量，燃气流动带动流量计叶轮，其流速与叶轮转速成正比，单位时间流过流量计的燃气体积等于燃气流速与通过环形槽面积的乘积。使用流量计可以测量燃气轮机全速空负荷到燃气轮机全速满负荷的燃气流量。同时，流量计算器可以进行天然气压力、温度补偿修正。

终端过滤器为高精度 Y 形滤，过滤精度为 5μm，主要天然气进入燃气轮机中燃烧之前去掉夹带的液体和颗粒。

两台燃气轮机供气管道上安装有两套燃气热值计，每套燃气热值计含有两个检测单元。燃气热值计的作用是从燃气管路上抽样燃气，并把燃气分别导入热值计单独的部件

中。分流完成后，检测出各个成分的含量并将结果信号通过燃气轮机控制系统（GTC）传输到DCS中。前置模块流程如图4-3所示。

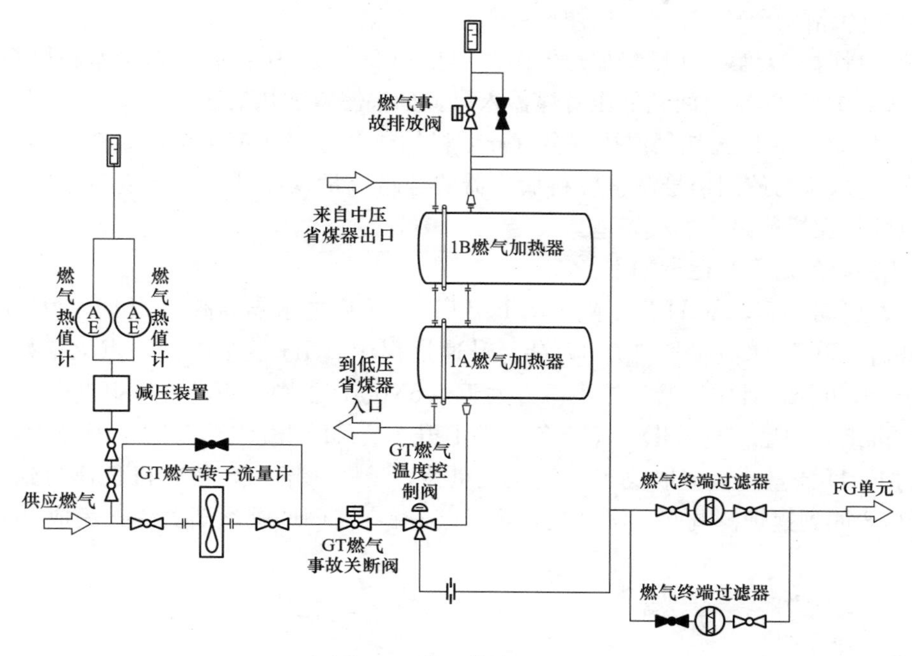

图4-3　前置模块流程图

1. 燃气加热系统（FGH）

燃气加热系统（FGH）是天然气系统的重要组成部分，核心作用就是保证机组在启动和正常运行期间天然气温度的正常稳定。

三菱公司M701F4燃气轮机每台均安装有2台50%容量GT燃气加热器（管式换热器）（见图4-4），通过中压省煤器出口部分给水热量加热给水，以提高燃烧热能从而提高

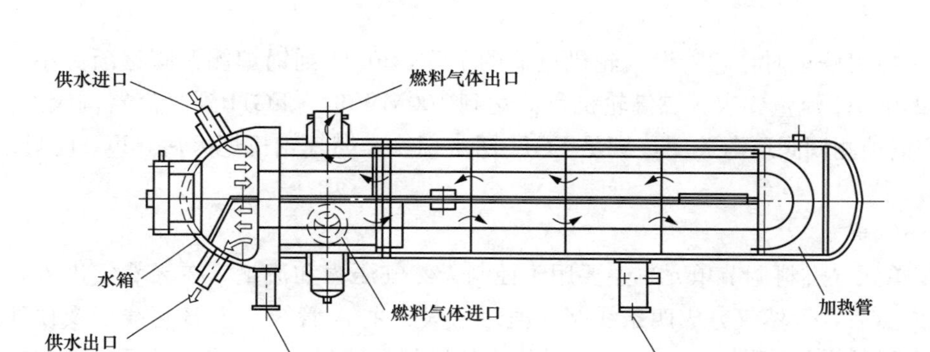

图4-4　FGH燃气加热器内部结构图

燃气轮机效率，加热面积为 359m²。设置天然气温控阀控制燃料加热器出口温度，它是一种气动的三通型隔膜控制阀，该阀门通过来自燃气轮机控制系统（TCS）的控制信号调节燃料加热器旁路的天然气流量，以便控制天然气进气温度。

正常运行时，天然气在燃料加热器中被加热到 200℃。中压省煤器给水在燃料加热器中由 248℃冷却至 60℃后回到低压省煤器入口。如果燃料加热器出口温度由于部分负荷运行原因超过 200℃，则天然气温控阀会打开燃料加热器旁路通道来调节天然气温度。该阀门通过来自 TCS 的控制信号调整燃料加热器的旁路流量以控制天然气进口温度并采用三通形式以防止在运行过程燃气堵塞。

FGH 系统的启停和运行如下。

（1）发启动令后，FGH 进水隔离阀 B 开启，60s 后进水隔离阀 A 开启，FGH 到凝汽器调阀开启，FGH 水流量控制在 17t/h，升速过程中 FGH 流量不变。点火前检查 FGH 流量大于 11.9t/h，且中压给水抽头压力大于 4.5MPa；否则，不允许机组点火。

（2）机组并网后，随着燃气轮机负荷的上升，FGH 到凝汽器调阀逐渐开大，满足逻辑需要的 FGH 流量（该值取决于燃气轮机负荷，见图 4-5）。燃气轮机负荷达到 125MW 以后，FGH 回到锅炉侧调阀逐渐开启，FGH 到凝汽器侧调阀逐渐关闭，完成 FGH 回水的切换。

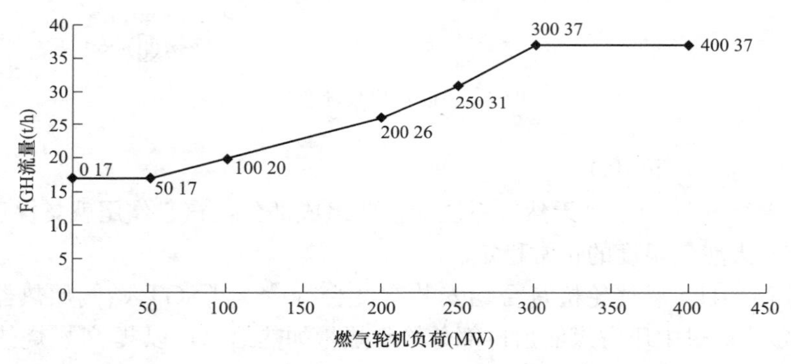

图 4-5　FGH 流量设定与燃气轮机负荷关系图

（3）机组运行过程中，如果 FGH 流量低于逻辑设定值 0.7 倍以下，发出 FGH 流量低报警。

（4）机组停运时，随着燃气轮机负荷的下降，FGH 到锅炉侧调阀逐渐关小，满足逻辑设定的 FGH 流量要求。燃气轮机负荷达到 100MW 时，FGH 到凝汽器调阀逐渐开启，FGH 到锅炉侧调阀逐渐关闭，满足 FGH 回水切换。燃气轮机熄火后，FGH 到凝汽器调阀关闭。

2. FG 单元

FG 单元（燃料调节单元）主要用于控制天然气压力和流量。在天然气进入燃气轮机罩壳接入点后，天然气分成四条线路（值班管线、主 A 管线、主 B 管线以及顶环管线），各管路通过的燃气流量由安装在燃气单元内的控制阀控制，燃气控制单元内安装有燃气供给压力控制阀，燃气事故排放阀，燃气主 A、B 流量控制阀和燃气值班流量控制阀，燃气顶环流量控制阀，燃气事故关断阀；根据具体的负荷要求通过调节燃气流量来调节燃气轮

机负荷。此外，FG 单元还设置有天然气关断阀、排放阀、压力及流量控制阀等。FG 单元流程如图 4-6 所示。

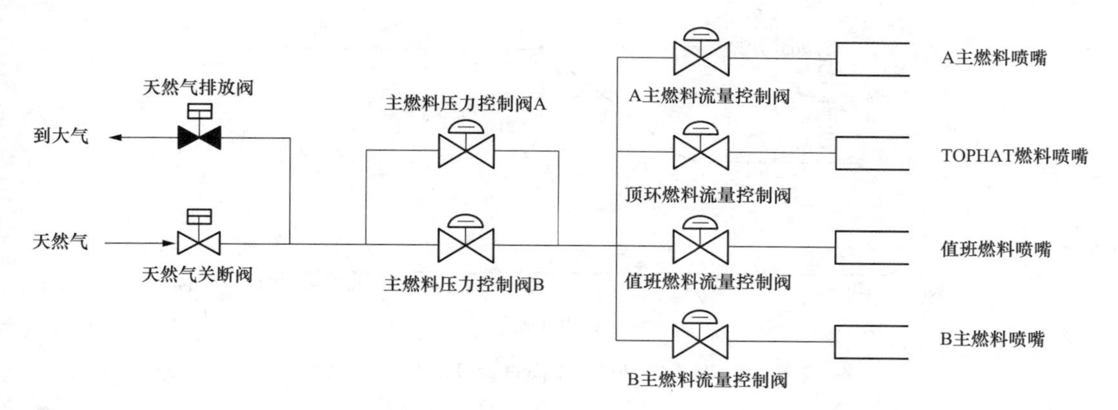

图 4-6　FG 单元流程图

当燃气轮机停机/跳闸命令启动时，超速跳闸油卸压，引起天然气关断阀关与各流量阀关闭以切断天然气的供给。同时，天然气排放阀打开，形成双头堵塞的排放统，释放天然气关断阀和天然气流量控制阀之间的天然气，这个系统能有效防止燃料泄漏到燃气轮机。

燃气压力和流量控制阀的作用是按照机组负荷要求提供合适的天然气流量。天然气压力控制阀是液动控制阀，目的是调整供气压力控制阀的二次压力。由于到流量控制阀的燃气压力被调节，所以流过流量控制阀的燃气会保持在合适的压力，两个供给压力控制阀 A 和 B 在分段控制下运行，它们调节燃气流量控制阀的差压，体积小的控制阀 A 用于低流量情况，体积大的控制阀 B 用于更大流量情况。天然气流量控制阀也是液动控制的，用于控制进入燃烧系统燃气体积，以此作为来自燃气轮机控制系统输出的控制信号（CSO）的功能。它们包括值班燃气流量控制阀、主燃料（A/B）流量控制阀以及燃气顶环流量控制阀，并分别控制通向各个喷嘴的燃气流量。当燃气轮机停机或者失去超速跳闸（OST）油压后超速跳闸时，流量控制阀能迅速关断，立即隔断燃气。

五、天然气系统正常运行及维护

（1）燃气供气系统正常运行中应维持下列参数在规定值范围内。

1）燃气加热器出口天然气温度应按主燃料输出指令（CLCSO）曲线设定，CLCSO 低于 20％时天然气温度设定值为 100℃，CLCSO 高于 50％时天然气温度设定值为 200℃，CLCSO 在 20％～50％时天然气温度设定值为 100～200℃之间的折线（见图 4-7）。机组正常运行时的天然气温度为 200℃，若压力调节阀后供气温度低于 CLCSO 逻辑计算值（或者两个温度测点范围都超限），延迟 1s 机组以 450MW/min 的速率 RUNBACK 到燃气轮机负荷为 150MW；如果压力调节阀后供气温度高于 250℃，延迟 5s 机组负荷以 20MW/min 的速率 RUNBACK 到燃气轮机负荷为 165MW。

2）燃气轮机燃气终端过滤器差压达到 50kPa 时，应切换到备用终端过滤器运行，并联系人员清理滤网，终端过滤器差压报警值取决于燃气轮机 CSO：燃气轮机 CSO 低于 50％时报警值为 35kPa，燃气轮机 CSO 高于 82.8％时报警值为 75kPa，燃气轮机 CSO 在

50%～82.8%时终端过滤器差压报警值为35～75kPa之间的折线。

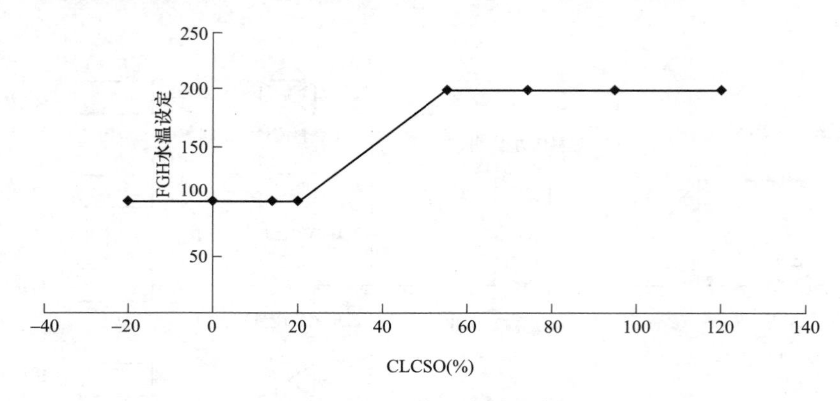

图4-7　FGH水温自动设定图

3）燃气控制阀控制信号输出与燃气控制阀实际位置偏差超过%以上，延时10s机组跳闸。

4）机组运行时，主A、主B、顶环、值班临时滤网差压运行在报警值（分别为0.136、0.156、0.136、0.301MPa）以下，达到报警值时加强监视压差和叶片通道温度BPT分散度，压差持续上升，降低负荷运行；如果主A、主B、顶环临时滤网中任一达到0.30MPa或者值班临时滤网差压达到0.50MPa时停运机组，并联系维护人员清理滤网。

5）机组正常运行时，前置模块终端过滤器滤网差压快速上升时（1h超过10kPa）做好滤网切换准备并对调压站旋风分离器和挡板分离器排污。

6）燃气轮机升速过程中若BPT偏差值达到±40℃、燃气轮机负荷0～75MW时BPT偏差达到±35℃、燃气轮机负荷达到75MW以上达到20℃/－30℃时，在机组停运后清理燃烧器喷嘴滤网。

7）机组满负荷运行时，若BPT偏差值达到15℃/－20℃时，停机后清理燃烧器喷嘴滤网。

8）机组正常运行时，若燃气轮机临时滤网差压快速上升（1h内上升50kPa）或BPT偏差值快速上升（1h内偏差值上升5℃）时，需要对调压站挡板分离器和旋风分离器进行排污。

（2）天然气系统常见异常分析及处理。

1）温态启动过程中负荷限制报警。由于前置模块天然气通过来自中压省煤器的给水进行加热，在机组温态启动时，有时由于中压省煤器给水温度不足导致前置模块天然气温度低于该CLCSO对应的天然气温度（见图4-7），机组会发出负荷保持指令（在CLCSO＞40%或者GT LOAD＞80MW的情况下）。此时，机组CSO出力不再增加，待天然气温度满足要求后机组负荷正常上升，需要加强燃烧室压力波动的监视，防止CPFM系统动作。

2）FGH疏水液位高。燃料加热器壳侧有4个液位变送器，其中，一个用于液位高报警，其他三个用于液位高高跳机（三取二）。当FGH中的水液位高于350mm时，液位高报警发出，燃气轮机仍可继续运行。当液位继续升高到跳机液位476mm（三取二）时，系统判断燃料加热器内部管道破裂，燃气轮机跳机保护动作。因此，为了防止燃料加热器的气侧进水而进入燃气轮机内部，燃料加热器会将加热水源切断（关闭FGH水侧关断阀

A 和 B)。燃气事故关断阀关闭，燃气事故排放阀打开。可能原因为：①液位开关故障；②加热水泄漏。处理方法为：①检查液位开关和信号电缆，如果液位开关设定改变，需重新进行校正，如果液位开关损坏、应进行修理或者更换；②检查 FGH 的压力是否和大气压力相当，然后检查 FGH 的疏水管路。如果疏水管路正常，可能是 FGH 加热水管道泄漏，因此如果存在较大的泄漏，应立即关停燃气轮机。

3）机组停运后 FGH 泄漏报警。机组停运后 TCS 会触发 GT LEAK DETECT（HW PRESS INCREASE ALARM）报警，该报警触发逻辑为 FGH 出口水压在 3min 内上升了 0.03MPa 以上。因为机组停运后，FGH 入口关断阀 A/B 及出口至凝汽器/余热锅炉侧调门均已关闭，所以此时的给水压力上升判定为天然气泄漏至水侧管道导致。通过对水侧进行天然气浓度检测为 0%LEL。后经过检查发现由于停机以后余热锅炉烟道挡板关闭，会导致烟道内热量后移，在短期时间会导致中压给水压力先上升再下降，FGH 入口关断阀 A 存在内漏情况，从而导致 FGH 内水侧压力上升，报警发出。通过重新对阀门进行定位，确认严密后，该报警不再触发。

4）FGH 给水流量测点故障导致机组 RB。某厂机组在冬季寒冷气候条件下（当时环境温度为−5℃），FGH 流量测点故障变为坏点即显示超量程，系统默认 FGH 流量坏点值超过当前设定值（37t/h），则自动将 FGH 回余热锅炉调门关小以降低流量，而调节门关小过程中流量一直为坏点，最终导致调节门全关。FGH 后天然气温度急剧下降至 150℃，最终导致机组 RB 至燃气轮机负荷为 125MW。为防止此类时间再次发生，要求当 FGH 流量变成坏点时，马上解除回水调节阀自动，通过手动调整调节门开度保证天然气温度稳定以及在 FGH 流量测点取样管处加装电伴热等防寒防冻措施以解决。

5）天然气调压站入口压力高导致一级调压阀跳闸全开。一级调压器阀门结构如图 4-8 所示，一级调压器受控压力作用在膜片 B 上，膜片与杆 D 相连，因而受控制欠压和超压切断的设定弹簧 E、F 的弹力作用。当膜片移动时杆 D 驱动杆 L，使锁扣机构脱扣，于是阀瓣 A 在弹簧 G 作用达到关闭位置。操作手柄 C 可使切断阀运动件复位。通过按钮 M 也可将切断阀手动切断。

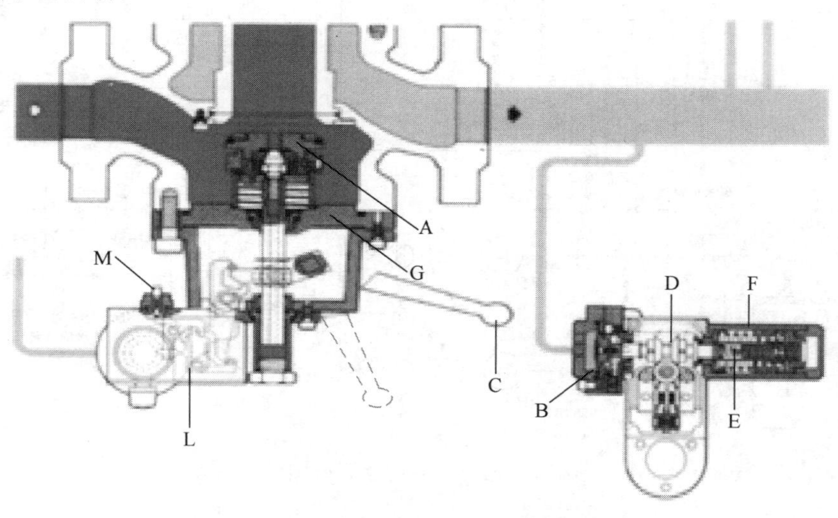

图 4-8　一级调压器阀门结构图

因此就地巡检发现一级工作调压阀操作手柄在跳闸位置时，需要操作手柄进行复位。

第二节 凝结水系统

凝结水系统指凝汽器至余热锅炉之间与凝结水相关的管路与设备。凝结水系统的作用是凝结汽轮机的排汽和收集其他系统的疏水并进行除氧，利用凝结水泵升压，再经轴封加热器加热后，送至余热锅炉低压省煤器，维持系统的汽水循环。

一、凝结水系统概述

（1）凝结水系统的主要设备。一台单壳、双程表面式除氧型凝汽器，两台100%容量的凝结水泵，一台凝结水精处理装置，一台凝汽器检漏装置，一台轴封加热器以及相关的管道、阀门、仪表等。

（2）凝结水系统的用户。余热锅炉低压汽包给水、低压缸排汽减温水、凝汽器水幕喷水、低压轴封蒸汽减温水、低压缸冷却蒸汽减温水、中压旁路减温水、低压过热器出口反冲洗水、水环式真空泵A/B及真空维持装置汽水分离器补水、冷再热蒸汽至辅汽主路/旁路减温水、疏水扩容器减温水、闭式膨胀水箱补充水、真空破坏阀后U形水封水、凝结水泵A/B自密封水。

（3）凝结水系统流程。凝结水及补水系统如图4-9所示。

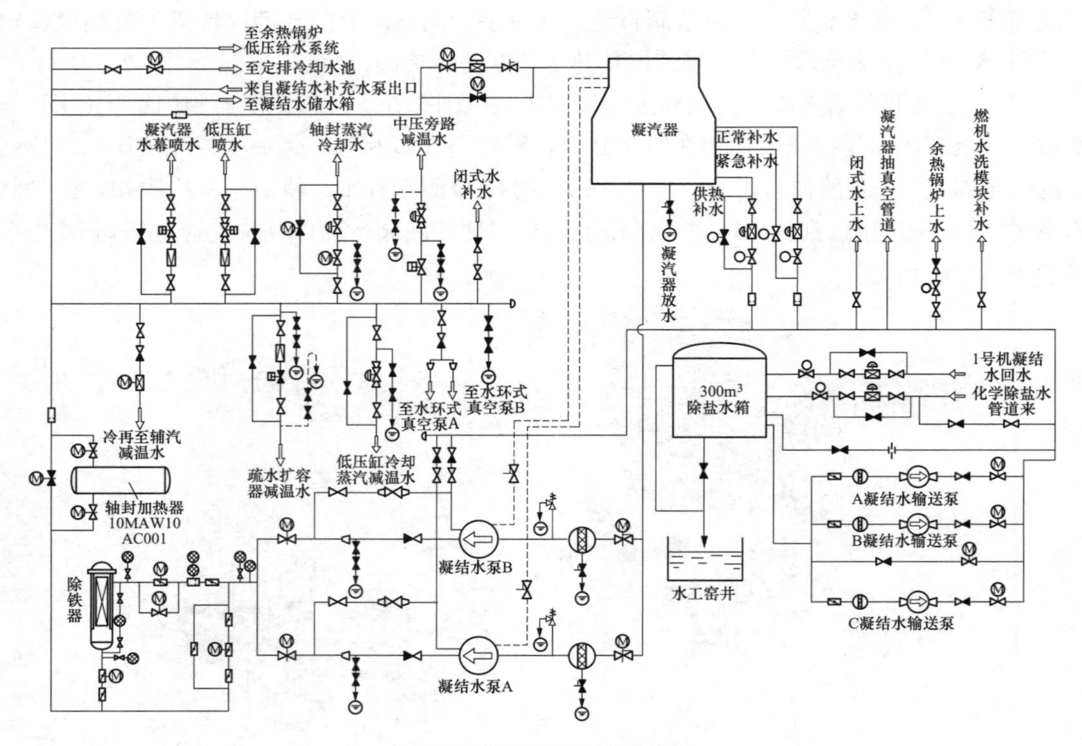

图4-9 凝结水及补水系统图

凝结水由凝汽器热井引出，然后至两台100%容量凝结水泵（一台备用），合并成一路经除铁过滤器、轴封加热器，至余热锅炉低压省煤器入口及其他各用户。

凝结水泵进口管上设置电动闸阀、滤网。泵出口管道上装一个止回阀和一个电动闸阀。为防止运行时排出的压力水有可能倒入备用泵，造成备用泵吸入管系超压，在每台泵的吸入管阀门后装一个安全阀。

经凝结水泵后的凝结水进入除铁过滤器、轴封冷却器。轴封加热器为表面式热交换器，用以凝结轴封漏汽和汽轮机主汽阀、调阀阀杆漏汽。轴封加热器依靠轴封风机维持微真空状态，以防止蒸汽漏入大气及汽轮机润滑油系统。为维持上述的真空，还必须有足够的凝结水量流过轴封加热器，以凝结上述漏汽。

凝结水系统设有最小流量再循环管路。自轴封加热器出口的凝结水，经最小流量再循环阀回到凝汽器，以保证启动和低负荷期间凝结水泵通过最小流量运行，防止凝结水泵汽化，同时也保证在启动和低负荷期间有足够的凝结水流经轴封加热器。

在凝汽器内设有真空除氧和鼓泡除氧的措施，完成凝结水的除氧，从余热锅炉低压省煤器出来的给水将进入低压汽包上的除氧器进一步进行除氧，以满足锅炉对给水品质的要求。

两台机组共设置一台300m^3的凝结水补充水箱，主要用于正常运行和启动以及对外供热时向凝汽器热井补水，提供化学冲洗水以及向闭式循环冷却水系统补充水。

凝结水补充水箱水源来自化学水处理的除盐水。

每台机组配备3台流量为110t/h的凝结水输送泵，主要用于启动时向余热锅炉、闭式循环冷却水系统、凝汽器充水和供热时向凝汽器补水。纯凝工况时，2台110t/h的凝结水输送泵互为备用；当供热工况供热流量大时，3台凝结水输送泵形成两运一备。每台泵的入口设有一个手动闸阀，出口设一个止回阀和一个电动闸阀，此外该泵组设有由一个止回阀和一个电动闸阀组成的旁路管道。机组正常运行时通过旁路管道靠凝汽器负压向凝汽器补水。当真空直接补水不能满足时，再启动凝结水输送泵向凝汽器补水。

二、凝结水系统主要设备

（一）凝汽器

凝汽器的主要任务是：①在汽轮机排汽口建立并维持所需要的真空，以增加汽轮机蒸汽的可用焓降，提高汽轮机的热效率；②利用循环冷却水将汽轮机的排汽凝结成洁净的凝结水，并回收凝结水以作为余热锅炉给水，重新送回余热锅炉；③凝汽设备还可以起到除去凝结水中的氧气的作用，以减少氧气对主凝结水管路的腐蚀。

1. 凝汽器的主要特性参数

（1）凝汽器形式：卧式、单壳体、双流程、表面式。

（2）冷却面积：11 500m^2。

（3）冷却水进口温度：22.76℃。

（4）冷却水出口温度：33.112℃。

（5）冷却水量：21 500t/h。

（6）冷却水管中水速：2.165m/s。

（7）设计绝对压力：6.23kPa。

（8）蒸汽流量：415.8t/h。

此外，装配好后无水时凝汽器重量约 210t。凝汽器正常运行时质量约 390t，满水质量约 760t。

2. 凝汽器介绍

凝汽器是由喉部、壳体（包括热井、水室）及底部的滑动、固定支座及液位计等组成的全焊接结构（见图 4-10）。单壳体、双流程、带除氧功能的下排汽表面式凝汽器。

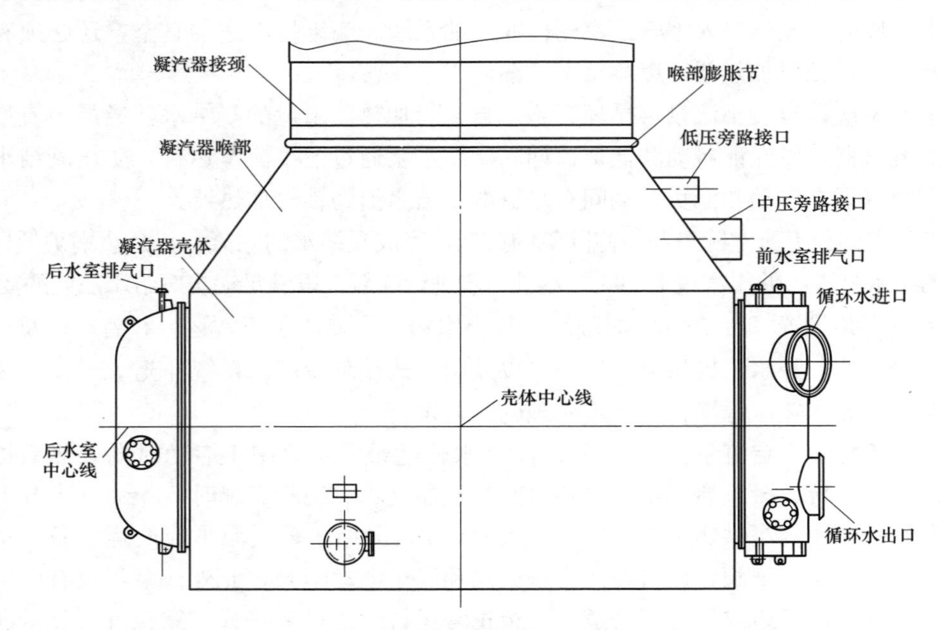

图 4-10　下排汽凝汽器示意图

凝汽器是一个带有缩放喉部膨胀节的箱型热交换器，安装在汽轮机排汽口下方的固定基座上，通过喉部膨胀节与汽轮机排汽口连接。喉部上布置有水幕喷水管道，下部设有热井补充水管。凝汽器两端连接着端盖，端盖与外壳之间装有端部管板。管板和端盖之间形成前、后水室，前水室分为两个独立腔室，上部水室为进水室，下部水室为出水室，后水室为一个腔室。管板上采用胀焊方式装有四组向心流动的热交换管束（不锈钢管），热交换管连接两端管板，使得两端水室相通。管板和热交换管使凝汽器的汽室和水侧相隔开，水室下部开有放水孔、上部开有放气孔等。热交换管束采用倾斜布置方式，即前水室高，后水室低，以便在机组停运时，完全排除滞留在不锈钢管中的冷却水。

凝汽器与汽轮机排汽口采用不锈钢膨胀节挠性连接，凝汽器下部为刚性支承，运行时凝汽器上、下方向的热膨胀由喉部上面的波形膨胀节来补偿。在其底部设有 1 个固定支座、6 个滑动支座，考虑到凝汽器运行时随负荷及工况变化产生的自身的膨胀，四周的支承采用滑动支承。在凝汽器底部中间处支承采用固定支承，将凝汽器固定在基础上，其位置与汽轮机低压缸死点一致。

凝汽器装有 1 个磁翻板液位计、3 个导波雷达液位计，磁翻板液位计用于凝汽器水位的就地指示，导波雷达液位计用于凝汽器水位信号的远传信号。

凝汽器正常工作时，冷却水由循环水泵输入中间两个前水室，经过两组管束流到后水室，经转向后通过凝汽器下侧的两组管束流回到前水室并排出凝汽器。在汽轮机中做完功的乏汽由汽轮机排汽口进入凝汽器，然后均匀地分布到冷却水管全长上，通过冷却水管的管壁与冷却水进行热交换后被凝结；部分蒸汽由两侧通道进入热井对凝结水进行回热，以消除过冷度，起到除氧作用。剩余部分汽气混合物经空冷区再次进行冷却后，少量未凝结的蒸汽和空气混合物经抽气口由抽真空设备抽出。凝结水汇集在热井内，由凝结水泵抽出，升压后输入主凝结水系统。

（二）疏水扩容器

疏水扩容器主要用于接纳汽轮机本体及管道疏水等。疏水进入扩容器后，经消能装置，在扩容器空间内闪蒸扩容、经喷水减温，使其能级降至凝汽器允许值。疏水扩容器疏水图见图 4-11。

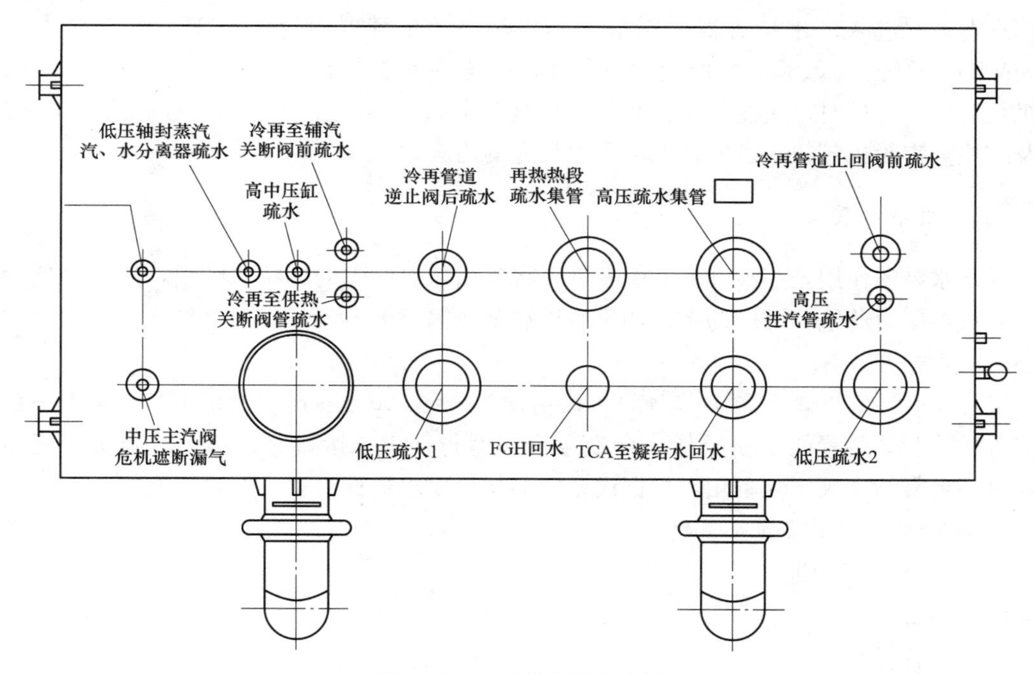

图 4-11　疏水扩容器疏水图

1. 疏水扩容器的主要性能参数

（1）型号：SW-1100 型。

（2）设计压力：0.2MPa（绝对压力）。

（3）设计温度：200℃。

（4）工作介质：水、蒸汽。

（5）容积：$11m^3$。

2. 疏水扩容器的介绍

每台机组配置一台 $11m^3$ 的挎篮式疏水扩容器，疏水扩容器采用全焊结构，由壳体、疏水接管、喷水管、连通管、缓冲板、波形膨胀节等零部件组焊而成。疏水扩容器的外形为矩形，布置在凝汽器汽轮机侧。疏水扩容器共设有15个疏水接管，用于接纳汽轮机本体及管道疏水。各疏水支管汇入疏水母管时，必须按各疏水点的疏水压力分类排列，对于接入同一母管上疏水压力较高者须离疏水扩容器相对较远处接入，压力较低者应靠近疏水扩容器接入，且各支管应与母管成45°或60°夹角接入，方向向着扩容器，以保证各疏水点疏水畅通。

汽轮机本体及管道疏水系统中，需设置有一定容积的扩容减温设备，以消除不同疏水点的压力能，并使经扩容后的疏水温度降低到凝结水收集装置所能接受的范围内。在机组以不同的启动方式启动、正常运行及滑参数停机等不同的运行工况中，汽轮机本体及管道各疏水点的疏水排入疏水母管及疏水扩容器后，经过充分扩容，其压力能迅速降低，疏水扩容器的容积能保证在各疏水阀开启时，扩容器内的压力不会影响机组最低能级疏水点的疏水畅通，经过喷水减温以后，其排入凝汽器内的介质温度和压力能满足机组的正常运行要求。经过扩容减温后的蒸汽和凝结水分别排入凝汽器的汽空间、水空间，这样既保证了机组及管道疏水畅通，又起到了回收工质的作用。

在有疏水进入疏水扩容器时需投入喷水，保证扩容器内温度小于80℃，压力小于0.06MPa（绝压）。疏水扩容器最大负荷工况一般是在机组启动及甩负荷过程中，因此，在机组启动、停机时，应注意监视扩容器的运行状况。当其温度、压力过高或不正常时，须及时检查汽轮机各疏水点的情况，采取相应的措施。

（三）凝结水泵

凝结水泵的作用是在高度真空的条件下将凝汽器热井中的凝结水抽出，输送介质为接近于凝汽器压力的饱和温度的水，加压后送往余热锅炉低压省煤器等凝结水用户，以维持机组的汽水循环。

M701F4型燃气-蒸汽联合循环每台机组设置两台100%容量的凝结水泵，配置一台变频装置，该变频装置能切换至任一台凝泵变频运行。正常运行时，一台凝结水泵变频运行，另一台凝结水泵工频备用，根据设备定期切换要求进行工频、变频切换。

1. 凝结水泵的主要性能参数

（1）型号：B550Ⅲ-8。

（2）形式：立式、抽芯式。

（3）叶轮级数：8级。

（4）轴承形式及数量：导轴承/4；推力轴承部件/1组。

（5）联轴器传递功率：1065kW。

（6）机械密封水流量：0.18～0.3t/h。

（7）机械密封水压力：0.4～0.6MPa。

（8）最小流量：152.5t/h。

（9）轴承冷却水流量：2t/h。

（10）轴承冷却水水质：除盐水（闭式循环冷却水）。

（11）轴承冷却水水温：小于38℃。

（12）轴承冷却水压力：0.4～0.6MPa。

（13）其他规范见表4-1。

表 4-1 **凝结水泵设备规范**

运行工况	正常运行工况	最大运行工况
运行方式	变频	工频
凝结水泵入口水温（℃）	36.8	28.8
流量（m^3/h）	580	610
扬程（m）	280	280
轴功率（kW）	496	582
效率（%）	81.50	80
必须汽蚀余量（m）	2.1	2.3

（14）正常运行工况：凝结水泵变频。

（15）最大运行工况。凝结水泵工频。

（16）凝结水泵入口水温为 36.8℃　　28.8℃。

流量：530m^3/h　　610m^3/h

扬程：280m　　280m

轴功率：496kW　　582kW

效率：81.5%　　80%

必须汽蚀余量：2.1m　　2.3m

2. 凝结水泵结构的介绍

凝结水泵结构如图 4-12 所示。

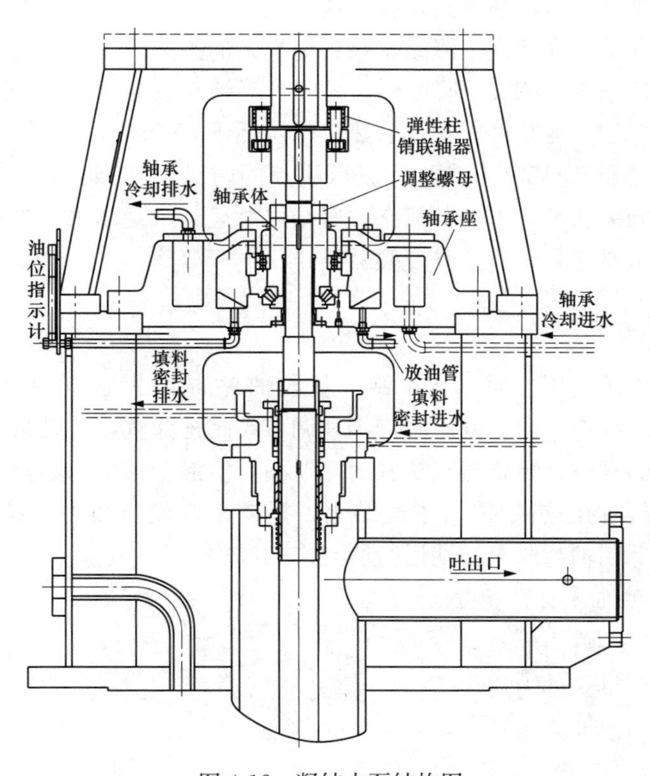

图 4-12　凝结水泵结构图

M701F4 型燃气-蒸汽联合循环机组凝结水泵采用地坑筒袋形、立式、抽芯式多级离心泵，具有良好的抗汽蚀性能，泵壳设计成全真空型。水泵本体通过压水接管用螺栓与吐出弯管相连接，安装在带有安装底板的外筒体内，外筒体安装在基础层上。泵的结构大致分为外筒体部件、筒内壳体部件、转子部件和轴封部件等。外筒体部件由兼有电动机支座的吐出弯管和兼有安装底板、吸入口的外筒体等构成。内壳体部件通过螺栓紧固在吐出弯管下端，它由压水接管、吐出段、中段、导叶、盖板、泵体、吸入喇叭口等构成。转子部件由导轴承径向支承，轴承用自身输送介质润滑。轴封有填料密封和机械密封两种形式。电动机承受泵的轴向推力，电动机轴与泵轴通过刚性联轴器连接。

凝结水泵的入口水室设置了平衡管，与冷凝器顶部相联，将外筒体内的空气排至凝汽器，从而平衡外筒体与冷凝器之间的真空度，稳定水泵的吸入条件，保证水泵的运行性能。

3. 凝结水泵的运行条件

（1）凝结水泵启动允许条件。凝汽器水位高于 500mm（三取二）；凝结水泵入口电动阀开状态且不在关状态；凝结水泵出口电动阀关状态，或凝结水泵备用且凝结水泵出口电动阀开状态；最小流量再循环气动调节阀开度大于 20%，且最小流量再循环气动调节阀前电动阀开状态，或者最小流量再循环旁路电动阀开状态，或另一台凝结水泵在运行状态；凝结水泵电动机上轴承温度小于 85℃且凝结水泵电动机下轴承温度小于 85℃；凝结水泵进口压力正常；凝结水系统空管启动前应启动凝补水泵注水排空；凝结水泵变频器状态正常，无异常报警；凝结水泵变频器指令与反馈一致，且变频指令置于零位；凝结水泵电动机绕组温度正常；凝结水泵机械密封水供水压力正常。

（2）凝结水泵联锁启动条件。凝结水泵备用投入的条件下。另一台凝结水泵运行且凝结水出口母管压力低于 0.5MPa，延时 8s；另一台凝结水泵变频/工频运行中跳闸。

（3）凝结水泵保护停运条件。凝汽器热井水位低于 350mm，延时 30s；凝结水泵出口母管两个流量测点都低于 155t/h（两个流量测点同时满足），延时 60s；凝结水泵运行，凝结水泵入口电动阀关状态且不在开状态；凝结水泵运行，凝结水泵出口电动阀关状态且不在开状态；凝结水泵变频运行，且变频器停止；电气故障。

（四）轴封加热器

轴封加热器的作用是用主凝结水来冷却各段轴封抽出的汽-气混合物和高压主汽阀、高压调节阀的低压段漏汽，中、低压主汽阀和调节阀阀杆漏汽，在轴封加热器的汽侧腔室内形成并维持一定的真空，防止蒸汽从轴封端泄漏，使混合物中的蒸汽凝结成水，从而回收工质，将汽-气混合物的热量传给主凝结水，提高了汽轮机热力系统的经济性。同时，将混合物的温度降低到轴封风机长期运行所允许的温度。

1. 轴封加热器的主要特性参数

（1）换热面积：70m^2。

（2）冷却水量：414.7t/h。

（3）流程数：2。

（4）管内流速：2.3m/s。

（5）水侧设计压力：4.0MPa。

(6) 汽侧设计压力：真空/0.1。

2. 轴封加热器的结构

轴封加热器外形如图 4-13 所示。

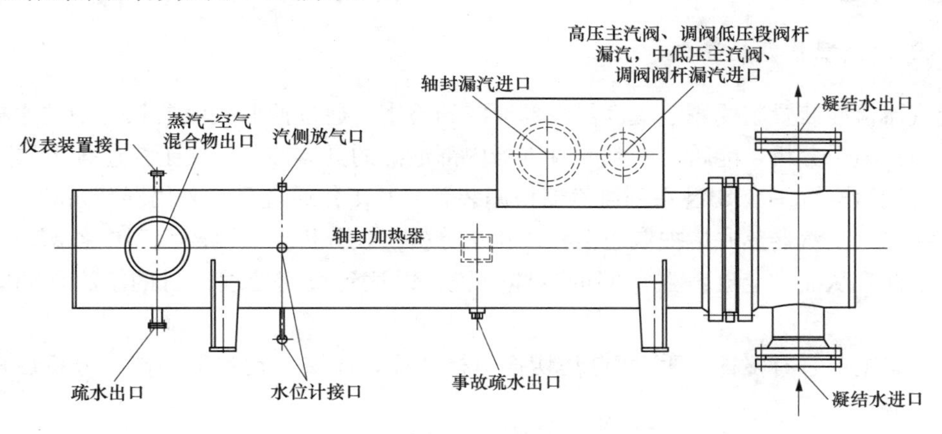

图 4-13 轴封加热器外形图

壳侧筒体是由钢板卷制而成，并开有蒸汽进口、汽-气混合物出口、疏水口及事故疏水口。轴封及汽轮机主汽调节阀阀杆漏汽进入汽封加热器后，流经管束后被凝结成水，空气和未凝结的蒸汽混合物被轴封风机抽出排至大气。

汽封加热器中的汽侧凝结水通过疏水器排至凝汽器内。管系由 U 形换热管、折流板、拉杆及管板组成。换热管通过胀接与管板相连。折流板通过拉杆与管板固定。

运行中必须监视水位计中的水位指示，如凝结水已经开始淹没换热管，使传热恶化。此时，应开启事故疏水出口。

在轴封加热器的管侧，运行期间没有控制。由于机组运行期间通过管子的凝结水最小流量是由凝结水再循环流量控制保持的，该最小再循环流量由凝结水泵最小流量要求或轴封加热器最小流量要求中较大者决定。轴封加热器最小流量 85t/h。

(五) 除铁过滤器

为满足机组给水水质的要求，每台机组在凝结水泵后设置一台凝结水过滤装置，从而有效地截留凝结水中大部分的腐蚀产物和悬浮物，降低凝结水中杂质含量，使凝结水在进入轴封加热之前加以过滤处理。

除铁过滤器的进水从设备一端进入，通过均流多孔板后，穿过滤元上的聚丙烯纤维层，水中悬浮颗粒被截留，水经过设备出水口端排出。每台过滤器正常运行时流量可达到 $470m^3/h$，最大流量时可达到 $840m^3/h$，机组正常运行时，满足单台机组凝结水水量的处理。设计工作温度 82℃，正常运行温度 25～50℃。

除铁过滤器投运时，开启过滤器升压阀，当压力升到设定值（1.0MPa）时，依次开启过滤器进口阀、出口阀，设备运行正常后关闭升压阀，过滤器旁路阀全关。停运时，旁路阀自动开启后，关闭过滤器进口阀、出口阀，打开过滤器排气阀，卸压后便退出运行。除铁器旁路阀正常运行时关闭，机组启动初期，系统来凝结水较脏时凝结水直接排放，不进入除铁器，凝结水含铁量低于1000μg/L时进入除铁器。除铁过滤器进出口压差大于等于0.20MPa时，旁路阀自动打开，并关闭除铁过滤器的进、出口阀，此时应将除铁过滤器隔离并更换滤元。

（六）凝汽器检漏装置

凝汽器检漏装置主要用于凝汽器内部泄漏的检查，通过抽取凝汽器热井中的水样进行导电度和钠离子分析，能跨度的判断凝汽器内部泄漏的具体位置，便于快速排出故障。

每台机组配置一套SJN系列凝汽器检漏装置，其工作原理是，采用屏蔽泵和取样电磁阀将凝结水从凝汽器热井中抽取送至在线化学分析仪表分析，监测凝汽器中各部位凝结水的化学指标，从而判定凝汽器泄漏的具体位置，以达到快速处理的目的。流程如图4-14所示。

该装置主要具有多样点手动/自动切换巡检功能，泄漏自动报警功能，分析后样水回流节水功能。

凝汽器检漏装置中监测仪表盘和取样泵架分开布置，取样泵架布置在凝汽器底部，监测仪表盘布置在凝汽器附近0m层。

凝汽器检漏装置流程如图4-14所示。

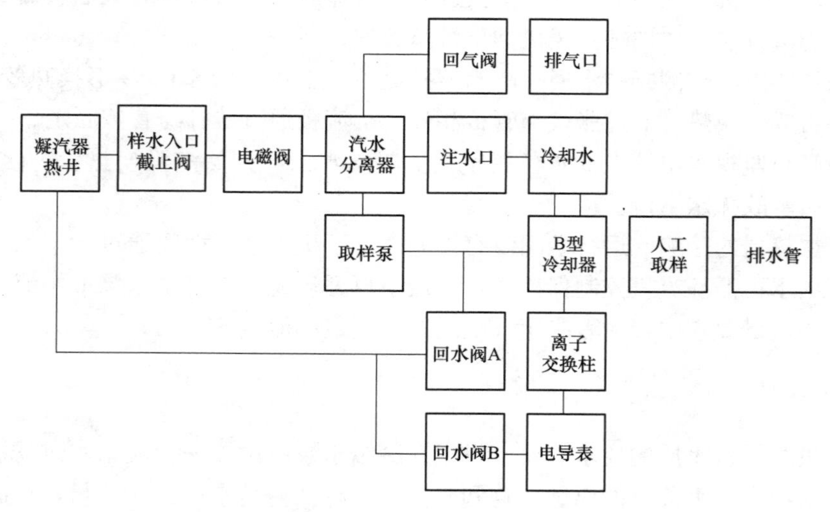

图4-14　凝汽器检漏装置流程

（七）凝结水部分管道说明

凝结水再循环，为了在凝结水需求量较小时，如机组启停机或低负荷工况下，保持凝结水最小流量，将设置凝结水再循环管。将根据凝结水泵或轴封加热器的最小流量要求中较大者确定该管道尺寸。当瞬态工况期间两台凝结水泵同时运行时也考虑该流量控制，再循环流速将依据两台凝结水泵的最小流量来改变。因此，再循环流量目标值将在一台凝结水泵运行和两台凝结水泵运行之间变化。该管线将抽自凝结水流量元件下游（轴封加热器下游）并且作为再循环管线与凝汽器相连，该再循环管线将按照凝结水流量信号自动投运。

凝结水溢流，为了将多余的凝结水排出凝结水系统从而设置凝结水溢流管。该管线将取自凝结水流量元件下游（轴封加热器下游）并与凝结水补水箱相连。当凝结水热井水位较高时，该溢流管将自动排放凝结水。凝汽器检漏装置如图 4-15 所示。

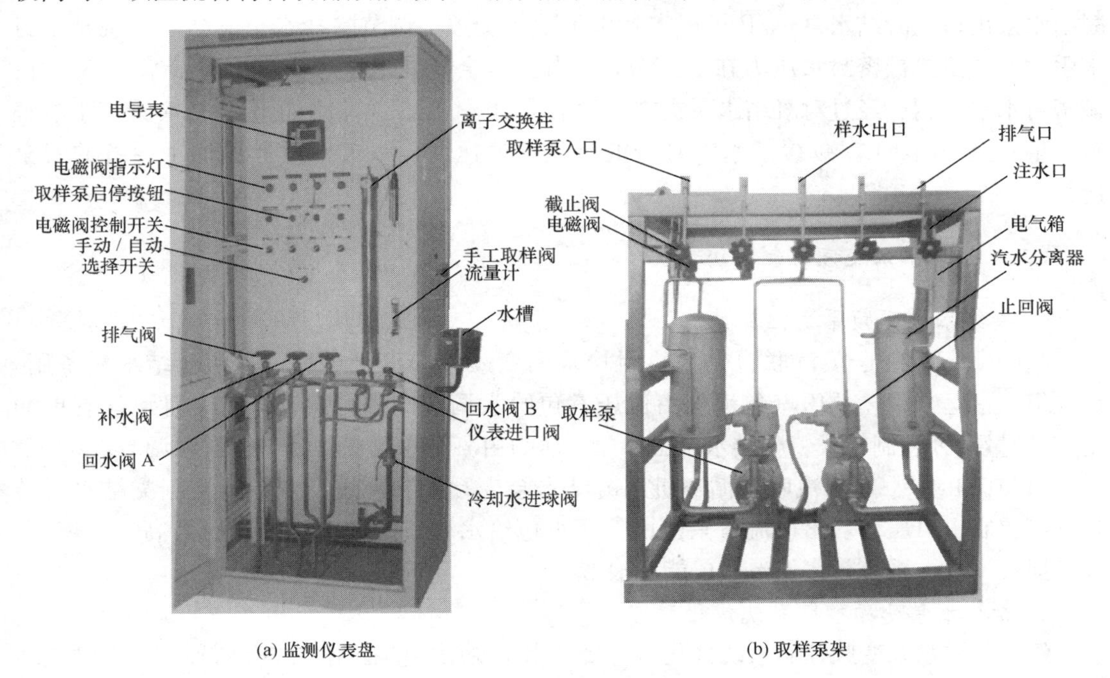

(a) 监测仪表盘　　(b) 取样泵架

图 4-15　凝汽器检漏装置

(a) 监测仪表盘；(b) 取样泵架

化学加药，用联氨和氨处理凝结水。联氨用于尽量多地去除凝结水内的氧气，氨用于调节系统内的 pH 值。该管线连接在凝结水泵（CEP）下游（轴封加热器上游）。

三、凝结水系统运行优化及改造

（一）疏水扩容器减温水改造

凝结水至疏水扩容器减温水气动阀设计时，凝结水泵启动时其自动打开，机组运行期间一直在开启状态，直到凝结水泵停运时自动关闭。机组启动完成，无疏水排至凝汽器，此时疏水扩容器不需要减温水既能满足温度要求，因此增加了凝结水泵的电耗。后来，在疏水扩容器上增加一温度测点，同时对凝结水至疏水扩容器减温水气动阀逻辑进行优化，当疏水扩容器温度达到 60℃时自动开启，机组启动过程无疏水进入疏水扩容器后，手动关闭。通过改造使凝结水泵的电耗有所下降，降低了厂用电率。

（二）凝结水溶氧量高运行优化

凝结水泵的机械密封水有两路，一路为通过凝结水补水管路（凝结水输送泵母管）经过止回阀、除盐水至凝结水泵机械密封水手动阀供给；另一路为凝结水泵出口经过凝结水泵出口至凝结水泵机械密封水手动阀、减压阀供给机械密封水（自密封冷却）。

凝结水泵机械密封水正常运行方式：凝结水泵启动前，由凝结水补水管路提供机械密封水（除盐水）；凝结水泵正常运行时由凝结水提供机械密封冷却水；另一凝结水泵投入备用时，出口电动门打开，由运行泵出口提供机械密封水。

通过分析，在凝结水输送泵运行时，凝结水溶解氧含量偏高（60～95μg/L）。通过将凝结水泵出口至凝结水泵A/B机械密封水手动阀全关，调节除盐水至凝结水泵机械密封水手动阀，至机械密封水压力在0.3MPa左右；后全开凝结水泵出口至凝结水泵A/B机械密封水手动阀。经过对凝结水泵机械密封水手动阀优化后，机组正常运行时凝结水溶解氧含量降至10μg/L。减缓了水汽管道的氧化腐蚀速度，一定程度上保证了设备的安全运行。

（三）凝结水泵变频控制系统优化

1. 凝结水泵变频原运行工况

M701F4型燃气-蒸汽联合循环机组均采用变频凝结水泵运行，工频凝结水泵备用。在机组正常运行中，低压汽包水位由低压汽包给水调节阀进行自动调节，且设计有单冲量/三冲量两种控制模式。凝结水泵出口母管压力由凝结水泵变频器进行自动调节。

M701F4型燃气-蒸汽联合循环机组凝结水泵变频控制系统，变频器控制凝结水泵转速进而控制出口压力，出口流量只能由低压汽包给水调节阀调节，出口压力高、噪声大、节流损失严重、系统效率低，造成能源浪费。

2. 凝结水泵变频控制系统优化后控制说明

经过凝结水泵变频控制系统优化后，凝结水泵变频器的控制方式有两种：①控制凝结水泵出口母管压力；②控制低压汽包水位。机组负荷高时，凝结水泵变频器自动控制低压汽包水位，低压汽包给水调节阀开度调节凝结水泵出口母管压力。分别设置有单冲量/三冲量两种水位控制模式，根据低压给水流量的大小进行模式切换。凝结水泵变频器单冲量水位控制方式：低压汽包水位作为被调量，凝结水泵变频器频率（凝结水泵转速）作为调节量。凝结水泵变频器三冲量水位控制方式：主调节器中低压汽包水位作为被调量，计算出流量需求信号；副调节器根据低压汽包的实际给水流量（低压给水流量减去中、高压汽包给水流量之和）、低压蒸汽流量、流量需求信号进行调节，凝结水泵变频器频率（转速）作为最终调节量。当机组低负荷时凝结水泵变频器自动控制凝结水泵出口母管压力控制，低压汽包给水调节阀控制低压汽包水位。两种模式可以实现无扰切换，避免了机组低负荷时余热锅炉补水量小凝结水泵出口母管压力降低，而不满足其他用户的要求。凝结水泵变频器且手动时，低压汽包给水调节阀自动控制低压汽包水位。

3. 优化后控制系统保护、超驰及闭锁功能回路

（1）保护切手动回路。变频器水位控制回路自动保护设置有变频器指令反馈偏差大、凝结水泵转速测点坏质量、低压汽包水位测点坏质量、低压主汽流量测点坏质量（三冲量）、低压给水流量测点坏质量（三冲量）、低压汽包水位调节偏差大。

低压汽包给水调节阀压力控制模式自动保护设置有变频器切手动、凝结水泵母管压力测点坏质量、压力调节偏差大、低压汽包给水调阀指令反馈偏差大、低压汽包给水调阀反馈测点坏质量。

低压汽包给水调节阀水位控制模式自动保护设置：未改变原系统设置。

（2）超驰回路。当变频器因故障跳闸，工频备用泵联启时，考虑到凝结水泵出力瞬间增大，为维持给水流量稳定。设置低压汽包给水调节阀超驰关小逻辑。在不同负荷工况下的超驰量待根据电厂方面确定。

（3）闭锁回路。

1）凝结水泵母管压力高时，变频器闭锁增，低压汽包给水调节阀闭锁减。

2）凝结水泵母管压力低时，变频器闭锁减，低压汽包给水调节阀闭锁增。

3）凝结水泵出口最小流量，变频器闭锁减，低压汽包给水调节阀闭锁减。

4. 优化后的效果分析

凝结水泵变频控制优化前后对比如图 4-16 所示。

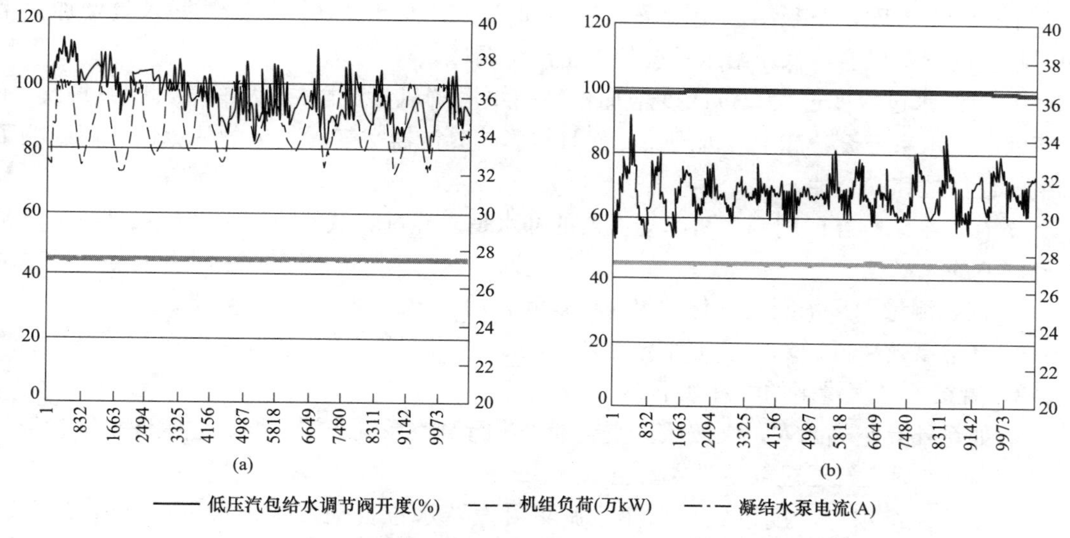

图 4-16　凝结水泵变频控制优化前后对比图

（a）凝结水泵变频控制优化前；（b）凝结水泵变频控制优化后

对凝结水泵变频控制优化前、后分别取低压汽包给水调节阀开度、凝结水泵电流、机组负荷的数据（每秒），作图分析。由图 4-16 可以明显看出，凝结水泵变频控制优化前低压汽包给水调节阀开度频繁的波动且平均开度较小，优化后低压汽包给水调节阀基本保持全开。优化后凝结水泵的电流明显比优化前下降。

由数据分析，优化前选择机组负荷 448MW 稳定运行 4h 的数据，低压汽包给水调节阀开度平均值为 88.2%，凝结水泵电流平均值为 36.04A；优化后选择机组负荷 448.4MW 稳定运行 4h 的数据，低压汽包给水调节阀开度平均值为 99.2%，凝结水泵电流平均值为 31.2A。

经过优化，结果如下。

（1）避免了低压汽包给水调节阀频繁动作而易出现故障的情况，改善了低压汽包水位调节的品质。

（2）能够尽可能保证较大的低压给水调节阀开度，减少低压汽包上水节流损失，提高机组运行效率。

（3）减少了凝结水泵的输出功率（从选定工况分析凝结水泵输出功率降低 41.6kW），降低了运行厂用电率。

（4）通过改变变频器频率直接改变凝结水泵出力，能够更精确、有效地控制低压汽包给水流量，进而提高低压汽包水位调节品质。

四、凝结水系统异常处理

（1）凝结水含氧量超标处理。

1）凝结水含氧量高的原因如下。

a. 外界有空气漏入。外界空气漏入凝汽器后，增大了空气分子的分压力，也会增加空气在水中的溶解度，使凝结水中溶解氧量增加，凝结水溶解氧量随空气漏入量增加而增加，超量的溶解氧会使低压给水系统的设备产生腐蚀。

b. 凝结水过冷度过大。过冷度增加，凝结水溶解氧量也随之增加，因此，过冷度不仅使低压给水系统设备产生腐蚀现象，而且也影响凝汽器空气漏入量的估算，从而影响了机组的经济性和安全性。

c. 补水系统存在的问题。机组凝汽器的补水是未经过除氧的除盐水，补水量越大，带入凝汽器的氧量越多。

d. 仪表测量和显示问题。化学仪表出现问题后，导致测量和显示异常。

e. 真空泵效率低。真空泵工作异常，凝汽器中不凝结气体无法及时排出。

2）凝结水含氧量高的处理如下。

a. 如系外界空气漏入，则按照真空查漏表进行真空系统查漏；同时注意调整轴封母管压力，防止外界空气通过轴封进入真空系统。

b. 如系凝结水过冷度过大，则注意调整凝汽器水位自动，防止水位过高淹没铜管；在冬季和低负荷时注意调整循环水泵运行方式，防止凝汽器循环水量过大。

c. 如系补水量过大，则加强阀门内漏治理，减少汽水损失，减少补水量；另外注意调整凝补水管道至凝结水泵密封水阀门开度，防止该阀门开度过大造成大量未除氧除盐水进入凝结水系统。

d. 如系系仪表问题，由化学专业重新校验仪表。

e. 如系真空泵工作异常引起，切换真空泵运行。

（2）机组运行中变频凝结水泵跳闸。

1）立即查工频凝结水泵联启，否则手动启动。

2）检查凝结水母管压力波动情况，注意凝汽器、低压汽包水位变化情况，必要时手动调整水位正常；同时注意凝结水母管压力波动对凝结水杂用水用户的影响。

3）如果工频泵手动启动失败，强起一次变频泵。若失败，机组立刻减负荷停机。此后注意监视凝汽器水位、低压汽包水位、凝汽器真空、低压缸排汽温度、机组振动情况。

4）手动关小高中压给水泵到高中压汽包水位调节阀，尽量延长机组运行时间，使机组能够尽可能降低负荷，减少跳机的影响。

5）检查凝结水泵变频器及高压开关报警情况，判断故障性质并通知检修人员。

6）随着低压汽包液位降低，高中压给水泵跳闸，机组由于汽包水位低或者 TCA 流量

低跳闸。

7）若机组相关参数达到跳机值而保护未动作，则手动打闸停机。

8）机组跳闸后，轴封供汽温度高，一直在报警状态；由于缺乏减温水，高中压旁路后蒸汽温度超限，手动关闭高中压旁路，检查高中压安全阀动作后正常回座；低压旁路开启，凝汽器真空变差，液位持续升高，低压缸叶片温度升高，手动关闭低压旁路；如凝汽器液位继续升高，破坏真空，打开凝汽器底部放水阀。

9）其余情况按照机组跳闸处理。

（3）凝结水泵电流低，凝结水压力和流量下降的检查与处理。

1）检查运行泵有无异常，若运行泵异常，手动切至备用泵运行，待备泵运行稳定后停异常泵。

2）检查是否凝泵入口滤网漏空气，若备用泵入口滤网漏空气，立即切备泵联锁，关闭备泵入口电动门，隔离备用泵，同时将低压包水位调门切手动，注意维持低压包水位正常，如有必要可降低机组负荷运行。若运行泵入口滤网漏空气，立即启动备用泵，同时将低压包水位调门切手动，注意维持低压包水位正常，如有必要可降低机组负荷运行。备用泵启动后停原运行泵，然后关闭其进口电动门。汇报值长，若有必要，做好隔离后交检修处理。

3）排除上述2）情况后，就地检查运行泵入口压力低于正常值，则可判断为运行泵入口滤网堵，手动启动备用泵后，停运原运行泵，汇报值长，若有必要，隔离后交检修处理。

4）机组正常运行时，如提高变频器频率后凝结水母管压力仍然偏低，应手动启动备用泵，停运故障泵。

第三节　余热锅炉汽水系统及辅助系统

一、高压汽水系统

在三压再热自然循环余热锅炉中，高压汽水系统向蒸汽轮机提供压力、温度、品质均合格的高压过热蒸汽。本节主要内容为高压汽水系统的组成及流程、主要阀门和仪表配置、运行维护要点等。

1. 系统组成及流程

高压汽水系统由高压省煤器、高压蒸发器、高压过热器、高压汽包、汽水管道阀门、热工测量仪表等组成。

来自高压给水泵出口的给水经高压省煤器逐级加热成欠饱和给水进入高压汽包，高压汽包内锅水通过两根不受热的大口径下降管进入高压蒸发器的下联箱，再进入高压蒸发器各换热管进一步吸热生成汽水混合物，汽水混合物进入高压汽包，经两级汽水分离装置（圆弧挡板惯性分离器和带钢丝网的波形板分离器）分离，饱和蒸汽上升到汽包上部，饱和水下降到汽包下部。汽包上部的饱和蒸汽通过饱和蒸汽连接管进入高压过热器1进口集箱，依次流经过热器1各排鳍片管进入高压过热器1出口联箱，喷水减温后，进入高压过热器2进口联箱，再依次流经过热器2各排鳍片管进入高压过热器2出口联箱，由连接管引至高压主蒸汽联箱。高压汽水系统流程如图4-17所示。

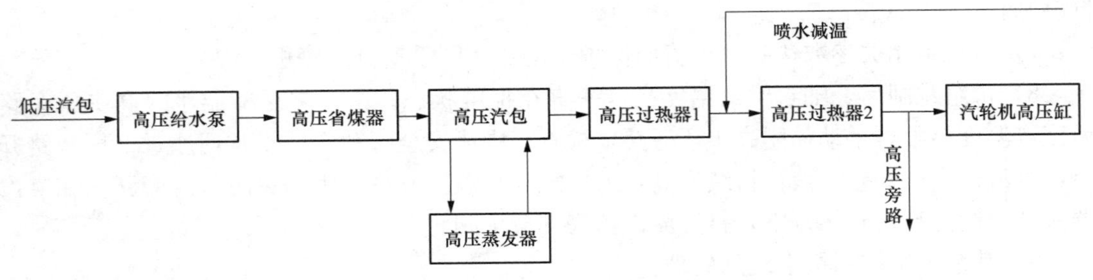

图 4-17　高压汽水系统流程

2. 测量保护元件及主要阀门配置

高压给水泵出口设置三组流量变送器用来测量高压给水流量；在高压主给水电动阀前后各设置有一组压力变送器和压力表，用来监测泵出口压力；在高压主给水电动阀前还设置热电偶监测给水温度。高压给水泵出口设置有主给水电动阀和给水旁路调节阀来调节给水流量。在主给水电动阀后设置有机械式逆止阀防止给水泵停运时给水倒流而导致泵反转。另外，在止回阀后还设置有电动阀用于给水泵隔离。在给水流量变送器后，设置给水支路提供高压过热蒸汽减温用水。

高压省煤器出口管道上设置热电偶和就地温度计，用于监视省煤器出口温度，防止省煤器汽化。高压省煤器 1 入口管道和高压省煤器 2 入口管道上各安装有一组放气阀，用于高压系统充水时管道放气。各级省煤器底部设置有疏水阀，用于放空省煤器内的水。

高压汽包设置差压式水位变送器 3 台、就地水位计 3 套，确保对汽包水位的准确监控。汽包上、下壁各设 3 支热电偶，实现对汽包壁温的监控，防止上、下壁温差过大。汽包顶部安装有两块就地压力表和 3 台压力变送器。为防止锅炉超压，高压汽包设置控制安全阀和工作安全阀。当锅炉压力超过规定值时，控制安全阀首先动作，如果压力继续升高，则工作安全阀动作。两个安全阀依次动作，有效地减少安全阀的排汽量，减少热量和工质损失。在饱和蒸汽引出管上设置有 1 组放气阀，3 个饱和蒸汽取样点，1 个充氮接口。

随着锅水不断汽化，锅水中的盐分浓度逐渐增加，在正常水位以下 200～300mm 处形成高浓度区，一般汽包连续排污管道就安装在此位置，将高浓度锅水排出系统。在连续排污管道上设置取样管，通过对锅水最高含盐量的监视，由加药装置向汽包内加入适当的药品，确保锅水水质合格。汽包上设置有一路紧急放水管路，当汽包水位超过最高允许水位时，通过紧急放水管将多余的锅水放掉。在蒸发器底部上还设置有一路定期排污管道。

高压过热蒸汽联箱上设置启动放气阀，锅炉启动初期打开，确保过热器内有蒸汽流动而得到冷却，过热蒸汽品质不合格时通过启动放气阀直接将蒸汽排掉。为防止超压，联箱上设置有安全阀。高压系统配置反冲洗管道，其水源为锅炉高压给水。锅炉长期运行后，高压过热器管内壁附有盐垢，定期用给水反冲洗过热器，可将溶于水的盐垢清除。

3. 系统运行维护要点

高压系统运行操作维护过程应注意以下要点。

（1）启停炉过程中要密切注意锅炉的升温升压率，防止锅炉超压运行。锅炉的升温升压率可以通过汽轮机旁路、燃气轮机负荷来控制。

（2）高压过热蒸汽减温器隔离阀应在蒸汽流量达到规定值时打开，确保有足够的热量把高压过热蒸汽减温水蒸发；确保减温器的出口蒸汽温度高于饱和温度规定值。高压过热蒸汽减温阀在开、关上都要留有余度，防止蒸汽超温或过度喷水。

（3）锅炉运行稳定后根据水质要求投入连续排污。

（4）操作汽水阀门时，注意汽水阀门开度不小于规定值。

二、中压/再热汽水系统

中压/再热汽水系统将中压给水加热，生成过热蒸汽，与来自汽轮机高压缸的排汽混合，再热后向汽轮机提供压力、温度、品质合格的再热蒸汽。本节主要内容为中压/再热汽水系统的组成及流程、主要阀门及仪表配置、运行维护要点等。

1. 系统组成及流程

中压/再热汽水系统由中压省煤器、中压汽包、中压蒸发器、中压过热器、再热器、汽水管道阀门、热工测量仪表等组成。

经中压给水泵加压后的给水先进入中压省煤器，再经中压给水调节阀后进入中压汽包，通过集中下降管进入分配联箱，在中压蒸发器被烟气加热，产生汽水混合物回到中压汽包；经过两级汽水分离，分离出来的中压饱和蒸汽经中压过热器后，与高压缸做功后的乏汽（又称冷再热蒸汽）混合进入再热器；在再热器 1 与 2 之间设置喷水减温器，用于调节再热蒸汽的温度。经减温后的合格蒸汽，向蒸汽轮机供汽，如图 4-18 所示。

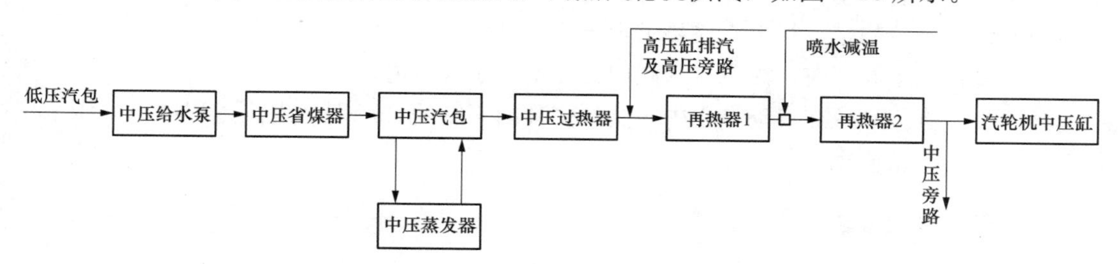

图 4-18 中压/再热汽水系统流程图

2. 测量保护元件及主要阀门配置

本节主要介绍中压/再热汽水系统测量保护元件及主要阀门配置。

中压给水泵出口设置有 3 台流量变送器，用来测量中压给水流量。在流量变送器后引出再热蒸汽减温水支路。设置中压给水电动阀用于给水泵隔离，在电动阀前设置机械式止回阀，防止给水泵停运时给水倒流而导致泵反转。在电动阀后设置压力变送器、压力表、热电偶、温度表，用来监测泵出口的给水压力和温度。

为防止中压给水泵出口管道和中压省煤器中给水超压，在省煤器入口前给水管道上设置有机械式安全阀。在中压省煤器出口设有中压给水调节阀，用于调节进入中压汽包的给水流量。中压省煤器出口管道上装有热电偶和就地温度计，用于监视省煤器出口温度。锅水的加药口也设置在省煤器出口到汽包的管道上。

中压汽包上设置差压式水位变送器 3 台、就地水位计 3 套，确保对汽包水位的准确监控。汽包上、下壁各设三支热电偶，实现对汽包壁温的监控，防止上、下壁温差过大。汽包顶部安装有两块就地压力表和 3 台压力变送器。为防止锅炉超压，中压汽包设置安全阀。在饱和蒸汽引出管上设置一组放气阀，一个饱和蒸汽取样点和充氮接口。在汽包下部设置连续排污管将含盐浓度高的锅水排出系统，在连续排污管道上设置锅水取样支路，用于监视锅水含盐量。还设置紧急放水管和定期排污管。

中压过热蒸汽联箱上设置启动放气阀，锅炉启动初期打开，确保过热器内有蒸汽流动而得到冷却，过热蒸汽品质不合格时通过启动放气阀直接将蒸汽排掉。为防止超压，联箱上设置安全阀。中压系统配置反冲洗管道。

在中压蒸汽联箱上设置并汽电动隔离阀，并汽电动隔离阀设有旁路阀，通过旁路阀的开启来减小并汽电动隔离阀开启时的力矩。再热器 1 和再热器 2 之间设置有再热蒸汽减温器，用来调节再热蒸汽温度。再热蒸汽联箱上设置启动放气阀和安全阀以及用来监测温度和压力的热工仪表。

3. 系统运行维护要点

中压/再热汽水系统运行操作维护应注意以下要点。

（1）启停炉过程中要密切注意锅炉的升温升压率，防止锅炉超压运行。锅炉的升温升压率可以通过蒸汽轮机旁路、燃气轮机负荷来控制。

（2）再热蒸汽减温器隔离阀应在蒸汽流量达到规定值时打开，确保有足够的热量把再热蒸汽减温水蒸发；确保减温器的出口蒸汽温度高于饱和温度规定值。再热蒸汽减温阀在开、关上都要留有余度，防止蒸汽超温或过度喷水。

（3）锅炉运行稳定后根据水质要求投入连续排污。

（4）操作汽水阀门时，注意汽水阀门开度不小于规定值。

（5）中压汽包水位在启动过程中，受到多种因素制约，特别是进汽过程中，中压水位波动较大，应严密监视。

三、低压汽水系统

低压汽水系统向汽轮机提供压力、温度、品质均合格的低压过热蒸汽；同时将低压给水加热后输送至低压汽包，作为高、中压汽水系统的给水。本节主要内容为低压汽水系统的组成及流程、主要阀门及仪表配置、运行维护要点等。

1. 低压汽水系统组成及流程

低压汽水系统由低压省煤器、低压汽包、低压蒸发器、低压过热器、汽水管道阀门、热工测量仪表等组成。凝结水泵加压后的给水依次流经低压省煤器 1、2 各管排，经加热后以接近饱和的温度引入低压汽包。其中低压省煤器 1 出口部分工质由再循环泵打回低压省煤器 1 入口与凝结水泵来的给水混合，以满足省煤器 1 入口水温调节的要求。低压汽包锅水由下降管进入蒸发器分配集箱，在蒸发器内被烟气加热产生的汽水混合物回到低压汽包；分离出的低压饱和蒸汽进入低压过热器加热成低压过热蒸汽后进入蒸汽轮机低压缸做功。低压汽水系统流程如图 4-19 所示。

低压省煤器 1 设置再循环回路的主要作用是提高低压省煤器 1 入口的水温，确保低压省煤器 1 水温高于露点温度，防止低压省煤器 1 发生低温腐蚀现象。低压省煤器 2 入口引入冷却水的作用是降低低压省煤器 2 的温度，防止低压省煤器 2 发生汽化。

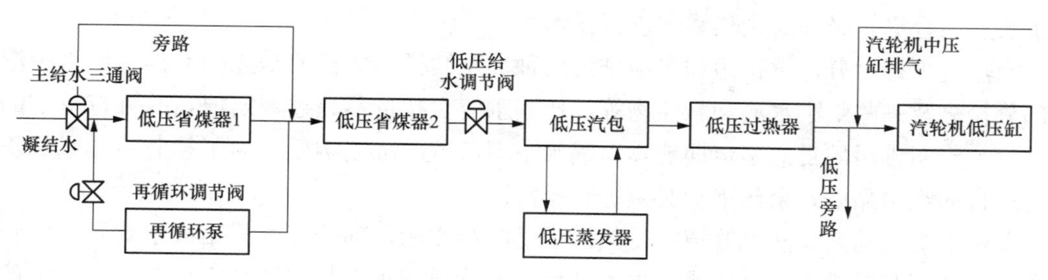

图 4-19　低压汽水系统流程图

2. 测量保护元件及主要阀门配置

本节主要介绍低压汽水系统测量保护元件及主要阀门配置。

经凝结水泵加压后的凝结水进入低压省煤器 1、2 加热后进入低压汽包。在低压省煤器 1 的入口管道上设置有 3 台流量变送器，并设置有低压主给水电动隔离阀和防止给水倒流的止回阀。在低压省煤器 1 出口管道设置有一用一备的低压再循环泵，将经过低压省煤器 1 加热后的给水再送入低压省煤器 1 入口，用于低负荷阶段提高低压省煤器 1 入口水温，防止发生低温腐蚀。

进入低压汽包前的给水管道上设置安全阀、热电偶。为保证锅水品质，在进入汽包的给水管道上安装有加药接口。在低压省煤器 2 出口管道上设置低压给水调节阀及旁路手动阀。

低压系统受热面的底部均设有疏水阀。在低压蒸发器底部还设有排污电动阀，用于调节水质，并在启动初期用来控制汽包水位。

经低压过热器加热后的过热蒸汽汇集到低压集汽联箱。在低压集汽联箱上设有流量变送器、热电偶和压力变送器及其他测量仪表。还设有机械式安全阀、对空排气电动阀组。

3. 低压汽水系统的运行维护要点

低压汽水系统的运行维护应注意下述要点。

（1）启停炉过程中要密切注意锅炉的升温升压率，防止锅炉超压运行。锅炉的升温升压率可以通过汽轮机旁路、燃气轮机负荷来控制。

（2）锅炉运行稳定后根据水质要求投入连续排污。

（3）操作汽水阀门时，注意汽水阀门开度不小于规定值。

四、排污疏水系统

余热锅炉在运行过程中排出一部分含盐浓度大的锅水、水渣、水垢等杂质的过程称为余热锅炉排污。余热锅炉在启停过程或正常运行过程中排出管道中存积冷凝水的过程称为余热锅炉疏水。通常排污系统和疏水系统可设置为一个整体，也可以根据需要设置独立的排污系统和疏水系统，系统组成和操作要点基本相同。本节介绍的排污疏水系统有排污和疏水两种功能。

余热锅炉汽包内的水称为锅水。余热锅炉启动过程或正常运行时，进入汽包的给水带有盐分，此外在对锅水进行加药处理后，锅水中含有各种可溶性和不溶性杂质。运行中这些杂质只有极少部分被蒸汽带走，大部分留在锅水中。随着锅水不断蒸发、浓缩，锅水中杂质含量不断增加，影响蒸汽品质，造成受热面的结垢和腐蚀。为保持受热面内部清洁及汽水品质的合格，必须对余热锅炉进行排污。

余热锅炉排污分连续排污和定期排污两种。连续排污的目的是连续地排出锅水中溶解的部分盐分及一些细小水渣和悬浮物等，使锅水的含盐量不超过规定值，并维持一定的锅水碱度。定期排污的目的是定期地排出锅水中不溶解的沉淀杂质。为了控制余热锅炉正常运行过程的汽水品质，余热锅炉必须进行排污。

余热锅炉启动前，蒸汽管道、受热面因受冷却作用，部分蒸汽凝结成水导致蒸汽管道内积水，如不及时排出，会造成多种不良后果。管道积水引起的受热不均会造成过大的热应力，严重时会造成管道水击；蒸汽带水会造成汽轮机部件损坏，因此，必须对余热锅炉进行疏水。

余热锅炉疏水可分启停过程中的疏水和正常运行过程中的疏水。启停过程中的疏水是为了及时排出管道中的冷凝水或积水，确保机组的安全运行。而正常运行中的疏水主要是防止蒸汽带水，确保蒸汽品质合格。

1. 系统组成及流程

排污疏水系统由连续排污疏水扩容器、水位调节阀、定期排污疏水扩容器、受热面疏水阀、联箱疏水排污阀、连续排污阀、定期排污阀及相关管道仪表等组成。

锅水含盐浓度量大的区域在汽包正常运行水位以下 100mm 处，通常连续排污装在汽包正常水位以下 200mm 处，以防水位波动时排不出水。排污管沿汽包长度布置，管上开小孔或小槽，锅水沿小孔或小槽进入排污管排出汽包。定期排污管从沉淀物聚积最多的蒸发器底部引出。定期排污主要排出汽包下部的软渣和锈皮等，安装在蒸发器底部。典型余热锅炉排污疏水系统如图 4-20 所示。

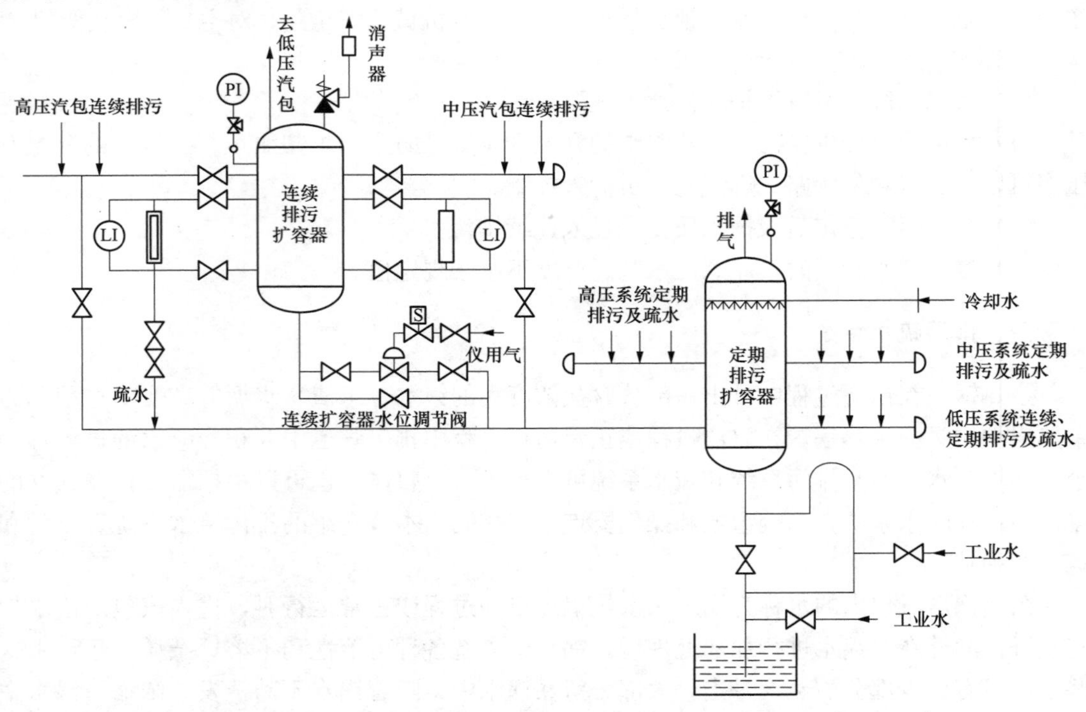

图 4-20　典型余热锅炉排污疏水系统图

图 4-20 所示的排污疏水系统中，高、中压汽包内的不合格锅水通过连续排污阀和定期排污阀分别排至连续排污扩容器和定期排污扩容器内。排污水经过连续排污扩容器进行一级扩容和汽水分离后，通过水位调节阀进入定期排污扩容器，分离后的蒸汽经回收管道再进入低压汽包。在连续排污扩容器故障情况下，可打开连续排污扩容器两侧的手动旁路阀让排污水直接进入定期排污扩容器扩容。定期排污扩容器除了接收高、中压汽包的连续排污水外，还接收高、中压系统的疏水和低压汽包连续排污水、定期排污水及疏水，排污水和疏水在定期排污扩容器内进行扩容后进入余热锅炉废水池。

2. 排污疏水系统主设备

排污疏水系统主设备包括连续排污扩容器和定期排污扩容器等。以下简要介绍疏水扩容器。

疏水扩容器分为立式疏水扩容器和卧式疏水扩容器两种。余热锅炉常采用的是立式疏水扩容器。疏水扩容器由外壳、多根进水管和汽水分离装置组成。必要时还可加装人孔和冷却水管。立式疏水扩容器结构如图 4-21 所示，卧式疏水扩容器结构如图 4-22 所示。

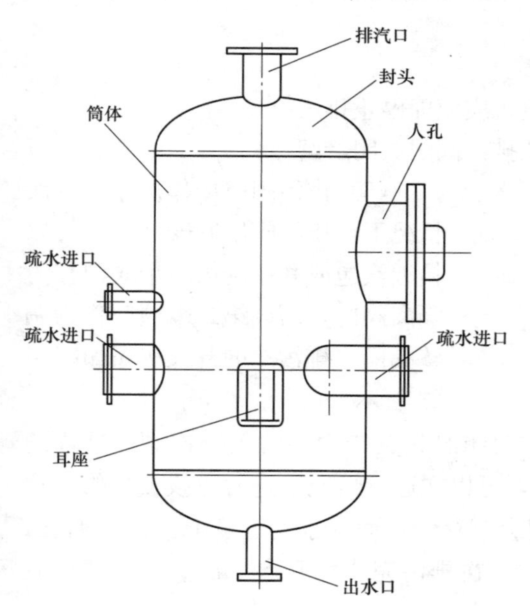

图 4-21　立式疏水扩容器结构图

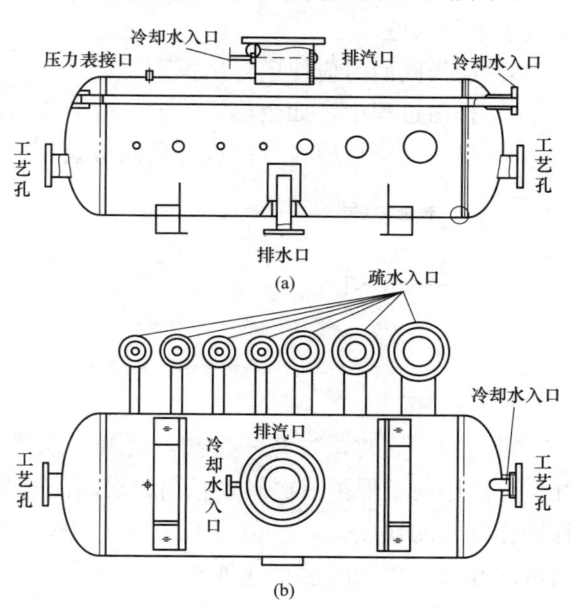

图 4-22　卧式疏水扩容结构器

(a) 主视图；(b) 俯视图

3. 排污疏水系统运行操作及维护

(1) 余热锅炉疏水方式。余热锅炉有以下 3 种疏水方式。

1) 根据余热锅炉的冷态、温态、热态以及压力来自动控制疏水。

2) 根据疏水点的工质温度和对应压力下饱和温度的差值控制疏水。

3) 根据疏水点的疏水罐液位自动控制疏水。

余热锅炉冷态启动过程疏水时间相对于温、热态启动疏水时间较长，而疏水阀关闭时的汽包压力相对温、热态的汽包压力要低一些。

应定期开启蒸发器下集箱的各疏水排污阀以排出不溶解杂质，但运行中排污会对水质控制、汽包水位和其他运行参数产生影响，应控制排污量。

(2) 连续排污量的确定。连续排污量及调节阀门的开度，根据水质情况进行确定。部分电厂采用测量电导率来自动控制连续排污量，确保水质在合格范围内。过多的排污将损失工质及热量并增加水处理药品的消耗。在正常运行时一般只需较小的排污，若给水杂质增加，则相应增加连续排污量。

(3) 定期排污量的确定。定期排污量及排污频率应根据汽水品质或由化验人员指令确定。当补给水量很大、水质较差时，排污量较大，排污的次数较多；若补给水的水质较好，则排污量可以减少，排污的间隔时间也可延长。可根据某些不溶解物（如氧化铁等杂质）的排量来确定定期排污阀的开启时间和频率。

(4) 定期排污操作要点。定期排污操作时应注意以下事项。

1）定期排污宜在汽包水位略高于正常水位时进行，排污前做好联系并对排污系统做全面检查，排污时应充分暖管，定期排污阀门开、关要缓慢，以防止冲击。

2）定期排污时，应注意监视给水压力和汽包水位的变化，控制排污流量并维持水位不低于报警水位。

3）操作阀门时应使用专用扳手。

4）排污过程中，如余热锅炉发生故障或事故，应立即停止排污。

5）排污完毕后应对系统进行全面检查，确认排污阀门关闭严密。

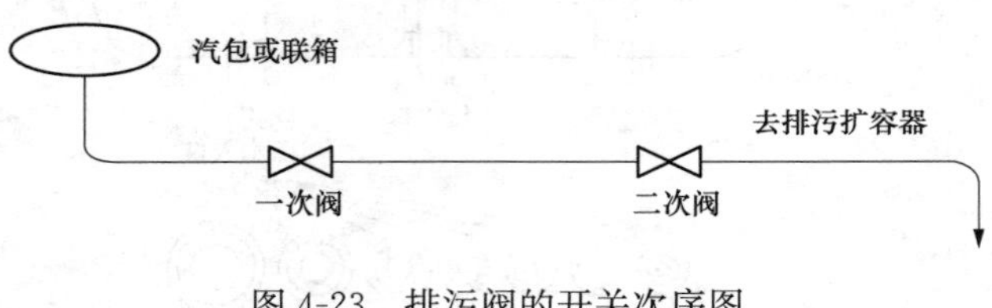

图 4-23　排污阀的开关次序图

(5) 排污阀门操作次序。一般情况下，排污阀串联安装，通常以接近汽包或联箱的第一个阀门作为隔离阀门，而以第二个阀门作为调整阀门。排污阀的开关次序如图 4-23 所示。

排污阀开启时，先开一次阀，再开二次阀；关闭时先关二次阀再关一次阀。这样的开、关次序便于保护一次阀，且当二次阀泄漏时，可以在运行情况下进行更换或检修。这种操作方式的缺点是，在阀门关闭后，两阀门间会有存水，而存水的温度低于锅水温度，当再次开启一次阀时易产生水击。为防止水击，可在排污完毕后开启二次阀，以便排放存水。

五、取样系统

取样系统的作用是通过对热力系统中的凝结水、给水、锅水、饱和蒸汽、过热蒸汽、再热蒸汽等抽取样水进行化学分析、测量和监控，便于运行人员及时了解汽、水品质，并适时调整，确保余热锅炉安全运行。

1. 取样系统组成及流程

取样系统主要由降温降压架、低温仪表架和相关管道阀门组成。降温降压架中的设备包括取样一次阀、二次隔离阀、冷却器和样水排污阀、冷却水流量控制器以及相关管道等。低温仪表架中的设备包括离子交换柱，测量仪表，手工取样阀，流量调节阀，样水温度控制电磁阀、安全阀以及相关管道等。取样系统流程如图 4-24 所示。

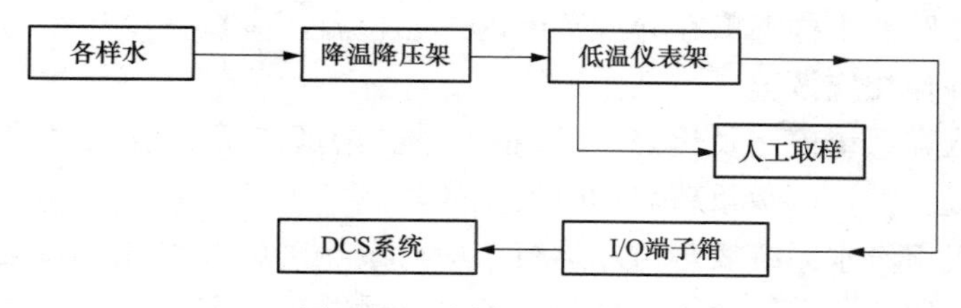

图 4-24　取样系统流程图

循环水、凝结水、给水、锅水、饱和蒸汽、过热蒸汽、再热蒸汽等高温高压水、汽样品经降温降压架中的冷却器冷却降压后，变成低温低压样水，一路供人工取样用，另一路供在线分析仪表用，在线分析仪表测量数值送至DCS系统。典型取样系统示意如图4-25所示。

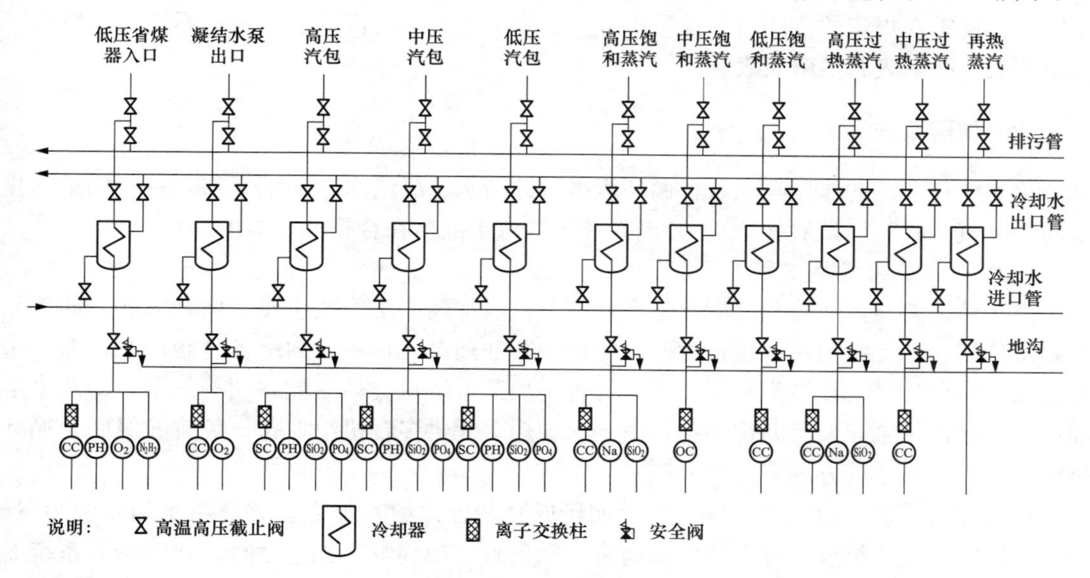

图 4-25　典型取样系统示意图

2. 取样系统运行操作要点

取样系统操作时应注意以下几点。

（1）在引进水样前，确认冷却水系统已投运，冷却水进、出口阀及所有冷却水回路阀门正常，观察阀门有无泄漏，如有泄漏应及时处理。单个冷却器的冷却水流量应在正常范围内。

（2）冷却水不得中断，否则，高温汽、水样容易将取样系统的部件和仪表损坏。冷却水中断前，必须关闭取样一次阀。

（3）降温降压架二次隔离阀不宜频繁开启，开启降温降压架水样隔离阀时要缓慢，调节减压阀时也要缓慢，使水样流量满足人工取样和分析仪表的要求，在未调节好减压阀前，不要打开低温仪表架调节阀，以免损坏仪表。

（4）在对水样管路进行排污时，应逐个样点进行，各样点每次排污时间不宜过长，排污间隔不宜过短，完成排污后确认排污阀已关闭并且无泄漏情况。

（5）出现水样流量异常变化或因水样管路系统泄漏造成水样流失时，应立即关闭上一级隔离阀或停止设备运行。

（6）监视各支路的水样温度在允许范围内。如超温，应检查冷却水压力、温度、流量是否符合要求，并作相应调整。

（7）当汽盘取样系统停运及检修，pH值、钠、溶解氧等分析仪表的电极应按维护手册保养，防止电极干枯，以免重新启动时发生故障。

（8）为确保机组汽水系统安全可靠运行，应对余热锅炉汽水进行人工取样化验，以比对仪表的可靠性。取样瓶选用聚乙烯材料，容量合适并用一定比例的盐酸浸泡清洗。取样前，用少量样水清洗瓶子3次，取样时应待瓶满且溢流2倍样瓶体积后，盖严瓶盖，取样结束。无论实验需要多少水样，取样瓶都应取满瓶。如汽水取样系统需要排污，则应在排污后过一段时间后再取样。

（9）一般情况下，系统中取样部分运行正常且各支路水样冲洗时间符合要求，水样温度达到并稳定在规定的范围时，可投运分析仪表。大修后的机组启动时，不宜立即投入阳导电率表、联氨表和溶解氧表。

六、加药系统

化学加药系统的作用是向联合循环机组中的给水、凝结水、锅水中加入一定剂量的化学药品（氨、联胺、磷酸盐等），控制系统内的汽水品质在合格的范围内。

1. 加药系统组成及流程

由于设计差异，加药系统配置略有差别。目前加药系统配置主要有两种方式，即单元制和母管制。单元制加药系统每类药品配备一套加药单元，单元内配备一箱两泵，即一个溶液箱，两台计量泵，泵为一用一备。母管制加药系统每类药品配备两箱三泵，即两个溶液箱，三台计量泵，泵为两用一备，由一套加药单元供多台机组加药。目前F级联合循环机组采用的加药系统方式多为单元制。

化学加药系统一般成套配置。化学加药成套装置由给水加氨装置、给水加联胺装置、锅水加磷酸盐装置组成。每套化学加药装置配备独立控制盘，独立运行。化学加药系统的主要设备有溶液箱、液位计、搅拌器、计量泵、管路、阀门、压力表、控制系统以及操作平台、扶梯等。典型加药系统示意如图4-26所示。

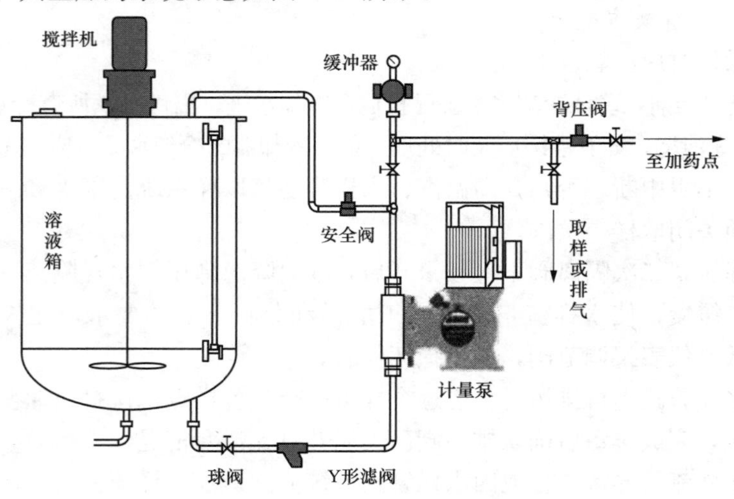

图4-26　典型加药系统示意图

（1）给水加氨的作用及流程。给水加氨的作用是消除给水中的二氧化碳、控制给水pH值，防止发生酸性腐蚀。氨与水在溶液罐内配成一定比例的氨水稀溶液，经过滤网过滤后，通过加药泵加入给水管道或凝结水泵出口管道。

（2）给水加联氨的作用及流程。给水加联氨的作用是消除给水溶解氧，防止系统氧腐蚀，同时由于联氨在锅内高温下分解产生氨，可间接控制锅水的pH值。联氨与水在溶液罐内配成一定比例的联氨稀溶液，经过滤网过滤后，用加药泵加到凝结水泵出口管道中，通过凝结水的搅动，使药液和给水均匀混合。联氨也可直接加入低压汽包，但加到凝结水泵的出口管道可以延长联氨和氧的作用时间，减轻低压省煤器的腐蚀。因此，联氨加药点一般设置在凝结水泵的出口管道。

（3）锅水加磷酸盐的作用及流程。锅水加磷酸盐的作用是防止在热力系统中产生水垢并控制炉水pH值。磷酸盐与水在溶液罐中配成一定比例的磷酸盐稀溶液，经过过滤器过滤后，通过加药泵加到汽包中。加药系统流程如图4-27所示。

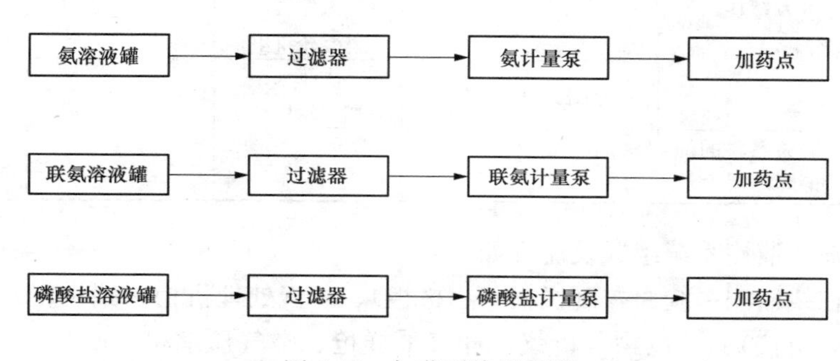

图4-27 加药系统流程图

2. 加药系统的安全风险及防范措施

加药系统的运行维护需要重点关注药品危害性、加药系统的启停、计量泵的故障处理、加药泵流量的调节方式等。

（1）联氨注意事项。联氨（N_2H_4）常温下是一种无色液体，易溶于水并结合成稳定的水合联氨（$N_2H_4 \cdot H_2O$），有氨的臭味。联氨易挥发、易燃易爆、有毒，对眼睛有刺激作用。能引起延迟性发炎，对皮肤和黏膜也有刺激性作用。因此，在保存、输送和化验等方面，应特别注意。

联氨浓溶液应密封保存，大批的联氨应保存在专用的仓库中。靠近联氨浓溶液的地方不允许有明火。

搬运联氨时，工作人员应配备胶皮手套和护目镜等防护用品。在操作联氨的地方，应有良好的通风条件和水源。

对联氨进行化验，不允许用嘴吸移液管来吸取含有联氨的溶液。

（2）氨水的注意事项

氨（NH_3）在常温下是一种具有刺激性气味的气体，易溶于水，其水溶液呈碱性，分子式NH_3H_2O。氨水受热或见光易分解，极易挥发出氨气。具有弱碱性，有一定的腐蚀作用，碳化氨水的腐蚀性更强。氨水的挥发性、刺激性和不稳定性对人体的健康有极大的伤害，所以在保存、输送和化验等方面，应注意防护措施。

七、烟气连续监测系统

烟气连续在线监测系统（continuous emission monitoring system，CEMS）用于燃气轮机排气中污染物的连续监测，监测颗粒物的浓度、二氧化硫浓度、氮氧化物浓度、氧气含量、烟气温度、烟气压力、烟气流速等参数，并可根据需要增加一氧化碳、二氧化碳、湿度等参数的在线监测。监测数据按要求实时传送至环保部门监控网络。燃气轮机排气污染物排放浓度限值表如表 4-2 所示。

表 4-2　　燃气轮机排气污染物排放浓度限值表

序号	燃料和热能转化设施类型	污染物项目	适用条件	限值（mg/m³）	污染物排放监测位置
1	以气体为燃料的燃气轮机组	烟尘	天然气燃气轮机组	5	烟囱或烟道
		二氧化硫	天然气燃气轮机组	35	
		氮氧化物（以 NO_2 计）	天然气燃气轮机组	50	
2	以气体为燃料的燃气轮机组	烟气黑度（林格曼黑度，级）	全部	1	烟囱排放口

烟气连续在线监测系统组成及流程如下。

烟气连续在线监测系统由控制机柜（主机柜）、样气处理机柜（副机柜）、温压流变送机柜（温压流分析仪）、颗粒物分析仪、样气采样枪、空气压缩机、吹扫气过滤系统等组成。烟气连续在线监测系统流程如图 4-28 所示。

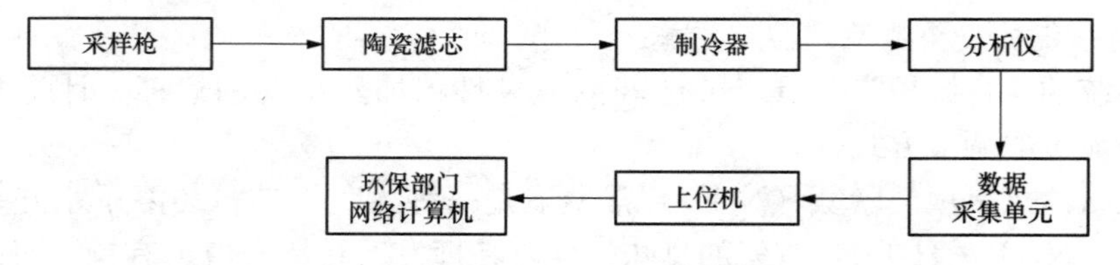

图 4-28　烟气连续在线监测系统流程

烟气连续在线监测系统通过安装在烟道或烟囱上的采样枪抽取烟气，经过采样枪上的陶瓷滤芯进行初级过滤，滤去 5μm 以上的烟尘，由伴热管引到制冷器进行冷却除水，经过二次过滤后将所采集的烟气按要求的流量引人分析仪，对烟气中的 SO_2、NO_x 及 O_2 进行测量。测量结果经数据采集单元传输给上位机，上位机将采集到的数据通过网络与当地环保部门环保监控网络连接，环保部门实时监测电厂排放情况。

第四节　启动锅炉

一、启动锅炉的作用

辅助蒸汽系统是火力发电厂主要汽水循环以外，与锅炉和汽轮机及其辅助设备启动、

停机和正常运行的加热、保护用汽的供汽系统。燃气-蒸汽联合循环电厂大部分为调峰发电厂，须日启停和日常调峰，辅助蒸汽使用频繁，流量要求大，故对辅助蒸汽系统的构成和辅助蒸汽运行要求相对较高。

辅汽主要应用于：①启机过程中，用于汽轮机低压缸冷却起源，在燃气轮机启机过程中，汽轮机入口蒸汽参数还未达到要求不能进入汽缸，为防止汽轮机鼓风摩擦产生大量热量烧坏叶片，而需要往低压缸中通入外供的辅助蒸汽作为冷却蒸汽，当汽轮机进汽后（中压进汽压力大于0.38MPa后），该冷却蒸汽切为低压主蒸汽；②汽轮机轴封系统用汽，此与常规燃煤电厂机组功能相同；③启动除氧器加热除氧汽源，由于M701F机组没有专门的除氧器，机组在正常启动前依靠凝汽器除氧不能满足凝结水含氧量的要求，故在机组启动过程中，需投入凝汽器启动除氧器进行除氧以使凝结水的含氧量达到要求。

因此，在两台机组均未启动前，需要启动锅炉为主机供汽以保证机组的顺利启动。

二、启动锅炉的原理

启动锅炉为双锅筒纵置式自然循环蒸汽锅炉，两台启动锅炉一用一备。整体布置为“D”结构，炉膛深度方向和对流烟道平行，炉膛位于右侧，采用全膜式水冷壁，整个水冷系统支撑于锅炉底座上。沿汽包长度方向可以自由向前膨胀，底座上设置了滑动支座。尾部布置翅片管省煤器，以提高锅炉热效率，防止锅炉本体造成低温腐蚀。由于锅炉的炉膛水冷及对流管束外侧均采用全膜式水冷壁，所以锅炉密封性好，工作可靠、稳定，锅炉传热效率高（锅炉热效率大于等于92%），额定蒸发量（容量）为50t/h，过热蒸汽压力为1.4MPa，过热蒸汽温度为300℃，给水温度为105℃。两台启动锅炉共配备3台变频给水泵，1号泵公用，2号泵供1号启动锅炉，3号泵供2号启动锅炉，每台启动锅炉各单独配备一台送风机，正常运行时，炉膛内为微正压环境。启动锅炉的除氧器可互用，但互用无法实现给水加热功能，电厂除盐水水温为20℃，供水压力为0.3～0.6MPa，除盐水经除氧器除氧后，水温加热到105℃，流经省煤器，再送入上汽包。出口蒸汽管道采用分管制，蒸汽在出口分气缸处汇集。

启动锅炉使用全自动电子比例燃气燃烧器，燃料消耗量B为4145m^3/h（标准状态，按最大蒸发量计算）。为保证燃烧完全，配备了良好的燃烧和电控设备，具有良好的调节能力，可保证锅炉负荷在20%～110%任何工况下运行，启动和停炉方便快捷，安全可靠，自动化程度高，具有高低水位声光报警，极低水位，汽压超高和中途熄火停炉保护等装置。

烟气流程：空气通过鼓风设备经燃烧机喷入炉膛和燃气混合燃烧后产生高温烟气，在炉膛经凝渣管、过热器、对流管束后出锅炉本体，烟气水平冲刷省煤器管后经烟道、烟囱送入大气。

工质流程：电厂除盐水经除氧器除氧，通过锅炉给水泵送进省煤器加热，由管路进入上汽包，经多个回路进行水循环，各回路中汽水混合物进入上汽包，经汽水分离装置，输出饱和蒸汽进入过热器。最后通过热蒸汽出口联箱、喷水减温器输出过热蒸汽。

锅炉由本体（上汽包、下汽包、上汽包内部装置、侧水冷壁管系、水冷壁联箱、前水冷壁管系、过热器、对流管系、密封装置、炉墙金属件、锅炉本体底座、钢架）、平台扶梯、栏杆、省煤器、管道仪表阀门、燃烧器、天然气管路系统、送风机、给水泵、消声器、烟风道、电气控制系统等组。

(1) 汽包及汽包内部装置。上锅筒直径为 ϕ1000×22mm，总长（直段部分）为 13 350mm，上汽包通过下汽包、对流管及膜式壁支撑，内有给水管、表面排污管、加药管及 28 只钢丝网分离器，从对流管束产生的汽水混合物即经水下孔板作一次分离，经过一次分离后的汽水混合物进入上侧钢丝网分离器后，再引入过热器。下汽包直径为ϕ800×18mm，总长（直段部分）为 13 350mm，装有排污管座，下汽包通过对流管束和膜式壁管与汽包筒相连。

(2) 过热器。过热器系统采用纯对流形式，烟气沿炉膛方向在炉膛后部折转，进入过热器。蒸汽流程：上汽包过热器进口联箱过热器出口联箱喷水减温器主蒸汽管。过热器由 ϕ42×3.5mm 的锅炉钢管制成，采用四管圈蛇形管式结构，顺列布置，过热器 16 组，横向节距 127mm、纵向节距 74mm，材料 12Cr1MoVG，受热面积为 83.5m^2。过热器进口联箱为 ϕ273×8mm，材质 20 号锅炉管，其中一端与锅筒引出管相连。过热器进口联箱通过双管圈蛇形管连接过热器出口联箱。喷水减温器为 ϕ273×8mm，材质为 20 号锅炉管。喷水减温器为笛形管，当负荷变动时，可以通过喷水量来调节蒸汽温度。过热器出口联箱的蒸汽经喷水减温器调温后，输出过热蒸汽。喷水减温器设在主蒸汽管道上，其表面焊有管座与各种阀门仪表相连。

(3) 炉膛水冷壁及对流管束。炉膛净空为 12 638mm×2340mm，炉膛由膜式水冷壁组成，炉膛右侧膜式壁为 ϕ60×4mm 的管子，间距为 100mm。其余膜式壁为 ϕ60×4mm 的管子，间距为 90mm。对流管束由 ϕ51×3mm 的锅炉钢管制成，管束采取顺列布置，横向节距为 150mm，纵向节距为 100mm。炉膛四周根据运行和检修的要求，前墙布置一个燃烧器，燃烧器上布置一个火焰监测孔。在锅炉后墙布置一个检查门和一个看火孔。炉膛后顶部布置一个防爆门。

(4) 省煤器。锅炉尾部本体出口布置单级省煤器，错列布置，由 ϕ32×3.5mm 的翅片管制成，翅片高度为 18mm，横向节距为 120，纵向节距为 60，管子材料为 20/GB 3087。省煤器底部设有放水阀，及时清除启动时尾部烟道产生的冷凝水，联箱并设有充氮口。整个省煤器为整体出厂。

(5) 钢架。锅炉钢架底座上设有 3 个支座，靠近锅炉后方是固定支座，前方两个是活动支座。锅炉底座四周焊有钢架立柱，锅炉底座与地基的预埋钢板为固定连接，锅炉的平台扶梯、护板重量均直接支撑在钢架上。

三、启动锅炉的操作与定值

1. 启动锅炉的启动前检查

(1) 在 DCS 上检查风阀 1、2 的开度为 5%。

(2) 在 DCS 检查天然气流量阀开度为 10%。

(3) 检查天然气供气压力为 30～70kPa。

(4) 在 DCS 上启动燃气锅炉风机，启动前检查各轴承冷却水进回水正常。调整送风机出口风压大于 5kPa，一般在 8kPa 左右。

（5）根据需要在DCS上启动一台给水泵运行，启动前检查工业水泵已经启动，向给水泵提供冷却水正常；启动后检查给水泵电动机电流、给水泵振动等无异常。

（6）调节燃气锅炉汽包水位在正常范围（－100～50mm）。

（7）检查燃气锅炉具备启动条件。

（8）冷态启动前通知化学取样，若锅水水质不合格，则进行补排直至合格。

2. 启动锅炉启动操作

（1）在DCS上复位后程控启动燃气锅炉。

（2）检查检漏程序开始执行，组合电磁阀2开启5s后关闭，检查组合电磁阀1是否泄漏。

（3）30s后，组合电磁阀1开启3s后关闭，检查组合电磁阀2是否泄漏。

（4）检漏程序进行68s后进行吹扫程序，送风机出口风阀1、2开度指令变为40％，检查风阀1、2逐渐开启至40％后逐渐关闭至5％。

（5）检漏程序完毕后，开始进行点火程序。

（6）点火电磁阀1、2开启，同时点火变压器开始打火，检查火焰信号出现。

（7）点火8s后，点火变压器退出运行，检查火焰信号仍然存在。

（8）点火9s后，检查组合电磁阀1、2同时开启，就地观察燃气锅炉主火焰生成。

（9）点火15s后，点火电磁阀1、2关闭。燃气锅炉点火结束。

（10）如果发生高水位报警，手动打开锅炉上锅筒表面排污阀和下锅筒定期排污阀放水，有必要时打开紧急放水阀放水至正常水位。

（11）若冷态启动，则打开生火排气阀、过热器疏水阀1、过热器疏水阀2和减温水疏水阀锅炉进行升温升压。

（12）检查确认锅炉压力，当压力过高时可以打开生火排气阀、过热器疏水阀1、过热器疏水阀2和减温水疏水阀进行卸压。

（13）检查风机、给水泵工作正常，管道系统无异常泄漏。

（14）检查系统各设备工作正常，各远方及就地表计指示值正确。

（15）确认系统各种参数显示正常，无异常报警现象。

（16）化学人员严格按照化学监督要求，做好蒸汽和水质的化验、记录工作。

3. 投运注意事项

（1）若发生天然气泄漏情况时，锅炉会自动强制中断燃烧，此时系统会发生报警，需将故障排除后，才允许重新点燃。

（2）当点火失效时系统也会发生报警，此时先检查并排除故障后，才允许重新启动。

（3）燃烧器每次点火前检查电磁阀是否工作正常（电磁阀关闭必须严密），同时检查炉膛内是否有燃料泄漏现象。点火时要先开鼓风机，再投入点火装置，然后开启燃料供应阀门。绝对禁止先送燃料，再开风门，最后投入点火装置的错误操作。锅炉压力未降至0MPa前，必须对锅炉和辅机继续加以监督。

（4）锅炉运行中，操作人员要严密监视各种仪表参数和燃烧工况。

（5）锅炉运行时应连续不断地均匀给水，确保水位在正常范围内。

（6）排污。为了保持受热面内清洁和蒸汽品质，必须经常排污，上汽包装有连续排污，使锅水含盐量不超过要求数值。下汽包装有定期排污，使炉水中沉淀物排出，排污量由化学分析来决定，排污前先进水于最高水位并预热排污管道。排污时密切注意水位，管道有无异常冲击声音，如有异常情况应立即停止排污，待查明原因后再排。

(7) 锅炉上水之前应注视除氧器内的水源是否充足，上水温度一般宜在40～50℃，最高不宜超过70℃，避免因水温过高、致使受压部件内外壁温差过大，引起热应力使胀接处松弛确认除盐水至除氧器管路畅通，水压正常。

(8) 开始上水时，宜采用较小水流量，上水速度不宜太快，锅炉的上水时间夏季不少于1h，冬季不少于2h，上水时要检查手孔盖、人孔盖、阀门等处无泄漏。

(9) 锅炉升火时应注意各处膨胀情况。

(10) 点火操作应严格按操作规程进行。点火时发现意外事故时，应立即切断气路。

(11) 燃气锅炉过热器材质为Cr12MoV，允许过热蒸汽长期运行温度应该低于350℃；汽包和省煤器材质为碳钢，汽包和省煤器内介质压力在额定压力下可以长期运行。

4. 启动锅炉停运操作及检查

(1) 确认对外供热已经切换为余热锅炉供应。

(2) 逐渐降低燃烧器气阀的开度至10%。

(3) 在DCS上程序停止燃气锅炉。

(4) 在DCS上关闭主蒸汽电动门，检查并确认其关闭。

(5) 确认停机过程中无异常声响及报警。

(6) 停炉后依次停运给水泵和送风机。

(7) 燃气锅炉熄火后停运调压站电加热器。

5. 停运注意事项

(1) 停运前确认辅汽用户已经切换或者停运，燃气锅炉不必处于备用状态。

(2) 当欲使锅炉长期停机冷却时，运转时应检查控制为小火缓缓降温使锅炉炉体温度均匀且缓和下降。

6. 系统正常运行时的定值和保护

(1) 燃气压力高。高气压开关动作，检查供气压力。

(2) 燃气压力低。低气压开关没有动作，检查供气压力。

(3) 风压低。检查风机是否运行；风压开关的设定值是否合适，如不对重新设定。

(4) 前阀泄漏：系统检漏时发现前面的主气阀漏气，检查前阀。

(5) 后阀泄漏：系统检漏时发现前面的主气阀漏气，检查后阀。

(6) 风机停机：没有检测到风机运行信号，检查线路。

(7) 火检异常：点火前检测到有火，检查炉膛内是否有明火；检查火检是否损坏，损坏时更换。

(8) 中心点压力：1.1MPa。

(9) 汽包压力（压力开关三取二）：1.57MPa，燃烧器跳闸。

(10) 汽包压力（压力变送器）：1.54MPa，报警，开生火排汽阀。

(11) 锅炉正常启动压力：1.1MPa。

(12) 锅炉压力保护（锅炉汽包安全阀动作）：1.63、1.60MPa。

（13）炉膛压力高（压力变送器）报警：3kPa；

炉膛压力超高（压力开关三取二）保护：4kPa。

（14）中心点温度 300℃。

（15）过热器压力保护（安全阀动作）：1.46MPa。

（16）燃气压力低一值（压力变送器）：25kPa，报警。

（17）供气压力低开关（组合电磁阀 1 前）定值：15kPa，报警。

（18）供气压力高开关（燃烧器气阀后）定值：18kPa，报警。

（19）检漏开关（组合电磁阀 1、2 之间）定值：13kPa。

（20）燃气压力低二值（压力变送器）：20kPa，且供气压力低开关动作，燃烧器跳闸。

（21）燃气压力高一值（压力变送器）：65kPa，报警。

（22）燃气压力高二值（压力变送器）：70kPa，且燃气压力高开关动作，燃烧器跳闸。

（23）中心点水位：水位表中心±25mm。

（24）汽包水位高一值：＋50mm，报警。

（25）汽包水位高二值：＋100mm，报警，开紧急放水阀。

（26）汽包水位高三值：＋140mm，报警，停给水泵。

（27）汽包水位高四值：＋175mm，报警，延时 10s 燃烧器跳闸。

（28）汽包水位低一值：－50mm，报警。

（29）汽包水位低二值：－100mm，报警。

（30）汽包水位低三值：－150mm，报警，延时 10s 燃烧器跳闸。

（31）送风压力低（压力变送器）：2kPa，报警。

（32）给水压力低（压力变送器）：1.9MPa，联启备用泵。

（33）天然气泄漏（厂房内测漏探头）：报警。

7. 停炉后的保养

（1）3d 以上的停炉，宜采用热力保养，维持锅炉压力为 0.05～0.1MPa，使炉水温度高于 100℃以上。为保持炉水温度，可利用另外一台燃气锅炉的蒸汽来加热炉水，当单台锅炉在保养期间没有蒸汽来源时，可定时启动燃气锅炉来维持。

（2）停炉时间在 1～3 个月的，宜采用湿法保养或干法保养，采用此两种方法之前均应清除锅内的水垢和泥渣。另外，采用湿法保养必须保持锅炉房内的环境温度在 5℃以上。碱性防腐液的配制方法是：每吨软化水中加入氢氧化钠（NaOH）5～6kg，或磷酸三钠（$Na_3PO_4.12H_2O$）10～12kg，采用干法保养时，干燥剂的数量为每立方米锅内容积用生石灰（Cao 块状）2～3kg，或无水氯化钙（CaC_{12} 颗粒 10～11mm）1～2kg，或干燥硅胶 1～2kg。停炉时间较长的，宜采用干法保养或充气保养，采用充气保养时，应在清除水垢和泥渣后，使受热面积干燥，然后充入氮气或氨气，氮气或氨气的压力应保持在 0.05MPa 以上。

第五节　轴 封 系 统

汽轮机主轴必须从汽缸内伸出，为防止动静摩擦，主轴和汽缸之间必须留有一定的径向间隙。因为汽缸内的蒸汽压力和汽缸外部的大气压力不等，因而必然会使汽缸内的高压蒸汽通过此径向间隙向外漏出，造成工质损失，恶化了运行环境，如蒸汽窜入轴承箱会使润滑油中进水；汽缸内压力低于外部大气压力时，外部空气通过径向间隙漏入汽缸，而破坏机组的真空，增大真空泵的负荷。这些情况将降低机组效率，情况严重时会对汽轮机的安全运行造成影响。

为提高汽轮机的效率及安全性，应尽量防止或减少这种漏汽（气）现象。因此，在转子穿过汽缸两端处都装有汽封，这种汽封被称为轴端汽封，简称轴封。

一、轴封系统概述

（1）轴封系统的主要设备有轴封蒸汽供汽阀门组，高、中压缸轴封，低压缸轴封，1台轴封加热器，2台轴封风机，轴封蒸汽溢流阀门组，低压轴封蒸汽减温水阀门组，低压轴封蒸汽喷水减温器，以及相关的管道、阀门、仪表等。

（2）轴封系统流程。轴封系统如图4-29所示。

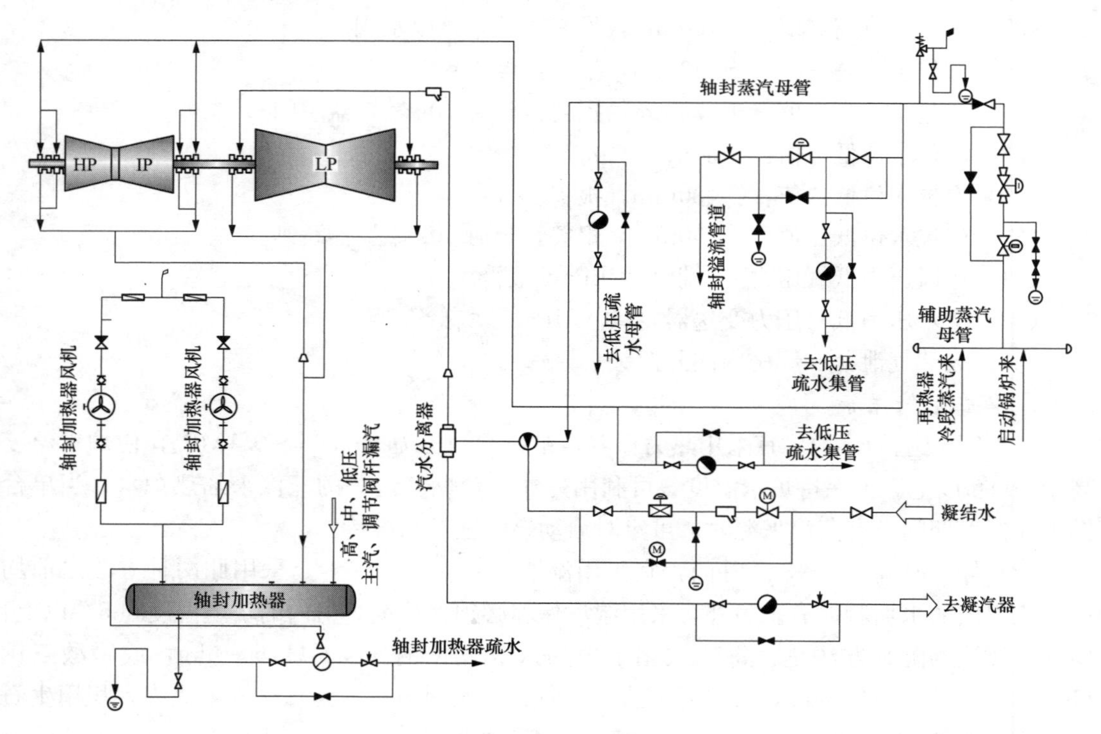

图4-29　轴封系统图

轴封供汽由辅助蒸汽母管供，辅助蒸汽母管的汽源为12A/12B燃气锅炉、1号机再热蒸汽冷段和2号机再热蒸汽冷段。

轴封供汽采用两阀调节系统，即在汽轮机所有运行工况下，轴封母管压力通过两个调节阀（辅助蒸汽至轴封蒸汽压力控制阀和轴封蒸汽母管溢流控制阀）来控制，使汽轮机在任何运行工况下均自动控制轴封母管蒸汽压力25kPa，当轴封母管压力大于35kPa时轴封蒸汽母管溢流控制阀打开，控制压力不超过35kPa。

机组抽真空、启动或低负荷运行阶段，轴封蒸汽由辅助蒸汽提供。辅助蒸汽源为12A/12B燃气锅炉、2号机再热器冷段蒸汽或1号机再热器冷段蒸汽。蒸汽供应到轴封蒸汽母管内，其压力由辅助蒸汽至轴封蒸汽压力控制阀进行控制，同时配置上游电动隔离阀、下游手动隔离阀以及旁路手动阀。当轴封蒸汽母管内蒸汽压力超过35kPa时，轴封溢流阀将开启，将多余蒸汽溢流至凝汽器。

在机组正常运行时，轴封系统的外部汽源由2号机再热器冷段蒸汽或1号机再热器冷段蒸汽，但辅助蒸汽至轴封蒸汽压力控制阀关闭或维持小开度供汽，高中压缸轴端汽封的漏汽向低压缸轴端汽封供汽进行自密封。为满足运行期间低压缸对轴封温度的要求，在低压轴封蒸汽供汽管上配置有喷水减温器以及汽水分离器，通过低压轴封蒸汽喷水控制阀控制低压轴封供汽的温度为150℃，对高中压缸轴封漏汽进行喷水降温后进入低压轴封，以保护低压缸。为防止杂质进入低压轴封，在低压轴封供汽管路上设置有Y形过滤器，安装在水平位置。同时，若轴封蒸汽母管压力超过35kPa时，多余漏汽经轴封溢流阀溢流至凝汽器。

汽轮机高中压缸、低压缸外端轴封通过轴加风机保持在一定负压状态下，其间蒸汽和空气混合物经轴封抽汽管被吸入处于负压约为－8kPa的轴封加热器的汽侧，经凝结水冷凝后，通过轴封加热器疏水器排至凝汽器，不凝结气体通过轴加风机排入大气。

为避免轴封母管压力超出系统设计允许压力在轴封蒸汽母管上设有一个安全阀，该安全阀在蒸汽压力达到180kPa时动作，将部分蒸汽排入大气，使蒸汽压力恢复正常。

二、轴封系统的主要设备

（一）汽轮机轴封的结构和原理

1. 轴封结构

M701F4燃气-蒸汽联合循环机组的汽轮机轴封为迷宫式汽封。迷宫式汽封是在转轴周围设若干个依次排列的环行密封齿，齿与齿之间形成一系列截流间隙与膨胀空腔，被密封介质在通过曲折迷宫的间隙时产生节流效应而达到阻漏的目的，如图4-30所示。

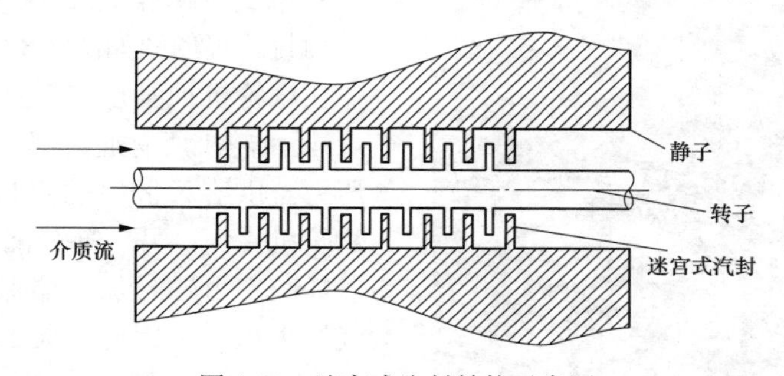

图4-30　迷宫式汽封结构示意图

M701F4型机组汽轮机轴封结构使用的是高低齿结构，如图4-31所示。

2. 迷宫式轴封工作原理

当汽体流过密封齿与轴表面构成的间隙时，汽流受到了一次节流作用，汽流的压力和温度下降，而流速增加。汽流经过间隙之后，是两密封齿形成的较大空腔。汽体在空腔内容积突然增加，形成很强的旋涡，在容积比间隙容积大很多的空腔中气流速度几乎等于

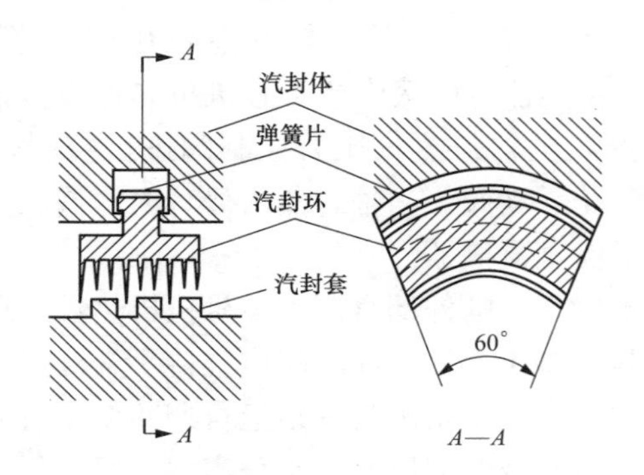

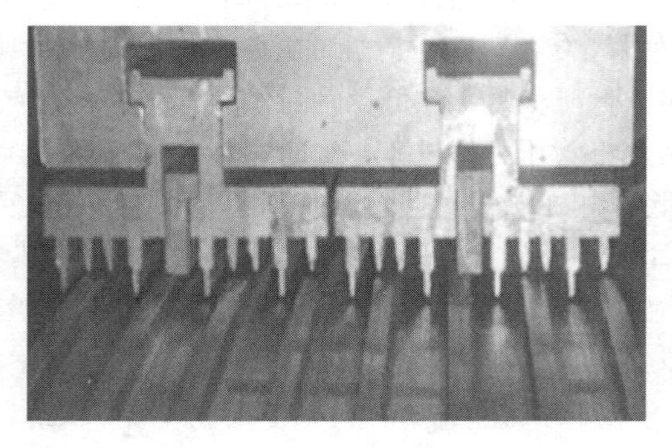

图 4-31　高低齿汽封结构

零，动能由于旋涡全部变为热量，加热汽体本身，因此，汽体在这一空腔内，温度又回到了节流之前，但压力却回升很少，可认为保持流经缝隙时压力。因此，汽体每经过一次间隙和随后的较大空腔，汽流就受到一次节流和扩容作用，由于旋涡损失了能量，汽体压力不断下降，随着压力的逐渐降低，汽体泄漏逐渐减小。

迷宫式汽封就是利用增大局部损失以消耗汽流能量的方法来阻止汽流的流动。

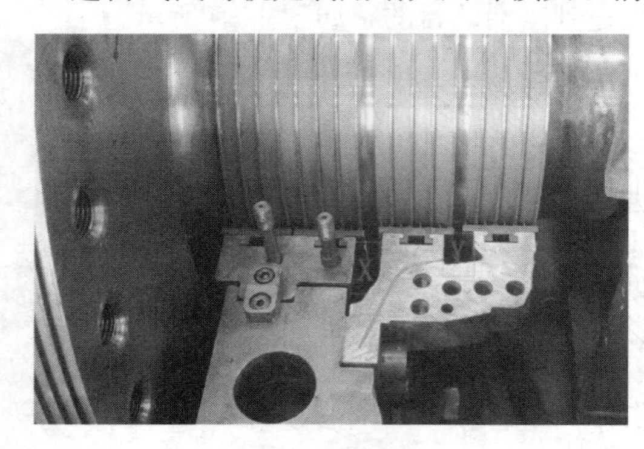

图 4-32　轴封的现场图

3. 轴封的工作过程

轴封的现场图如图 4-32 所示。

在汽轮机抽真空、启动和低负荷时（图 4-33），汽轮机所有通流部分的压力都低于大气压力。供给 X 腔室的汽封蒸汽通过汽封漏入汽轮机一侧，另一部分漏入另一侧的 Y 腔室。Y 腔室由轴封加热器保持其压力维持在大气压力以下。因此，大气通过汽封外侧泄漏至 Y 腔室。泄漏的蒸汽、空气混合气通过至轴封加热器的管路从 Y 腔室抽走。在轴封加热器中，疏水排回凝汽器，而空气排放到大气中。

当高中压缸排汽压力超过 X 腔室的压力时（图 4-34），蒸汽就会逆向穿过内汽封段流向 X 腔室。排汽区压力继续升高时，流量增大，使高中压缸的轴封变成自密封。在这一点，蒸汽从 X 腔室排放到轴封蒸汽母管。蒸汽从轴封蒸汽母管流到低压轴封。多余的蒸汽（如果有）通过溢流阀流到凝汽器。

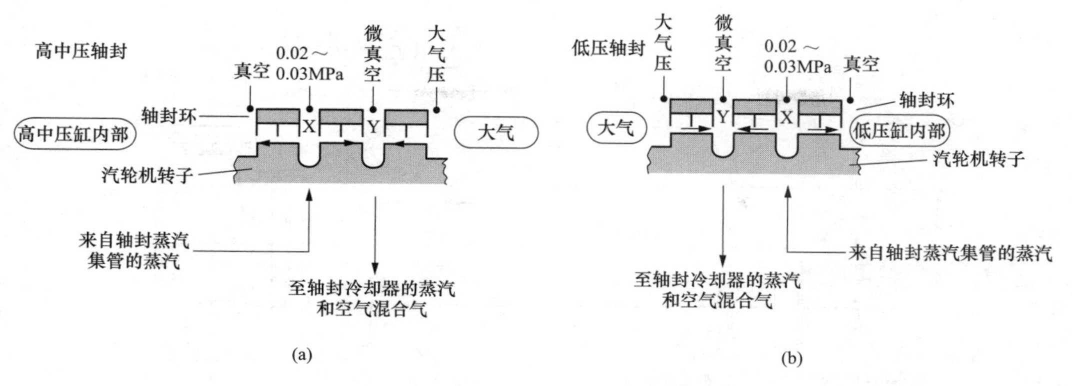

图 4-33　空负荷或低负荷轴封工作原理图

(a) 高中压轴封工作原理图；(b) 低压轴封工作原理图

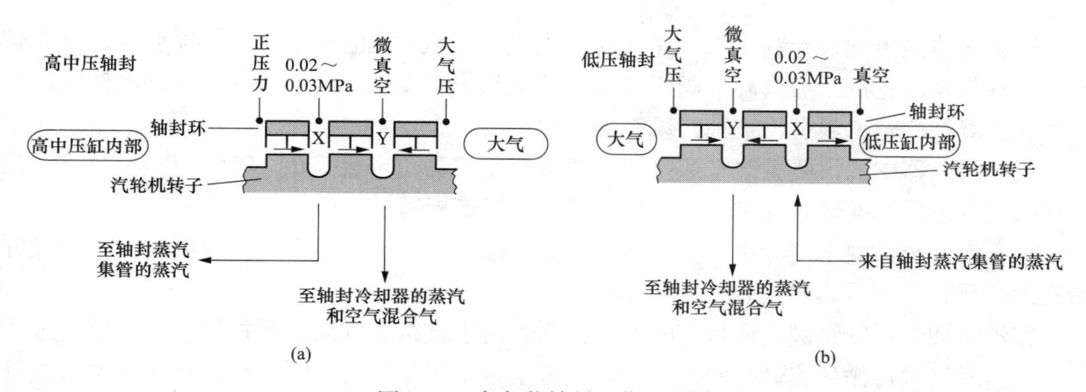

图 4-34　高负荷轴封工作原理图

(a) 高中压轴封工作原理图；(b) 低压轴封工作原理图

(二) 轴封加热器

轴封加热器的作用是用主凝结水来冷却各段轴封抽出的汽-气混合物和高压主汽阀、高压调节阀的低压段漏汽，中、低压主汽阀和调节阀阀杆漏汽，在轴封加热器的汽侧腔室内形成并维持一定的真空，防止蒸汽从轴封端泄漏，使混合物中的蒸汽凝结成水，从而回收工质，将汽-气混合物的热量传给主凝结水，提高了汽轮机热力系统的经济性。同时，将混合物的温度降低到轴封风机长期运行所允许的温度。

1. 轴封加热器的主要特性参数

(1) 换热面积：$70m^2$。

(2) 冷却水量：414.7t/h。

(3) 流程数：2。

(4) 管内流速：2.3m/s。

(5) 水侧设计压力：4.0MPa。

(6) 汽侧设计压力：真空/0.1。

2. 轴封加热器的结构

轴封加热器外形如图 4-35 所示。

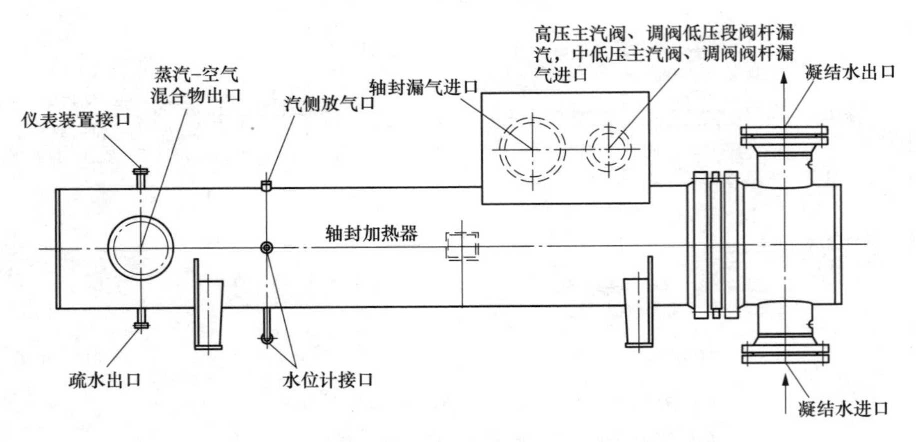

图 4-35　轴封加热器外形图

壳侧筒体是由钢板卷制而成，并开有蒸汽进口、汽-气混合物出口、疏水口及事故疏水口。轴封及汽轮机主蒸汽调节阀阀杆漏汽进入汽封加热器后，流经管束后被凝结成水，空气和未凝结的蒸汽混合物被轴封风机抽出排至大气。

汽封加热器中的汽侧凝结水通过疏水器排至凝汽器内。管系由U形换热管、折流板、拉杆及管板组成。换热管通过胀接与管板相连。折流板通过拉杆与管板固定。

运行中必须监视水位计中的水位指示，如水位已达高水位报警时，表明凝结水已经开始淹没换热管，使传热恶化。

在轴封加热器的管侧，运行期间没有控制。由于机组运行期间通过管子的凝结水最小流量是由凝结水再循环流量控制保持的，该最小再循环流量由凝结水泵最小流量要求或轴封加热器最小流量要求中较大者决定。轴封加热器最小流量为85t/h，因此，凝结水泵最小流量能够满足要求。

（三）轴封加热器风机

轴封加热器风机用来将轴封加热器中不凝结气体（主要是空气）抽出，并将它们排到大气中，同时保持轴封加热器壳侧所必需的负压（约－8kPa），使轴封Y腔室中的介质直接进入轴封加热器，使轴封系统正常运行。轴封加热器风机的入口相互连接，取自轴封加热器的壳侧，两台轴封加热器风机的出口相互连接，由一根母管排到大气，在每台轴封加热器风机的出口管道上装有止回阀，在每台轴封加热器风机的蜗壳底部设有疏水管，以避免风机可能发生的水冲击。

M701F4燃气-蒸汽联合循环机组采用卧式离心式轴抽风机，一运一备，风机容积流量约为3180m^3/h，全风压为10.5kPa，最大入口介质温度为80℃，转速为2900r/min。

三、轴封系统的运行

正常运行中维持轴封蒸汽压力为25kPa，低压轴封蒸汽温度为150℃，轴封加热器压力保持负压（－10～－5kPa）。轴封蒸汽系统相关的压力控制阀，低压轴封温度控制装置应该投入自动运行。对备用轴封蒸汽汽源管道进行定期的疏水暖管，保证蒸汽品质符合要

求。轴封蒸汽加热器轴抽风机需要定期切换运行。轴封加热器维持一定水位。

轴封压力下降到 10kPa 的时候发出轴封蒸汽母管压力低报警信号。低压轴封温度低于 120℃的时候发出低压轴封蒸汽温度低报警信号，高于 180℃发出低压轴封蒸汽温度高报警信号。当高压轴封温度与高压外缸温度差超过±110℃时报警。轴封蒸汽母管压力达到 180kPa 时轴封联箱的安全门动作。

四、轴封系统的优化

低压轴封减温水旁路电动阀的逻辑优化如下。

低压轴封减温水旁路电动阀在凝结水泵启动时自动关闭，凝结水泵停运时自动打开。凝结水泵运行时低压轴封蒸汽温度大于 180℃自动打开，小于 180℃自动关闭。当凝结水泵停运时凝结水管道仍有压力，低压轴封减温水旁路电动阀打开则凝结水管道中的水会进入轴封蒸汽母管中，导致下次机组启动准备暖轴封时需要很长时间，若暖管不充分可能导致冷水进入汽轮机轴封中，严重时可能损坏设备。因此在机组停运后，停凝结水泵前，不要手动关闭凝结水至低压轴封冷却水手动总阀。增加了运行人员停机过程中的操作量，同时存在忘记关闭此阀门的情况。因此对低压轴封减温水旁路电动阀的逻辑进行优化，将凝结水泵启动时自动关闭，凝结水泵停运时自动打开的逻辑取消，只保留凝结水泵运行时低压轴封蒸汽温度大于 180℃自动打开，小于 180℃自动关闭条件。通过优化在一定程度上保证了机组的安全运行。

五、轴封系统的事故原因以及处理方法

1. 轴封蒸汽联箱压力低

当轴封蒸汽联箱低报警，可能产生的原因以及处理方法如下。

（1）轴封蒸汽联箱压力传感器故障，检查轴封蒸汽联箱压力传感器。

（2）轴封蒸汽联箱压力控制阀故障，检查轴封蒸汽联箱压力控制阀。

（3）轴封蒸汽管线泄漏，检查轴封蒸汽管路。

（4）辅助蒸汽系统异常引起轴封蒸汽压力低，检查燃气锅炉、再热器冷段、邻炉的运行情况。

2. 轴封蒸汽联箱压力高

轴封蒸汽压力高，发出报警；当压力超过联箱安全阀的整定值时，安全阀自动打开，能听到明显的排汽声音，高、中压轴封处还可能有蒸汽漏出。

（1）轴封供汽调节阀、辅助蒸汽压力异常，轴封溢流调节阀异常。检查轴封溢流调节阀正常全开，否则手动打开，必要时打开溢流管道旁路手动阀。轴封供汽调节阀和主蒸汽供轴封用汽调节阀位置正常全关，否则手动关闭。检查辅助蒸汽压力是否超限。

（2）高、中压轴封齿损坏，导致漏入轴封蒸汽系统的蒸汽量过大。经处理后仍不能回到正常值的情况，有可能轴封齿损坏，可先启动备用轴封风机，防止轴封漏汽过多进入滑油系统，然后进一步检查轴封和机组参数有无异常，作出相应处理。

（3）压力变送器故障，导致压力高报警。就地压力表判断压力变送器是否故障，若故障则及时联系热工人员处理。

3. 低压缸轴封蒸汽温度低

当低压缸轴封蒸汽温度低于 120℃时报警，可能产生的原因以及处理方法如下。

（1）低压轴封蒸汽减温水控制阀故障，检查低压轴封蒸汽减温水控制阀。

（2）热电偶故障，检查低压缸轴封温度热电偶。

4. 低压缸轴封蒸汽温度高

当低压缸轴封蒸汽温度高于180℃报警，产生的原因和处理方法如下。

（1）低压轴封蒸汽减温水控制阀故障，检查低压轴封蒸汽减温水控制阀。

（2）凝结水系统故障引起减温水中断或者是不足，恢复凝结水系统。

（3）热电偶故障，检查低压缸轴封温度热电偶。

5. 高压缸轴封蒸汽与汽缸端部金属温差大

当高压缸轴封蒸汽与汽缸端部金属温差值大于110℃时报警，可能的原因以及处理方法如下。

（1）负荷变化快，加减负荷速度要缓慢，暖机时间应该充裕，在负荷保持时，如果温差没有降低，则降负荷来降低金属温度。

（2）热电偶故障，检查高压缸轴封蒸汽与汽缸端部金属号线等温差热电偶，检查热电偶安装位置，信号线等。

第六节　真 空 系 统

凝汽器抽真空系统的作用是在机组启动前利用真空泵从凝汽器中抽出不凝结气体，使凝汽器内建立真空；在机组正常运行时，不断地抽出漏入凝汽器内的空气及排汽中的不凝结气体，维持凝汽器的规定真空，以保证凝汽器的正常工作。

凝汽器的真空形成原理：低压缸排汽在凝汽器中突然被水凝结，由于蒸汽凝结成水时，体积骤然缩小（0.005MPa的压力下，干蒸汽比水的体积约大28 000倍），所以在凝汽器内形成高度真空。同时，由于蒸汽中含有不凝结气体，这部分空气取决于机组的除氧效果，另外大气中的空气从机组真空部分的不严密处漏入，这部分取决于机组的真空严密性，因此，必须用抽气设备不断地把凝汽器中的不凝结气体抽出，以维持凝汽器高度真空。

绝对压力 p 高压大气压力 p_a 时，压力计指示的数值称为表压力 p_g；绝对压力低于大气压力时，压力计指示的读数称为真空 p_v。

$$p_g = p - p_a；\ p_v = p_a - p$$

一、真空系统概述

（1）真空系统的主要设备。真空破坏阀、两组水环式真空泵、一组气冷罗茨真空泵+水环真空泵组以及管道、阀门、仪表等部件。

（2）真空系统流程。真空系统如图4-36所示。

凝汽器气侧上有两个抽气口，经管道汇聚后分别与真空泵入口相连接，真空泵入口绝对压力小于凝汽器内的绝对压力，因此凝汽器内的蒸汽-空气混合气体经空气冷却区冷却后，能够不断地被真空泵吸出凝汽器，排入大气。

A、B、C真空泵组的补水来自凝结水系统杂用水母管，A、B真空泵组直接从真空泵吸入口补入，C真空泵组补水至汽水分离器。A、B真空泵组汽水分离器中的水经密封水

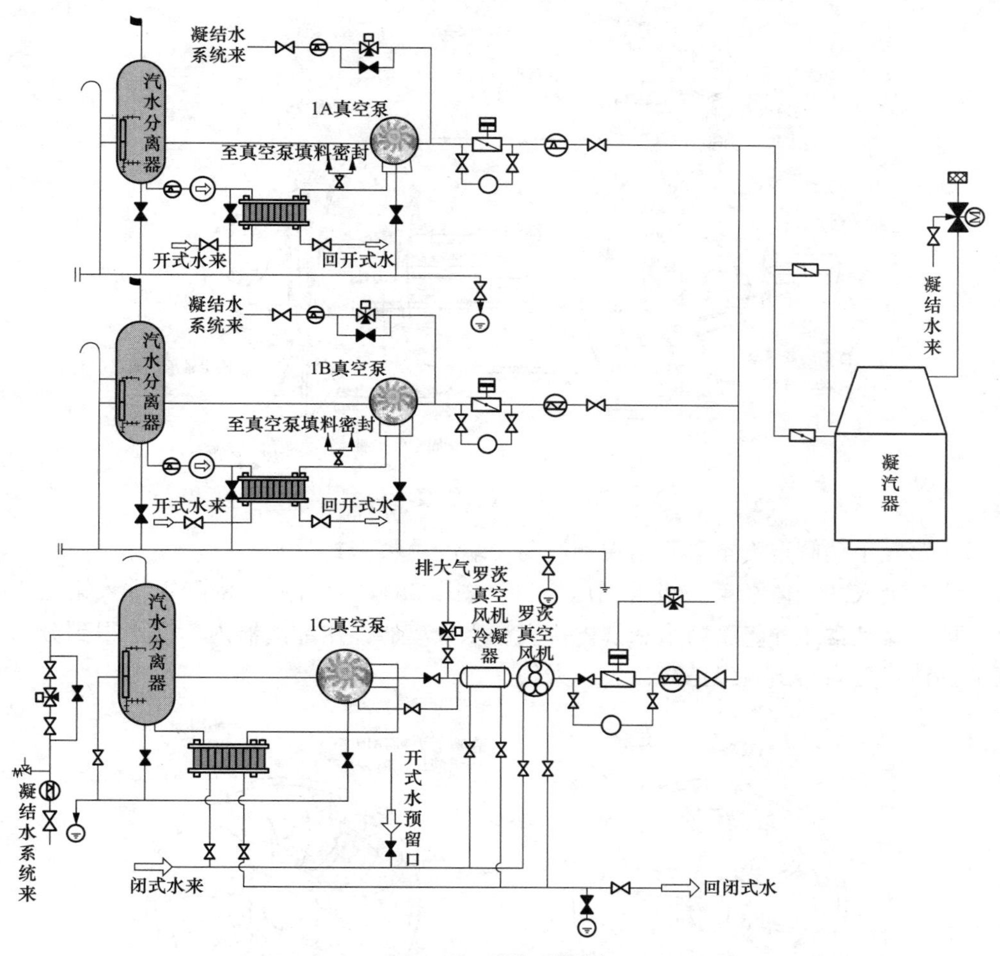

图 4-36　真空系统图

升压泵升压，经过板式换热器冷却，用于真空泵密封水补水。C 真空泵组汽水分离器中的水经过板式换热器冷却后补至真空泵。

A、B 真空泵组的密封水板式换热器的冷却水由开式水供给。C 真空泵的密封水板式换热器的冷却水、罗茨真空风机的冷却水及罗茨真空风机冷凝器的冷却水由闭式循环冷却水供给，预留开式水冷却接口。

二、真空系统主要设备

1. 水环式真空泵

水环式真空泵结构如图 4-37 所示。

水环式真空机组中的密封水通过闭式回路循环，该闭式回路由以下部分组成：一台双级真空泵、一台密封水泵、一个汽水分离器和一个换热器。密封水从分离器经密封水泵升压后，通过板式换热器冷却流到真空泵，密封水流经换热器后，温度降低。进入真空泵的密封水分三路：一路直接进入真空泵；一路通过真空泵的入口喷入，使进入真空泵中的气-汽混合物大部分得到冷却，凝结水以及喷入密封水通过一级泵的入口管路进入到真空

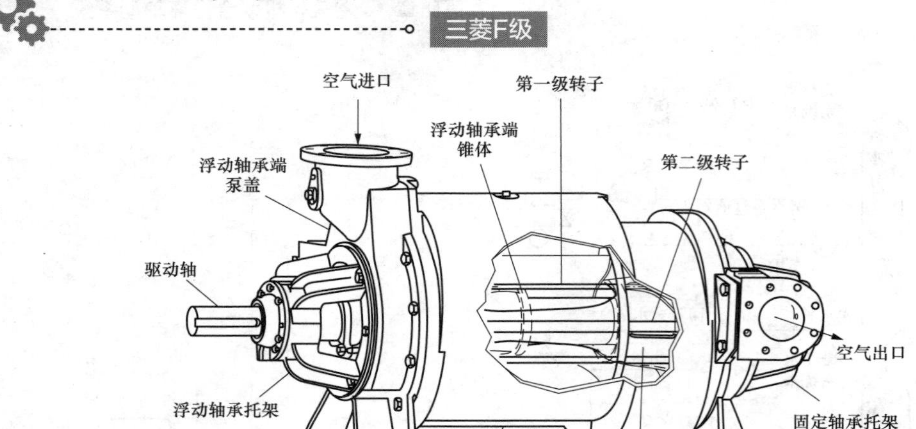

图 4-37　水环式真空泵结构图

泵；另一路经手动阀至真空泵驱动端和非驱动端的填料密封。

真空泵吸入的气体在第一级得到压缩（见图 4-38），然后随着密封水排入第二级，在此将气体压缩到常压并将密封水和气体排入汽水分离器。在分离器内，汽水得到分离。被分离的气体经分离器出口经消声器进入大气。

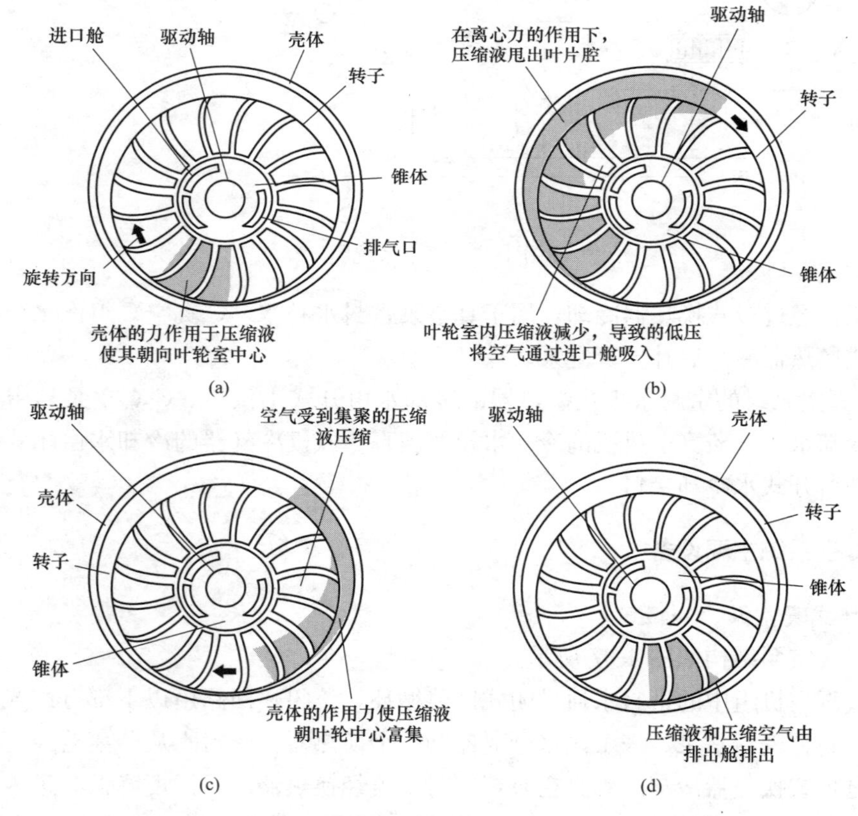

图 4-38　水环式真空泵工作过程

(a) 过程 1；(b) 过程 2；(c) 过程 3；(d) 过程 4

分离器配带液位计、液位开关、放水阀、溢流管线，以及位于真空泵入口的补水电磁阀、补水旁路阀。排空阀用于彻底排净分离器的水。分离器液位采用液位计带两个液位开关、一个补水电磁阀、一个溢流管路来保证。如果水位太低，低液位开关发出信号，打开补水电磁阀，从而使补充水流进真空泵。当分离器中液位达到正常液位时，液位开关会发出信号关闭补水电磁阀。如果水位太高，溢流管路会自动排水以控制分离器中的最高液位。

补水及密封水管线装有过滤器以防止沙和碎屑随液体进入泵内。

运行前应给泵注入工作液，如果干运行，真空泵将会被损坏。真空泵启动前，应将填料密封调节阀缓慢开启，直到泵盖上填料密封安装位置每秒有 3～5 滴液体滴出。启泵时，将保持填料密封水路常开，并使调节阀保持上述位置。

2. 气冷罗茨真空泵＋水环真空泵组

气冷罗茨真空泵＋水环真空泵组的主要设备：水环真空泵、气-水分离器、板式换热器、气冷罗茨真空泵、气体冷凝器以及管道、阀门、仪表等部件。

气动体循环冷却罗茨真空泵，简称气冷罗茨真空泵，主要由转子 1、转子 2、泵体、冷却器等组成，由于在泵的排气口安装了冷却器，可不断将泵体及转子等进行冷却，确保泵可以在高压差和高压缩比下长期可靠运行。冷却气体从泵体的两侧进入泵的吸气腔，使泵不会因压缩气体而出现过热，但对泵的抽气性能没有任何影响。转子在泵腔内旋转并完成一次吸、排气的过程，如图 4-39 所示。

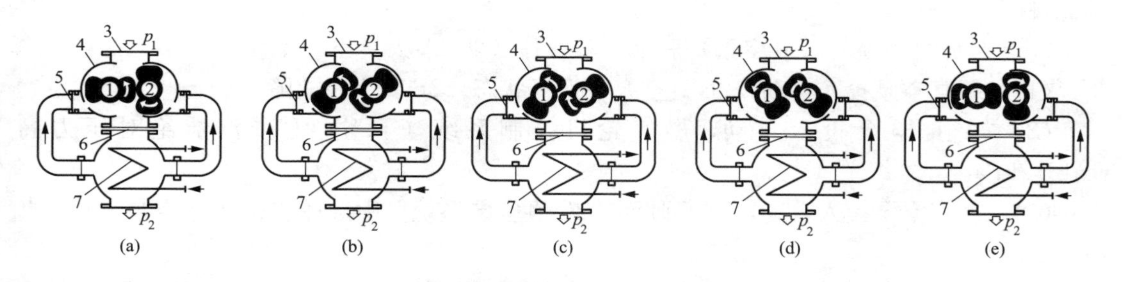

图 4-39　罗茨真空泵工作原理

(a) 图Ⅰ；(b) 图Ⅱ；(c) 图Ⅲ；(d) 图Ⅳ；(e) 图Ⅴ

气冷罗茨真空泵为泵组的主泵，在较低的入口压力时有较大的抽气速率，但不能单独使用，必须与前级真空泵串联，待被抽系统的压力被抽到允许入口压力时才开始工作，并且气冷罗茨真空泵不允许高压差时工作，否则会因过载或过热而损坏；水环真空泵作为气冷罗茨真空泵的前级泵，由水环真空泵先把入口压力抽到气冷罗茨真空泵允许的入口压力，再启动气冷罗茨真空泵；气体冷凝器与气冷罗茨真空泵连成一体，用于冷却罗茨真空泵，同时冷凝部分从罗茨真空泵内排出的水蒸气；气-水分离器对水环真空泵排出的气、水进行分离，气体由排气口排出，水由回流管路经换热器冷却后回流到水环真空泵循环使用；换热器对水环真空泵的循环工作水进行冷却，保证工作水可以在较低温度下循环使用。

水环真空泵作为气冷罗茨真空泵的前级泵，启动时凝汽器绝对压力应小于 10kPa，后启动水环式真空泵，由水环真空泵先把泵组入口蝶阀后的绝对压力抽至低于 10kPa，后联锁启动气冷罗茨真空泵。当泵组入口蝶阀后绝对压力小于其前绝对压力 3kPa 时，泵组入口蝶阀联锁开启，泵组接入系统运行。机组形成气冷罗茨真空泵＋水环真空泵串联运行状态，气冷罗茨真空泵排出的气体由水环真空泵抽走。要求机组启动完成（负荷 225MW）后再启动泵组。

泵组停运时，首先手动停运气冷罗茨真空泵，泵组入口蝶阀联锁关闭以避免空气倒流破坏凝汽器真空，待关闭信号返回后连锁停运真空泵并开启泵组真空破坏阀，延时 30s 后泵组真空破坏阀关闭，泵组停运完成。

三、真空系统的运行

1. 运行要求

机组启动抽真空前，应确认闭冷水系统、凝结水系统、开式水系统、循环水系统、轴封系统均已投运。启动两台佶缔纳士水环式真空泵抽真空，并关闭真空破坏阀，当凝汽器内绝对压力小于规定压力时停运一台。当机组启动完成（负荷 225MW）后切换至气冷罗茨真空泵＋水环真空泵组运行，并将两台大真空泵投入自动，并保持气冷罗茨真空泵＋水环真空泵组运行。燃气轮机熄火后将大真空泵解除自动，机组惰走至 300r/min 时停运气冷罗茨真空泵＋水环真空泵组，打开真空破坏阀破坏真空。如气冷罗茨真空泵＋水环真空泵组故障无法启动运行时，应保持一台水环式真空泵运行。

大真空泵启动前，首先启动密封水泵，再启动大真空泵，此时注意监视气-水分离器的水位，必要时打开自动补水阀的旁路阀加大补水量，防止真空泵启动后气-水分离器水位低跳闸。

2. 水环式真空泵（大真空泵）联锁启动条件（以 2A 大真空泵为例）

（1）2A 真空泵投入自动，2B 真空泵在运行状态，2B 真空泵故障。

（2）2A 真空泵投入自动，燃气轮机控制系统（TCS）上凝汽器绝对压力高于 13.3kPa。

（3）2A 真空泵投入自动，DCS 画面“2C 真空泵系统”中选择“联 A 真空泵”，2C 真空泵故障。

（4）2A 真空泵投入自动，DCS 画面“2C 真空泵系统”中选择“联 A 真空泵”，凝汽器绝对压力测点（DCS 画面上）大于 13.3kPa（真空低于－88kPa）。

3. 大真空泵报警条件

（1）正常运行时，凝汽器真空低于－87kPa，发出低真空报警。

（2）真空泵绕组温度高于 120℃时，发出温度高报警。

（3）真空泵驱动端轴承温度高于 80℃时，发出温度高报警。

（4）真空泵非驱动端轴承温度超过 80℃时，发出温度高报警。

4. 大真空泵跳闸逻辑

（1）真空泵分离器液位低延时 300s。

（2）真空泵驱动端轴承温度高于 90℃。

（3）真空泵非驱动端轴承温度高于 90℃。

（4）真空泵电机 A、B、C 相任一绕组温度高于 135℃。

四、真空系统的节能改造

M701F4 燃气-蒸汽联合循环电厂，配置 2 台 100％容量的水环式真空泵，额定功率为

90kW，额定电流为187A，运行电流为126A。机组启动准备抽真空时，同时运行两台真空泵；机组带负荷运行时，一台运行，一台备用。

前期的生产运行中，经过对真空系统查漏及漏气治理，使得1号、2号机组凝汽器真空严密性试验始终保持在优良水平，机组运行时凝汽器真空严密性试验中泄漏率始终小于50Pa/min。在此基础上，经过充分调研论证决定实施真空系统的节能技术改造。在不改变原有系统及真空泵的前提下，并列增加气冷罗茨真空泵＋水环真空泵组，当机组启动完成真空稳定后运行小真空系统，实现真空维持。

气冷罗茨真空泵＋水环真空泵组串联运行时，抽气能力不受工作水温度的制约，同时解决了真空泵机组启动后裕量过大、高能耗问题。小真空系统运行总电流约为24.6A、计算功率为14.5kW，原大真空泵运行计算功率为60.6kW，每小时可节电46.1kW·h。同时，技改后凝汽器真空值比原系统真空泵运行时提高约30Pa，同等进汽参数下提高机组发电量30kW提高了汽轮机热效率。则机组运行每小时约可节能节电76.1kW·h，节能节电效果明显。

同时真空泵由一用一备变为一用两备，提高了系统的可靠性。

五、真空系统异常处理

1. 大真空泵工作水温度异常

（1）故障现象：真空泵工作水温度升高，凝汽器真空变差。

（2）原因分析如下。

1）换热器脏污，使换热效果变差。

2）换热器的冷却水量不足（如进口滤网堵塞，冷却水进出口阀被误关闭，冷却水供水压力低、换热器中聚集空气等）导致真空泵的工作水无法得到正常冷却。

（3）处理方法如下。

1）如真空泵工作水温度异常，应及时切换至备用泵运行，并密切监视凝汽器真空。

2）如机组启动抽真空时，辅助冷却水泵运行导致冷却水量不足，则应及时启动循环水泵或开式冷却水泵运行。

3）检查冷却水系统是否正常，如冷却水压力、阀位等，如有异常，及时恢复。

4）检查换热器冷却水滤网有无堵塞，如有堵塞，及时清理。

5）若换热器冷却水流量正常，则可能由于换热器脏污所致，及时处理，尽快恢复。

2. 大真空泵气-水分离器水位异常

（1）故障现象：发出气-水分离器水位高或低报警；可能影响水环真空泵的出力，从而导致凝汽器真空变差。

（2）原因分析如下。

1）自动补水阀故障一直处在打开位置，或者自动补水阀的旁路阀被误打开，使得分离罐一直处在补水状态，导致液位高；或者分离罐溢流管故障堵塞，无法将多余的水溢流。

2）自动补水阀故障不能及时自动打开，导致分离罐无法得到及时补水；或者分离罐底部放水阀漏水或被误打开。

3）气-水分离罐液位开关故障。

（3）处理方法如下。

1）如发现气-水分离罐水位异常，应及时切换至备用泵运行，保证真空系统正常。

2）如机组启动抽真空，启动真空泵时气-水分离罐水位低，应及时开启自动补水阀旁路阀加大补水量。

3）检查停运后的气-水分离罐的自动补水阀和溢流阀是否故障或堵塞，旁路补水阀和底部放水阀有无被误打开，恢复相关阀位，调整分离罐水位至正常水位，将其投入备用状态。

4）检查气-水分离罐液位开关是否故障，与就地液位计相比，如果液位开关故障，及时联系热工人员处理。

第七节　控制油系统

一、系统功能

控制油系统的功能是给联合循环机组控制油系统各执行机构提供合格的高压控制油（11.8MPa），各执行机构接收位置电信号，操作天然气和蒸汽阀门，快速保护动作和正常运行中的机组出力的调节。控制油使用磷酸酯类，有高的安全性和可靠性，并且有适当的润滑性、黏性和防火特性。

M701F4型单轴联合循环机组控制油系统流程图见图4-40。系统主要由供油单元、执行机构和危机遮断系统三大部分组成。其中，供油单元主要由控制油箱、两台控制油泵、过滤器、蓄能器、溢流阀、供回油管、回油冷油器及自循环清洗再生装置等设备组成；执

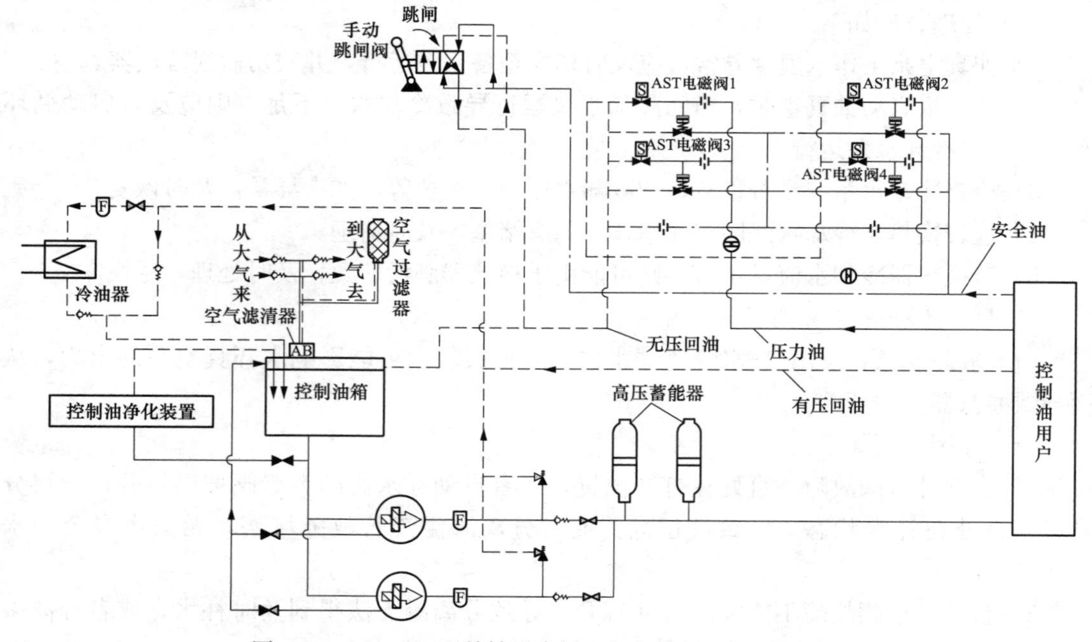

图4-40　M701F4型单轴联合循环机组控制油系统流程图

行机构主要由油动机、快速卸载阀、伺服阀、止回阀及管道等设备组成；危机遮断系统主要由自动停机危机遮断（automatic system trip，AST）阀组、超速保护控制（overspeed protection controller，OPC）电磁阀、手动遮断阀及热工测量保护元件等设备组成。

二、高压控制油供油单元

1. 高压控制油装置功能

高压控制油供油装置提供合格的高压油，作为阀门执行器位移的原动力。阀门执行器从机组控制装置接收电位置信号，控制天然气和蒸汽阀门的开和关。控制油储存在不锈钢控制油箱中，通过控制油泵升压后，经不锈钢管送到每一个阀门执行器。

控制油控制燃机侧阀门为：IGV、燃烧室旁路阀、主A燃料流量控制阀、主B燃料流量控制阀、值班燃料流量控制阀、顶环燃料流量控制阀、天然气压力控制阀A、天然气压力控制阀B、燃气关断阀、燃气放散阀。

汽轮机侧阀门为高、中、低压主蒸汽的主汽阀和调节阀。

2. 高压控制油装置组成

高压控制油装置由主油箱、两台控制油泵、滤油器、溢流阀、冷油器、油加热器、蓄能器、空气滤清器、液位计、温度传感器、磁性过滤器、油再生装置等及必备的监视仪表组成。

3. 高压控制油装置工作原理

如图4-40所示，液压油首先从油箱底部经油泵入口阀、两台控制油泵（一运一备）升压至11.8MPa左右的高压油，再经泵出口过滤器过滤后送至控制油母管。在每台控制油泵出口的过滤器后设置有一个泄压阀，防止控制油压力过高造成设备损坏。为防止高压控制油系统出口压力波动对执行机构工作影响，在控制油供油母管上装设2个高压蓄能器以维持供油压力的稳定。供油母管上还设置一套自循环清洗再生装置，除去油中的杂质，改善控制油的品质，满足系统用油要求。

控制油母管提供三路供油：第1路是向燃气轮机执行机构提供操作控制油［包括燃气关断阀、燃气放散阀、燃气主压力控制阀、燃气主流量控制阀、燃气值班压力控制阀、燃气值班流量控制阀、进口可转导叶（IGV）、燃烧室旁路阀］；第2路是向汽轮机的高、中、低压蒸汽主汽阀和调节阀的执行机构提供操作控制油；第3路是向危机遮断装置提供控制油。

经各用油设备后，所有的控制油分两路回到油箱。

（1）所有执行机构的回油，经回油支管汇聚到回油母管，再经过滤和冷却后回到油箱。在回油管路上专门装有压力开关，以监视回油压力，为防止回油超压损坏冷油器，在冷油器前有一管路经弹簧式止回阀回到油箱，当回油压力高于0.5MPa时，止回阀打开，回油不经冷油器直接回油箱。

（2）另一路回油是危机遮断装置中AST跳闸阀组和手动遮断阀的回油。这路回油不经过滤和冷却，直接回到油箱。

机组运行中，各执行机构响应控制系统发来的电指令信号，以控制油为介质调节和控制各设备，实现机组运行调节功能。控制油所操纵的设备中有开关型和调节型两种类型。

其中，燃气轮机的燃气关断阀、燃气放散阀和汽轮机的中压主汽门、低压主汽门为开关型；燃气轮机的燃气主压力控制阀A、燃气主压力控制阀B、燃气顶环流量控制阀、燃气主流量控制阀A、燃气主流量控制阀B、燃气值班流量控制阀、IGV、燃烧室旁路阀和汽轮机的高压主汽阀、高压调节阀、中压调节阀、低压调节阀均为调节型。

为了防止机组运行中因部分设备工作失常而导致重大事故的发生，在机组上安装有危机遮断保护装置。在机组需要紧急停机时，AST电磁阀动作或通过手动遮断阀动作来泄掉跳闸油母管油压，实现停机。

4. 高压控制油装置主要构件

（1）控制油泵。两台主控制油泵均为压力补偿式变量柱塞泵。当系统流量增加时，系统油压将下降，如果油压下降至压力补偿器设定值时，压力补偿器会调整柱塞的行程将系统压力和流量提高。同理，当系统用油量减少时，压力补偿器减小柱塞行程，使泵的排量减少。

控制油系统采用双泵工作系统，当一台泵工作时，另一台泵备用，以提高供油系统的可靠性。两台泵布置在油箱的左下方，以保证正的吸入压头。

（2）磷酸酯抗燃油液再生净化装置。控制油再生净化装置由真空净油装置和离子交换装置组成。

油液净油机通过去除水分、污染物和气体来处理抗燃液和透平油。它可以作为一个固定设备或移动设备，并且使用起来方便经济。通过减缓油液氧化、保持润滑性和降低空气混入可以提高系统的可靠性和延长系统元件与油液的寿命。该油液净化机能去除100%的游离水和多达95%的溶解水，它还去除100%的游离气体和多达90%的溶解气体。颗粒的去除是在油液回到系统油箱之前通过使用一个3μm的“UltiporⅢ”滤芯来处理该油液而实现的。对于更高要求可用1μm的滤芯。

接通电源，打开进出口阀并按下旋转到“Start（启动）”按钮，即可开始油液净化过程。该装置的自动控制器不断地监测工作情况，如果液位和压力超出正常范围则可安全地使该系统停机。

安全特征包括高低液位浮子液位开关、输出溢流阀、进油口真空压力开关和滴油盘浮子开关。

离子交换装置采用离子交换树脂来有效地去除油液运行过程中产生的酸。通过降低酸的形成还能控制油液系统中的腐蚀。酸是通过水与系统中所产生的金属颗粒的相互反应而形成的。相比硅藻土和活性矾土，离子交换树脂能够恢复降解的磷酸酯，在延长寿命使用的同时有效地降低油液费用。

在离子交换装置的主回油路上有一个流量开关来显示真空净油装置的运行情况。

（3）油箱。控制油箱主要作用是储存液压油，油箱为不锈钢板焊接而成密封结构，容积约为1.3m^3。油箱装有空气滤清器和干燥器、磁棒、加热器及温度、液位检测元件。

空气滤清器和干燥器用于过滤和吸收进入油箱的空气中的杂质和水分，以确保控制油不受污染，油箱内的磁棒吸附油箱中游离铁磁性微粒，改善油质。

控制油为磷酸酯抗燃油，具有良好的抗燃性，为保证控制油系统运行正常，需对控制油箱油温及油位进行必要监测。控制油正常油温应维持为45～55℃。为了防止油温过低，

油箱底部设置有电加热器。

三、阀门执行器

天然气和蒸汽阀门执行器控制各自相关阀门的位置。单动式阀门执行器通过高压控制油提供打开阀门的动力，阀门弹簧提供反向的阀门关动力。阀门执行器的主要部件是小而强动力的液压缸和控制液压缸 EH 油进出的执行器模块。每个天然气和蒸汽阀门的开和关由一套阀门执行器部件控制，接收轮机控制系统的电位置信号。

阀门执行器有两个类型：开关控制式和比例控制式。根据应用要求，选择阀门执行器的型式。

图 4-41 所示为开关控制型油动机结构图。高压控制油通过节流孔板进入油动机液压油缸腔室。在机组复位时，卸载阀因跳闸油压建立而关闭，而液压油缸下腔室因卸载阀关闭断开泄油通路，使之压力升高，推动连杆打开阀门；当机组跳闸信号发出，AST 跳闸阀组开启，泄掉跳闸油，导致卸载阀开启，接通液压油缸回油通路，将液压油缸的高压油快速泄掉，阀门在操纵座弹簧力的作用下迅速关闭。

为了在线进行阀门活动实验，在油动机阀块上安装有一个实验阀。通过实验电磁阀开启泄掉液压油缸的高压油，使阀门关闭。

如图 4-42 所示为伺服控制型油动机结构图。伺服控制型油动机配备了相应的电液转换器和线性可变位移传感器（LVDT）。电液转换器属于精密器件，为保证伺服阀工作可靠性，在进入电液转换器前高压供油管路安装一个过滤精度的过滤器，以保证进入伺服阀高压控制油的清洁度。

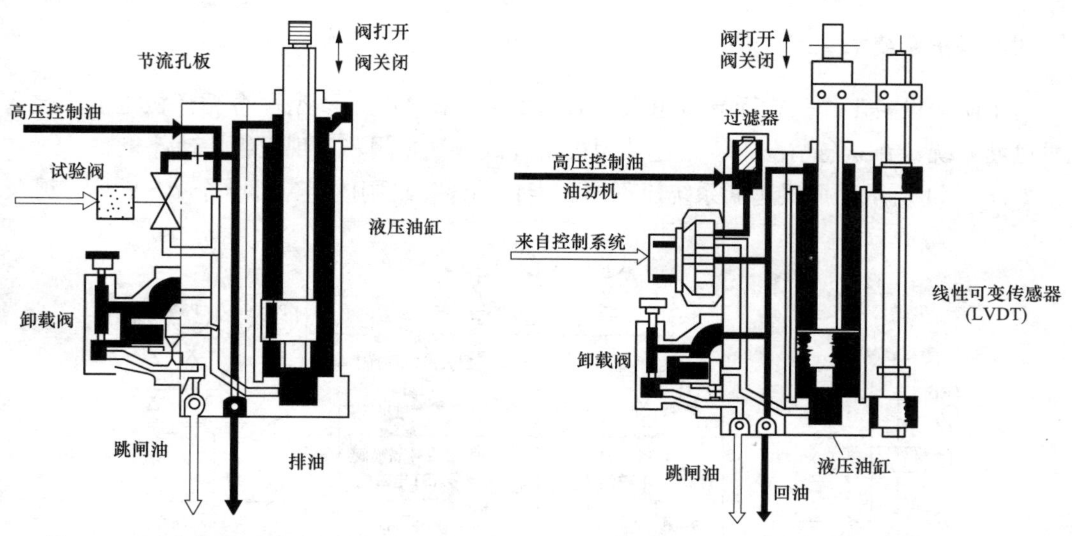

图 4-41　开关控制型油动机结构图

图 4-42　伺服控制型油动机结构图

图 4-43 所示为典型执行机构伺服调节工作原理图。高压油经截止阀、过滤器、电液转换器，然后进入液压油缸。对来自控制器的指令信号与阀门反馈信号进行计算，经计算后的电信号由伺服放大器放大，在电液转换器中将电信号转换成液压信号，从而控制高压

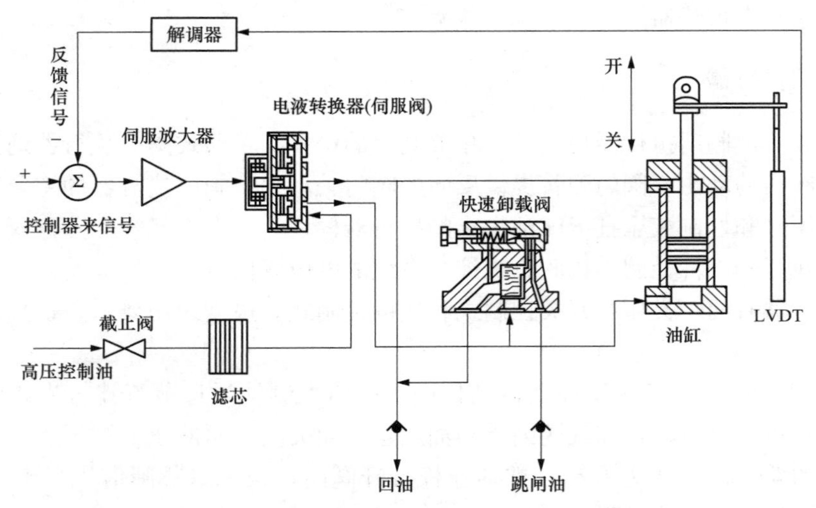

图 4-43 典型执行机构伺服调节工作原理图

油的进、排油通道。高压油进入油动机油缸下腔，油动机活塞向上移动，经连杆带动阀门上移使之开启阀门；反之，油缸下腔高压油经电液转换器排至回油，借弹簧力使油缸活塞下移关闭阀门。油缸活塞移动时，同时带动线性位移传感器（LVDT）移动，经调解器将机械位移转换成电气信号，作为负反馈信号与前面控制器送来的信号相加，只有在输入信号与反馈信号相加，使伺服阀放大器的输入信号为零时，电液转换器的滑阀回到中间位置，油缸下腔室不再进油或泄油，此时阀门保持在一个新的工作位。

四、保护系统

为了防止设备工作失常而导致重大事故的发生，在 M701F4 型联合循环机组上安装有危机遮断系统，在紧急情况下，迅速关闭机组进汽（气）阀，实现机组快速停机。

如图 4-44 所示为危机遮断系统流程图。当自动停机跳闸阀组（即 4 个 AST 电磁阀及

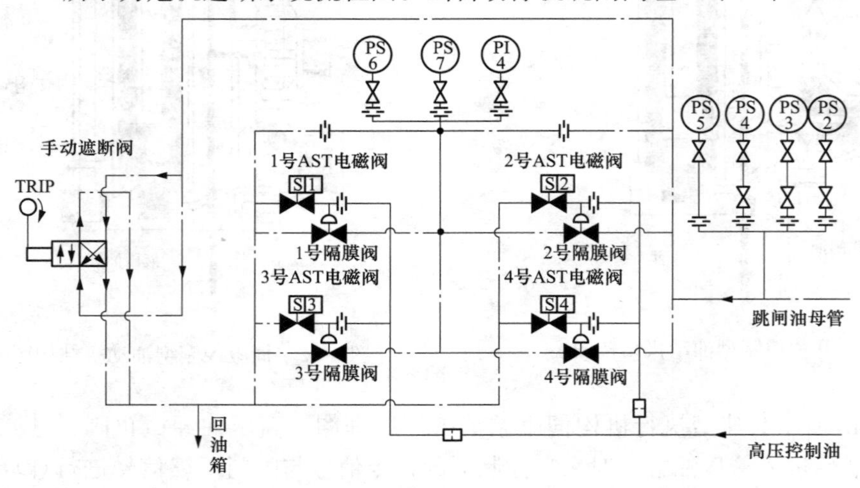

图 4-44 危机遮断系统流程图

4 个隔膜阀）动作或扳动手动遮断阀而使跳闸油泄掉，导致快速卸载阀开启，油动机油缸内的高压油快速泄掉关闭阀门，实现停机。下面对自动停机跳闸阀、手动遮断阀及 OPC 电磁阀进行介绍。

（1）自动停机跳闸阀。自动停机跳闸阀接收控制系统发来的挂闸或者跳闸信号，实现跳闸油的建立和释放的功能，以达到机组的挂闸和自动停机的目的。自动停机跳闸阀由 AST 电磁阀及隔膜阀组成，AST 电磁阀受控制系统电气信号所控制，带电关闭，失电打开。在机组挂闸时，AST 电磁阀带电关闭，高压控制油进入隔膜阀上部，使隔膜阀关闭，从而封闭了跳闸油的泄油通道，建立了跳闸油压，使所有与跳闸油相关的执行机构动作，从而完成挂闸。当 AST 电磁阀失电打开，泄掉隔膜阀上的高压控制油，在弹簧力的作用下隔膜阀打开，从而泄掉跳闸油，使所有与跳闸油相关的执行机构动作，导致机组停机。

为提高可靠性，在跳闸阀模块上装有 4 个一样的电磁阀和隔膜阀，采用串、并联混合布置。分为两个通道，通道 1 由 1 号和 3 号跳阐阀组成；通道 2 由 2 号和 4 号跳闸阀组成。在机组跳闸信号发出，每个通道至少有一个跳闸阀打开，才能导致停机。

为了监视危机遮断模块通道 1 的两个跳闸阀和通道 2 的两个跳闸阀工作状况，在两通道间安装有两个压力开关（PS6 和 PS7），用来监视跳闸阀工作情况，根据检测的油压升高或降低，可判断通道 1 两个跳闸阀或者通道 2 两个跳闸阀是否故障。另外，在跳闸阀独立在线试验时，可通过中间压力监测来确认 4 个跳闸阀动作是否正常。通过两个节流孔板产生的中间油压约 6.9MPa，当中间油压力低于 3.9MPa 时，压力开关 PS6 动作发出低报警，说明下游跳闸阀 1 号或 3 号故障打开；当中间油压力高于 9.8MPa 时，压力开关 PS7 动作发出高报警，说明上游跳闸阀 2 号或 4 号故障打开。

（2）手动遮断阀。手动遮断阀用于紧急情况下，实现就地手动遮断机组的功能。如图 4-44 所示，当扳动手动遮断阀手柄后，使跳闸油与回油通路接通，跳闸油压立即泄掉，实现机组跳闸目的。

（3）OPC 电磁阀。为了防止机组超速运行损坏设备，汽轮机高压调节阀、中压调节阀和低压调节阀配有 OPC 电磁阀。当机组发生超速，转速超过规定限值时，3 个带电打开，泄掉汽轮机 3 个调节阀液压油，调阀随之关闭。当超速条件消失并延时 1.8s 后，3 个 OPC 电磁阀失电关闭，调节阀液压油缸油压重新建立，调门打开。

当以下工况发生时，OPC 电磁阀动作：

1）机组超速达 107.5%额定转速。

2）机组负荷高于 24%额定负荷时，发生甩负荷。

3）机组只带厂用电运行。

五、系统正常运行时的维护与监视

（1）控制油油压为 11.8MPa 左右，当高于 13.7MPa 时应发出高报警，当低于 8.8MPa 时，油压低报警，当油压低于 8.3MPa 时备用油泵自启动，中间油压在 6.9MPa。

（2）控制油箱油温为 50℃左右，油温调节阀工作正常，当油温低于 30℃时应发出低报警，当油温高于 70℃时应发出高报警，必要时手动调节运行冷却器出水门，调节油温至正常值。在停机过程中易出现中压主汽阀关不到位的情况，（就地检查仍有 3%～5%开度)，因此要求在机组停运前检查控制油箱油温在40℃以上。

(3) 控制油油箱正常油位应为350～450mm，当低于290mm时，应发低油位报警；当低于150mm时，发出低低报警并且运行控制油泵自动跳闸。

(4) 控制油泵出口滤网差压正常，当达0.69MPa时发出高报警，应切换至备用油泵运行并联系检修处理。

(5) 控制油精过滤器及备用过滤器压差正常应小于0.24MPa，达0.24MPa时发出高报警。

六、控制油系统故障及处理

1. 控制油压晃动

(1) 控制油压晃动时，应立即检查控制油过压阀及备用油泵出口止回阀工作情况，必要时应及时联系检修处理。

(2) 检查控制油箱油位，必要时联系加油。

(3) 必要时切换到备用控制油泵运行。

(4) 经处理仍不能消除控制油压晃动，难以维持机组正常运行，应故障停机。

2. 控制油压下降

(1) 发现控制油压下降，立即查找原因并作出相应措施。

(2) 当控制油压小于8.3MPa时，备用油泵自启动，否则手动启动。

(3) 发现控制油系统泄漏，应在尽可能维持控制油压的前提下，隔离泄漏点，并及时联系检修补油。若泄漏严重不能隔离，应立即故障停机。

(4) 检查过压阀动作情况，若误动应及时联系维修处理。

(5) 若运行油泵出口滤网差压高，应切换至备用油泵运行并联系检修清理。

(6) 运行油泵异常，应切换到备用油泵运行并联系检修处理。

3. 控制油箱油位下降

(1) 控制油相油位下降，一般是控制油管路漏油或冷却器泄漏引起。

(2) 发现控制油箱油位下降，应立即联系补油，同时进行隔离并联系检修处理。

(3) 控制油箱油位无法维持，直至低-低时（150mm)，控制油泵跳闸，导致机组跳闸。

4. 跳闸油压力低

(1) 故障现象：跳闸油管路上的3个压力低检测开关中任一个检测到油压低于6.9MPa，发出压力低报警，任意两个开关同时检测到压力低于6.9MPa，机组跳闸。

(2) 原因分析如下。

1) 控制油供油压力低导致跳闸油压力低。

2) 手动遮断阀故障或内漏，导致跳闸油压力降低。

3) 跳闸油管线泄漏。

4) 跳闸阀故障。

5) 压力开关故障。

(3) 处理方法如下。

1）检查控制油供油系统，若是控制油压力低导致，应按控制油压力低故障处理方式进行处理。

2）检查手动遮断阀及管路是否故障。

3）检查跳闸油管线是否泄漏，如果发现泄漏，则视泄漏量大小进行相应处理：当泄漏量小但不影响机组安全运行时，可隔离；当泄漏量较大且无法隔离时，则需停机处理。

4）通过电磁阀在线试验，检查 4 个 AST 电磁阀故障情况，如果是电磁阀故障导致跳闸油，油压降低，则需停机检修或者更换电磁阀。

5）若判断为压力开关故障，则应隔离并更换压力开关，尽快恢复正常。

第八节　润滑油系统

润滑油系统的作用是向燃气轮机（GT）、汽轮机（ST）和发电机的轴承、燃气轮机排气侧支撑、发电机密封油系统和顶轴油系统提供一定温度和压力的过滤后的洁净润滑油。

燃气轮机、汽轮机和发电机机组单轴布置，因此，燃气轮机、汽轮机和发电机共用一个润滑油系统。润滑油流程图如图 4-45 所示。

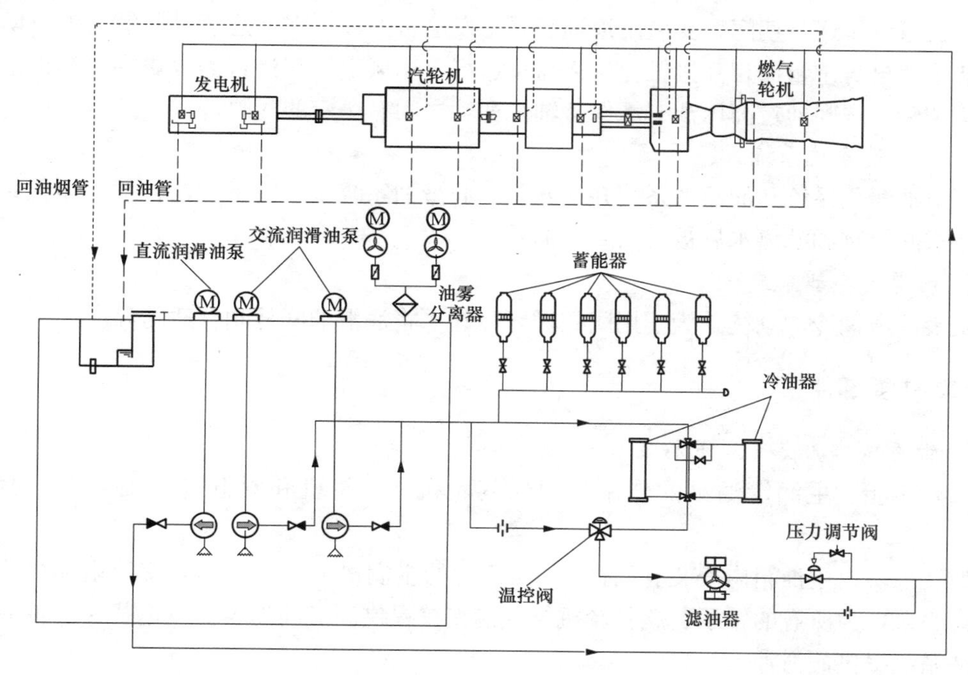

图 4-45　润滑油流程图

一、主要系统组成

润滑油系统主要由供油和回油系统、排油烟系统、顶轴油系统、润滑油净化和冷却系统组成。

1. 润滑油供油和回油系统

润滑油系统向燃气轮机、发电机/励磁、盘车装置提供温度、压力符合要求的，过滤后的清洁润滑油。另外，润滑油系统向发电机氢气密封油系统供油，冷却透平支撑。在润滑油压不足或油温过高时，燃气轮机/发电机机组会受到保护。

燃气轮机启动设备是电动联锁的，因此，在润滑油没有满足压力和温度要求的情况下，燃气轮机不能启动。绝大部分润滑油系统的设备位于润滑油箱顶部。

润滑油储存在主油箱中，主油箱有足够的容量以满足机组系统对润滑油的需求。主油箱内安装有一个滤网过滤来自轴承的回油。供油泵安装在主油箱内，抽油烟风机安装在主油箱顶部。主油箱上有引导油进入油净化系统的进出接口管。主油箱还有补充油的接口。主油箱底部装有一个在维护和紧急情况时使用的排油管路。

2. 润滑油排油烟系统

安装在6.5m运转层上的抽油烟风机因抽吸作用而使主油箱内产生微负压。润滑油由于吸热而产生的油烟被吸到主油箱中。设有两台抽油烟风机（一台工作，一台备用）抽取主油箱内的油烟，再经过油烟分离器将油烟排到大气中，而分离出来的油则流回主油箱中。发电机轴承箱产生的油烟将聚集在排油母管中，被抽取到密封油系统并返回主油箱。

3. 顶轴油系统

在机组盘车运行期间，要启用顶轴装置。发电机的轴承需要连续供应润滑油以防止轴承和转子因自身重量而相互接触。机组盘车运行要比额定转速运行需要更多的润滑油，以使轴承和转子之间通过高压油支承保持轴承和轴之间有一定的间隙。

4. 润滑油净化系统

润滑油净化系统和润滑油系统并列安装。润滑油系统中一定量的油被抽去净化系统中处理，去除异物和游离水后被送回到主油箱。

5. 润滑油冷却系统

安装润滑油冷却系统是为了用闭式循环冷却水将润滑油降低到合适的温度。

二、主要部件

1. 带蓄能器的交流润滑油泵

（1）功能。主润滑油泵的作用是向燃气轮机、汽轮机和发电机的轴承提供增压润滑油。

（2）说明。主油箱内安装有两台100%负荷的主润滑油泵，它们是交流电动机驱动的立式离心泵，为所有的轴承、燃气轮机排气侧支撑提供润滑油以及为发电机密封油系统及顶轴油系统提供润滑油。

主润滑油泵的出油管路上装有5个气囊式蓄能器，用于补充一台泵跳闸另一台泵启动期间主润滑油泵供油压的不足，并在主润滑油泵切换期间减小油压的波动。

（3）运行和控制。通常在机组运行期间有一台交流润滑油泵运行，并通过润滑油冷油器和双联过滤器向机组提供润滑油。另外一台交流油泵作为备用泵，它在润滑油压力降至报警值时启动。交流出口压力由每个润滑油泵出口的压力开关反馈的信号监测。交流油泵出口正常润滑油压力为0.58MPa，如果运行期间交流润滑油泵出口侧压力开关检测到“低

压”（≤0.467MPa），那么另外一台交流润滑油泵就作为备用泵由 TCS 自动启动。此外，如果润滑油供油压力（正常值为 0.22～0.24MPa）降低，即润滑油过滤器堵塞，位于润滑油调节阀下游的压力变送器就会检测到润滑油的“低压信号”，从而发出“低压报警”（≤0.189MPa）。如果压力开关检测到调节阀下游的润滑油压力处于“低低压”（≤0.169MPa）状态，机组就会保护跳闸。

润滑油泵出口安装有 5 个气囊式蓄能器，以减小从工作润滑油泵到备用润滑油泵切换时的压力波动。蓄能器的设定压力是 0.29MPa。

2. 事故油泵

事故油泵的作用是在如全厂停电的紧急事故条件下向机组提供润滑油。

在主油箱内，与交流润滑油泵（MOP）相同的方式安装有一台事故油泵（EOP）。它是直流电机驱动的立式离心泵，在润滑油供油压力缺失或交流电源失电的情况下的机组跳闸期间，事故润滑油泵将润滑油直接引入轴承和发电机氢气密封，因此，会将润滑油冷油器、润滑油过滤器和压力调节阀旁路。

如果由于 MOP 运行故障导致润滑油压力“低低压”（≤0.169MPa）或在机组停电之类的交流电源失电时出现机组跳闸信号，EOP 就会启动。当 3 个压力开关中的 2 个反馈了“低低压”信号到 TCS，TCS 就会由于润滑油供油压力“低低压”而发出机组跳闸信号。

EOP 在紧急情况下为机组提供润滑油以保证安全停机。当润滑油压力失去或交流电源停电使 EOP 启动后，它将一直保持运行状态，直到操作员手动停泵为止。

3. 润滑油冷油器和温度控制阀

（1）功能。润滑油冷油器的作用在于用闭式循环冷却水将润滑油降低到合适的温度。

在交流润滑油泵出口管道下游有两台 100%负荷的润滑油冷油器，其结构为板式换热器，利用闭式循环冷却水冷却润滑油，向机组提供合适温度的润滑油。另外，冷油器的上游还安装有一台润滑油温度控制阀。它是气动三通控制阀，通过增大润滑油冷油器的旁通流量使冷却器出口油温尽可能保持恒定。

（2）操作和控制。在正常运行条件下只有一台冷油器工作。为了隔离冷油器，在冷油器之间提供有三通阀，一段与冷油器入口相连，另一段与冷油器出口相连。使用这种三通阀结构，当工作冷油器切换到备用冷油器时，润滑油始终流经两台冷油器，从而防止冷油器切换时瞬间油压降低。

当冷油器从运行冷油器转换到备用冷油器时，首先打开备用冷油器闭式循环冷却水出口隔离阀，并转换三通阀，然后通过手动操作关闭工作的冷油器闭式循环冷却水出口隔离阀。为了满足备用条件，另一台冷油器使用平衡管路通过打开的隔离阀而始终充满润滑油。为避免空气进入冷油器，通过打开隔离阀使两台冷油器一直放空。空气经排空管线返回到主油箱。

润滑油温度控制阀安装在冷油器的出口，采用三通结构，一个方向与冷油器侧相连，另一侧作为冷油器的旁路直接与过滤器相连。如果润滑油油温正常，通向冷油器侧的三通控制阀打开，所有的润滑油都流入冷油器。如果润滑油温度变低，三通控制阀部分关闭（通向旁路侧的部分开启），多余的润滑油就走旁路而不进入冷油器。在冷油器的出口，有两套温度监测装置。温度控制阀由两个测温元件控制以尽可能地保持温度稳定。当阀门出现故障时，通向冷油器侧会打开。机组点火前润滑油供油温度控制在33℃，点火后润滑油供油温度控制在46℃。润滑油供油温度高于60℃时报警，高于70℃时机组跳闸。

4. 润滑油过滤器和压力控制阀

（1）功能。润滑油过滤器和压力控制阀的作用是清除润滑油中含有的颗粒和杂质，并控制每个润滑点的供油压力。

（2）说明。安装一台滤芯为10μm的满流量、双联过滤器作为润滑油过滤器。如果运行中的过滤器压降过大，需要手动进行切换。润滑油过滤器的下游安装有一台润滑油压力控制阀，其结构为弹簧加载、薄膜驱动。控制阀控制着每个轴承的润滑油供油压力以保证燃气轮机、汽轮机和发电机的安全运行。

（3）操作和控制。来自冷油器的润滑油被引入双联过滤器以去除可能存在的细小微粒。一台过滤器工作，另一台备用。运行期间当滤网压差大于0.11MPa向TCS发出高压差报警，就需要操作三通阀手动将工作过滤器切换到备用过滤器。为了满足备用条件，另一台过滤器使用平衡管线通过打开的隔离阀始终充满润滑油，两台过滤器一直放空避免空气通过隔离阀进入过滤器。放空管线返回到主油箱。

过滤器的下游安装有一台润滑油压力调节阀使燃气轮机、汽轮机和发电机每个轴承的润滑油供油压力保持在0.22～0.24MPa。该阀靠润滑油供油压力信号驱动，阀门执行机构是安装在该阀门上的压力自动控制执行机构。冷却过滤后的润滑油随后被引入机组以满足运行需求。

5. 抽油烟风机

（1）功能。抽油烟风机的作用是将油烟抽出排到大气中。

（2）说明。有两台抽油烟风机，一台运行，另一台备用。它们是交流电机驱动的离心式风机，其作用是保持轴承箱和主油箱的负压在−2.5kPa左右。风机外壳聚集的污油通过疏油管回到主油箱。

抽油烟风机入口管道装有一台油雾分离器，油雾分离器是聚集式，它能吸附油蒸汽中的大部分油雾。排出的油被送回到主油箱。

（3）操作和控制。正常情况是一台抽油烟风机运行，将回油中因轴承摩擦生热而产生的油烟排放出去。另一台备用，当运行的抽油烟风机故障时使用。抽油烟风机使润滑油主油箱保持负压，防止油的泄漏，并使润滑油因吸力能较容易地从每个轴承返回。

当运行中的风机发生电气故障时，备用风机由TCS自动启动。若一台风机运行时主油箱的负压不够，备用风机由TCS自动启动。

6. 顶轴油装置

（1）功能。顶轴油系统油源来自润滑油，停机过程转速小于500r/min时，顶轴油泵自动启动为汽轮机低压缸轴承（5、6号）及发电机轴承（7、8号）提供顶轴油，下次机组启动转速大于600r/min，顶轴油泵自动停运。

顶轴油系统的作用是在盘车装置投入前及投入过程中，向汽轮发电机组轴承上的静压油腔通入高压油，将转子轴颈顶离轴瓦，防止轴瓦与轴颈间发生干摩，保护轴瓦和轴颈不被损坏。另外，在启动盘车时，还可大大地减小摩擦力矩，从而减少盘车电动机的功率。

（2）说明。共设置了3台顶轴油泵：两台由交流电驱动，另一台由直流电驱动。这些

泵都是活塞式，可以提供高压油以满足顶轴油的要求。每台泵的入口都有一个入口过滤器为了避免油压升高超出设定压力，还在每台泵的出口安装了一个安全溢流阀。带入口过滤器、仪表和连接管道的3台泵都安装在同一个模块上。

（3）操作和控制。为了防止发电机及低压缸轴承和转子直接接触，顶轴油泵根据所需的顶轴油压（正常值约为8.5MPa）提供润滑油压。通常两台交流顶轴油泵在机组转动期间运行以使轴承和轴之间保持一定的间隙。直流顶轴油泵在交流动力电源失电，或是因交流顶轴油泵故障致使顶轴油压降至设定值以下（≤5.9MPa）时运行。为了防止碎屑或杂质进入顶轴油泵造成污染，在每台泵的入口都安装有一个入口过滤器。

当入口过滤器堵塞造成交流入口压力降低至0.03MPa时，压力开关向TCS反馈“低压”信号报警，备用交流顶轴油泵会自动启动。因交流顶轴油泵故障而使出口压力降低至7MPa时，压力开关向TCS反馈“低压”信号，备用交流顶轴油泵也会自动启动。根据发电机轴承的顶轴情况可通过手动针型流量控制阀调节顶轴油流量。

在交流动力电源失电或因交流顶轴油泵故障致使顶轴油油压降至设定值以下时直流顶轴油泵自动联动运行。一旦启动，它会持续运行，直到接收到TCS的手动停止信号为止(出于安全没有设置自动停止程序)。

7. 润滑油油净化装置

（1）功能。润滑油油净化装置的作用是分离透平油中的游离水并去除微粒。

（2）说明。透平油净化装置（1台）由两级滤芯构成，第一级为微型过滤器（FL02），第二级为聚集过滤器（容器），并安装有透平油油净化泵（P01）将透平油泵入该两级过滤器。

润滑油油净化装置可以通过5次净化循环将50℃油温中的10 000mg/L水减少到500mg/L。

（3）操作和控制。由于杂质和水都聚集在透平油箱的下部，所以从透平油箱的底部抽取透平油。润滑油油净化装置泵将透平油输送到微型过滤器（FL02）和聚集过滤器（容器）中以去除透平油中的杂质和水。

润滑油油净化装置将在正常工况下连续工作，通过就地仪表例如泵入口处的真空计和变送器、微型过滤器和聚集过滤器的压差表、聚集过滤器的水位开关和液位传感器监测其运行情况。当压差上升高于设定值时，要更换相应的泵入口过滤器、微型过滤器和聚集过滤器的滤芯。当排水积聚在聚集过滤器中且液位传感器显示高水位时，则疏水阀自动开启将积水排走。

8. 盘车装置

盘车装置主要由盘车电动机、啮合装置、啮合齿轮等组成。

盘车装置的作用主要有在机组停运后，防止转子受热不均产生弯曲而影响再次启动或损坏设备；可以减少机组启动时的转子转动惯性力；机组大小修后，进行机械检查，确认机组是否存在动静摩擦，主轴弯曲变形是否正常等。

（1）盘车装置的报警、联锁及保护。

联锁停运盘车条件如下。

1）盘车装置供油压力低于0.04MPa。

2）顶轴油泵出口压力低于5.9MPa。

3）密封油氢油差压低于35kPa。

（2）盘车启动允许条件。

1）密封油油氢差压不低于35kPa。

2）盘车装置异常报警。机组转速到300r/min以下达35min后，盘车没有启动，或盘车齿轮没有啮合。

3）盘车电动机故障报警。在盘车过程中盘车电动机异常停止或者齿轮脱扣超过120s。

4）机组转速低于300r/min盘车喷油电磁阀开启，机组转速高于300r/min盘车喷油电磁阀关闭。

5）由于逻辑页M-P401中PAB强制为0，在盘车电动机开关发出控制电源故障信号时，在其他联启条件满足情况下，盘车电动机仍然能够联启。

6）盘车运行时，由于逻辑页M-P401中PAB强制为0，盘车电动机开关发出控制电源故障信号时，盘车电动机开关不会跳闸。

（3）盘车装置的停运。

1）检查机组膨胀已稳定，燃气轮机轮间温度小于95℃且燃气轮机壳体冷却空气系统已退出。

2）若机组有检修工作，汽轮机高压缸入口金属温度低于160℃可以停运盘车，润滑油系统需要继续运行8h；正常情况下，汽轮机高压缸入口金属温度低于120℃可以停运盘车，停运盘车后可以停运润滑油系统。

第九节　密封油系统

密封油系统的作用是向氢冷发电机密封机构提供适当温度和压力的密封油，该油压略高于发电机内氢气压力，以防止发电机内氢气外漏，又不至于导致发电机内大量进油；同时，还对密封油中的氢气、空气、水分和杂质进行有效清除。

密封油系统按密封机构形式的不同，可分为盘式（径向轴封）和环式（轴向轴封）两种。其中，环式密封机构广泛用于大型发电机组。环式密封机构按密封瓦结构及进油方式的不同，又可分为单流环式和双流环式。单流环式密封油系统与双流环式密封油系统的共同点是密封油进入密封瓦后都分为氢侧和空侧两路。不同的是单流环式密封油系统在密封瓦之前只有一路供油管路，进入密封瓦后才分氢侧和空侧两路，而双流环式密封油系统在密封油进入密封瓦之前就是独立的空侧和氢侧。

三菱M701F燃气轮机单轴联合循环机组采用单流环式密封油系统，设计用油为机组轴承润滑油，密封瓦进油流量为70L/min，供油温度为45℃，回油温度小于或等于70℃。密封油系统流程见图4-47。

一、系统组成与工作流程

（1）系统组成。密封油系统设有两台主油泵和一台事故油泵提供油循环动力，在供油管路上设有过滤器、冷却器和压力调节阀等设备，用于滤除油中杂质、调节供油温度和压

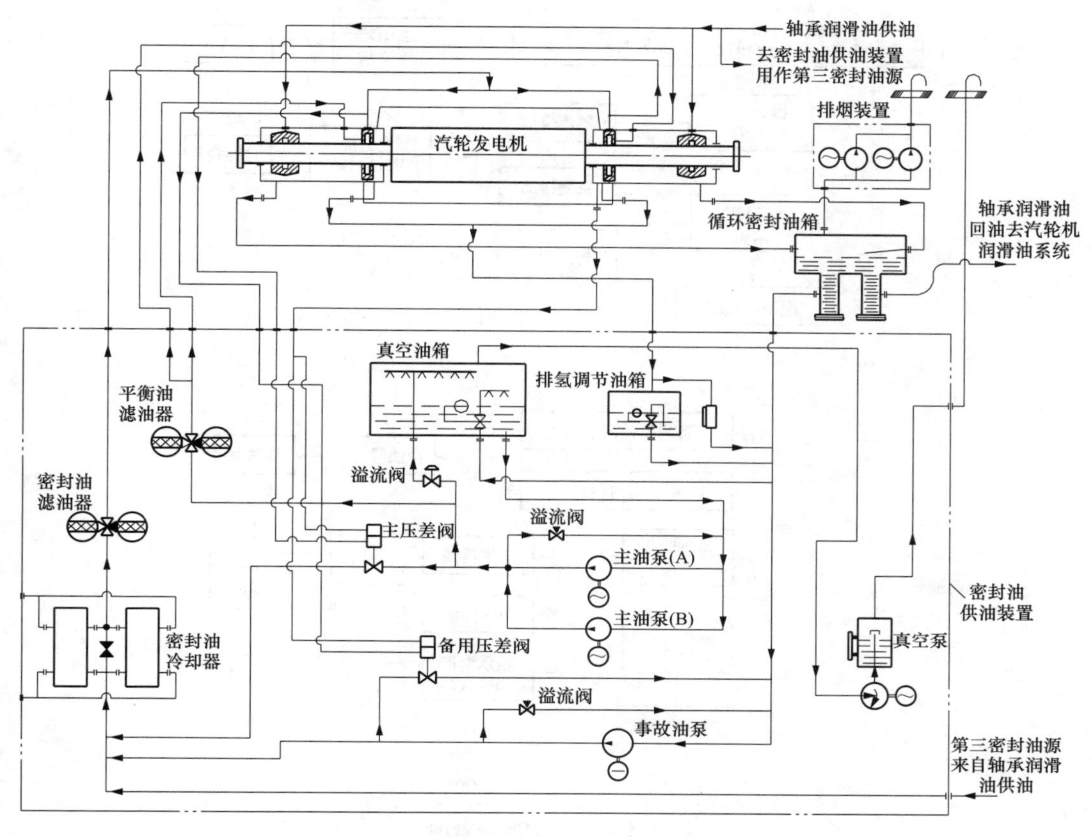

图 4-46 密封油系统流程图

力。其他设备包括排氢调节油箱、真空油箱、真空泵、主油-氢压差调节阀、备用油-氢压差调节阀、主油泵溢流阀及再循环油路溢流阀、事故油泵溢流阀及监测元件等。

(2) 工作流程。密封油系统有 3 种工作状态：主密封油泵供油时为正常油流回路，事故密封油泵供油时为事故油流回路，机组润滑油系统直接供油时为检修油流回路。另外，在正常油流回路工作时，还有一路平衡油回路，用于防止密封瓦卡涩。

1) 正常油流回路。如图 4-47 (a) 所示，当发电机内部充满压力为 0.5MPa 的氢气时，密封油系统应处于正常油流回路：油源取自真空油箱，采用主密封油泵供油，经主压差调节阀调压后供给发电机两端密封瓦，油压大于发电机内氢气压力一定值（0.06±0.01MPa），然后分空气侧和氢气侧两路回油，分别到达循环密封油箱和排氢调节油箱，最终返回真空油箱。同时，发电机轴承润滑油回油也会排至循环密封油箱，经过循环密封油箱排出可能存在的氢气后，这部分润滑油将回到润滑油系统。

2) 事故油流回路。当正常油流回路不能正常工作时，可投入事故油流回路。事故油流回路由事故油泵供油，其油源来自排氢调节油箱和循环密封油箱的排油母管，密封油经位于油泵旁路的备用压差调节阀调压后供给发电机两端密封瓦。与正常油流回路相比，该压差调节阀整定的压差稍高，油压大于发电机内氢气压力 0.085±0.01MPa。由于密封油未经真空油箱净化处理，油中所含空气和水分可能进入发电机内导致氢气纯度下降，因

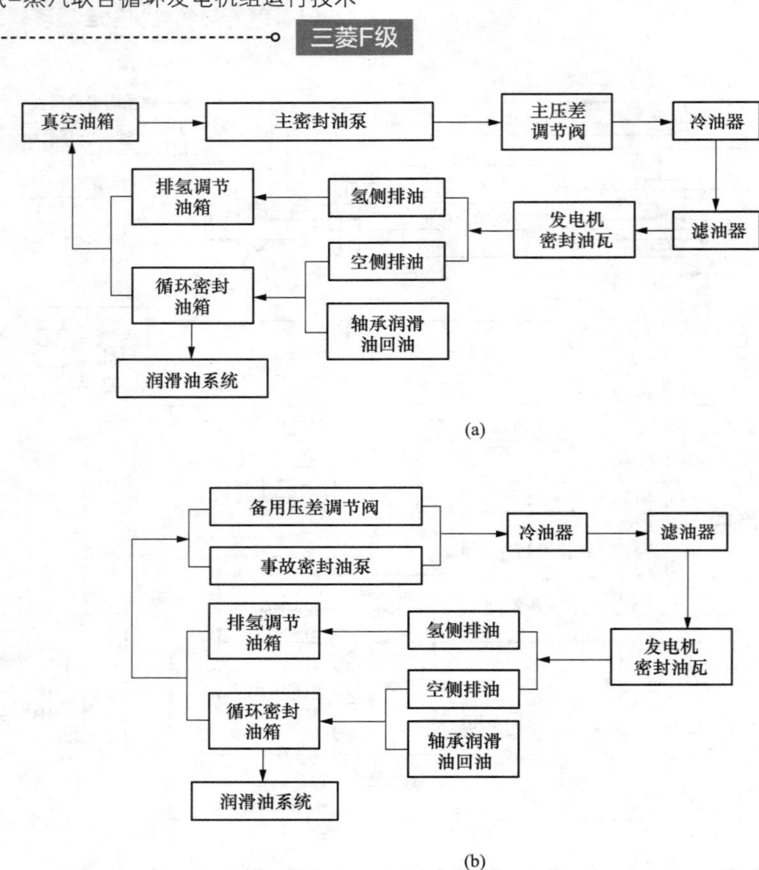

图 4-47 油回路示意图

（a）正常油流回路；（b）事故油流回路

此，该回路不可长期工作，应尽快恢复到正常油流回路工作，且在该回路工作时应加强对发电机内氢气纯度的监视。

3）检修油流回路。检修油流回路用于发电机检修，或者密封油系统空管启动前的注油操作。如图 4-48 所示，该回路供油来自润滑油系统，顺序经过两个手动阀、冷油器旁路阀和滤油器后供油给发电机密封瓦，然后经空气侧排至循环密封油箱，最后返回润滑油系统。

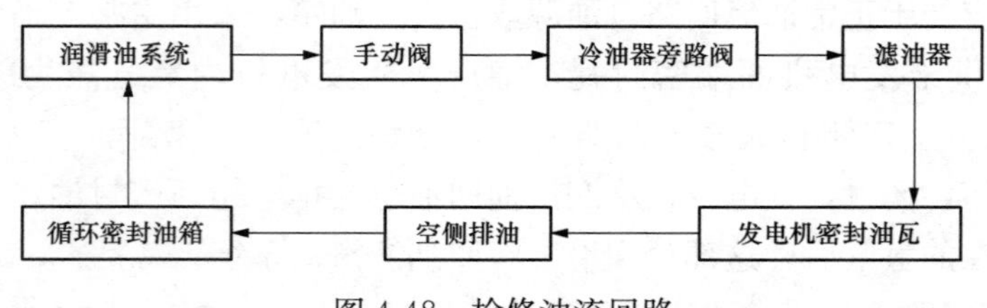

图 4-48 检修油流回路

在发电机有检修工作前，需要对发电机内氢气进行泄压和置换操作。当发电机内氢气压力泄至 0.02～0.05MPa 时，从正常油流回路改为检修油流回路，然后进行置换工作。由于润滑油系统供油压力偏低，而且该管路上没有调压设备，所以在投入该回路前，需要

首先确认发电机内氢气已经泄压，然后调节供油手动阀以保证达到合适的氢油压差。

4）平衡油回路。该回路接至密封瓦的外侧，作用是防止由于发电机轴振而可能引起的密封瓦卡涩。该路供油量很小，仅起到平衡密封瓦两侧压力的作用，经过密封瓦的油和正常油流回路汇合，最终返回真空油箱。

二、系统主要设备介绍

密封油系统的主要设备包括主密封油泵、事故密封油泵、溢流阀、油-氢压差调节阀、真空油箱、真空泵、冷却器、过滤器、氢侧排油调节器、排氢调节油箱及循环密封油箱等设备。另外，发电机两端的密封机构也是系统的重要组成部分。

（1）密封机构。密封机构是密封油系统中的主要工作部分，在发电机的轴向两端，各有一组密封机构。图 4-49 所示为单流环密封瓦结构图。连续不断的密封油通过进油孔到达密封瓦，当密封油压力大于氢侧压力时，密封油就会通过密封瓦与转轴的间隙沿轴向双方向流出，分别到达空气侧和氢气侧，这样就在密封瓦与转轴的间隙内形成油膜，阻止氢气漏出。

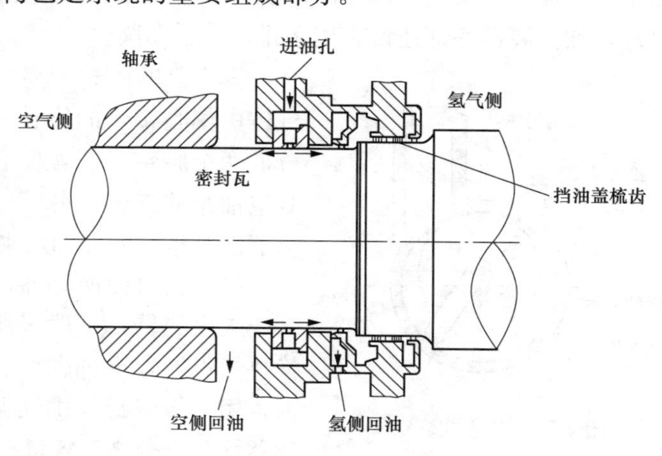

图 4-49　单流环密封瓦结构图

（2）压差调节阀。密封油系统设置两只密封油-氢气压差调节阀，分别用于主密封油泵和事故密封油泵投入时对密封瓦供油压力的调节。

1）主压差调节阀。装设在主密封油泵出口供油管路上，用于主密封油泵投入时自动调整密封瓦进油压力，调节油-氢压差在所需的范围之内（0.06±0.01MPa）。

2）备用压差调节阀。装设在事故密封油泵旁路上，用于事故密封油泵投入时自动调整密封瓦进油压力，调节油-氢压差在所需的范围之内（0.085±0.01MPa）。

由于气体压力和密封油压力向相反方向起作用，所以当压力不平衡时，阀杆向上运动或向下运动。当氢气压力上升或密封油压力下降时，阀杆向下运动，阀门开大，密封油流量增加，使密封油压力上升；反之，当阀芯向上运动时，密封油压力会减小。对工作隔膜预加载即可设定该阀的预期压差（设定值）。设定值由压缩弹簧调节，弹簧上端刚性连接到阀轭，而其下端用调节螺母与阀杆相连接。

（3）真空油箱。真空油箱位于交流密封油泵上游，容量为 1800L，设计压力为 −100kPa。正常工作时，来自循环密封油箱的补油不断地进入真空油箱中，补油中含有的空气和水分在真空油箱中被分离出来，通过真空泵抽出，并经过真空管路被排至厂房外，从而使进入密封瓦的油得以净化，防止空气和水分对发电机内的氢气造成污染。

真空油箱内设有油雾喷嘴，帮助分离溶入密封油中的气体。交流密封油泵一部分排油通过溢流阀和油雾喷嘴返回到真空油箱。真空油箱油位由箱内装配的浮球阀进行自动控制，浮球阀的浮球随油位高低升降，从而调节浮球阀的开度达到控制油位的目的。

真空油箱还装有压力和液位监测元件：

1）当真空低至－70kPa时，控制系统发出真空油箱真空低报警。

2）当液位偏离正常液位时，控制系统发出真空油箱液位高或低报警。

（4）真空泵及油分离器。真空油箱设有一台真空泵。其作用是在真空油箱建立并保持一定负压，将油中的气体分离。真空泵出口设有一个油分离器，在真空泵运行时，油雾被排到油分离器中，分离出来的油通过一个电动门流到真空泵中，密封和润滑真空泵；分离出来的气体排入大气。油分离器装有油标和溢流阀，用于观察油位和防止油分离器满油；另外，油分离器底部还设有用于排水的手动阀。

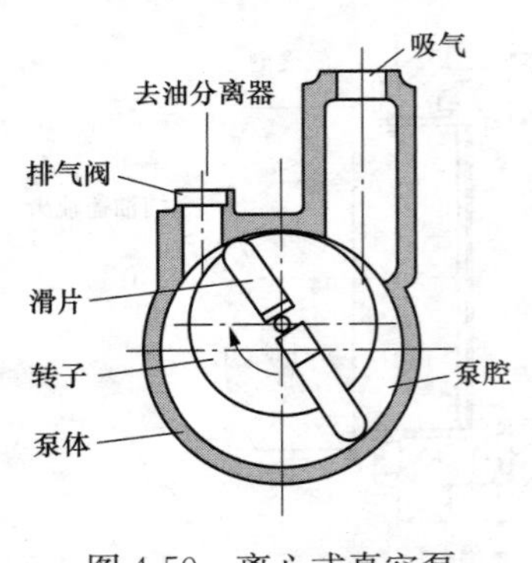

图4-50　离心式真空泵

真空泵的形式为离心式，如图4-50所示。吸入和排出气体由偏心转子的旋转来实现，真空泵的泵体被偏心转子分成两个腔室，随着偏心转子的转动，一个腔室吸收来自真空油箱的气体，另一个腔室通过排气阀将气体排到油分离器。真空泵的冷却水来自闭式冷却水系统供水母管。

（5）密封油冷却器。密封油冷却器常用板式换热器和管壳式换热器，一般采用效率高的板式换热器。两台板式换热器设置在滤油器的进口管路上，一台运行，另一台作为备用。将密封油供油调节到合适的温度，两台密封油冷却器均为百分之百容量。

（6）密封油过滤器。密封油系统设置两套过滤器：一套为密封油过滤器，另一套为平衡油过滤器。

1）密封油过滤器。为防止油中混入的固体颗粒损坏密封机构，密封油系统在油冷却器的出口管路上设有双联过滤器，一台运行，一台备用，当过滤器压差达到设定值，会导致压差开关动作，触发报警。

2）平衡油过滤器。也为双联式过滤器，设置在平衡油支路上，一运一备，用以滤除该油路中的固态杂质，当过滤器压差达到设定值，控制系统发出报警。

（7）排氢调节油箱。氢侧回油经氢气侧排油调节器后进入排氢调节油箱，该油箱的作用是使油中的氢气分离，容量为200L。排氢调节油箱内部装有自动控制油位的浮球阀，以使该油箱中的油位保持在一定的范围之内；油箱外部装有手动旁路阀及液位观察窗，以便在必要时手动控制油位；另外，油箱内还设有液位监测元件，当液位偏离正常液位时，控制系统发出排氢调节油箱液位高或低报警。

（8）循环密封油箱。循环密封油箱收集空侧密封油回油及发电机轴承润滑油回油，其顶部设有两台防爆排烟风机，保持循环密封油箱内为微负压状态（一般为－0.5～－2kPa），以保证回油顺畅并抽走油箱内可能存在的氢气。循环密封油箱底部同时与真空油箱和润滑油系统相连，将收集到的空侧回油和发电机轴承润滑油回油排出。

（9）氢侧回油液位探测器。两个密封油氢侧回油液位探测器分别与发电机两端的氢侧回油管上游直管段底部相连接，当液位探测器中聚集的油达到600cm^{3}时，控制系统发出

报警。

出现该报警可能是氢侧排油量增加或回油不畅，也可能是排氢调节油箱液位升高。此时，应迅速操作液位探测器底部的排污阀和氢侧回油管排污阀进行紧急排油，以免回油液位过高而导致发电机进油。如果是排氢调节油箱液位高所致，则可打开排氢调节油箱的旁路阀疏通氢侧回油，必要时应将排氢调节油箱退出。

三、系统运行

（一）系统运行阶段及处理

（1）在密封油系统投运前，首先应保证机组润滑油系统正常运行，闭式冷却水系统运行正常，密封油系统自身具备启动条件。系统投运过程：首先启动密封油排烟风机，待循环密封油箱建立微负压后启动一台主密封油泵，确认主油-氢压差调节阀正常工作，油-氢压差在正常范围以内；最后启动真空泵，在真空油箱建立稳定真空。

系统投入运行后处于正常油流回路，应重点监视主密封油泵出口压力、油-氢压差、过滤器压差以及油温、油位等参数均稳定在正常范围以内；检查主密封油泵和真空泵等转动设备运行正常，无异声、异常振动等现象。

只有在机组转速为零，且发电机内氢气被完全置换出之后，密封油系统才允许停运。系统停运时首先停运主密封油泵，然后停运真空油箱真空泵，破坏真空，最后停运循环密封油箱排烟风机。

运行中的交流密封油泵出口压力低于 0.85MPa 或跳闸，备用交流密封油泵应自启动，否则手动启动。

（2）在交流密封油泵运行过程中，油氢压差降至 0.035MPa 时或交流电源失去导致两台交流密封油泵均跳闸，直流密封油泵应自启动，否则手动启动，备用差压调节阀维持油氢压差 0.085MPa 运行。

（3）直流密封油泵投入运行，且估计 12h 之内交流密封油泵不能恢复至正常工作状态，则应关闭真空油箱补油管路上的阀门以及真空泵进口阀，停运真空泵，然后开启真空油箱真空破坏阀破坏真空，真空油箱退出运行。

（4）直流密封油泵投入运行时，由于密封油不经过真空油箱而不能净化处理，油中所含的空气和潮气可能随氢侧回油扩散到发电机内导致氢气纯度下降，此时，应加强对氢气纯度的监视。当氢气纯度明显下降时，应及时开启排氢调节油箱排空阀进行排污，并向发电机内补充高纯度氢气以维持机内氢气纯度。

（5）若交流密封油泵、直流密封油泵均发生故障且短时间不能投入运行，密封油应切换至润滑油提供，开启密封油备用供油一次阀、二次阀，发电机氢压应降至 0.05MPa 以下，机组应根据氢压降负荷。同时应开启排氢调节油箱排空阀连续排放，并向发电机内补充高纯度氢气以维持机内氢气纯度。

（6）发电机处于空气状态时，采用紧急密封油路向密封瓦供油比较经济。但若机内处于低气压状态时（低于 21kPa），且交流密封油泵运行，应关闭密封油备用供油一次阀、二次阀，切断紧急密封油回路供油，避免交流密封油泵过热。

(7) 密封油闭式循环运行。若润滑油系统故障停运，而发电机内仍充有氢气，应尽量保持密封油闭式循环运行。此时，真空油箱直接由排氢调节油箱和循环密封油箱供油，而不是由润滑油系统供油。机组长时间停备当盘车停运后常采取这种运行方式。

(8) 密封油系统运行中，单台交流密封泵隔离检修结束恢复系统时，应先打开泵出口管上的注油阀及泵体排空阀，排尽空气后再打开泵的进、出口阀。在开启泵进口阀时，由于真空油箱真空的抽吸作用，管道振动较大，必要时可短时停运真空油箱真空泵，待真空降低后再缓慢开启密封油泵进口阀。

(二) 系统常见故障及处理

密封油系统运行正常与否，密切关系到整个机组的安全，例如油-氢压差低可能会导致发电机内氢气外漏；主密封油泵出口压力低会导致油-氢压差低，而出口压力高可能会造成发电机内大量进油。另外，真空油箱真空度下降会影响净油效果。下面针对该系统中以上常见故障进行分析。

1. 油-氢压差低。

(1) 故障现象。油-氢压差低于0.06MPa，将影响密封效果；当油-氢压差低至0.035MPa时，控制系统发出密封油-氢气压差低报警，直流事故密封油泵和备用压差调节阀将自动投入运行。

(2) 原因分析。

1) 两台主密封油泵均故障，造成油压中断。

2) 主油-氢压差调节阀故障，造成油-氢压差低。

3) 主密封油泵后管道、阀门或设备泄漏，造成密封瓦进油压力降低。

4) 密封油过滤器或冷却器堵塞，造成密封瓦进油压力降低。

(3) 处理方法。

1) 出现密封油-氢气压差低报警，应首先确认事故密封油泵和备用油-氢压差调节阀已自动投入运行，油氢压差稳定在0.085MPa左右。该工况不可长期运行，应立即查找原因，尽快恢复主密封油泵运行。

2) 如果检查发现故障原因为主密封油泵后管道、阀门或设备泄漏，应立即对泄漏点进行隔离，然后修复；若泄漏点无法隔离，则视泄漏量大小决定正常停机后处理或立即紧急停机处理。

3) 确定无泄漏后，查看密封瓦处压力表示值，如果低于正常值，则为密封油过滤器或冷却器堵塞所致，此时应切换过滤器或冷却器。

4) 如果因主油-氢压差调节阀故障而导致不能正常调压，可通过手动控制该调节阀的旁路阀来维持正常油-氢压差，待停机后处理。

2. 真空油箱真空度下降。

(1) 故障现象。系统运行中，真空油箱的真空度出现异常下降。

(2) 原因分析。

1) 密封油真空泵故障或出力下降。

2）真空破坏阀误开或真空区域有漏点。

（3）处理方法。

1）密封油真空油箱的真空度出现异常下降，应首先检查真空泵的运行情况，如果真空泵故障应立即进行抢修。

2）如果真空泵运行正常，则检查真空破坏阀是否处于全关位置，否则手动关闭。

3）如果真空泵和真空破坏阀均正常，则检查真空泵的冷却水是否正常投入，可通过水压和进回水温差等参数判断。

4）若排除以上原因，真空度下降应为真空区域有泄漏所致，则尽快查漏并修复。

5）在查找故障原因或处理过程中，应严密监视真空油箱油位以及油-氢压差的波动情况。如果出现真空油箱油位大幅度波动的情况，应当视情况的严重性决定是否投入事故油流回路。

3. 真空油箱油位异常。

（1）补油浮球阀动作失灵，应加强油位监视，若油位高，可关小真空油箱补油阀手动控制真空油箱油位；若油位低，可通过开启真空油箱补油旁路阀控制真空油箱油位正常，停机后隔离真空油箱检修浮球阀。

（2）若手动无法维持真空油箱油位，则应切换至直流密封油泵供油，隔离真空油箱检修浮球阀，同时应加强氢气纯度监视，必要时进行排补氢维持氢气纯度。

第十节　辅助蒸汽系统

辅助蒸汽系统为机组和全厂的公用汽系统，它的作用是向有关的系统提供蒸汽，以满足机组在启动、正常运行、低负荷、甩负荷和停机等运行工况的要求。

一、辅助蒸汽系统概述

1. 辅助蒸汽系统的用户

系统的用户有 1 号机组的轴封蒸汽系统、2 号机组的轴封蒸汽系统、1 号机组的低压缸冷却蒸汽系统、2 号机组的低压缸冷却蒸汽系统、1 号余热锅炉低压汽包加热、2 号余热锅炉低压汽包加热。

2. 辅助蒸汽系统的流程

（1）辅助蒸汽系统介绍。辅助蒸汽系统流程如图 4-51 所示。

M701F4 燃气-蒸汽联合循环电厂，辅助蒸汽系统采用厂用辅助蒸汽母管将 2 台机组的辅汽系统相连，同时在两台机组之间增设联络阀，在厂用辅助蒸汽母管末端增设截止阀作为二期工程的接口。

厂用辅助蒸汽系统共有三路气源：燃气锅炉供汽当两台机组都处于停运状态时，机组启动及供热所需的辅助蒸汽由燃气锅炉供给，根据供热流量的大小决定燃气锅炉运行台数，系统压力由燃气锅炉的负荷来调节；1 号机组冷再热蒸汽供汽时系统压力由冷再至中压供热主路、旁路压力调节阀调节、2 号机组冷再热蒸汽供汽时系统压力由冷再至中压供热主路、旁路压力调节阀调节。

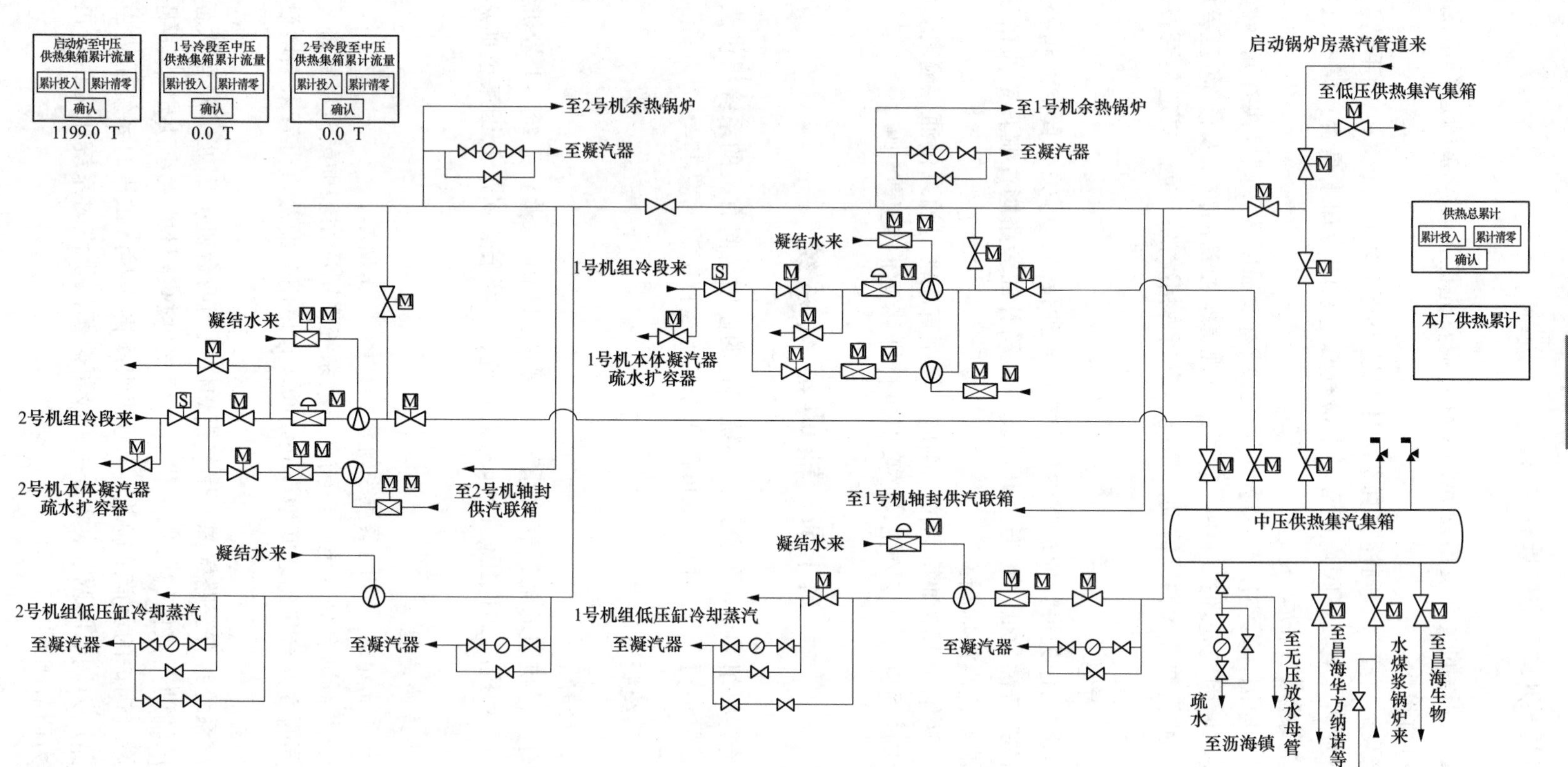

图 4-51 辅助蒸汽系统流程图

厂用辅助蒸汽母管向每台机组的轴封系统、低压缸冷却蒸汽系统、低压汽包加热以及中压供热集汽联箱供汽。

（2）机组启动时辅汽供应过程。在机组启动阶段或低负荷时，来自燃气锅炉或者相邻机组冷再热蒸汽进入厂用辅助蒸汽母管后主要供给3路：一向轴封蒸汽系统提供用汽；二向汽轮机低压缸提供冷却用汽，用于冷却和带走机组高转速和低负荷时（即低压缸冷却蒸汽切换前）低压动叶产生的鼓风热；三向中压供热联箱供汽。低压汽包加热一般不投入运行，当厂用辅助蒸汽母管长期停运为加快辅汽母管暖管速度，可以适当开启；或燃气锅炉提供辅汽，供热流量较小，低压缸冷却蒸汽投入前开启，避免低压缸冷却蒸汽投入时系统压力快速下降以及燃气锅炉汽包产生虚假水位。

随着机组负荷的增加，当低压缸冷却蒸汽满足切换条件时，厂用辅助蒸汽至低压缸冷却蒸汽退出，厂用辅助蒸汽不再提供低压缸冷却蒸汽。当汽轮机负荷继续增加，轴封蒸汽系统将实现部分自密封，轴封用汽调节阀自动关小。

当机组辅汽由燃气锅炉供给，机组升负荷时，当高压旁路阀后压力大于2MPa，温度高于300℃后，机组冷再蒸汽逐渐投入，同时逐渐减小燃气锅炉负荷，直至系统汽源将切换为机组冷再蒸汽，停运燃气锅炉。

当机组辅汽由另一台机组提供时，通过调节其冷再热蒸汽供汽时系统压力由冷再至中压供热主路、旁路压力调节阀调节辅汽母管压力。

（3）辅助蒸汽系统对外供热。机组均停运时，由燃气锅炉通过燃气锅炉至中压供热联箱管路向中压供热联箱供热。机组正常运行后供热由机组冷再热蒸汽提供，根据供热流量的大小以及供热管路暖管的问题，采用两个方式：一种通过机组冷再热蒸汽至厂用辅助蒸汽母管电动阀，先供至厂用辅助蒸汽母管，后经燃气锅炉至中压供热联箱管路向中压供热联箱供热；另一种是通过机组冷再热蒸汽至厂用辅助蒸汽母管电动阀向厂用辅助蒸汽母管供汽以供给本机组和另一台机的辅助蒸汽，通过机组再热器冷段至中压供热联箱专用管路向中压供热联箱供热。

二、辅助蒸汽系统的运行

（一）辅助蒸汽系统暖管

打开燃气锅炉至辅汽母管启动炉侧电动门，机组再热器冷段蒸汽至全厂辅汽母管电动阀，机组再热器冷段蒸汽至全厂辅助蒸汽母管电动阀前疏水旁路阀来暖冷再供辅助蒸汽调阀后的管道；暖管完成后，关闭机组低温再热蒸汽至全厂辅汽母管电动阀前疏水旁路阀。打开燃气锅炉至辅汽母管电动门以及辅助蒸汽至低压汽包进汽门，辅助蒸汽母管开始整体暖管疏水，若辅助蒸汽系统长期未投运超过10d，打开辅助蒸汽至低压汽包进汽门前还需打开管路自动疏水器旁路疏水阀排出锈水。

辅助蒸汽母管温度在180℃以上时，暖管完成，可以开始给轴封系统供汽，适当关小辅助蒸汽至低压汽包进汽门，直至全关，保证辅助蒸汽压力在1MPa左右。

（二）辅助蒸汽系统汽源切换

1. 辅助蒸汽及供热由机组切换至燃气锅炉供应

机组供辅汽及外供热稳定，辅助蒸汽母管蒸汽压力温度稳定，中压供热集箱蒸汽压力温度稳定，对外供热流量稳定。燃气锅炉已经启动完成，燃气锅炉分汽缸压力和辅助蒸汽母管压力基本一致；开启燃气锅炉房至辅助蒸汽母管电动阀 1，就地检查无管道振动、漏汽现象。

逐渐关小机组冷再至中压供热集箱调节阀，同时增加燃气锅炉负荷，保持辅助蒸汽母管压力基本不变；在此过程中逐渐关闭 1 号机组冷再到辅汽减温水调节阀，注意辅助蒸汽母管蒸汽不超温；将辅汽及供热缓慢切换至燃气锅炉供应。操作完成后，关闭机组再热器冷段到辅助蒸汽减温水调节阀前手动阀，关闭机组再热器冷段至中压供热联箱旁路电动关断阀，关闭机组再热器冷段至中压供热联箱电动关断阀，关闭机组再热器冷段供热气动止回阀，根据供热需求调节燃气锅炉负荷。

2. 辅助蒸汽及供热由燃气锅炉切换至机组供应

燃气锅炉对外供热稳定，辅助蒸汽母管压力温度正常，中压供热联箱压力温度正常。机组发出启动令前开启机组再热器冷段至中压供热联箱电动门前疏水器旁路门进行疏水暖管，燃气轮机点火成功后开启机组再热器冷段到辅助蒸汽管道疏水阀 1、机组再热器冷段到辅助蒸汽管道疏水阀 2，机组并网前开启 1 号机组再热器冷段至中压供热联箱电动关断阀、开启机组再热器冷段至中压供热联箱旁路电动关断阀，机组并网后开启机组再热器冷段至中压供热联箱旁路调节阀 5%～10%开度进行暖管，就地检查机组再热器冷段至中压供热管道无振动、无漏汽，缓慢将机组再热器冷段至中压供热联箱调节阀开启 1%～2%进行暖管，随暖管进行逐渐开大机组再热器冷段至中压供热联箱旁路调节阀。

机组高压旁路阀后压力逐渐升高超过 2MPa，温度超过 300℃，具备切换供热条件。开启机组再热器冷段供热气动止回阀，逐步开大机组再热器冷段至中压供热联箱调节阀，同时降低燃气锅炉负荷。切换过程要缓慢操作，保证辅助蒸汽母管压力在 1MPa 左右（安全阀压力定值为 1.56MPa），温度大于 250℃（50K 以上的过热度），切换完毕后停运燃气锅炉。切换完毕后关闭机组再热器冷段到辅助蒸汽管道疏水阀 1、机组再热器冷段到辅汽管道疏水阀 2、机组再热器冷段至中压供热联箱电动门前疏水器旁路门、燃气锅炉房到辅助蒸汽母管电动阀 1，将机组再热器冷段至中压供热联箱旁路调节阀投入自动，根据要求设定辅助蒸汽母管蒸汽压力，根据辅汽母管压力变化情况手动设定机组再热器冷段至中压供热联箱调节阀开度，开启机组再热器冷段到辅助蒸汽减温水调节阀前手动阀一定开度，并调节辅助蒸汽母管蒸汽温度在 300℃左右。

三、辅助蒸汽系统优化及改造

增设再热器冷段至中压供热旁路。机组正常运行后，辅助蒸汽主要供给机组部分轴封蒸汽和供热，当供热量较小时甚至无供热时，通过再热器冷段至中压供热主路阀的流量很小，微小的开度就可能使辅助蒸汽母管超压。因此，通过分析论证，增设了再热器冷段至

中压供热旁路（见图 4-51）。当机组正常运行后不供热只供给轴封蒸汽或供热量较小时，通过旁路调整厂用辅助蒸汽母管压力。当供热流量较大时，通过主路调节阀主调旁路调节阀微调。通过改造时运行调节更加可靠，同时避免了辅助蒸汽母管超压的可能。

第十一节　主蒸汽系统

主蒸汽系统的作用是从余热锅炉（HRSG）向汽轮机供应蒸汽。由余热锅炉产生的蒸汽有 3 种压力，即高压（HP）蒸汽、中压（IP）蒸汽和低压（LP）蒸汽。高压蒸汽进入汽轮机高压缸做功；然后从高压缸排出，与中压蒸汽相混合变成冷段再热蒸汽（CRH），进入再热器加热成热段再热蒸汽（HRH）后，又回到中压缸做功；从中压缸出来后与低压（LP）蒸汽相混合再进入汽轮机（ST）低压缸做功，最后排入凝汽器内。

一、主蒸汽系统概述

主蒸汽系统包含高压主蒸汽系统、中压（再热）主蒸汽系统和低压主蒸汽系统 3 个部分，其中，中压主蒸汽系统又分为两部分：高压缸排汽口至锅炉再热器入口部分，称为冷再热蒸汽系统；锅炉再热器出口至中压缸部分，称为热段再热蒸汽系统。主蒸汽系统流程如图4-52 所示。

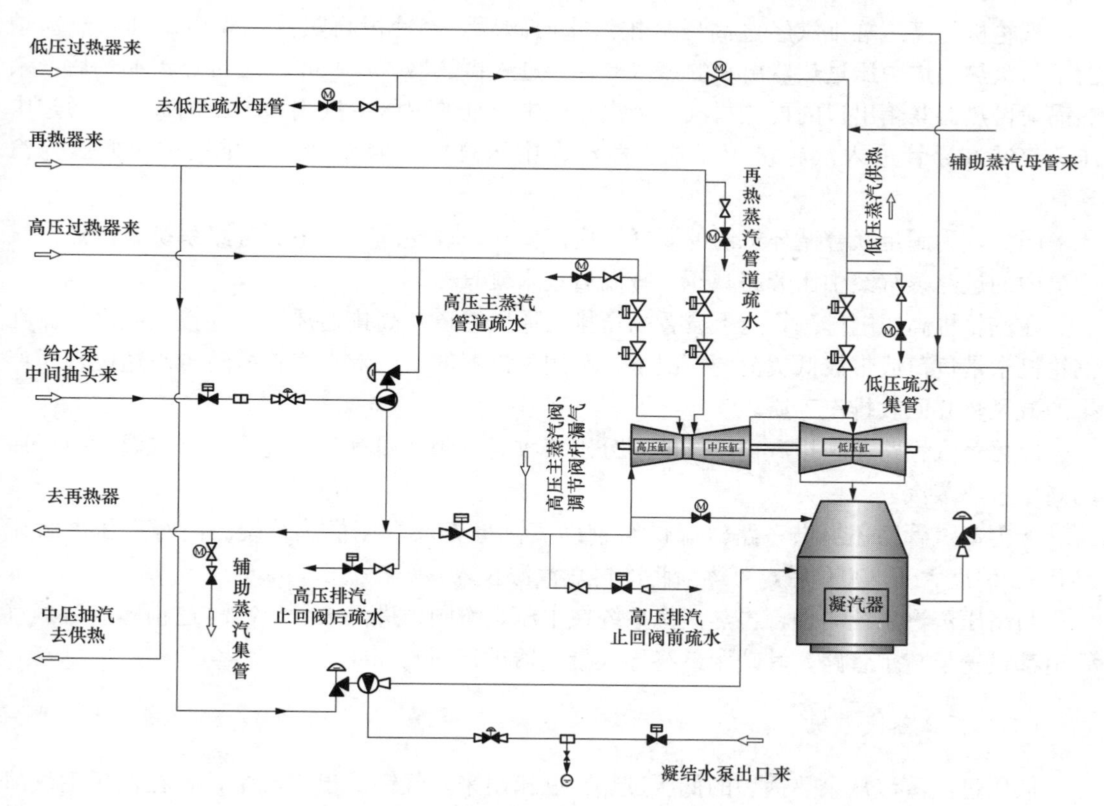

图 4-52　主蒸汽系统流程图

（一）高压主蒸汽系统

高压过热蒸汽由余热锅炉的高压过热器联箱出口引出，经锅炉高压过热器出口流量计、高压缸主汽阀和调节阀、高压蒸汽进汽导管，进入汽轮机高压缸，蒸汽在高压缸中膨胀做功。

为满足联合循环机组的调峰和启停要求，设置汽轮机高压旁路系统。主蒸汽管道中的过热蒸汽经高压旁路减温、减压后进入冷段再热蒸汽管道。

为了防止汽轮机在启动、停机或低负荷运行时，蒸汽管道的凝结水产生水击或进入汽轮机本体，从而引起设备损坏或造成汽轮机转子弯曲等严重事故，在高压蒸汽管道、主汽阀和调节阀、进汽导管的最低部位都设置了疏水管道，控制系统可根据机组负荷情况自动打开或关闭相关疏水阀。

另外，高压主汽阀和高压调节阀都设置有高压阀杆漏汽管道和低压阀杆漏汽管道，其中高压漏汽管道接到汽轮机高压排汽管道上，低压漏汽管道连到轴封冷凝器上。

（二）中压主蒸汽系统

中压主蒸汽系统依据再热器的前后划分，可分为冷段再热蒸汽系统和热段再热蒸汽系统两部分。

汽轮机的高压缸排汽经过高压缸排汽止回阀后，经冷段再热蒸汽管道回到余热锅炉前，与余热锅炉中压过热器出来的蒸汽混合，进入再热器入口联箱。经再热器加热后，余热锅炉再热器联箱出口的再热蒸汽，经汽轮机中压缸的中压主汽阀和中压调节阀，通过中压蒸汽进汽导管进入汽轮机中压缸，蒸汽在中压缸中膨胀做功后，排汽进入低压并汽导管。

同样，为满足联合循环机组的调峰和启停要求，设置汽轮机中压旁路系统。再热蒸汽管道中的过热蒸汽经中压旁路减压、减温后进入凝汽器。

在汽轮机高压缸排汽管道上设置高压排汽通风管道及高排通风阀，连接至凝汽器。在汽轮机未带负荷或带极低负荷的情况下，利用凝汽器的负压带走汽轮机转子高速旋转所产生的鼓风热并回收排汽工质。

冷再蒸汽管路还在排汽逆止阀前后分别接收高压阀杆漏汽和经高压旁路减温、减压后的高压过热蒸汽。

冷再蒸汽管路还提供一路汽源供给辅助蒸汽母管及中压供热系统。高旁后压力大于2MPa、温度大于300℃后，可逐渐将冷再热汽源投入。

与高压蒸汽系统同理，再热蒸汽系统在中压主汽阀、进汽导管、冷再逆止阀前后蒸汽管道都设置了疏水管路，其疏水最终导入凝汽器进行回收。

（三）低压蒸汽系统

低压过热蒸汽从余热锅炉的低压过热器联箱出来，经锅炉出口流量计，在低压主汽门和低压调节汽门前与中压缸排汽并汽，进入汽轮机低压缸做功。

为满足联合循环机组的凋峰和启停要求，设置汽轮机低压旁路系统。低压蒸汽管道中

过热蒸汽经低压旁路减压后进入凝汽器。

机组启动升速、定速对排气通道清吹（清吹结束后蒸汽轮机低压主汽阀打开）、点火至机组转速 2000r/min 过程中汽轮机高、中、低压缸不进蒸汽。机组转速大于 2000r/min 时，为将低压缸叶片由于鼓风损失产生的热量带走，蒸汽轮机低压主汽调节阀逐渐开启，直至低压缸主汽调节阀开启至 32.1%，由辅助蒸汽通过低压缸冷却蒸汽系统提供低参数蒸汽对低压缸进行冷却。

机组蒸汽轮机暖机结束后开始进汽，随中压缸进汽压力逐渐升高，低压缸冷却蒸汽压力调节阀逐渐关小，保持低压缸主汽阀前压力一定。当中压缸进汽压力大于 0.38MPa 且低压缸冷却蒸汽压力调节阀开度小于 10%时，低压缸主蒸汽电动隔离阀开始打开直至全开；中压缸进汽压力大于 0.38MPa 延时 30s 且低压缸冷却蒸汽压力调节阀开度小于 10%时，低压缸冷却蒸汽电动隔离阀开始关闭直至全关；低压缸冷却蒸汽压力调节阀在此过程中逐渐关闭。

（四）旁路系统

1. 旁路系统的主要作用

（1）缩短启动时间，改善启动条件，延长汽轮机寿命。汽轮机采用滑参数启停方式，在机组的启停阶段，汽轮机主汽阀前的蒸汽参数是随着燃气轮机、锅炉负荷的变化而变化的，采用了旁路系统，就可在一定程度上调节蒸汽参数，以适应汽缸温度的要求，从而加快启动速度，缩短启动时间。汽轮机启动过程中金属温度变化幅度和变化率越小，汽轮机的寿命损耗系数越小。显然，设置旁路系统能满足机组启停时对汽温的要求，故可降低汽轮机寿命损耗系数，延长汽轮机寿命。

（2）协调作用。协调余热锅炉和汽轮机间在启停或特殊工况下由于热容量、热惯性不同，对蒸汽流量响应速度不一致造成的差异，使机组能适应频繁启停和快速升降负荷，并将机组压力部件的热应力控制在合适的范围内。

（3）保护锅炉受热面。在机组启停或甩负荷工况下，经旁路系统保持锅炉始终有一定的蒸汽流量，防止锅炉受热面干烧，起到保护锅炉受热面的作用。

（4）回收工质、热量和消除噪声污染。机组启、停和甩负荷等特殊工况，汽轮机仅需低压缸冷却蒸汽维持运行，但锅炉依然会产生大量多余的蒸汽，若直接将这些蒸汽排入大气，不仅会造成大量的工质损失和热损失，而且会产生严重的排汽噪声，污染环境。设置旁路系统则可达到既回收工质又保护环境的目的。

（5）防止锅炉超压，减少锅炉安全门动作次数。在机组突然甩负荷（全部或部分负荷）时，旁路快开，维持系统压力稳定，改变此时锅炉运行的安全性，减少甚至避免安全阀动作。

2. 旁路系统介绍

（1）高压旁路系统。是指一路 100%容量、从高压主汽阀入口前的高压蒸汽管道分支出来的高压旁路管道。高压旁路蒸汽由高压缸旁路阀调节（压力/温度被降低）后被引入冷再热蒸汽系统。该旁路系统还用于在启动期间和汽轮机跳闸之后控制高压蒸汽母管内的压力。

为了将蒸汽温度降低到冷再热温度条件，高压旁路阀配有一个喷水减温器。来自高中压给水泵出口的中压给水是此减温器的喷水水源。为了通过调节喷水量控制汽轮机旁路阀出口温度，设置有带气动隔离阀的喷水控制阀。

（2）中压旁路系统。是指一路100%容量、在再热主汽阀之前从热段再热蒸汽管线中分支出来的中压旁路管道。中压旁路蒸汽由中压旁路阀调节（压力/温度降低）后并被引入凝汽器。该旁路系统还在启动期间和汽轮机跳闸后动作以便控制热段再热蒸汽母管内的压力。

为了保护凝汽器不超出设计温度极限，中压旁路阀配有喷水减温器。来自凝结水泵出口的凝结水为该减温器的喷水水源。为了通过调节喷水流量控制汽轮机旁路阀出口温度，设置有带气动隔离阀的喷水控制阀。

（3）低压旁路系统。是指一路100%容量、在低压主汽阀之前从低压蒸汽管线中分支出来的低压蒸汽旁路管道。低压旁路蒸汽由低压旁路阀调节（压力降低）后并引入凝汽器。该旁路系统还在启动期间和汽轮机跳闸后动作以便控制低压蒸汽母管内的压力。

在到凝汽器的低压旁路管内没有减温器，原因是从低压旁路阀来的蒸汽温度处于凝汽器可接受的温度范围内。

二、主蒸汽系统设备介绍

主蒸汽系统配备有高压主汽阀（HPSV）、高压调节阀（HPCV）、中压主汽阀（IPSV）、中压调节阀（IPCV）、低压主汽阀（LPSV）、低压调节阀（LPCV）、高压旁路阀、中压旁路阀、低压旁路阀各一个。高压主汽阀、高压调节阀、中压调节阀和低压调节阀是调节型阀杆提升式阀门。阀门的开度由电液控制系统控制，在紧急情况下可立即关闭防止汽轮机超速。中压主汽阀和低压主汽阀是开关型扑板式止回阀。高、中、低压旁路阀为气动执行机构。

1. 调节型阀杆提升式阀门

（1）高压主汽阀。高压主汽阀与中压调节阀结构基本相同，是油压传动的“双塞”型阀门，阀体焊接为一个整体部件。执行机构安装在执行机构支架和弹簧室上，并通过联杆和操纵杆连接到主汽门阀杆上。

如图4-53所示，高压主汽阀包括两个单座不平衡阀4和3，预启阀碟3置于主阀碟4内。在图4-53所示的关闭位置时，进汽压力与压缩弹簧7的负载结合在一块，通过阀杆2起作用，以将各个阀紧紧地固定在其阀座上。预启阀碟3由两部分组成，与阀杆2构成挠性连接，以使它在关闭时能够自动调整与阀碟4阀座的对中。因此，当阀杆11提升打开主阀碟时，预启阀碟3首先打开；阀杆进一步提升导致阀杆11上的锥面与轴套5下面接触，进而将主阀碟4移离阀座。当阀碟4达到其全开位置时，在轴套5上端的锥面与轴套6的下端接触，并防止蒸汽沿阀杆泄漏。

阀杆用与其小间隙配合的轴套5来密封，阀杆与轴套间存在适当的蒸汽泄露，这些漏泄连接到低压区。当阀门在图4-53所示的关闭位置时，弹簧导杆8的下端与轴套6的上端锥面贴紧，以防止蒸汽沿阀杆泄漏。

（2）高压调节阀。高压调节阀与低压调节阀均为单座提升式结构。

高压调节阀阀体由钢锻造而成，且焊接在高压主汽门上。蒸汽在一端通过高压主汽门

进入高压调节阀。

在图 4-54 所示的关闭位置时，压缩弹簧 7 作用向下的力通过连接导杆 6 和阀杆 3 将阀碟 1 紧紧压在阀座 2 上。当主汽阀碟 1 达到其最大开度位置时，阀杆 3 的凸肩面与轴套 4 下端面贴紧，并防止蒸汽沿阀杆泄漏。阀杆密封包括紧密配合的轴套 5。该轴套装有两根漏泄接管 8，接到轴封加热器上。

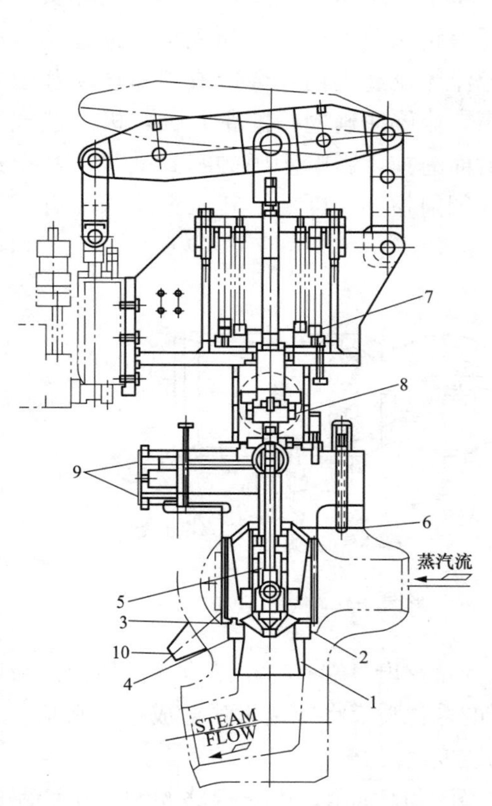

图 4-53　高压主汽阀结构原理图

1—阀座；2—阀杆；3—预启阀碟；4—主阀碟；
5、6—轴套；7—弹簧；8—弹簧导杆；
9—阀杆漏汽接管；10—阀体疏水口

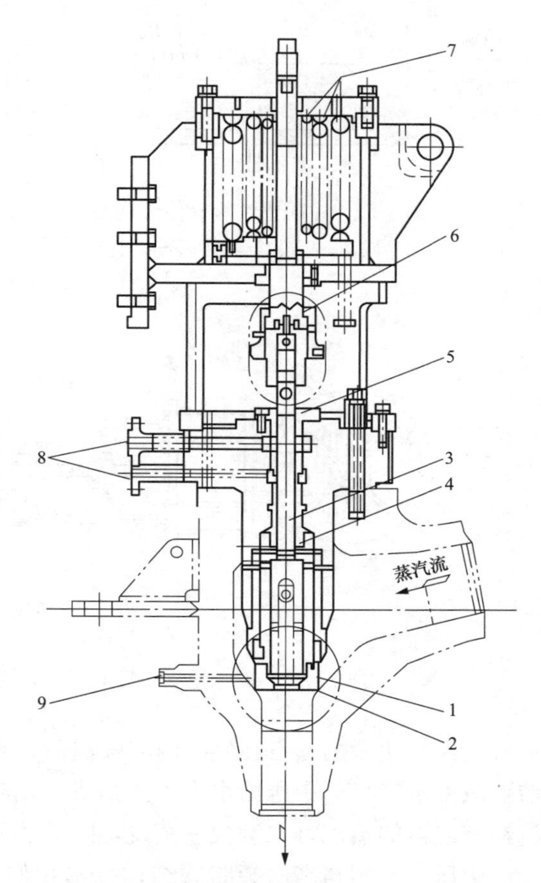

图 4-54　高压调位阀结构图

1—阀碟；2—阀座；3—阀杆；
4、5—轴套；6—弹簧导杆；7—压缩弹簧；
8—阀杆漏气接管；9—阀体疏水接管

2. 开关型扑板式止回阀

中压主汽阀和低压主汽阀都是开关型扑板式止回阀，它们的结构基本相同。

中压主汽门安装在中压调节阀之前。当超速跳闸机构动作时，如果中压调节阀未能关闭，则中压主汽门快速关闭，防止汽轮机超速。

图 4-55 所示为中压主汽阀阀体结构。它包括固定在杠杆 2 上的主汽阀碟 1，而杠杆悬臂吊于阀杆 3 上。

阀杆通过联杆装置与执行机构的驱动轴连接，即执行机构驱动轴向上移动带动联杆的转动，从而带动阀杆转动，将阀门打开到全开位置。同理，驱动轴向下移动就关闭阀门。安装在执行机构内的压缩弹簧在任何时候都压紧活塞，通过驱动轴的作用，使控制器失电

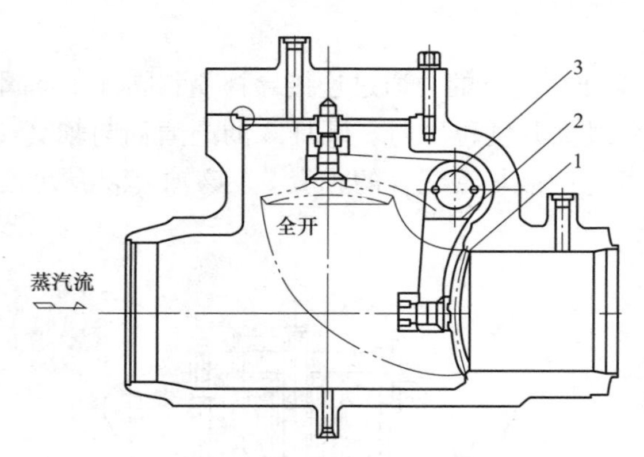

图 4-55　中压主汽阀阀体结构图

1—阀碟；2—杠杆悬臂；3—阀杆

或停机状态时关闭阀门。

3. 旁路阀

高压旁路阀为角型气动阀，如图 4-56 所示，主要部件有气动双作用活塞动作器、阀杆、阀芯、减压件、减温器等。蒸汽由阀门入口进入，经过阀芯和减压件后从出口排出。流体的流速和压差密切相关。高压旁路阀前后的蒸汽压差大，流速高。高速流体流经阀门，会造成阀体振动和强噪声，流体冲刷阀门的密封面，极易造成密封面磨损，影响阀门的密封效果，甚至造成阀门损坏，因此，高压旁路阀配有减压

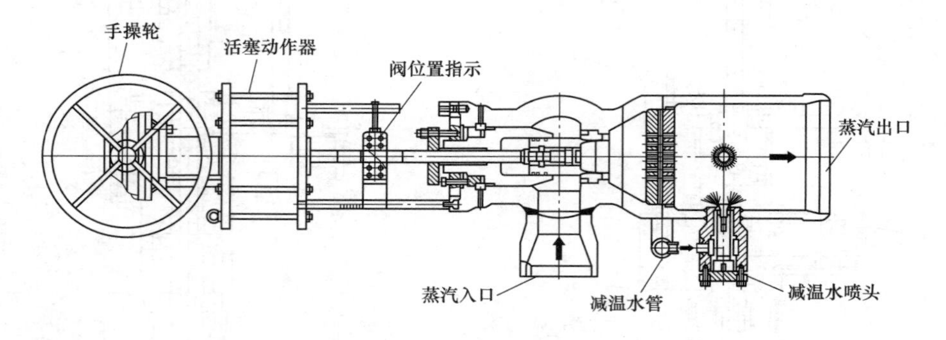

图 4-56　高压旁路阀外形图

装置。经减压后的蒸汽在经减温器降温后，高压旁路阀出口端有一个组合在阀体内的减温器，减温水来自高中压给水泵中间抽头。减温器的雾化喷嘴将减温水喷射成很小水滴进入流经减温器的蒸汽，水滴快速蒸发，降低蒸汽的温度。

中压旁路阀与高压旁路阀结构基本相似，如图 4-57 所示。中压旁路阀和高压旁路阀结构大致相似。中压旁路阀也配置有减压装置，经减压后的蒸汽在经减温器降温后，中压旁路阀出口端有一个组合在阀体内的减温器，功能和高压旁路阀的减温器一样，中压旁路阀的减温水来自凝结水泵出口母管。

低压旁路阀如图 4-58 所示，低压蒸汽在低压旁路阀中的流程与高、中压相似，但在低压旁路阀后未设置减温水。

三、主蒸汽系统运行

1. 机组启动过程中旁路的运行

(1) 机组停运后，旁路在手动关闭模式。准备机组启动条件时，需将高、中、低压旁路投入自动，投入自动后，旁路压力设定点从实际主汽压力变更为上次停机过程中后备压力模式退出时的实际主汽压力。

(2) 燃气轮机点火后，旁路从实际压力跟踪模式退出，进入旁路初始压力设定跟踪模

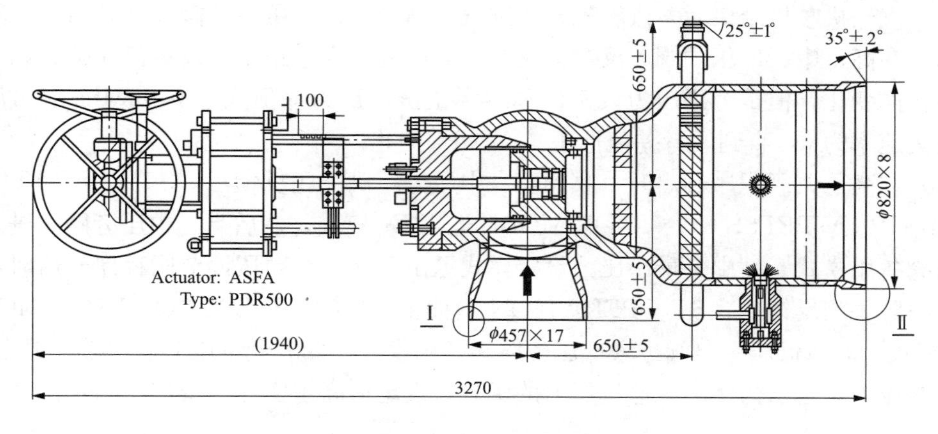

图 4-57　中压旁路阀结构

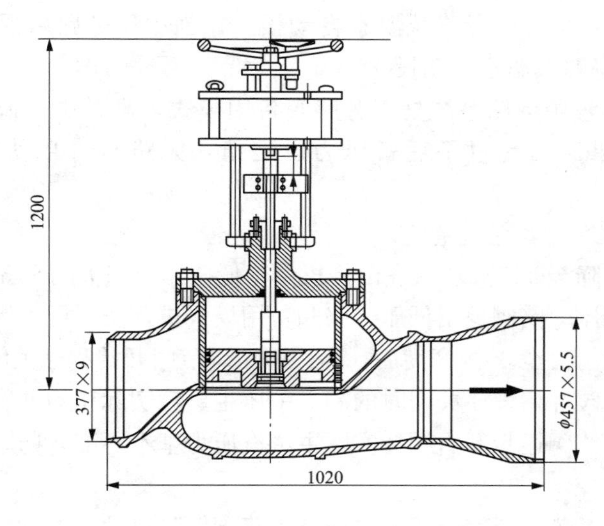

图 4-58　低压旁路阀结构

式，旁路压力设定点变更为主蒸汽实际压力。随着燃烧增强，旁路前压力逐渐升高，当高压主汽压力超过点火时高压主蒸汽压力 0.3MPa 且高压主蒸汽压力已经大于 0.5MPa 时，高压主蒸汽压力超过 5.5MPa 时或者高压旁路阀开度大于 5%时，高中压旁路进入高中旁最小压力设定模式。当低压主蒸汽压力超过点火时低压主汽压力 0.03MPa 且低压主蒸汽压力大于 0.1MPa 时或低压主汽压力大于 0.15MPa 时，或低压旁路阀开度大于 5%时，低压旁路进入低旁最小压力设定模式。进入此模式后，旁路开始逐渐打开，旁路压力设定值逐渐升高。此阶段高、中、低旁路压力设定值升高速率各不相同，各个旁路压力设定值升高速率和实际主汽压力有关，由函数进行控制。其中高压旁路压力设定值升高速率还和汽轮机的冷温热态有关。

（3）当高、中、低压旁路压力设定值分别达到 6.2、1.60、0.27MPa 后，各个旁路压力设定值为燃机负荷的函数，其压力设定值上升速率取决于实际主蒸汽压力。

(4) 汽轮机暖机结束后，汽轮机开始进汽，高、中、低压调节阀逐渐开启，旁路阀逐渐关闭。在高、中、低压调阀关反馈消失时，对应的各个旁路压力设定值在随着燃气轮机负荷变化而变化，但是旁路压力设定值和实际主蒸汽压力差值大于0.02MPa时，压力设定点变更速率为0，直到两者差值低于0.02MPa为止。

(5) 在高压调阀程序开启时，收到高、中压旁路阀关闭反馈后，ST OPERATION画面上HP/IP CV PRESS CONTROL MODE进入IN模式，然后高、中压旁路阀进入高中压旁路阀备用模式，高中旁最小压力设定模式退出运行。在高压调节阀程序开启时，收到低压旁路阀关闭反馈后，ST OPERATION画面上LP CV PRESS CONTROL MODE进入IN模式，然后低压旁路阀进入低压旁路阀备用模式，低旁最小压力设定模式退出运行。各个旁路压力设定点为实际主蒸汽压力的函数，设定值高于实际主蒸汽压力，使各个旁路保持关闭。

(6) 在旁路开启时，注意监视高、中压旁路后的蒸汽温度。当高压旁路减温阀后蒸汽温度高于396℃时，检查高压旁路减温水自动投入；当中压旁路减温阀后蒸汽温度高于180℃时，检查中压旁路减温水自动投入。

(7) 机组运行过程中旁路系统处于旁路阀备用模式，高、中、低压旁路阀的压力设定为后备压力，如果压力超过了后备压力设定值，旁路阀将自动打开，释放一部分蒸汽。

2. 机组停运过程中旁路系统的投运

(1) 当机组负荷降至225MW后发出停机令，低压调节门关闭至30%开度，检查低压旁路阀开始打开，低压旁路阀退出低压旁路阀备用模式进入实际压力跟踪模式。

(2) 当低压调节门关至30%开度后，高、中压调节门开始程序关闭，高、中压旁路压力设定点为高压调节阀开始程序关闭时的高、中压主蒸汽实际压力并在之后停机过程中维持不变，高、中压旁路阀逐步开启维持实际主蒸汽压力基本不变，防止汽轮机停运过程中汽包水位波动。

(3) 机组熄火后，各个旁路关闭，之后将旁路阀解除自动。手动模式下各个旁路压力设定值跟踪实际主蒸汽压力。

3. 低压缸冷却蒸汽

机组启动升速、定速对排气通道清吹（清吹结束后蒸汽轮机低压主汽阀打开）、点火至机组转速2000r/min过程中汽轮机高、中、低压缸不进蒸汽。机组转速大于2000r/min时，为将低压缸叶片由于鼓风损失产生的热量带走，汽轮机低压主蒸汽调节阀逐渐开启，直至低压缸主蒸汽调节阀开启至32.1%，由辅助蒸汽通过低压缸冷却蒸汽系统提供低参数蒸汽对低压缸进行冷却。

机组蒸汽轮机暖机结束后开始进汽，随中压缸进汽压力逐渐升高，低压缸冷却蒸汽压力调节阀逐渐关小，保持低压缸主汽阀前压力一定。当中压缸进汽压力大于0.38MPa且低压缸冷却蒸汽压力调节阀开度小于10%时，低压缸主蒸汽电动隔离阀开始打开直至全开；中压缸进汽压力大于0.38MPa延时30s且低压缸冷却蒸汽压力调节阀开度小于10%时，低压缸冷却蒸汽电动隔离阀开始关闭直至全关；低压缸冷却蒸汽压力调节阀在此过程中逐渐关闭。

四、主蒸汽系统优化

1. 高、中压调节阀开启速率修改

机组冷态启动暖机负荷为58MW，从汽轮机开始进汽到机组负荷达到225MW需要94min，从汽轮机开始进汽到高、中压主汽调节阀全部开启需要99min，两者时间不一致，造成机组需要在225MW负荷下等待5min，待高中压主汽调阀全部开启后才能加负荷。因此，经过分析论证，将高、中压主蒸汽调节阀汽轮机进汽条件满足后60s到开度10%之间的开启速率进行调整，经调整后高、中压主汽调节阀全开与机组负荷达到225MW基本同时。避免了机组长时间在低负荷下运行，相应降低了天然气和厂用电耗量。

2. 冷态启动高压旁路阀参数修改

机组冷态启动时，进汽条件满足后暖机即结束，汽轮机开始进汽。进汽条件包括主蒸汽过热度、主蒸汽压力、主蒸汽温度，其中高压主蒸汽压力大于4.7MPa这个条件最后满足，高压主蒸汽压力决定了冷态启动时的暖机时间。主蒸汽压力由高压旁路的逻辑控制，冷态启动时暖机时间不一。通过对高压旁路逻辑的分析论证，将高压旁路压力设定点和实际高压主蒸汽压力偏差值达到0.03MPa时，高旁压力设定点压力值在30s内不再变更。修改为高压旁路压力设定点和实际高压主蒸汽压力偏差值达到0.06MPa时，高旁压力设定点压力值在1s内不再变更。

经过实际运行，机组冷态启动时，机组暖机负荷一般维持在30min左右，且暖机时间比修改前有所减少。

五、系统典型异常及处理

1. 高、中压旁路阀在启停过程中卡涩

(1) 可能原因。旁路阀机械原因卡涩或是热控设备（如阀门控制器、定位器、仪用空气减压装置等）故障。

(2) 处理办法。立即至现场掌握设备运行情况，通过DCS中的现象和设备现场的情况判断卡涩原因，再根据具体原因处理：若阀门判断为机械卡涩，可暂退出机组自动启机程序，将卡涩的阀门切换至“手动”状态，尝试通过手动方法操作阀门，若DCS还是不能正常操作，视情况联系检修人员在就地操作该阀门（就地操作高温高压阀门较危险，需佩戴专用的隔热防烫伤的PPE，且操作过程需要缓慢小心，避免蒸汽外漏导致人身伤害）；若判断为热控设备故障导致阀门不能操作，应视具体情况联系热控检修人员紧急处理。处理过程中，如由于旁路阀不能打开导致系统蒸汽压力升高，可通过系统疏水阀甚至锅炉的排空阀控制系统不超压。若经上述处理仍不能正常操作该阀门，应及时申请停机，检查处理，待缺陷消除后再重新启动机组，避免故障扩大损坏设备。

2. 中、低压主汽阀在机组启动过程中不能开启

(1) 可能原因。中、低压主汽阀机械原因卡涩，中、低压主汽阀压力平衡阀未正常开启或是热控设备故障。

(2) 处理办法。立即至现场掌握设备运行情况，通过DCS中的现象和设备现场的情况判断卡涩原因，再根据具体原因处理：若判断为机械卡涩不能开启阀门，应及时停机，

联系检修人员紧急处理；若现场检查发现压力平衡阀未开启导致主汽阀不能正常开启，应及时开启压力平衡阀，并检查主汽阀开启正常；若判断为热控设备原因导致主汽阀未正常开启，应在机组启动过程中及时联系热控检修人员处理。

3. 低压主蒸汽电动隔离阀在机组启动过程中不能正常开启

(1) 可能原因。阀门故障；传递电动头力矩的铜套损坏，导致低压主蒸汽电动隔离阀门不能随电动头一起动作。

(2) 处理办法。立即至现场确认设备运行情况，将该阀门切至“手动”状态，通过手动操作方式尝试开启阀门，若阀门不能正常开启，应继续执行机组启动程序，启动过程中加强对低压旁路系统的监视，避免旁路阀不能正常动作导致系统超压，同时，联系检修人员及时更换铜套或采用其他方法将阀门开启，恢复系统正常运行。

4. 低压缸冷却蒸汽压力异常

(1) 可能原因。低压缸冷却蒸汽调阀故障；机组/厂用辅助蒸汽母管压力异常，低压缸冷却蒸汽管道泄漏等。

(2) 处理方法。就地调整低压缸冷却蒸汽调阀，如是由机组/厂用辅助蒸汽母管压力异常导致则及时恢复机组/厂用辅助蒸汽母管压力，维持低压缸冷却蒸汽压力 0.25MPa，并通知检修处理；如发生泄漏，设法堵漏，否则安排停机处理。

5. 低压缸冷却蒸汽温度异常

(1) 可能原因。低压缸冷却蒸汽喷水减温阀故障；凝结水系统故障；喷水减温管道泄漏等。

(2) 处理方法。就地操作低压缸冷却蒸汽喷水减温阀后手动门，维持低压缸冷却蒸汽160℃，并通知检修处理；如凝结水系统故障，则恢复凝结水正常运行；如发生泄漏，设法堵漏，否则安排停机处理。

第十二节　闭式循环冷却水系统

燃气轮机、汽轮机、发电机及其辅助系统在工作期间产生热量的部件需要被冷却，闭式冷却水系统的作用就是为整个机组的各种换热器、辅机轴承、旋转设备等提供清洁的冷却水。闭式循环冷却水系统是闭式循环，由于该冷却水是供至燃气轮机、汽轮机、发电机及辅助系统的部分需要闭冷水冷却的部件中，因而在闭式水中添加有联氨，pH 大于 9.5。

一、闭式循环冷却水系统概述

1. 闭式循环冷却水系统主要设备

闭式循环冷却水系统主要设备有 1 个闭式膨胀水箱、2 台闭式循环冷却水泵、1 台停机冷却水泵、2 台闭式水换热器，以及相关的管道、阀门、仪表等。

2. 闭式循环冷却水系统的用户

闭式循环冷却水系统的用户有润滑油冷却器、密封油冷却器、密封油真空泵冷却水、发电机氢气冷却器、发电机氢气干燥器冷却器、凝结水泵电动机 A/B 冷却器、凝结水泵 A/B 推力轴承冷却水、凝结水泵 A/B 导向轴承冷却水、控制油冷却器、高中压给水泵 A/

B电机冷却水、高中压给水泵B工作油冷却器、高中压给水泵B润滑油冷却器、高中压给水泵B机封冷却器、高中压给水泵B驱动端机封冲洗水（驱动/非驱动端）、高中压给水泵A油冷却器、高中压给水泵A轴承冷却水（驱动/非驱动端）、凝结水再循环泵A/B轴承冷却水、凝结水再循环泵A/B中间轴承冷却水、凝结水再循环泵A/B机封水冷却器、汽水高温取样架冷却器、增压机（已隔离）。

3. 闭式循环冷却水系统流程

闭式循环冷却水系统示意如图4-59所示。

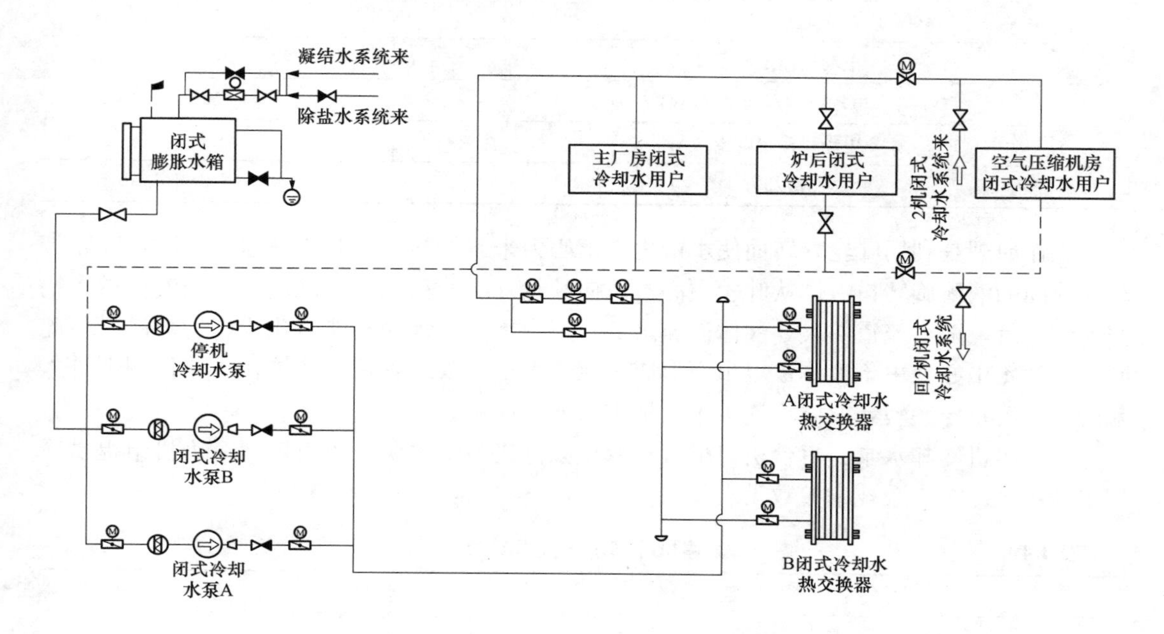

图4-59　闭式循环冷却水系统示意图

M701F4燃气-蒸汽联合循环机组配置单元制闭式水循环系统，系统简单，便于集中控制，同时管道短、附件少、管道压损小，但相邻机组闭式水系统之间不能切换运行。

该系统配置2台100%容量的闭式冷却水泵，用于闭式冷却水的升压循环，在用户端换热后的高温冷却水被送至闭式水换热器，经换热降温以后，再次回到各用户，对需冷却的设备进行冷却。系统的具体流程分以下两部分。

（1）闭式循环冷却水泵输送介质取自凝结水箱，该介质经闭式循环冷却水泵加压后，经水-水热交换器冷却进入各有关设备的热交换器，再返回闭式循环冷却水泵入口，形成闭式循环水系统。该系统的补水来自闭式循环水高位水箱。

（2）1/2号机组闭式冷却水系统均能向空压机房提供冷却水，之间配置联络管，采用电动阀进行切换。闭式水换热器采用开式水作为冷却水。

4. 闭式循环冷却水系统主要设备

（1）闭式循环冷却水泵。每台机组配置2台闭式循环冷却水泵，一用一备。闭式循环冷却水泵技术参数见表4-3。

表 4-3　　闭式循环冷却水泵技术参数

参　数	值
入口压力（MPa）	0.15～0.2
最大工作流量（m^3/h）	1600
最大工作扬程（m）	60
转速（r/min）	1460
必须汽蚀余量（m）	4.2
配套功率（kW）	355
电动机额定电压（V）	6000
电动机额定功率（kW）	355
电动机额定电流（A）	41.5
冷却方式	空-空冷却

工作原理是利用叶轮旋转而使水产生的离心力来工作的。当叶轮高速旋转时，叶轮带动叶片间的液体旋转，液体从叶轮中心被甩向叶轮外缘，动能也随之增加。当液体进入蜗壳形流道后，随着流道扩大，液体流速降低，压力增大，水的动能转化为压力势能。与此同时，叶轮中心处由于液体被甩出而形成一定的真空，吸入管路的液体在压差作用下进入泵内。叶轮不停旋转，液体也连续不断地被吸入和压出。

（2）停机冷却水泵。每台机组配置 1 台变频停机冷却水泵，机组停运时为机组提供冷却水。停机冷却水泵技术参数见表 4-4。

表 4-4　　停机冷却水泵技术参数

参　数	值
最大流量（m^3/h）	570
最大工作点扬程（m）	39
转速（r/min）	1470
必须汽蚀余量（m）	4.8
额定电流（A）	200
额定电压（V）	380
功率（kW）	110
冷却方式	空-空

（3）闭式循环水换热器。每台机组设置 2 台 100％的闭式循环水热交换器，为闭式冷却水系统提供冷却水，型式为板式水-水热交换器。

1）工作原理（如图 4-60 所示）。板式换热器是通过压紧螺栓将换热波纹板片夹紧组装在一起，冷热介质各自通过波纹板片上不同的角孔导入板片与板片之间的表面进行流动。如图 4-60 所示，每张板片都是一个传热面，板片的两侧分别通过冷热介质进行热交换。角孔及板片四周粘有密封垫片，限制了介质在板片组内按各板片设计的平面通道流动。流经板片表面的介质，在板片波纹的作用下形成激烈的湍流，增强介质与板片间的换热效果，从而达到充分、高效换热的目的。冷、热介质分别在波纹板片的两侧流动，两张

波纹板片之间主要通过密封垫或大量的焊缝来进行密封，在换热板片不开裂破损的情况下，冷热介质不会发生混淆，充分保证设备在系统中运行的安全。

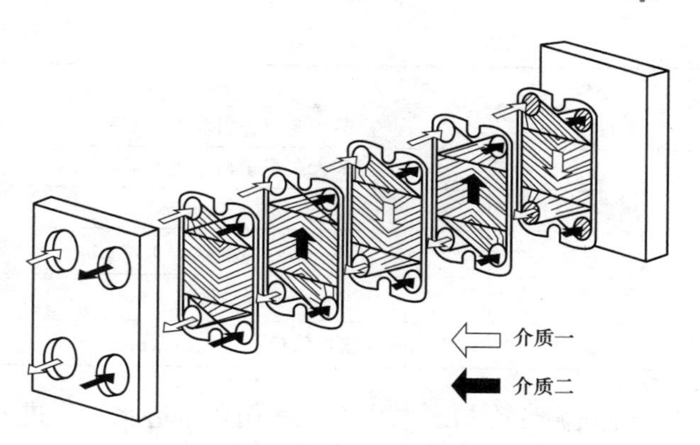

图 4-60　板式换热器工作原理示意图

2）板式换热器的结构示意如图 4-61 所示。主要分为三大部分：框架、波纹板片、密封垫。

设备中除板片和密封垫以外的其他钢体结构一般统称为框架。其结构主要由固定压紧板、上下导杆、活动压紧板及支柱等组成。冷热介质分别经固定压紧板（或活动压紧板）上的入口法兰孔（角孔）流入由波纹板片组成的各自通道，热交换后再由固定压紧板（或活动压紧板）上的出口法兰孔流出。

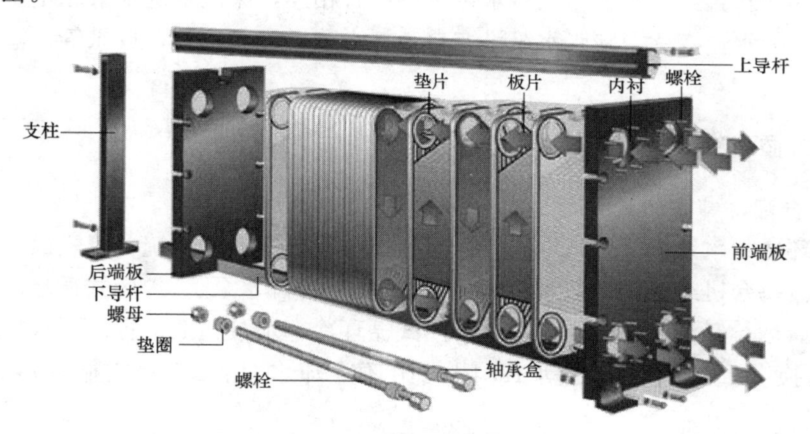

图 4-61　板式换热器的结构示意图

波纹板片一般选用所需板材，压制形成特定花式的波纹，组装后形成统一的介质通道，是换热器的核心部件。波纹板片采用一次压制成型技术，合理的波纹设计主要有以下三个方面的作用：①增加有效传热面积；②强化传热效果；③提高板片刚性。

密封垫主要用于波纹板片内介质通道的导流以及相邻波纹板片之间的密封，是确保板式换热器安全稳定运行的重要部件。密封垫的主要材料为橡胶，具有一定的耐腐蚀能力，满足电厂闭式水系统的需要。

板式换热器技术参数见表 4-5。

表 4-5　　**板式换热器技术参数**

序号	名称	闭式水侧	开式水侧
1	最大工况流量（t/h）	1600	1600
2	最大工况工作压力（MPa）	1.0	0.8
3	压力降（MPa）	＜0.069	＜0.069

续表

序号	名称	闭式水侧	开式水侧
4	最大工况进口温度（℃）	45	34
5	最大工况出口温度（℃）	38	41
6	介质流速（m/s）	3.54	3.54
7	传热面积（m^2）	521.1	
8	进水管道接口规格（mm）	DN500	DN500
9	出口管道接口规格（mm）	DN500	DN500

开式循环冷却水取自主厂房循环水进水管，进入闭式循环水热交换器将闭式循环冷却水冷却后排入循环水出水管，其水质为淡水。闭式循环冷却水回水由闭式循环冷却水泵升压，经闭式循环水热交换器冷却后，向各用户提供冷却水，其水质为除盐水。开式水侧允许最大流量可达约2000t/h，在2000t/h的流量下也不会影响换热器的安全稳定运行和性能。

（4）闭式膨胀水箱。闭式循环冷却水系统设置一个由除盐水或凝结水补充水的10m^3膨胀水箱，膨胀水箱经由管道与闭冷水泵进口母管相连，保证系统水量充足且可吸收系统热胀冷缩引起的水位变化。膨胀水箱设有自动补水管道、水位计、放水管、溢流管道、排空弯头等。

二、闭式循环冷却水系统运行

1. 闭式循环冷却水系统运行要求

闭式循环冷却水系统是保障电厂安全运行十分重要的公用系统，闭式循环冷却水系统一般不停运。每台机组正常运行时，因1B闭式循环冷却水泵、2A闭式循环冷却水泵经过削叶轮改造后运行经济性较好，作为主力闭式循环冷却水泵长期运行。要求执行定期工作设备定期轮换（上旬）时，启动1A闭式循环冷却水泵、2B闭式循环冷却水泵试运行30min。

机组停机时，当高中压给水泵停运后可将闭式循环冷却水泵切换至停机冷却水泵运行，由停机冷却水泵提供机组闭式循环冷却水。

闭式循环冷却水运行期间为减小节流损失，应将闭式循环冷却水供水调节阀全开。

一台机长时间停运时，根据实际情况可将本台机组的氢气干燥器冷却水切换至另一台机闭式循环冷却水供给，将空气压缩机房冷却水切换至另一台机供给，停运本机组密封油真空泵后，可将本台机组的闭式循环冷却水系统停运。

闭式循环冷却水系统长期停运后，再次启动前应对闭式循环冷却水水质进行化验，水质不合格时及时进行补排处理，直至水质合格。

2. 闭式循环冷却水泵的自动条件

（1）启动运行条件。闭式循环冷却水泵出口阀在“关”位且闭式循环冷却水泵不在备用或闭式循环冷却水泵出口阀在“开”位且闭式循环冷却水泵在“备用”位；闭式循环冷却水泵进口阀在“开”位；闭式膨胀水箱水位不低于0.8m；板式换热器A或B至少一个投入；无闭式循环冷却水泵跳闸条件。

（2）联锁启动条件。运行泵跳闸，备用泵联动；运行泵出口压力低于0.3MPa。

（3）跳闸条件。闭式膨胀水箱水位低于 0.5m；泵启动 30s 后闭式水泵出口电动阀关闭；泵运行时入口电动阀关闭。

（4）报警。任意两电动机绕组温度高于 120℃或任一轴承温度高于 80℃；闭式循环冷却水泵进口滤网压差高。

三、闭式循环冷却水系统优化及改造

1. 停机冷却水泵变频改造

闭式循环冷却水系统原设计机组停运时由 1 台工频停机冷却水泵供给机组冷却水。此时闭式循环冷却水母管压力调节阀开度，1 号机开度约 20%，2 号机开度约 3%，节流损失严重，且 1、2 号机停机冷却水泵电流均在约 190A。不仅造成了厂用电的浪费，同时阀门运行工况恶劣，噪声大。经论证分析，将 1、2 号机停机冷却水泵均改为变频泵，机组停运后保持闭式循环冷却水母管压力调节阀全开，停机冷却水泵频率根据闭冷水系统负荷进行调节。正常情况下停机后变频调节至 35Hz 能够满足要求，电流约为 65A，停运时间较长时变频调节至 30Hz，电流约为 42A。相比改造前，节约 70%的电量。

2. 闭式循环冷却水水泵叶轮改造

闭式循环冷却水系统原设计机组正常运行时除提供上文所述的用户冷却水外，还提供天然气增压机油系统冷却水及其出口天然气冷却水。闭式循环冷却水泵运行时闭冷水母管压力调节阀为部分开度，闭式循环冷却水泵电流 30A。经论证分析，将 1B、2A 闭式循环冷却水泵叶轮改造，目前机组运行时，闭冷水母管压力调节阀全开，1B、2A 闭式循环冷却水泵运行，其电流为约 22A。相比改造前，节约 26.6%的电能。

3. 氢气干燥器冷却水改造

M701F4 型燃气-蒸汽联合循环电厂由于天然气量受到限制，机组运行小时数偏低，年运行时间短，绝大部分时间处于单台机组运行状态。根据对闭式循环冷却水系统的分析，将氢气干燥器冷却水系统进行改造（见图 4-62）。

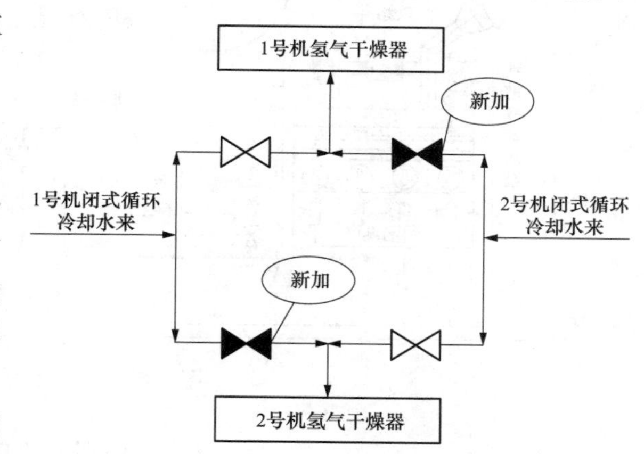

图 4-62 氢气干燥器冷却水改造图

经改造后，1 台机组长期停运期间，可以将氢气干燥器冷却水切换至另一台机供给，而停运本台机组的闭式循环冷却水系统。

第十三节 循环水及开式水系统

循环水系统的范围从循环水取水源开始，到凝汽器，直至循环水回至冷却塔。

循环水系统的作用是将冷却水连续不断地输送至凝汽器去冷却汽轮机低压缸排汽及其他进入凝汽器的蒸汽，以维持凝汽器的真空，使汽水循环得以继续。另外，它还通过开式

水系统向闭式水热交换器、真空泵密封水冷却器提供冷却水。

一、循环水及开式水系统概述

1. 循环水系统的主要设备

每台机组配置两台循环水泵及相对应的液控蝶阀、一台辅助冷却水泵、一座逆流式自然通风冷却塔、循环水泵前池闸门和滤网、两套胶球清洗装置以及相关的管道、阀门、仪表等。

开式水系统的主要设备：两台100%容量开式冷却水泵，一台电动滤水器，一个开式循环水泵旁路，两台闭式水热交换器、两台真空泵密封水冷却器，以及相关的管道、阀门、仪表等。

2. 循环水及开式水系统流程

(1) 循环水系统（见图4-63）。循环水供水系统主要分为开式和闭式两种，以循环水闭式循环为例。循环水的补水水源为第二水厂供给的工业水或者生活水，补水由两根D426补水管直接补至冷却塔集水池。集水池的水经出口粗拦栅、地下水道，进入循环水泵前池前分为两部分（见图4-64）。1号和2号冷却塔之间设置联络井，在联络井的两端

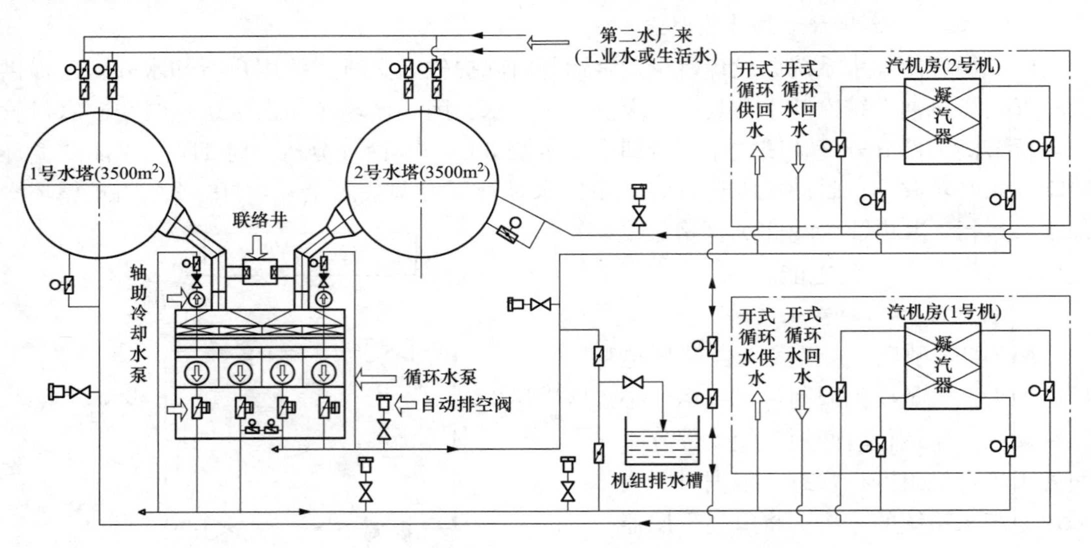

图4-63 循环水系统图

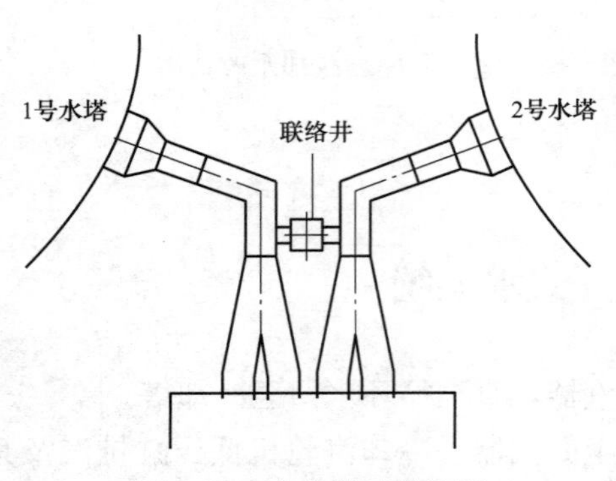

图4-64 冷水塔至前池图

分别设置启闭机，需要时使两台水塔之间可以相互支援。

由冷却塔来的循环水进入循环水泵前水室（每台循环水泵对应一个），经钢闸板、两级滤网后进入循环水泵吸入水室。1号辅助冷却水泵和1号循环水泵A在同一个水室，2号辅助冷却水泵和2号循环水泵A在同一个水室。

循环水经每台循环水泵升压后由D1400管经液控蝶阀与机组循环水母管相连。循环水母管

D2030 进入凝汽器前又分为两条 D1400 后经电动蝶阀分别进入凝汽器。

循环水从进口管流入凝汽器，水流经凝汽器管组进入回水水室，之后经过凝汽器管组流回到出口水室。最终循环水通过凝汽器出口水室排入循环水出口 D1400 管路，经电动蝶阀后汇聚在一起，回水至冷却水塔中央竖井。经淋水装置后回至集水池。

两台机组的循环水回水管路还设有联络管，当单台机组运行时投入，可以有效增加循环水冷却面积，提高机组真空。

循环水系统还设有冷却塔循环水回水旁路，旁路打开时，水直接回到集水池，不去中央竖井，一般冬天采用，防止冷却水温度太低，冷却塔结冰多损坏设备。

为防止凝汽器冷却管结垢，提高传热效果，保证凝汽器内的真空度，在凝汽器的两侧，各装设一套胶球清洗装置。

（2）开式水系统图（见图 4-65）。开式水系统设有两台开式水泵，两台开式循环水泵均为 100%容量，互为备用，并联连接，夏季水温高时可投入使用。

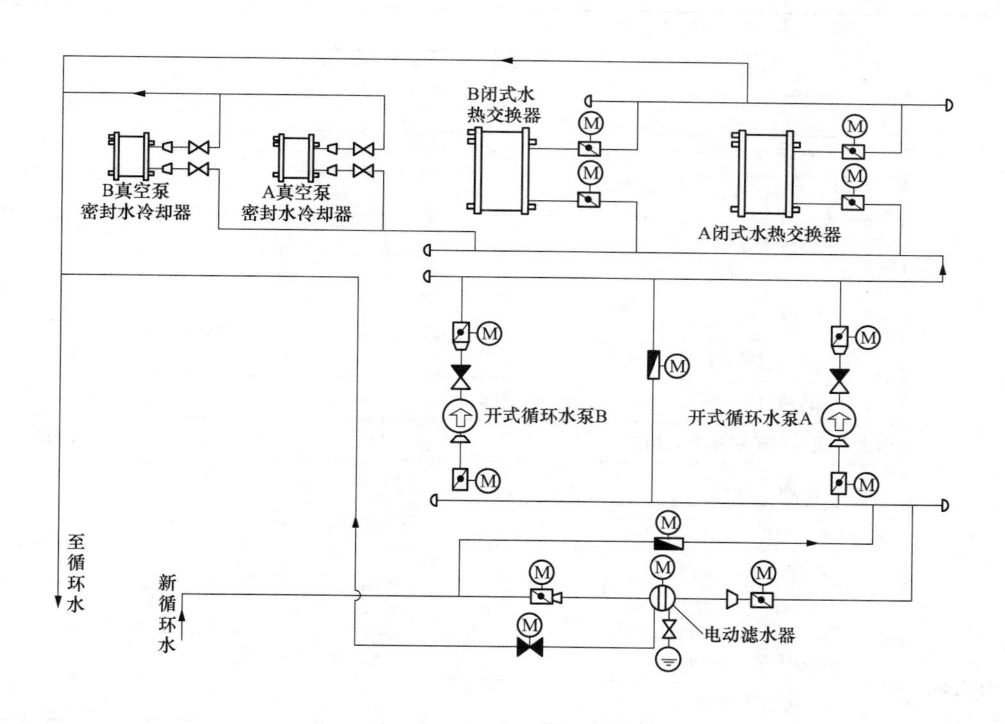

图 4-65　开式水系统图

开式冷却水取自机组循环水供水母管，经电动滤水器，由开式冷却水泵升压或经其旁路后供给两台闭式水热交换器和两台真空泵密封水冷却器，回水汇至机组循环水回水母管。因开式冷却水泵不设最小流量再循环管，所以要求开式水泵启动前，应先开启需投运的闭式水换热器的进、出口冷却水阀，避免冷却水泵发生汽化。

正常运行时两台开式冷却水泵处于备用状态，利用循环水经其旁路供给用户冷却水，当夏季大气温度较高时，需要启动一台开式循环水泵，关闭旁路运行，另一台开式循环水泵投入备用。开式循环水泵长期停运启动前，应打开泵体排空阀将泵内空气排净。

二、循环水及开式水系统主要设备

（一）循环水泵和辅助冷却水泵

绍兴江滨热电循环水泵采用立式斜流泵，用于将循环水升压，向凝汽器、闭式水系统、真空泵系统提供一定压力和流量的冷却水。辅助冷却水泵用于机组启动抽真空时和机组停运时，向机组提供冷却水。

绍兴江滨热电 M701F4 型燃气-蒸汽联合循环两台机组配用 4 台双速循环水泵，根据环境温度的不同进行配用。配用 2 台辅助冷却水泵。

1. 循环水泵和辅助冷却水泵的主要特性参数（见表 4-6）

表 4-6　　循环水泵和辅助冷却水泵的主要特性参数

项目		参数		
循环水泵	型号	60LKXA-21.9		
	工况	夏季	春秋季	冬季
	流量（m^3/s）	3.82	4.4	4.87
	扬程（m）	25.2	21.9	18.9
	轴功率（kW）	1111	1074	1026.1
	效率（%）	85	88	88
	关闭扬程（m）	45	45	45
	汽蚀余量（m）	8.05	8.85	9.79
	转速（r/min）	595	595	595
	出水总压力（绝对压力，MPa）	0.252	0.219	0.189
	旋转方向	顺时针（从电动机向水泵看）		
循环水泵电动机	型号	YKSLD1300/750-10/12/1180		
	额定功率（kW）	1300/750		
	额定电压（V）	6000		
	同步转速（r/min）	595/497		
	频率（Hz）	50		
	功率因数	0.84/0.73		
	绝缘等级	F		
	冷却方式	空-水冷		
	旋转方向	顺时针（从上向下看）		
循环水辅助冷却水泵	进水温度（℃）	15		
	流量（m^3/h）	2200		
	扬程（m）	17		
	轴功率（kW）	119.5		

续表

项目		参数
循环水辅助冷却水泵	汽蚀余量（m）	4.74
	转速（r/min）	990
	出水总压力（MPa）	0.17
	旋转方向	顺时针（从电动机向水泵看）
循环水辅助冷却水泵电动机	型号	Y355M1-6/v1
	额定功率（kW）	160
	额定电压（V）	380
	同步转速（r/min）	990
	频率（Hz）	50
	效率（%）	94.5
	功率因数	0.88
	绝缘等级	F
	冷却方式	风冷
	旋转方向	顺时针（从上向下看）

2. 循环水泵和辅助冷却水泵介绍

（1）循环水泵。循环水泵为双速、立式、湿井式、可抽芯式、固定叶、单支座（吐出管在支座下方）斜流泵。循环水泵安装布置的主要高程：运转层标高为0.00m，出水管中心标高为−2.70m，进水流道宽度为3.5m，吸水喇叭口进口标高为−8.00m，吸水室底板标高为−8.70m，设计最高水位为−0.40m，设计最低水位为−2.00m，设计正常水位为−0.95m。

循环水泵应能反方向运转。其反转转速不大于1.2倍额定转速，此时水泵电动机等设备无任何损坏。在反转转速为10%额定转速的情况下启动，此时水泵电动机无任何损坏。泵盖上安装有自动快速排气阀，用于泵启动时排出泵内空气。

循环水泵径向轴承的冷却、润滑及电动机冷却水、推力轴承冷却水正常由循环水泵母管，经升压泵升压或升压泵旁路提供（根据环境温度不同决定是否启动升压泵），两台循环水泵共用一套冷却水系统。冷却水系统异常时由工业水提供泵和电动机冷却水。

循环水泵电动机应选用交流鼠笼式异步双速电动机，高低速切换采用就地专用箱调整接线，高低转速档为恒定转速。电动机滚动轴承润滑油设置有油位指示。

（2）辅助冷却水泵。辅助冷却水泵为立式、不可抽芯、单支座长轴泵，吐出管在基础之上。循环水辅助冷却水泵安装布置的主要高程：运转层标高为0.00m，进水流道宽度为3.5m，泵设计水位为−1.00m。轴承冷却水采用工业水供给。

（二）循环水泵出口液控蝶阀

液控蝶阀安装在泵出口管路上，起到截断水流和止回阀两种功效，用来避免和减少供水系统中水的倒流以及产生过大水锤危害和较大的压力波动，以保护水泵和凝汽器。工作时，阀门与循环水泵配合，按照水力过渡过程原理，通过预设的启闭程序，有效消除管路水锤，降低管网系统的压力波动，实现管路的可靠截止，起到保护管路系统安全的作用。

液控蝶阀主要由阀体、蝶板、液动装置、液压站及电控箱等组成（如图4-66所示）。

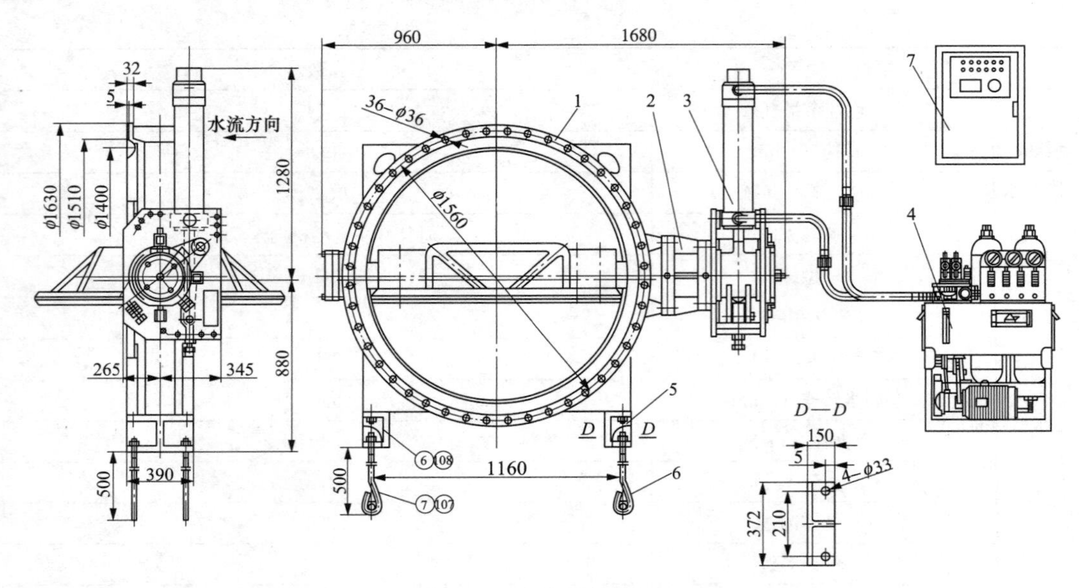

图 4-66 液控蝶阀的组成

1—蝶阀下部；2—传动支座；3—液动装置；4—液压站；
5—地脚架；6—地脚螺栓；7—电控箱

液压站包括油泵机组、蓄能器、电磁阀、溢流阀、流量控制阀、截止阀、液压集成块、油箱等部件。蓄能器为阀门启闭提供主要动力源、流量控制阀调节开关时间、溢流阀作为系统的安全阀、截止阀用作整个系统的卸压。

开阀：液压站上油泵启动，压力油经油泵油管进入液动装置无杆腔内，推动活塞带动蝶板从 0°（全关）到 90°（全开），完成阀门开启过程。

关阀：蓄能器内压力油进入液动装置油缸有杆腔内推动活塞带动蝶板完成阀门的快、慢两阶段关闭。

系统压力为 12～16MPa，蝶阀在全开位置开阀压力不低于 3MPa，在全关位置关阀压力不低于 3MPa。

（三）冷却塔

1. 冷却塔的组成

冷却塔由通风筒、配水装置、淋水装置、两级填料、除水器、集水池、溢流管、放空管（排污管）、中央竖井、排泥沟、补水管等组成。

2. 冷却塔的特性参数（见表 4-7）

表 4-7　　冷却塔的特性参数

项　目	参　数
形式	逆流式自然通风冷却塔
数量（台）	2
淋水面积（m^2）	3500

续表

项　　目	参　数
冷却水量（m^3/h）	27 548
淋水密度［$m^3/(h \cdot m^2)$］	7.87
塔高（m）	90
进风口高（m）	5.80
进风口顶部直径（m）	67.373
环基中心直径（m）	74.64
集水池外壁直径（m）	77.64
喉部直径（内径，m）	38.8（72m标高）
塔顶出口直径（内径，m）	40.511（90m标高）
集水池水深（m）	2

3. 冷却塔介绍

每台机组配置一座逆流式自然通风冷却塔，循环水在冷却塔内放热、空气吸热，受热后的空气比他外的空气比重小，空气向上流动并有一定的风速。由机组循环水回水进入中间竖井（顶高为12m），后经内、外围配水主水槽（各四路），分配进入内、外围配水管（中心标高为9.15m），经反射型喷嘴喷出，均匀地留到喷水盘上，循环水经过两级填料时与空气进行热交换，后淋水至冷却塔集水池。冷却水被蒸发的水蒸气及水珠经除水器除去部分水后从凉水塔顶部进入大气。

塔内围配水区在设计流量下通过的流量约为32.15%，外围配水区在设计流量下通过的流量约为67.85%，内围配水主水槽入口装有由手动启闭机启闭的闸板门。进入冬季应根据气温变化趋势及冷却水温度，及时调整冷却塔运行方式，注意冷却塔防冻运行，防止淋水装置损坏现象发生。可采取关闭内围配水，加大外围配水量，以增大外围淋水密度的措施，防止塔内结冰。

（四）胶球清洗装置

每台机组配置两套自动胶球清洗系统，分别用于凝汽器A/B侧水室。凝汽器胶球清洗是借助水流的作用将胶球带入凝汽器冷凝管，对冷凝管进行擦洗，维持冷凝管内壁清洁，保证凝汽器设计换热效率不下降，从而维持凝汽器的端差和汽轮机背压；避免冷凝管内壁腐蚀，改善运行条件，延长机组寿命。

胶球清洗装置系统如图4-67所示。

胶球清洗系统由胶球泵、装球室、切换阀、收球网等组成。采用软胶球，清洗时把经过充分浸泡的海绵球填入装球室，启动胶球泵，胶球便在比循环水压力略高的压力水流带动下，经凝汽器的进水室进入不

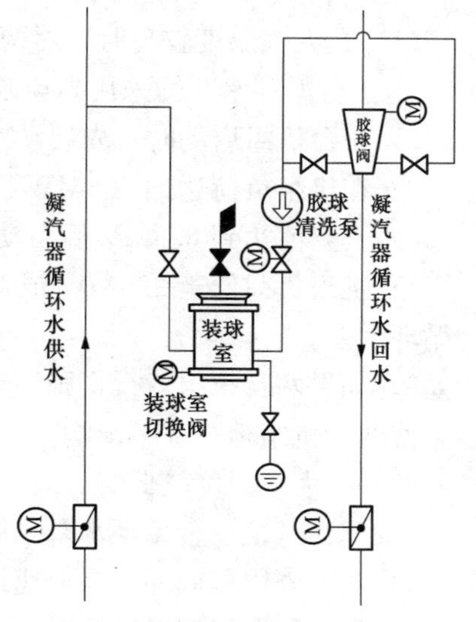

图4-67　胶球清洗装置系统图

锈钢管，软胶球的直径比不锈钢管略大（约为1mm），与不锈钢管壁全面接触进行清洗。胶球把不锈钢管内壁抹擦一遍，流出不锈钢管的管口时，靠自身的弹力作用使它恢复原状，并随水流到达收球网，被胶球泵入口负压吸入泵内，重复上述过程，反复清洗。

胶球清洗系统控制系统具有自动和手动控制方式，可以实现A/B同时或单边运行。

（五）开式冷却水泵

每台机配置两台卧式、离心式开式冷却水泵，泵进出水口在同一直线上。开式冷却水泵最大流量为1900m^3/h，转速为1450r/min，必须汽蚀余量为4.7m，开式冷却水泵电动机额定功率为160kW，转速为1490r/min，额定电压为380V，冷却方式为空-空冷却。

（六）开式水系统全自动滤水器

全自动滤水器由执行机构及自动控制机组成，执行机构由电动机减速装置、滤水器本体、电动排污阀组成。自动控制机构由安装在滤水器本体上的差压控制器及电气控制箱组成。全自动滤水器罐体内装有若干个过滤单元同时工作，反冲洗逐个清洗各个过滤单元，其他过滤单元仍在工作，保证连续供水。具备自动过滤、自动清污、自动排污功能，且在清污、排污时不影响正常供水量。

全自动滤水器在正常过滤状态时，电动减速机不启动，排污阀关闭。当达到清污状态时，排污阀打开，电动减速机启动，带动排污叉管转动，被冲洗的滤网单元分别与排污口接通，附着在滤网上的污物借助滤水器内部过滤后的清洁水反冲，通过开启的排污阀排出。

全自动滤水器清污、排污有定时清污和差压控制清污两种控制方式。

三、循环水系统运行

1. 循环水泵的运行模式

（1）在大气温度较高时，对两台机组4台循环水泵运行方式规定如下。

1）4台循环水泵均采用高速泵。

2）一台机组启动时，先启动本机组一台高速泵运行。

3）在机组负荷达到225MW以后，观察凝汽器真空的变化。

4）真空值达到6.3kPa后启动另外一台机组的高速泵运行，采用一机双塔运行模式。

5）机组负荷低于225MW或者凝汽器真空绝对压力值低于5.3kPa，停运非运行机组的循环水泵。

6）如果两台机组运行，则循环水泵出口联络阀和循环水回水联络电动阀保持关闭状态，使两台机组运行互不影响。

（2）在大气温度较低时，对两台机组4台循环水泵运行方式规定如下。

1）每台机组一台循环水泵采用高速泵，另一台采用低速泵。

2）冬季采用单循环水泵低速运行。

3）春、秋季根据气温情况采用单泵高速运行或双泵低速运行方式。

4）一台机组启动时，先启动本机组一台低速泵运行。

5）在机组负荷达到225MW以后，根据凝汽器真空的变化，决定是否切换至高速循泵运行，或启动另一台机组的低速循环泵运行。

6）如果两台机组运行，则循环水泵出口联络阀和循环水回水联络电动阀保持关闭状态，使两台机组运行互不影响。

2. 循环水泵相关条件

（1）循环水泵启动条件。

1）无液控蝶阀系统故障。

2）电动机冷却水压力大于0.05MPa，反向延时60s。

3）电动机推力轴承温度（两个）均小于75℃。

4）电动机导向轴承温度（两个）均小于75℃。

5）电动机下轴承温度小于75℃。

6）前水室滤网后水位大于7.5m。

7）蝶阀开15°或另一台循环水泵运行。

（2）循环水泵联锁启动条件。

1）循环水泵投入备用，运行循环水泵跳闸。

2）循环水泵投入备用，另一台循环水泵启动延时60s后，循环水泵出口母管压力小于0.1MPa延时3s。

（3）循环水泵保护停运条件。

1）前池滤网后水位小于6.5m。

2）循环水泵合闸延时20s，且其出口压力大于0.3MPa，且其出口液控蝶阀未开到位。

四、循环水系统运行优化及改造

1. 循环水泵冷却水改造

循环水泵正常运行及备用时冷却水由冷却水升压泵提供，通过调整冷却水升压泵出口手动阀，保证循环水泵的冷却水量，一般需要两台升压泵同时运行，冷却水升压泵电流约为11A。绍兴江滨热电经过分析在两台冷却水升压泵之间增设一旁路管道及一手动阀，循环水温度较低时开启旁路管道手动阀，停运升压泵。经试验循环水温度低时可以满足运行要求。为防止循环水泵跳闸备用循环泵联锁启动条件不满足的情况，将循环水泵联锁启动条件中电动机冷却水压力大于0.1MPa，修改为电动机冷却水压力大于0.05MPa反向延时60s。经试验能够满足冷却水要求。经计算可以节约10.57kW/h。

2. 一机双塔改造及改造后的效果

（1）一机双塔改造。M701F4型燃气-蒸汽联合循环电厂由于天然气量受到限制，机组运行小时数偏低，年运行时间短，绝大部分时间处于单台机组运行状态。另外工业区供热用户数量较少，供热量明显不足，汽轮机抽汽对外供热量有限，排汽凝结水量偏大，机组不能在设计工况运行，导致循环水系统冷却水量和冷却塔淋水面积严重不足。

机组采用双曲线自然通风冷却塔，循环水系统的设计中考虑了淋水面积和循环水量的相互匹配，水塔配水系统采用高性能的淋水装置和填料。循环水量的大小对冷却塔的冷却性能有着重要影响，增加循环水量有益于凝汽器侧热交换，可提高凝汽器真空，改善汽轮机的运行效率。但对于冷却塔，当出塔空气的相对湿度未达到饱和时，增加循环水量会使出塔空气逐渐趋于饱和，此时若继续增加循环水量，过量热水放出的热量已无法被空气吸收，出塔水温反而很快升高，且增加循环水量还需要多消耗泵的功率，降低机组运行效率。

通过对机组的运行工况进行统计分析，提出了对循环水冷却塔进行连通改造方案，形成一机两塔的运行方式，保证淋水面积满足循环水的冷却要求。如果一台机组采用两个冷却塔，可以最大限度地对机组的循环水进行冷却，冷却塔出塔空气可更多地带走循环水的热量，降低循环水的温度，提高机组凝汽器真空和机组效率。

将两台机组循环水回水母管连接，经过计算，采用 DN1400 通径钢管经控制蝶阀即可实现一机运行使用两个水塔冷却，同时达到两座水塔均匀配水的需求；将 1、2 号水塔之间的联络井连通，实现两个水塔之间的共用和水位平衡。为了更灵活地配置循环水系统，在两台机组循环水泵供水母管安装联络门，用于实现两台机组循环水泵的相互备用。

(2) 改造后的效果。5 月 21 日 1 号机组单机运行，采用双塔运行方式，5 月 23 日 1、2 号机组同时运行，为一机一塔的运行方式。机组采用环境温度相同的工况对 1 号机组凝汽器真空进行对比（见表 4-8）。

表 4-8　　5 月真空对比数据

序号	环境温度	一机双塔运行方式（kPa）	单塔运行方式（kPa）	真空差（kPa）
1	23.50	5.790 0	7.141 1	1.351 1
2	24.00	5.757 6	7.165 3	1.407 7
3	24.51	5.779 8	7.232 0	1.452 2
4	25.01	5.878 2	7.314 6	1.436 4
5	26.00	5.883 4	7.450 6	1.567 2
6	平均值	5.817 8	7.260 7	1.442 9

8 月 2 日 1 号机组单机运行，采用双塔运行方式，8 月 3 日 1、2 号机组同时运行，为一机一塔的运行方式。机组采用环境温度相同的工况对 2 号凝汽器真空进行对比（见表 4-9）。

表 4-9　　8 月真空对比数据

序号	环境温度	一机双塔运行方式（kPa）	单塔运行方式（kPa）	真空差（kPa）
1	33.02	8.044 1	9.202 3	1.158 2
2	34.00	8.097 6	9.579 1	1.481 5
3	35.00	8.283 8	9.839 6	1.555 8
4	36.00	8.332 3	10.22 6	1.893 7
5	37.02	8.356 5	10.095	1.738 5
6	平均值	8.222 9	9.788 4	1.565 5

由采集的数据可以看出，实施一机双塔改造后提高了凝汽器真空，其中 1 号机组 5 月

份平均提高了 1.442 9kPa，经计算降低机组煤耗约 2.8g/(kW·h)；8 月份平均提高了 1.562 2kPa，平均影响真空约 1.504kPa。按该联合循环机组每变化 1kPa，影响机组发电量 2.3MW 计算，采用一机双塔后机组发电量每小时将增加 3.46MW。按 2015 年该公司 2035h 发电计算，两台机组年可多发电 14 078.94MW·h，按天然气电厂 0.9 元/(kW·h)电价计算，年可多创造效益 1267 万元，节能效益显著。

使两台机组的循环水泵的互为备用成为可能，提高机组运行的可靠性。一台机组可以通过循环水泵出口的联络蝶阀为另一台机组供给循环水冷却水，两台机组的交叉备用充分利用了 4 台循环水泵和 2 台辅助冷却水泵。

第十四节　压缩空气系统

压缩空气系统是电厂生产过程中不可或缺的公用系统，压缩空气系统是指生产压力符合要求的压缩空气通过管道输送至各压缩空气用户的系统。电厂压缩空气可分为两种：一种是仪用压缩空气，提供洁净、无油、无水空气至气动操作机构及其他用户；另一种是杂用压缩空气，提供风动工具用气及检修的其他用气。

压缩空气与其他能源相比，具有清晰透明、输送方便、没有特殊的有害性能、没有起火危险、不怕超负荷、能在许多不利环境下工作、有取之不尽的特点。压缩空气在电力行业的应用也非常广泛，在发电厂，压缩空气主要用于仪表用压缩空气系统、厂房内杂用压缩空气系统和设备动力用压缩空气系统。压缩空气用处不同，要求的压缩空气的品质也有差异，一般仪表用的压缩空气品质要求较高，而作为一些检修吹扫的杂用压缩空气相对来说品质要求会低一些。

一、系统概述

（一）压缩空气系统的主要设备

4 台水冷螺杆式空气压缩机、2 台风冷螺杆式空气压缩机、3 台空气干燥净化装置、3 只 40m³ 立式仪用压缩空气罐、1 只 40m³ 立式杂用压缩空气罐、化学补给水车间 3 只 10m³ 立式仪用压缩空气罐、1 只 10m³ 立式杂用压缩空气罐以及输气管道、阀门、仪表等。

（二）压缩空气系统的用户

压缩空气系统的用户有气动执行机构、1 号/2 号燃气轮机燃兼压缸冷却、1 号/2 号机进气过滤器反吹、1 号/2 号机组火检冷却空气、1 号/2 号机组 1 号轴承振动探头冷却空气、1 号/2 号机发电机出口微正压装置、保养用制氮机、调压站制氮装置、化学补给水处理系统用气以及检修用气。

（三）压缩空气系统流程（见图 4-68）

绍兴江滨热电 2 台机组设置 1 个全厂供气站，采取统一供气的方式，由全厂空气压缩机站向热控、热机、化学补给水系统等专业提供气源，提高设备利用率。系统主要由压缩

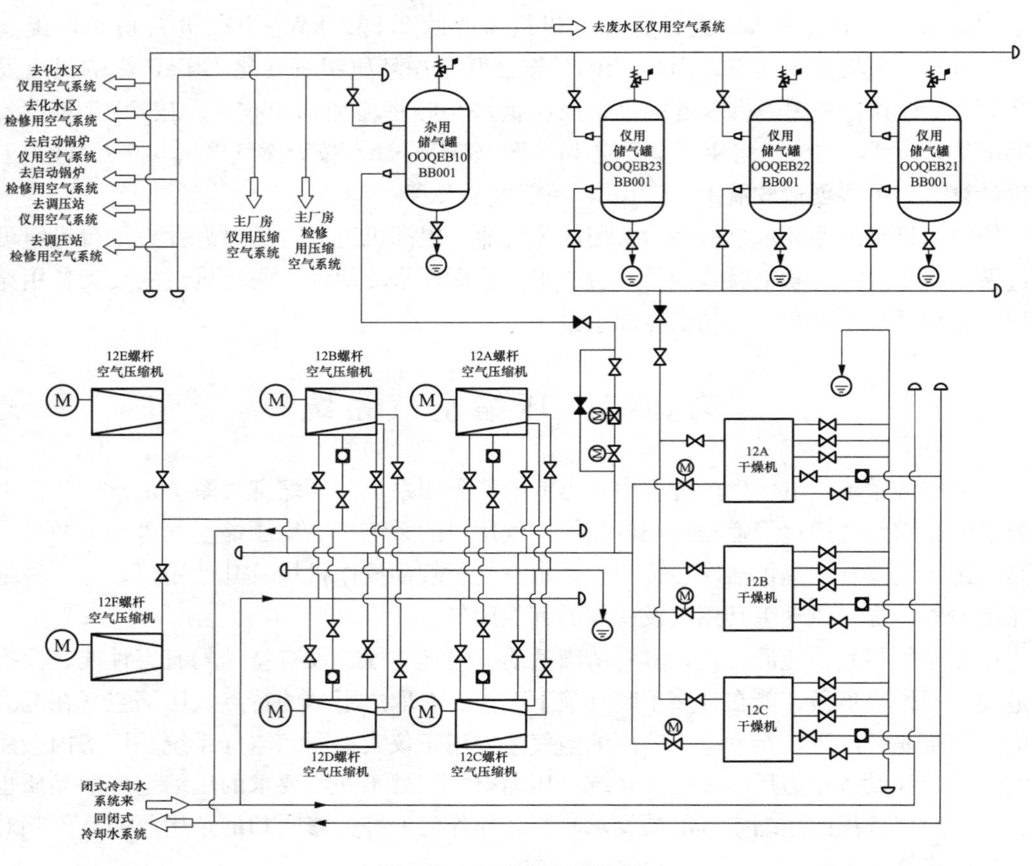

图 4-68　压缩空气系统图

空气制气系统和各用户系统组成。

制气系统的流程：

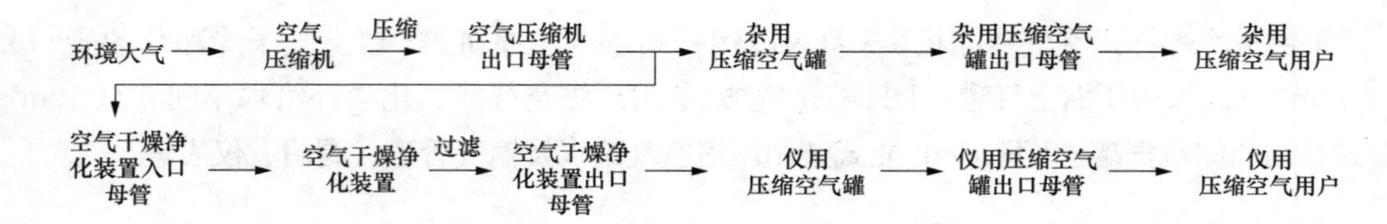

杂用压缩空气用户对其品质要求不高，因此，经空气压缩机压缩后的空气不用进行进一步处理，直接送至杂用压缩空气罐供检修和气体杂用户使用。

仪用压缩空气用户对其品质要求较高，因此，经空气压缩机压缩后的空气需要经过空气干燥净化装置除尘、除水、除油后，再送至仪用压缩空气罐配送至各用户。

二、主要设备介绍

（一）水冷螺杆式空气压缩机

绍兴江滨热电共配置 4 台阿特拉斯水冷式、喷油螺杆式空气压缩机，装在隔声机身

内。进气压力为 0.1MPa，排气压力可调 0.8MPa，空气流量为 40.02m³/min（标准状态），配置的电动机额定功率为 250kW，额定电压为 6kV，额定电流为 36.4A。

1. 螺杆式空气压缩机构成

一台喷油螺杆空气压缩机组主要由主机和辅机两大部分组成，主机包括螺杆空气压缩机主机和主电动机，辅机包括进排气系统、喷油及油气分离系统、冷却系统、控制系统和电气系统等。

在压缩机的主机中平行地配置着一对相互啮合的螺旋形转子（如图 4-69 所示），通常把节圆外具有凸齿的转子（从横截面看）称为阳转子或阳螺杆；把节圆内具有凹齿的转子（从横截面看）称为阴转子或阴螺杆。一般阳转子作为主动转子，由阳转子带动阴转子转动。转子上的球轴承使转子实现轴向定位，并承受压缩机中的轴向力。转子两端的圆锥滚子推力轴承使转子实现径向定位，并承受压缩机中的径向力和轴向力。在压缩机主机两端分别开设一定形状和大小的孔口，一个供吸气用的叫吸气口；另一个供排气用的叫排气口。

图 4-69　双螺杆示意图

在进排气系统中，自由空气经过进气过滤器 AF 滤去尘埃、杂质之后，进入空气压缩机的吸气口的进气阀 IV，并在压缩过程中与喷入的润滑油混合。经压缩后的油气混合物被排入油气分离桶 AR 中，经一、二次油气分离，再经过最小压力阀 VP、后部冷却器 CA 和气水分离器 MT 被送入使用系统，如图 4-70（a）所示。

进气阀的功能是控制进气量。空气压缩机满负荷运行时，进气阀处于全开状态。当用户所需空气量减少时，由气量调节装置向进气阀输入压缩空气，使进气阀开度减小，从而减少压缩机的进气量。

在喷油及油气分离系统中，当空气压缩机正常运转时，油气分离桶中的润滑油依靠空压机的排气压力和喷油口处的压差来维持在回路中流动。润滑油在此压差的作用下，经过温控阀 BV 进入油冷却器，再经过油过滤器 OF 除去杂质微粒后，大多数的润滑油经断油阀 Vs 被喷入空气压缩机的压缩腔，起到润滑、密封、冷却和降噪的作用；其余润滑油分别喷入轴承室和增速齿轮箱。喷入压缩腔中的那一部分油随着压缩空气一起被排入油气分离桶中，经过离心分离，绝大多数的润滑油被分离出来，还有少量的润滑油经过滤芯 OS 进行二次分离，被二次分离出来的润滑油经过回油管返回到空气压缩机的吸气口等低压端，如图 4-70（b）所示。

（1）润滑油的作用：作为冷却剂，它可有效控制压缩放热引起的温升；作为润滑剂，它可在转子间形成润滑油膜；作为密封剂，它可填补转子与壳体以及转子与转子之间的泄漏间隙。喷入的油是黏性流体，对声能和声波有吸收和阻尼作用，一般喷油后噪声可降低。

（2）最小压力阀的作用：保证最低的润滑油循环压力；作为止回阀，以避免在空气压缩机停机或无负荷情况下，供气管线内的压缩空气回流到机组内；保证油气分离器滤芯前后有一定的压差，以免刚开机时滤芯前后压差过大造成挤破的现象。

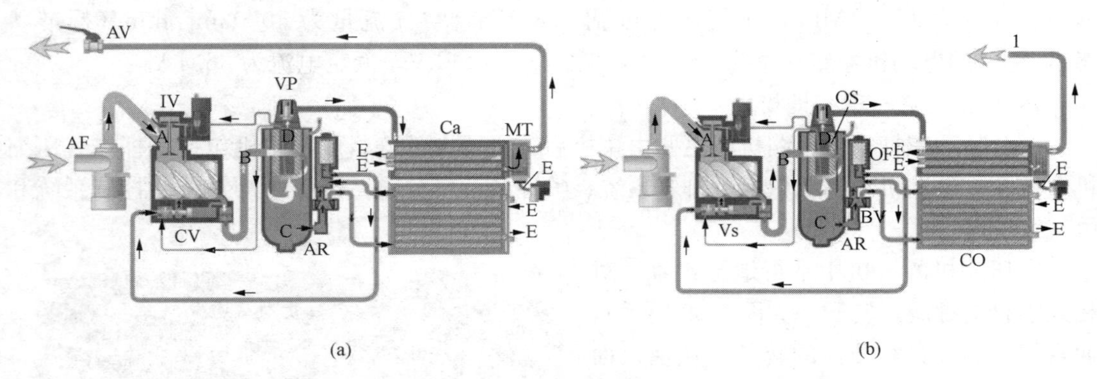

图 4-70　气流流程图及油系统流程图示意图

(a) 气流流程；(b) 油系统流程

AF—过滤器；IV—进气阀；E—压缩机；CV—单向阀；AR—储气罐/油气分离器；

VP—最小压力阀；Ca—空气冷却器；AV—排气阀；MT—气水分离器；

Vs—断油阀；OS—油气分离器；BV—温控阀；OF—油过滤器；

A—空气；B—气油混合物；C—油；D—湿压缩空气；E—冷凝水；1—压缩空气出口；CO—冷却器

(3) 油气分离桶的作用：作为初级油气分离的装置，它可将大直径油滴采用机械碰撞法被有效地分离出来；作为空气压缩机润滑油的储油器；作为油气分离器滤芯的支撑体，该滤芯可将小直径油滴先聚结为直径更大的油滴，然后再分离出来。

2. 螺杆式空气压缩机原理

螺杆式空气压缩机的工作循环可分为吸气过程（包括吸气和封闭过程）、压缩过程和排气过程，如图 4-71 所示。随着转子旋转每对相互啮合的齿相继完成相同的工作循环，为简单起见只对其中的一对齿进行研究。

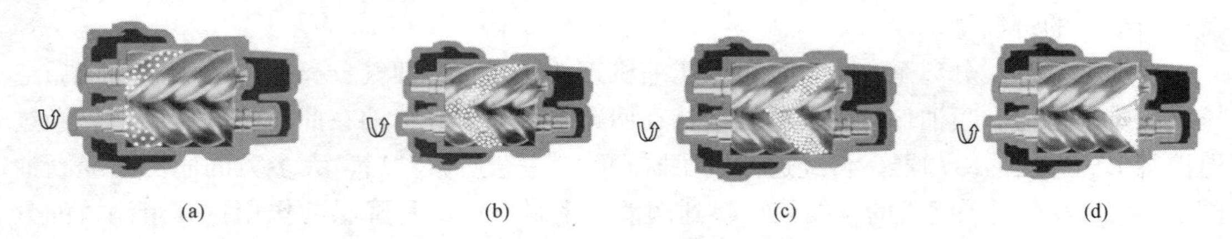

图 4-71　压缩机循环工作过程

(a) 吸气过程；(b) 封闭过程；(c) 压缩过程；(d) 排气过程

(1) 吸气过程。随着转子的运动，齿的一端逐渐脱离啮合而形成了齿间容积，这个齿间容积的扩大在其内部形成了一定的真空，而此时该齿间容积仅仅与吸气口连通，因此，气体便在压差作用下流入其中。在随后的转子旋转过程中，阳转子的齿不断地从阴转子的齿槽中脱离出来，此时齿间容积也不断地扩大，并与吸气口保持连通。随着转子的旋转齿间容积达到了最大值，并在此位置齿间容积与吸气口断开，吸气过程结束。

(2) 封闭过程。吸气过程结束的同时阴阳转子的齿峰与机壳密封，齿槽内的气体被转子齿和机壳包围在一个封闭的空间中，即封闭过程。

(3) 压缩过程。随着转子的旋转，齿间容积由于转子齿的啮合而不断减少，被密封在

齿间容积中的气体所占据的体积也随之减少，导致气体压力升高，从而实现气体的压缩过程。压缩过程可一直持续到齿间容积即将与排气口连通之前。

（4）排气过程。齿间容积与排气口连通后即开始排气过程，随着齿间容积的不断缩小，具有内压缩终了压力的气体逐渐通过排气口被排出，这一过程一直持续到齿末端的型线完全啮合为止，此时齿间容积内的气体通过排气口被完全排出，封闭的齿间容积的体积将变为零。

从上述工作原理可以看出，螺杆压缩机是通过一对转子在机壳内作回转运动来改变工作容积，使气体体积缩小、密度增加，从而提高气体的压力。

（二）空冷螺杆式空气压缩机

绍兴江滨热电厂共配置 2 台博莱特空冷式、双螺杆式空气压缩机，装在隔声机身内。进气压力为 0.1MPa，额定工作压力为 0.8MPa，空气流量为 $20m^3/min$（标准状态），最低允许加载使用压力为 0.6MPa，最低允许加载使用压力为 1.0MPa，配置的电动机额定功率为 110kW，额定电压为 380V。

博莱特空冷式、双杆式空气压缩机与阿特拉斯工作原理基本相同，只是博莱特空气压缩机油和压缩空气的冷却使用风扇冷却。

博莱特空冷式、双杆式空气压缩机流程示意图如图 4-72 所示。

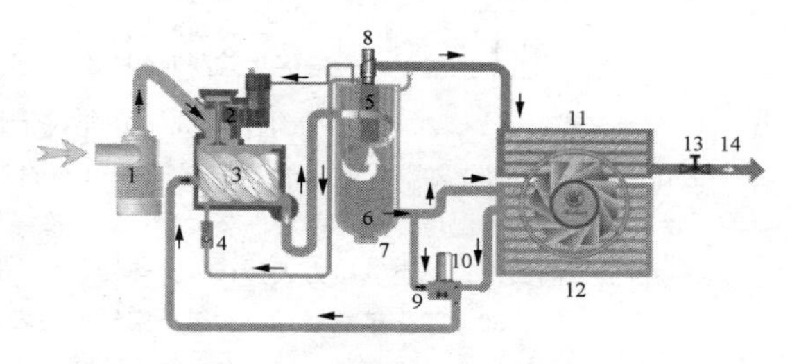

图 4-72　空气压缩机流程示意图

1—空气滤清器；2—进气阀；3—主机；4—单向阀；5—油气分离器；6—油；7—油气桶；8—最小压力阀；9—温控阀；10—油过滤器；11—后冷却器；12—油冷却器；13—球阀；14—空气出口

（三）空气干燥净化装置

绍兴江滨热电厂共配置 3 台低露点冷冻吸附式空气干燥装置。流量为 $40.85m^3/min$（标准状态），最高允许进气温度为 45℃，工作压力为 0.85MPa，压缩机电动机额定电压为 380V。

1. 空气干燥装置的构成

一台空气干燥装置主要由油分离器、水冷冷凝器、干燥过滤器、汽化器、蒸发器、气液分离器、换热器、吸附塔 A/B、消声器、过滤器等组成。

2. 组合式干燥器工作流程（见图 4-73）

3. 冷干机工作流程

（1）常温气态冷媒经 1（空气压缩机）压缩后，形成高温液态冷媒，放出大量潜化热，经 2（油分离器）除掉可能混入的压缩机机油后，进入 3（水冷冷凝器），用冷却水将冷媒冷却到常温。

（2）在 5（视镜）中可看到液态冷媒进入 6（热力膨胀阀）汽化，吸收大量汽化热，进入 10（蒸发器），将冷能传递给空气，正常运行时，蒸发器出口冷媒温度应不低于 2℃，以保证空气不制冷过渡而产生冰堵。

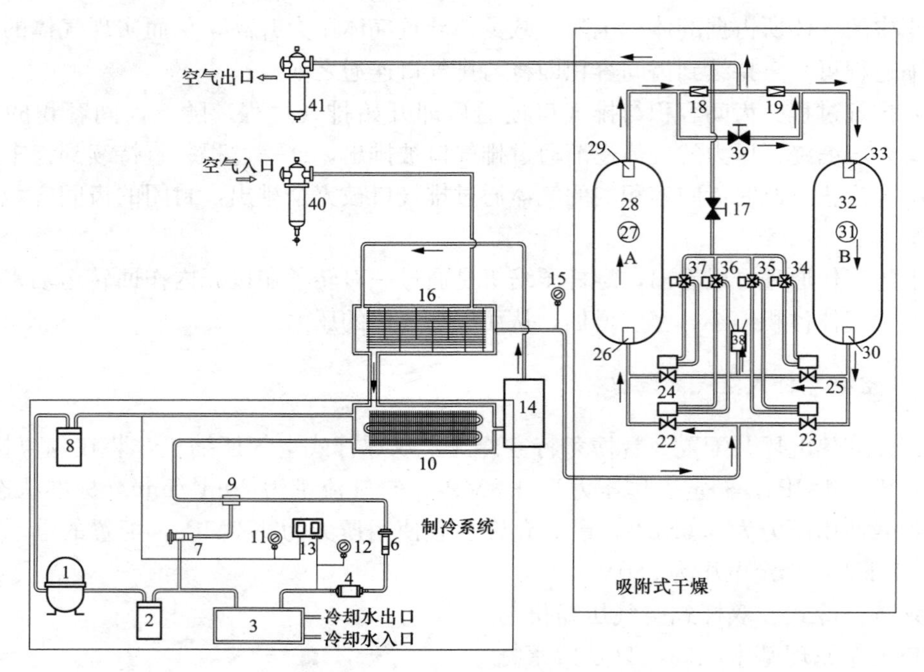

图 4-73　组合式干燥器工作流程

1—压缩机；2—油分离器；3—水冷冷凝器；4—干燥过滤器；5—视镜；6—热力膨胀阀；7—热气旁通阀；8—汽化器；9—温度传感器；10—蒸发器；11—冷媒低压表；12—冷媒高压表；13—高低压控制器；14—汽液分离器；15—空气压力表；16—换热器；17—过滤减压阀；18、19—止回阀；22～25—气动阀；26、29、30、33—扩散器；27、31—空气压力表；28、32—吸附塔；34～37—先导电磁阀；38—消声器；39—再生气调节阀；40—HA 过滤器；41—HT 过滤器

(3) 冷媒出蒸发器后，经 8（气化器）充分气化后，再进入空气压缩机进行循环制冷。

(4) 在冷媒循环中，设置了 7（热气旁路阀），可控制空气压缩机出口冷媒压力和进入蒸发器的冷媒温度，从而控制循环制冷量。

4. 冷干机空气干燥流程

(1) 空气压缩机产生的高温高湿度压缩空气经 16（换热器）将一部分热量传递给 10（蒸发器）出口压缩空气，一方面可降低制冷剂制冷负荷；另一方面加热蒸发器出口压缩空气，使其从湿度饱和状态到干燥状态。

(2) 压缩空气经 10（蒸发器）冷媒冷却后，到湿度过饱和状态，析出水分（蒸发器温度过低时可能结冰堵塞），在 14（汽液分离器）分离后，在 16（换热器）加热到干燥状态。

(3) 进入吸附式干燥塔进行进一步干燥。

1) 吸附式干燥塔干燥流程（以 A 为干燥塔）：

a. 22（进气气动阀）打开，24（再生排气阀）关闭，压缩空气进入 28（干燥塔），与活性氧化铝干燥剂颗粒充分接触，在带压状态下，干燥剂吸水能力远大于空气吸水能力，空气中的水汽大部分被干燥剂吸走。

b. 干燥后的压缩空气经 18（止回阀）供给储气罐。

2) 再生塔再生流程（以 B 为再生塔）。

23（进气气动阀）关闭，25（再生排气阀）打开，19（止回阀）关闭，干燥塔出来的压缩空气经39（再生气调节阀）减压后进入32（再生塔），与已经充分吸水的干燥剂颗粒接触，在0.1MPa以下的低压状态下，空气吸水能力大于干燥剂吸水能力，干燥剂水分被空气带走，经25及38（消声器）排出，干燥剂得到再生。干燥塔和再生塔轮换顺序表见表4-10。

表4-10　　干燥塔和再生塔轮换顺序表

<table>
<tr><td>A塔</td><td colspan="4">吸附</td><td>静止</td><td>再生</td><td>均压</td><td>吸附</td></tr>
<tr><td>B塔</td><td>静止</td><td>再生</td><td>均压</td><td>吸附</td><td colspan="4">吸附</td></tr>
</table>

（四）保养用制氮机

为满足机组长时间停运后的保养，绍兴江滨热电公司配置一台KSN型变压吸附制氮机。氮气产量为10m³/min（标准状态），氮气纯度为99.9%，工作压力为0.7MPa，氮气出口压力为0.6MPa。

1．制氮机的构成

制氮机主要由压缩空气缓冲储气罐、吸附塔、粉尘精滤器、氮气储气罐等组成。

2．制氮机的工作原理

变压吸附氮气设备采用优质碳分子筛为吸附剂，利用变压吸附原理，直接从压缩空气中获取氮气。在一定压力下，由于动力学效应，氧、氮在碳分子筛上的扩散速率差异较大，短时间内氧分子被碳分子筛大量吸附，氮分子气相富集，达到氧氮分离的目的。

由于碳分子筛对氧的吸附容量随压力的不同而有明显的差异，降低压力即可解吸碳分子筛吸附的氧分子，以便碳分子筛再生，得到重复循环使用。

采用两个吸附塔流程，一塔吸附产氮，一塔解吸再生，循环交替，连续产生高品质氮气。

3．制氮机的工作流程（见图4-74）

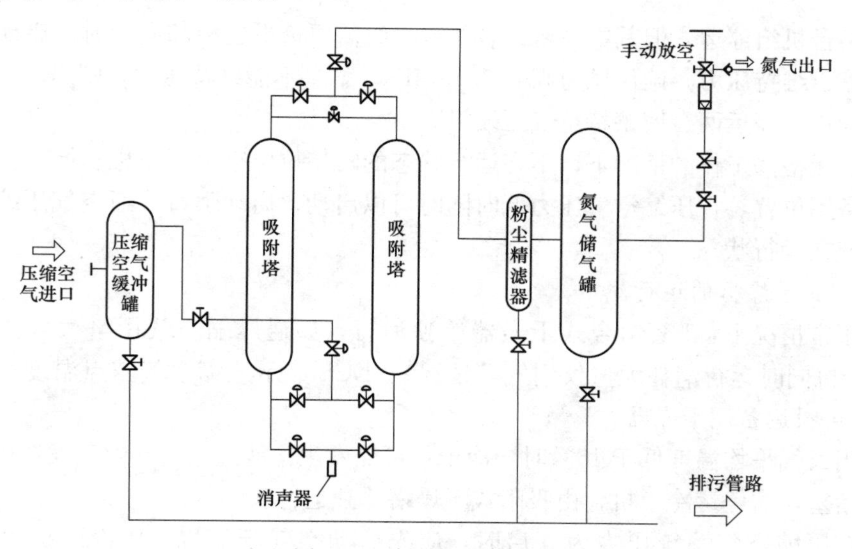

图4-74　制氮机工作流程

由仪用压缩空气系统来的压缩空气首先进入压缩空气缓冲罐，后进入吸附模式的吸附塔，从吸附塔生产的高品质氮气进入粉尘精滤器除尘后进入氮气储气罐，后进入各用户。

分压缩空气储气罐与成品氮气储气罐，以保证给氮气设备供气、成品氮气输出气量的稳定。制氮系统有两只吸附塔，吸附塔中填充碳分子筛，一塔吸附氧，制取氮气，另一只塔解吸再生，排出上次吸附在碳分子筛表面的氧，每次吸附时间为60s，切换前两只吸附塔同时均压，使压力相等，然后切换吸附塔，如此循环交替，连续产生高品质氮气。制氮设备后配置了过滤碳分子筛微量粉化物的粉尘精滤器，以保证达到洁净的成品氮气输出，满足用户不同质量等级的要求。

制氮机氮气纯度小于99.6%时，自动排空阀打开排空，当氮气纯度大于99.6%时关闭，向用户供应氮气。

制氮机生产的氮气主要用于1/2号余热锅炉充氮保养、1/2号机TCA充氮保养、调压站天然气置换、1/2号机前置模块天然气置换、12A/12B燃气锅炉天然气置换、12A/12B燃气锅炉充氮保养。

三、压缩空气系统运行

1. 阿特拉斯空气压缩机和博莱特空气压缩机的运行方式

（1）在两台机组都在运行时，运行一台博莱特空气压缩机，在仪用压缩空气压力低于0.6MPa时，备用博莱特空气压缩机自动联起。

（2）在两台机组都长期停运时（指两台燃气轮机的透平缸都不再需要冷却空气时），运行一台博莱特空气压缩机，在仪用压缩空气压力低于0.6MPa时，备用博莱特空气压缩机会自动联起。

（3）一台机组运行，另外一组停运但透平缸需要冷却空气时，即使启动两台博莱特空气压缩机也无法维持压力，此时需要启动一台阿特拉斯空气压缩机，停运博莱特空气压缩机。

（4）两台机组停运，但其中一台或者两台机组需要透平缸冷却空气时，启动两台博莱特空气压缩机维持压力，确保压力高于0.45MPa；如果不能维持压力，则启动一台阿特拉斯空气压缩机，停运两台博莱特空气压缩机。

（5）在无检修工作的情况下，不在运行状态的阿特拉斯空气压缩机和博莱特空气压缩机均应在备用位置，在压缩空气压力低时随时可以启动；启动阿特拉斯空气压缩机前确认冷却水系统在运行状态。

2. 组合式干燥器的运行规定

（1）正常情况下，1套组合式干燥器单独运行，如遇压缩空气用量大（如制氮机制氮、1/2号机同时运行消耗大量仪用气等情况）、DCS显示压缩空气露点温度过高（大于−20℃），可投运备用干燥器。

（2）当天气平均温度低于15℃时，冷干机可能发生冷能过剩，导致蒸发器内压缩空气通路结冰堵塞，需停运冷干机，由吸附式干燥塔单独运行。

（3）在压缩空气系统压力为0启时，应先启动空气压缩机，待冷干机出口压力达0.7MPa后，再允许启动组合式干燥器。

（4）在监盘时，如发现空气压缩机启停突然变得异常频繁，干燥器后压力提升困难，在确定压缩空气用量无明显增大，干燥器后压力低于0.7MPa时，切至另一套干燥器运行。

（5）正常情况下，干燥器运行电流在13A左右，如果电流异常增大或减小，应到就地进行仔细检查，找出原因。

（6）巡视时需注意观察冷干机：①运行声音无异响；②疏水管口有排水痕迹，能正常排水；③排气滤筒口有轻微排气，如未发现排气，或者排气异常增大，可能为相关气动阀堵塞，需切至另一套干燥器运行，通知检修处理。

（7）巡视时需注意观察冷媒低压和高压压力，在运行状态下冷媒低压范围为0.3～0.5MPa，冷媒高压范围为1.2～1.6MPa。

（8）巡视时需注意观察在运行干燥器两个干燥塔压力，正常情况下，一个干燥塔为干燥塔，其压力在0.7MPa以上；另一个为再生塔，其压力在0.1MPa以下，排气消声器有轻微持续排气，如果是停运的干燥器，两个干燥塔的压力均应在0.7MPa以上，排气消声器无排气。

3. 阿特拉斯空气压缩机

空气压缩机启动时检查是否处于自动运行状态，否则应发出加载指令，如在自动运行状态，空气压缩机启动10s后开始加载运行，启动后打开冷凝液排污疏水手动阀，排干污水后关闭。空气压缩机停运时，空气压缩机正在加载运行，则先应发出卸载指令，空气压缩机卸载后电流约为13A，维持卸载运行20s后可以停机。若空气压缩机在卸载运行，则可以立即停机。

四、压缩空气系统优化

1. 增加两台博莱特空气压缩机

绍兴江滨热电厂设计一期、二期工程共4台机组配备4台空气流量为40.02m³/min（标准状态）的阿特拉斯空气压缩机为厂用压缩空气系统提供压缩空气。目前，两台机组投入生产，机组用气量较小，空气压缩机运行时出现频繁加减载的情况，空气压缩机运行加载15s→空载37s→加载15s，如此往复，空气压缩机减载时基本不出力，造成厂用电的增加。针对此情况公司通过研究、分析，配备了两台空气流量为20m³/min的博莱特空气压缩机，与4台阿特拉斯空气压缩机并联运行，博莱特空气压缩机运行时加减载次数明显减少，每小时减载约4min。用气量较小的情况下一台博莱特空气压缩机长期运行，同时根据用气量的大小确定空气压缩机的运行方式。

经改造，机组不运行，制氮机不运行时一台博莱特空气压缩机运行，每小时约节约电42.9kW·h。

2. 空气压缩机至杂用压缩空气罐优化

再未增设博莱特空气压缩机之前，阿特拉斯空气压缩机运行时频繁加减载，其加减载的压力设定点取自空气压缩机出口，空气压缩机出口与仪用压缩空气罐之间设置空气干燥净化装置产生压缩，且之间管道容积很小，导致仪用空气系统压力低时空气压缩机加载，空气压缩机出口压力很快达到设定值而减载。经对压缩空气系统进行分析，可以将空气压

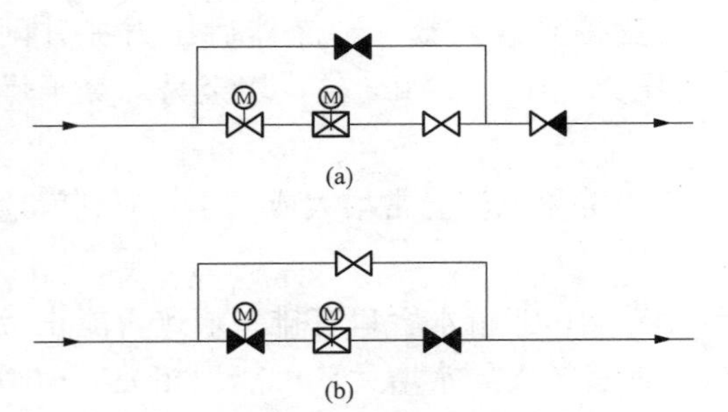

图 4-75　优化前后系统图
(a) 改造前；(b) 改造后

缩机与杂用压缩空气罐之间的止回阀去掉，并将之间的调节阀的旁路阀打开，使杂用压缩空气罐空气在空气压缩机减载出口压力下降时倒流回去，从而减少空气压缩机出口压力下降速度，减少空气压缩机加减载次数。改造前后系统图如图 4-75 所示。

3. 压缩空气罐增加自动疏水阀

压缩空气罐长期运行不疏水会导致积水，造成罐体腐蚀，影响压缩空气清洁，尤其杂用压缩空气罐进入的空气未经过干燥很容易蓄积大量的水，改造前压缩空气罐疏水由运行人员每天白班定期手动打开各罐底部放水阀进行疏水，罐体底部管径过大，阀门过于笨重，输水极为不便且不能保证将积水及时排除，且频繁开关阀门容易导致阀门内漏。改造后在压缩空气罐底部增加自动疏水器，其定时间断开关，能够及时将积水排出，保证用户对压缩空气质量的要求。

五、系统异常及处理

1. 系统泄漏

(1) 现象。压缩空气压力持续降低，漏气处有明显漏气声音，发出压缩空气压力低报警。

(2) 可能原因。管道老化产生裂纹，管道连接法兰松动。

(3) 处理方法。查找并确认泄漏点，漏点能隔离的尽快隔离，并通知相关检修人员到场处理；若漏点无法隔离，在不影响机组运行的前提下，尽量维持压缩空气压力；可切除或关小一些压缩空气系统的次要负荷以维持压力；若影响到机组安全运行，先试堵漏；若无法堵漏则申请停机抢修。

2. 系统压力低

(1) 现象。系统压力偏低且有降低趋势，DCS 发出系统压力低报警。

(2) 可能原因。空气压缩机控制故障、滤网堵塞、管路漏气、管道阀门被误关。

(3) 处理方法。空气压缩机在卸载模式中运行，按加载按钮；控制器起跳压力设定过低，切换空气压缩机运行，后停机，提高起跳压力设定点；空滤芯脏，检查空滤器，必要时更换；漏气，检查空气管路；水分离器自动排水阀打开后卡死，检查维修自动排水阀；进气阀未开足，检查控制系统，检查、维修进气阀；系统用气需求超过空气压缩机能力，投入备用空气压缩机。

3. 空气干燥净化装置冰堵（未加莱博特空压机前）

(1) 现象。两台冷干机组合模式运行，运行监盘发现空气压缩机（阿特拉斯）加载时仪用压缩空气压力（测点在冷干机后）上升困难，空气压缩机后加载压力高，按要求再投入冷干机 B，仪用空气压力上升问题解决，但 2h 后，再次出现仪用压缩空气压力上升困难情况。

(2) 原因。两台冷干机制冷量大于压缩空气处理需求，制冷量过剩，加上天气转冷

(15℃→5℃)，冷却水温度低，压缩空气经过冷干机析水后直接结冰，堵塞压缩空气通道。冷干机开启越多，经过单台冷干机的压缩空气量越少，制冷量过剩越大，气路越易造成冰堵。

空气压缩机正常运行时，空气压缩机运行方式为：加载15s→空载37s→加载15s，如此往复，实际压缩空气耗量为空气压缩机额定产气量（$40m^3/min$）×加载时间（15s）/[加载时间（15s）+空载时间（37s）] ＝$11.5m^3/min$。

两台冷干机并列运行时，单台实际处理量为$5.8m^3/min$（标准状态），远小于冷干机额定处理量$40.85m^3/min$（标准状态），制冷量严重过剩。天气温度低、冷却水温度低后，表现为蒸发器冷媒出口管路结冰（如图4-76所示）。

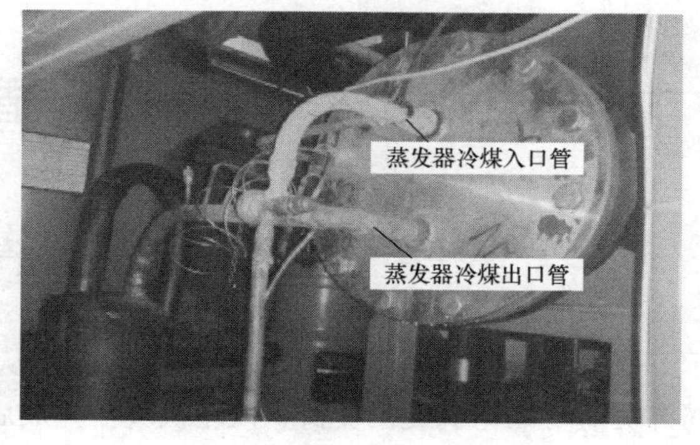

图4-76 空气干燥净化装置结冰示意

而正常运行时蒸发器冷媒入口管会结冰，在蒸发器内将冷能传递给压缩空气后，出口管正常情况下不结冰。因此，冷能过剩后，在蒸发器内的压缩空气温度过低，析水后结冰，将堵塞压缩空气通道，导致冷干机后压力上升困难。

（3）处理。

1）关小空气干燥净化装置冷却水手动阀。

2）维持单台空气干燥净化装置运行。

3）打开制冷机冷媒旁通阀“7”（如图4-73所示）。减小制冷机制冷量。

经过以上措施后，冷干机制冷量大大降低，蒸发器冷媒出口管解冻，堵塞问题得到解决。

燃气-蒸汽联合循环机组的启停

第一节　M701F4燃气-蒸汽联合循环单轴机组启动

燃气-蒸汽联合循环单轴机组的启动是指从盘车转速开始加速至3000r/min空载、并网升负荷至汽轮机暖机负荷、汽轮机暖机完成后进汽、机组升负荷至225MW的过程。

一、燃气-蒸汽联合循环单轴机组启动前的准备

（一）机组启动前对于盘车时间的要求

（1）冷态启动时，连续盘车大于12h。
（2）盘车中断大于3h，连续盘车大于12h。
（3）盘车中断小于或等于3h且大于或等于1h，连续盘车大于8h。
（4）盘车中断小于1h，连续盘车大于4h。

（二）机组启动对于辅助蒸汽的要求

机组启动所需的辅助蒸汽由燃气锅炉或其他运行机组提供，辅助蒸汽应满足如下用户的要求：

1. 供汽轮机轴封的辅助蒸汽要求
（1）蒸汽温度大于180℃；
（2）蒸汽压力大于0.80MPa；
（3）最大蒸汽流量为5.0t/h。
2. 供汽轮机冷却的辅助蒸汽要求
（1）蒸汽温度大于160℃；
（2）蒸汽压力大于0.30MPa；
（3）最大蒸汽流量为35t/h。

（三）机组正常启动应具备的基本条件

1. 机组正常启动应具备的基本条件
（1）辅助系统启动条件满足：

1）两台交流顶轴油泵、直流顶轴油泵都可用，且均在自动状态。

2）盘车电动机可用，且在自动状态。

3）至少一台控制油泵可用且在自动状态。

4）3 台燃气轮机间罩壳风机至少有两台可用且在自动状态。

5）两台交流润滑油泵和直流润滑油泵都可用，两台润滑油箱排烟风机都可用。

6）两台交流润滑油泵和直流润滑油泵均在自动状态，两台润滑油箱排烟风机均在自动状态，且润滑油供油温度控制阀投“自动”。

7）燃气（FG）单元风机至少有一台可用且在自动状态。

8）燃气 FG 单元风机至少有一台在运行且运行风机的进、出口压差在 0.1～1.2kPa 之间。

9）3 台燃气轮机间罩壳风机至少有两台可用且在自动状态。

10）3 台燃气轮机间罩壳风机至少有两台在运行且运行风机的进、出口压差在 0.1～0.8kPa 之间。

注：可用定义为该设备无故障报警，并且电源正常，开关控制方式选择为远方。

（2）燃气轮机辅机运行状态满足：

1）至少有一台交流润滑油泵在运行。

2）至少有一台润滑油箱排烟风机在运行。

3）至少有一台控制油泵在运行。

4）至少有两台燃气轮机间罩壳风机在运行。

5）至少有一台燃气单元风机在运行。

6）至少有一台交流顶轴油泵在运行。

（3）压气机进口导叶（IGV）在关闭状态。

（4）余热锅炉烟气挡板在开启状态。

（5）机组润滑油供油压力高于 0.189MPa。

（6）压气机进气滤网启动条件满足：

1）第一级进气滤网压差小于 0.25kPa。

2）第二级进气滤网压差小于 0.9kPa。

3）进气滤网内部压力小于 1.47kPa。

4）进气滤网内爆门未开启且检查门未开启。

（7）燃烧室旁路阀在开启状态。

（8）有一套静态变频装置（SFC）已就绪。

（9）控制油压力高于 8.8MPa。

（10）发电机启动条件：

1）无油氢压差低报警（35kPa）。

2）整流柜无故障报警。

3）发电机辅机系统就绪。

a. 两台交流密封油泵开关在远方位，无故障报警且控制电源无异常。

b. 直流密封油泵开关在远方位，无故障报警且控制电源无异常且不在手动。

c. 有一台交流密封油泵在运行。

(11) 发电机氢系统就绪。

1) 无氢气供应装置压力低报警。(0.6MPa，已强制满足)

2) 无氢气压力高报警。(0.535MPa)

3) 无氢气压力低报警。(0.48MPa，已强制满足)

4) 无氢气纯度低报警。(90%)

5) 无氢气压力低低报警。(0.35MPa)

(12) 机组仪用压缩空气压力大于0.45MPa。

(13) 凝汽器真空大于－87kPa。

(14) 机组辅助蒸汽母管压力大于0.8MPa。

2. 除所述的基本条件外，机组正常启动还应满足的条件

(1) 机组无跳闸信号。

(2) 4个火焰探测器未探测到有火焰存在。

(3) 两个点火器均可用（即点火器无故障报警，电源正常，开关控制方式选择为远方）且投入自动。

(4) 燃烧室兼压气机缸（燃兼压缸）上下缸金属温度差在65℃以内，燃气透平上下缸金属温度差在90℃以内。

(5) 燃气轮机排气道无可燃气体浓度高报警。

注意：机组启动条件检查时，机组启动前“GT OPERATION”画面中的GT OPERATION菜单中的“DUCT PURGE REQUEST”按钮显示为红色，则启机条件不满足；此时应检查DCS上的报警“GAS DETECT FOR EX DUCT ALM”是否复归，如果没有复归则应通知检修人员处理。

(6) 余热锅炉启动条件满足：高、中、低压汽包上水至启动水位。

(7) TCA启动条件满足：

1) 无TCA疏水水位高报警。

2) TCA进口给水流量高于流量基准线。

3) 高中压给水泵已投入运行。

4) TCA余热锅炉侧给水流量控制阀投入自动。

5) TCA凝汽器侧给水流量控制阀投入自动。

6) TCA进口给水关断阀A投入自动。

7) TCA进口给水关断阀B投入自动。

8) TCA进口给水温度小于60℃。

(8) 燃气轮机排气段无吹扫请求：

1) 未发生机组熄火保护动作跳闸。

2) 无排气道可燃气体浓度高报警。

(9) 汽轮机启动条件满足：

1) 高、中、低压调节门投“自动”，且高、中、低压主汽门和高、中、低压调节门都

在关闭状态。

2）高、中、低压旁路阀投“自动”。

3）汽轮机各疏水阀已就绪：

a. 高压主汽阀疏水阀关闭。

b. 高、中、低压进汽管疏水阀开启。

c. 高中压缸缸体疏水阀开启。

d. 高排通风阀开启且投入“自动”且可用。

e. 凝汽器疏扩减温水气动阀开启。

f. 低压轴封减温水调节阀前电动阀开启。

g. 低压轴封减温水调节阀旁路阀关闭。

（10）天然气条件满足：

1）燃气（FG）单元燃气关断阀前天然气压力大于 3.25MPa。

2）燃气加热器（FGH）条件建立：

a. FGH 无液位高报警。

b. 给水泵已投入运行。

c. FGH 给水流量控制阀（至凝汽器侧）投入自动。

d. FGH 给水流量控制阀（至凝结水侧）投入自动。

e. 前置模块燃气紧急关断阀投入自动并开启到位。

f. 前置模块燃气放散阀投入自动并关闭到位。

g. FGH 给水关断阀 A 投入自动。

h. FGH 给水关断阀 B 投入自动。

3）燃气机关阀门状态正确燃气关断阀关闭、燃气放散阀开启、燃气值班/主 A/主 B/顶环流量控制阀关闭、燃气压力控制阀 A/B 关闭、FGH 燃气温控阀选择“RELEASE”、燃气控制装置无异常。

（四）机组启动前的活动和试验项目

1. 点火栓活动试验

在机组停运超过 10 天，再次启动前需要进行点火栓推进试验。进行试验时设备部热控人员负责强制信号让点火栓推进，推进时运行人员和设备部机务专业人员就地共同确认点火栓完全推进后，热控人员解除强制信号，检查点火栓完全退出。

2. 润滑油联锁试验

润滑油联锁试验指的是两台润滑油泵、一台直流润滑油泵的联锁试验。采取的手段为通过对油压开关放油的方式实现交流泵、直流泵的联动，联锁也包括桌面启动直流泵的方式，润滑油联锁试验 3 个月 1 次。

3. 控制油联锁试验

控制油联锁试验指的是两台控制油泵的联锁试验。采取对控制油管道压力开关放油的方式实现泵的联动。联锁试验 3 个月 1 次。

4. 密封油联锁试验

密封油联锁试验指的是两台交流密封油泵、一台直流密封油泵的联锁试验。由于联锁试验无法通过油压开关放油（就地油压开关无放油阀）来实现联动，并且由于油压开关的电源为直流 110V 也无法拆开关接线来实现联动，因此密封油的联锁试验只能通过强制逻辑信号来进行。联锁试验 3 个月（每季度）1 次。

5. 阀门活动试验

在机组停运超过 1 个月或者机组进行大小修后，机组再次启动前需要进行所有阀门的传动试验，按照阀门活动表进行。其中，部分阀门需要热控人员强制条件后才能进行活动，活动 FG 单元阀门时，需要对前置模块终端过滤器后的 FG 单元进行氮气置换。

6. 机组跳闸保护试验

机组跳闸保护试验指的是机组的跳闸试验，所有跳闸保护均为机电炉大联锁保护：即任何一个保护跳闸均会导致燃气轮机、汽轮机、发电机、余热锅炉跳闸保护动作。进行跳闸保护试验时需要建立安全油压，需要热控人员进行相关强制，机组跳闸保护较多，频繁跳闸将导致设备损坏，进行跳闸保护试验时需要进行项目如下：

（1）桌面上手动打闸试验。

（2）就地控制油模块处打闸试验。

（3）就地对接入保护的压力开关进行拆线导致保护动作。

（4）模拟量跳闸逻辑中强制一个信号实现跳闸。

7. 主汽阀活动试验和 AST 试验

由于机组设计为两班制运行，每日启停自动活动阀门。如果机组连续运行超过 1 个月，则进行主汽阀活动试验，机组解列后熄火前进行 AST 阀门试验；平时不进行主汽阀和 AST 阀活动试验。

8. 凝汽器和余热锅炉水质冲洗

机组冷态启动前，为防止管道锈蚀造成水质不合格，需要进行冲洗操作。首先将凝结水系统和高、中、低压系统彻底放水；然后采用凝汽器上水后放水的方式进行凝汽器冲洗；凝汽器水质合格后启动凝结水泵，开启凝汽器疏水扩容器减温水气动阀、凝汽器水幕喷水气动阀、低压缸后缸喷水气动阀进行凝结水管路循环冲洗；循环冲洗完成后，再次对凝汽器进行放水冲洗；凝结水水质合格后对低压省煤器及低压蒸发器采用上水后放水的方式进行冲洗；低压锅水取样水质合格后，启动高中压给水泵对高、中压系统进行上水冲洗，高、中压锅水取样测试合格后结束冲洗。

二、燃气-蒸汽联合循环单轴机组启动流程

为了满足机组启动过程中燃气轮机和汽轮机对温度、压力等相关参数的要求，保证受热部件均匀受热膨胀，减少热应力，机组的正常启动根据汽轮机高压缸入口金属温度可分为 3 种状态：

（1）冷态：高压缸入口金属温度小于 230℃。停机时间一般大于 132h。

（2）温态：高压缸入口金属温度大于或等于 230℃、小于或等于 400℃。停机时间一般在 24～132h 之间。

（3）热态：高压缸入口金属温度大于 400℃。当高压缸入口金属温度机组启动前大于 400℃后，当其温度大于 395℃时仍为热态。停机时间一般小于 24h。

机组启动时不进行汽轮机状态的判断，当燃气轮机点火和机组并网时分别对机组的状态进行确认。因此，汽轮机进口金属温度在大于400℃下降至接近395℃启动时，会出现机组启动、点火时是热态，当机组并网时机组状态变成温态的情况。

（一）冷态启动

机组启动前应满足盘车时间要求；凝汽器冲洗已完成且水质合格，余热锅炉高、中、低压系统冲洗已完成，且水质合格；机组启动前相应的活动及试验项目已完成；发电机具备启动条件。

1. 启动准备

接到机组启动指令后，应确认机组具备启动条件，并合理安排辅助系统和设备启动时间。辅助系统和设备的投运顺序如下：

（1）投运机组辅助蒸汽系统，对辅助蒸汽系统进行充分疏水暖管。

（2）投运循环水系统，启动辅助冷却水泵，根据循环水温度及真空泵密封水温度决定启动循环水泵的时机。

（3）投运凝结水系统。

（4）投运轴封蒸汽系统，应提前开启辅助蒸汽至轴封蒸汽电动阀及微开其后疏水阀对管道进行充分疏水暖管，暖管完成后微开轴封蒸汽母管压力调节阀，在保证轴封蒸汽母管不启压的条件下，对轴封系统进行暖管。

（5）投运真空系统，凝汽器抽真空，抽真空过程中适当对高、中、低压主蒸汽管道进行抽气。

（6）对辅助蒸汽至低压缸冷却蒸汽系统进行疏水暖管，并投入，调节低压缸冷却蒸汽压力大于0.3MPa（一般为0.3～0.4MPa）。

（7）启动高中压给水泵，对余热锅炉高、中、低压系统上水至启动水位，检查TCA水侧压力、温度、流量满足启动条件。

（8）开启余热锅炉烟囱挡板。

2. 启动、吹扫

（1）检查TCS GT OPERATION画面中ALR MODE SELECT为“ALR ON”、START MODE SELECT为“NORMAL”、ACPFM在ON状态，否则手动投入；检查ST OPERATION画面上STRESS CONTROL MODE在ON状态，否则手动投入。检查TCS上“READY TO START CONDITION”画面中除“GT TRIP RESET”和“SFC READY”两个条件外，其他条件都满足，否则根据机组启动条件检查不具备条件的原因并解决。

（2）完成机组SFC、励磁系统、发电机保护柜复位（此复位过程需按下盘前“跳闸复位”按钮）操作。确认“READY TO START CONDITION”画面中“GT TRIP RESET (NORMAL）”指示变红。

（3）根据情况选择SFC，检查发电机中性点隔离开关、发电机励磁变压器低压侧开关MDS-5分闸；6kV变频启动电源开关、SFC切换开关盘至相应机组的开关、发电机SFC开关、6kV启动励磁变开关及其低压侧开关MDS-4合闸，确认“READY TO START

CONDITION”画面中“SFC READY”指示变红，否则查明原因并解决。

（4）检查“READY TO START CONDITION”画面中各个条件满足，发机组启动令。发电机灭磁开关合闸。

（5）1号机组IGV开度由34°(10.6%）开启到22°(36.1%)，中、低压防喘放气阀开启，点火栓自动推入；2号机组IGV开度由34°(10.6%）开启到21.5°(37.2%)，高、中、低压防喘放气阀开启，点火栓自动推入。发电机灭磁开关合闸，机组在发电机拖动下转速上升，检查盘车装置正常脱开。盘车装置供油电磁阀在机组300r/min时自动关闭，供油压力降至0MPa。

（6）发机组启动令后，FGH进水隔离阀B打开，其开启请求发出后延时60s，且当FGH水侧出口压力大于4.5MPa时，FGH进水隔离阀A打开。FGH给水流量控制阀（至凝汽器）开启，控制FGH流量为17t/h（低于11.9t/h燃气轮机将不具备点火条件）。

（7）机组升速600r/min时交流顶轴油泵自动停运。

（8）机组转速大于500r/min时开始清吹排气通道计时（390s），对燃气轮机本体、排气通道和炉膛内的可燃气体进行充分吹扫换气，防止点火后发生爆燃。升速至700r/min时，逻辑向SFC发出高速保持信号，通过调整SFC电流维持该转速，持续清吹，当转速达到700r/min，直至SFC退出期间，发电机端电压应维持在1.8kV左右。

清吹时间的设定是由吹扫所需容积量除以吹扫风量，为了能够对吹扫所需容积量的燃气进行多次换气。

3. 点火

清吹计时结束后，高速保持信号消失，SFC控制机组转速降速至点火转速，点火转速由压气机入口空气温度确定，目的在于修正点火时大气温度对空气流量的影响，如图5-1所示。

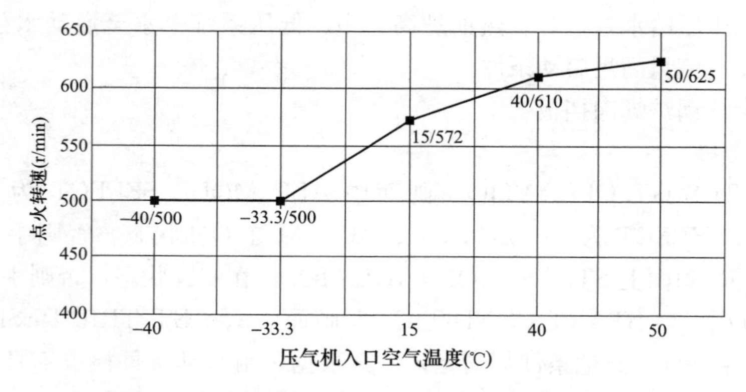

图5-1　点火转速与压气机入口空气温度关系曲线图

机组转速达到点火转速后，逻辑向SFC发出保持此低速的信号，燃气轮机清吹计时结束后延时80s，汽轮机低压缸冷却蒸汽压力大于0.3MPa，燃气轮机透平冷却关断阀和控制阀已关闭，FGH流量大于11.9t/h（正常19t/h），TCA水侧进口水温小于60℃且流量满足要求（如图5-2所示），同时机组没有选择高盘模式，燃气轮机不在加速状态。满足以上条件后，逻辑发出GT FUEL REQUEST指令。

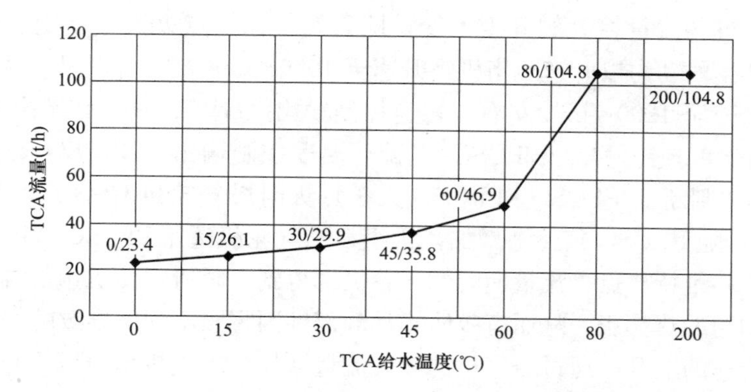

图 5-2　TCA 流量与给水温度关系图

机组 AST 电磁阀带电关闭，安全油压建立；安全油压建立后中压主汽阀平衡阀，中、低压主汽阀完全开启，燃气关断阀开启同时燃气放散阀关闭。逻辑发出 GT GAS ON 指令。中压主汽阀开度大于 80%后，中压主汽阀平衡阀关闭。

1 号燃气轮机控制信号输出（CSO）从−5%升高到 3.65%；2 号燃气轮机控制信号输出 CSO 从−5%升高到 3.48%；燃气压力调节阀 B 开启，调节燃气压力调节阀后天然气压力 1.5MPa，如其压力大于 1.8MPa 则机组跳闸；主 A、主 B 及值班燃气流量调节阀开启至点火开度。同时点火器投入（不大于 10s），8 号和 9 号燃烧室的点火器开始点火，燃气轮机在点火转速下点火，检查火焰信号电压高于 1.3V。若 10s 内 18、19 号火焰探测器未探测到火焰，机组跳闸，需要重新高盘吹扫后才能启动；若 18、19 号火焰探测器探测到火焰，机组继续启动；机组通过 SFC 和燃料燃烧所产生的动力升速。

机组点火成功后，点火器自动退出。

在机组点火后进行如下检查：

（1）燃气轮机罩壳风机及 FG 单元风机处可燃气体检测值为 0%爆炸下限（LEL）。

（2）燃气管道无泄漏现象。

（3）振动在正常范围内。

（4）排气道无烟气泄漏。

（5）天然气压力正常。

（6）燃气轮机叶片通道温度（BPT）分散度在许可范围内。

（7）机组振动在正常范围内。

机组点火成功后余热锅炉侧部分疏水阀开启，逻辑控制 5min 后关闭。此时余热锅炉侧未启压，因此当余热锅炉侧起压时应及时、多次开启各疏水阀，保证疏水彻底。高、中、低压汽包水位控制正常，启动排气阀的调整应按照保证锅炉温升速度和排净管道内空气的要求进行。余热锅炉侧高、中、低压电动主汽阀在炉侧升压超过一定值后逻辑自动开启。

机组点火后应注意凝汽器真空的控制，提前对高压主蒸汽管道，再热蒸汽管道、低压蒸汽管道通过各疏水阀抽气，避免大量空气进入凝汽器造成凝汽器真空低。

4. 升速至全速空载

机组点火成功后，燃气轮机控制信号输出（CSO）保持不变，燃气压力调节阀后天然气压力不变，燃气各流量控制阀开度不变，即天然气保持点火流量不变，机组通过 SFC 和燃料燃烧所产生的动力以升速。当机组升速至 1050r/min 左右时，因气动阻力增大升速变缓。当机组升速至 1200r/min 左右，转速控制输出（GVCSO）、负荷控制输出（LDCSO）、叶片通道温度控制输出（BPCSO）、排烟温度控制输出（EXCSO）、燃料控制输出（FLCSO）经小选判断取 FLCSO，FLCSO 大于点火时燃气轮机 CSO 后，燃气轮机 CSO 变更为 FLCSO，随 FLCSO 值逐渐增加，机组在燃气轮机透平和 SFC 共同拖动以一定升速率升速。在燃料维持在点火流量期间燃气轮机也得到了暖机，使机组的高温部件、转子和气缸得到了均匀的热膨胀，从而有效防止动静部件因膨胀不均所导致的摩擦。

随着机组转速的上升，通过压气机的空气流量增加，压气机出口压力也增加，供入燃气轮机的燃料量也增加，因此透平的输出功率也增加。当燃气轮机透平已有足够的剩余功率使机组升速，1 号机组转速达 2000r/min 后 SFC 逐步减少输出，80s 后 SFC 退出运行；2 号机组转速达 2200r/min 后 SFC 逐步减少输出，80s 后 SFC 退出运行。此时应检查 6kV 变频启动电源开关、SFC 切换开关盘至相应机组的开关、发电机 SFC 开关、6kV 启动励磁变压器开关及低压侧开关 MDS-4 分闸，SFC 谐波滤波器 6kV 开关自动断开退出运行。发电机中性点隔离开关及发电机励磁变压器低压侧开关 MDS-5 合闸。检查 AVR 控制由 FIELD CONSTANT 模式切换至 VOLTAGE CONSTANT 模式。燃气轮机通过透平自身动力继续加速至 3000r/min 额定转速。机组升速率与转速关系如图 5-3 所示。

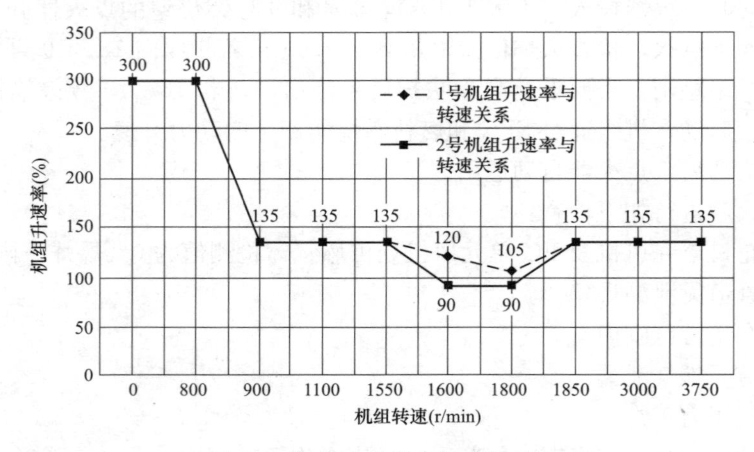

图 5-3　机组升速率与转速关系图

机组转速接近 3000r/min 时，监视燃气轮机控制模式从 FUEL LIMIT 模式切换到 GOVERNOR 模式，GT OPERATION 画面上 RTD SPEED 信号灯亮，此时燃气轮机启动次数增加一次，燃气轮机等效利用小时数增加 20。升速过程中，尤其经过临界转速时加强对轴系振动的监视；监视燃气轮机顶环流量调节阀开启。

机组转速为 1600r/min 时燃气压力调节阀 A 开始开启，同时燃气压力调节阀 B 继续开大，调节其后压力。当转速升至 2400r/min 时燃气压力调节阀调节其后压力为 3.9MPa。随着机组转速上升以及带负荷后天然气需求量增加，当燃气压力调节阀 B 开至 40%时，保持开度不再变化，由燃气压力调节阀 A 调节其后压力为 3.9MPa。当燃气压力调节阀 A 全开后其后压力仍低于 3.9MPa 时，则保持全开，其后天然气压力降低。

汽轮机在升速过程中，低压缸叶片可能会因高速旋转产生的鼓风热而损坏，1号机组达到2000r/min后，低压调节阀逐渐打开到冷却位置32.1%。2号机组达到1000r/min后，低压调节阀逐渐打开到冷却位置32.1%。辅助蒸汽进入汽轮机对低压缸进行冷却，逐渐开大低压缸冷却蒸汽压力调节阀，控制低压缸冷却蒸汽流量在35t/h左右，冷却蒸汽温度控制在160～180℃。

2745r/min1号机组IGV开度由22°(36.1%）关至34°(10.6%)，2号机组IGV开度由21.5°(37.2%）关至34°(10.6%)。2815r/min低压防喘放气阀关闭，延时5s后，中压防喘放气阀关闭。IGV关小后压气机出口压力降低，排烟温度有所提高，低、中压防喘阀关闭后压气机出口压力陡升，排烟温度大幅下降。

5. 并网，升至暖机负荷

燃气轮机升速至2940r/min，燃气轮机控制信号输出转换为GVCSO时，发出RTD SPEED信号，在COORDINATION OFF模式，AVR在VOLTAGE CONSTANT模式，发电机灭磁开关自动合闸（如AVR在“FIELD CONSTANT”模式时，灭磁开关需要手动合闸)，发电机自动升压至额定电压21.5kV；发电机升压时，应监视定子三相电流为零；检查发电机空载励磁电压不超133.4V，励磁电流不超1265A；接值长令，可以并网；在DCS操作员站合上发电机出口刀闸，在TCS操作员站上点击发电机同期模式“AUTO”按钮，投入自动同期，检查发电机同期装置开始工作；检查发电机出口开关合闸，发电机带初始负荷15MW。并网时注意防止机组逆功率保护动作。

机组并网后，投入电力系统稳定器（PSS）及自动电压控制（AVC）装置。机组将自动控制升负荷至暖机负荷58MW，如果选择“ALR OFF”，机组负荷需手动设定。并网后5min，高压主汽阀开度为5%，之后缓慢开启。等待余热锅炉升温升压，以满足汽轮机的进汽条件。

汽轮机的进汽条件如下：

（1）负荷条件。

1）热态：1号机组126MW，2号机组128MW；

2）温态：1号机组80MW，2号机组80MW；

3）冷态：1号机组58MW，2号机组58MW。

（2）高压缸进汽条件。高压主汽阀前蒸汽过热度大于或等于+56℃；高压主汽阀前蒸汽压力大于或等于4.7MPa；高压主蒸汽温度不匹配度大于−56℃，且高压主蒸汽温度小于430℃或高压主蒸汽温度不匹配度小于110℃。

（3）中压缸进汽条件，中压主汽阀前蒸汽过热度大于或等于+56℃；中压主汽阀前蒸汽压力大于或等于1.0MPa；中压主汽阀前蒸汽温度经修正与中压缸叶片持环金属温度之差大于或等于−56℃。

主蒸汽过热度及不匹配度计算公式为

$$\Delta T_1 = T_1 - T_2$$

$$\Delta T_2 = T_1 - \frac{p_1 \times 2238}{T_1 - 148.5} + 7.9 - T_3$$

$$\Delta T_3 = T_4 - T_2$$

$$\Delta T_4 = T_4 - \frac{p_2 \times 1968}{T_4 - 146.1} + 0.8 - T_5$$

式中 ΔT_1——高压主蒸汽过热度；

ΔT_2——高压主蒸汽温度不匹配度；

ΔT_3——中压主蒸汽过热度；

ΔT_4——中压主蒸汽温度不匹配度；

T_1——高压主蒸汽温度；

T_2——当前压力下的饱和温度；

T_3——高压缸入口金属温度；

T_4——中压主蒸汽温度；

T_5——中压缸叶片持环金属温度；

p_1——高压主蒸汽压力；

p_2——中压主蒸汽压力。

6. 机组升负荷至 225MW

汽轮机进汽条件满足后，ST OPERATION 画面上 START CONDITION ESTABLISH 信号灯亮，高、中、低压调节门在“Program Open”方式控制下逐步开启。

对于高压调节阀，当汽轮机进汽条件满足后，60s 内其开度指令变为 18.35%，阀门实际开度为 6%；60s 后其开度指令以 0.334 16%的速率逐渐变大，阀门逐渐开大；当阀门实际开度大于 10%后，其开度指令以 1.504 265%的速率逐渐变大，阀门逐渐开大。当高压调节阀开度大于 2%时，高压主汽阀快速全开。高压调节阀开度指令与阀位反馈关系如图 5-4 所示。

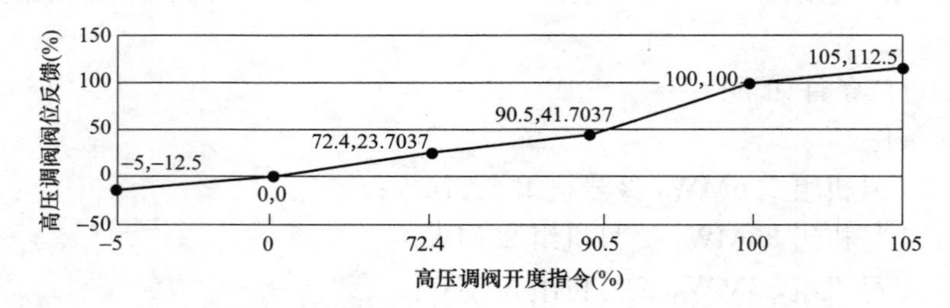

图 5-4 高压调节阀开度指令与阀位反馈关系图

高、中压调节阀压力控制投入，即 HP CV 不在手动模式；IP CV 不在手动模式，HP STEAM PRESS-1、2、3 没有同时超限，REHEAT STEAM PRESS-1、2m 有同时超限，OPC 未动作，HP CV PROGRAM CLOSE 没有开始；发电机出口开关未断开，HP CV POSITION DEMAND>100%且 IP CV POSITION DEMAND>100%且 GEN POWER>50%或手动投入 HP/IP PRESS CONTROL MODE 且 GEN POWER>50%或 HP CV PROGRAM OPEN 或 HP TURBINE BYPASS VALVE FULL CLOSED 反馈发出且 IP TURBINE BYPASS VALVE FULL CLOSED（开度<2%）且 HP CV PROGRAM OPEN 或 GEN POWER>50%。如高压主蒸汽压力小于 5.3MPa 时，高压调节阀关小一定开度。

对于中压调节阀，当汽轮机进汽条件满足后，60s 内其开度指令变为 18.35%，阀门实际开度为 6%；60s 后其开度指令以 0.334 16%的速率逐渐变大，阀门逐渐开大；当高压阀节门实际开度大于 10%后，其开度指令以 1.504 265%的速率逐渐变大，阀门逐渐开大。当高、中压调节阀压力控制投入，如中压主蒸汽压力小于 1.37MPa 时，中压调节阀关小一定开度。高压调节阀开度指令与阀位反馈关系如图 5-5 所示。

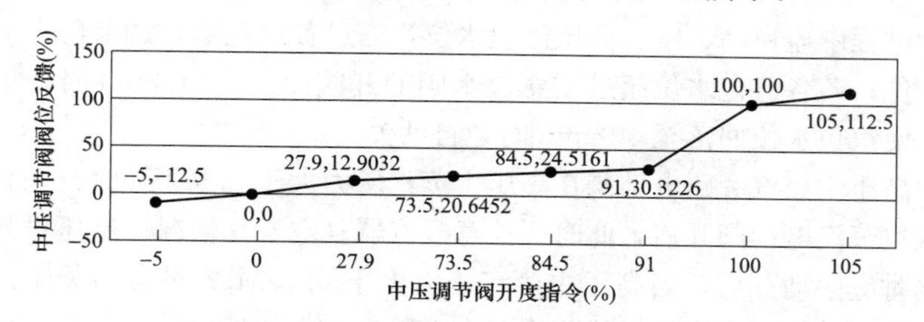

图 5-5　中压调节阀开度指令与阀位反馈关系图

对于低压调节阀，机组转速大于 2000r/min 时，其开度指令开始以 11.06%的速率逐渐增大，直至 85.1%（阀位实际开度 32.1%）；汽轮机进汽条件满足后延时 60s，当高压调节阀与中压调节阀开度均大于 3%时，指令以 0.183 3%的速率逐渐变大，其目标值为 105%，阀门逐渐开启至全开。当低压调节阀压力控制投入后，低压主蒸汽压力小于 0.25MPa 时，其关小一定开度。低压调节阀开度指令与阀位反馈关系如图 5-6 所示。

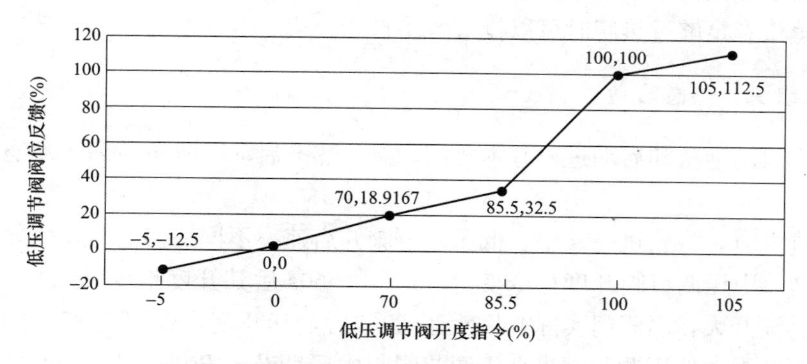

图 5-6　低压调节阀开度指令与阀位反馈关系图

当中压缸进汽压力大于 0.38MPa 时，手动关小低压缸冷却蒸汽调节阀至开度小于 10%，低压缸冷却蒸汽自动切换至由低压主蒸汽供应，手动关闭低压缸冷却蒸汽调节阀及其前电动阀，防止低压缸冷却蒸汽安全阀动作。高中压缸进汽后，当冷端再热蒸汽温度大于 300℃，压力大于 2MPa 后，将机组辅助蒸汽切至机组冷端再热供应，切换完成后将燃气锅炉停运。机组负荷升至 225MW 时，高、中压主蒸汽调节门全开，低压调节门维持调节门前压力直至全开，高、中、低压旁路门全关，旁路控制方式切换为后备压力控制模式，机组启动程序完成。

机组负荷在 90MW 以上时 TCA 回水由回到凝汽器切换到回到高压汽包；机组负荷在 120MW 左右时 FGH 回水由回凝汽器切换到回到凝结水母管。

启动过程中，控制高压旁路后温度控制在396℃以下，中压旁路后温度控制在180℃以下。在汽轮机开始进汽时以1.8MW/min的速度升负荷到目标负荷225MW。

机组启动程序完成后，投入一次调频，根据调度指令手动设定机组负荷，或投入AGC。机组升负荷过程中，注意控制高压过热蒸汽、热再热蒸汽温度在规定范围内。

7. 机组启动过程中其他控制

机组启动过程中监视高、中、低压汽包水位，通过各汽包水位调节门、启动放水门来调整各汽包水位；若各汽包水位超过紧急放水阀的开阀设定值153mm时，检查紧急放水阀自动打开，使汽包水位回落至102mm时，自动关闭。

余热锅炉高压主蒸汽旁路电动阀在高压主蒸汽压力大于0.3MPa时自动打开，当其开启到位后高压主蒸汽电动阀开启，此时应注意凝汽器真空变化情况。高压过热蒸汽启动排气电动阀点火时应手动开启，当高压主蒸汽压力大于0.15MPa时自动关闭；余热锅炉中压过热蒸汽旁路电动阀，当中压过热蒸汽压力大于0.3MPa且中压过热蒸汽压力与冷端再热蒸汽压力偏差小于0.05MPa时，自动开启，其开启到位后中压过热蒸汽电动阀开启。中压过热蒸汽启动排气电动阀点火时应手动开启，当中压汽包压力大于0.15MPa时自动关闭；余热锅炉低压主蒸汽电动阀及其旁路电动阀需要手动开启。低压过热蒸汽启动排气电动阀，在燃气轮机点火时应手动开启，当低压系统排空完成后手动关闭。

在燃气轮机点火之前，蒸汽轮机各个旁路阀的压力设定点维持在停机阶段预定值。在启动过程中，手动控制旁路开启，开启速度要缓慢，防止发生管道撞击。通过旁路后的蒸汽过热度、疏水罐液位指示判断是否有水存在。在旁路已经有一定开度（20%）、真空许可、旁路后蒸汽有足够过热度时可以投入旁路自动。

（二）机组温、热态启动

温、热态启动准备和启动过程基本相同，温、热态启动暖机负荷高于冷态启动的暖机负荷。

汽轮机进汽时，汽轮机高、中、低压调节阀开启速率不同。温态时，汽轮机进汽条件满足60s内高、中压调节阀开度指令变为36.7%，60s后其开度指令以0.9%的速率逐渐变大，阀门逐渐开大，当阀门实际开度大于20%后，其开度指令以1.85%的速率逐渐变大，阀门逐渐开大；低压调节阀当高压调节阀与中压调节阀开度大于3%时，其开度指令以0.370 7%的速率逐渐变大，阀门逐渐开大。热态时，汽轮机进汽条件满足60s内高、中压调节阀开度指令变为36.7%，60s后其开度指令以1.8%的速率逐渐变大，阀门逐渐开大，当阀门实际开度大于20%后，其开度指令以7.2%的速率逐渐变大，阀门逐渐开大；当高压调节阀与中压调节阀开度大于3%时，低压调节阀开度指令以0.904 5%的速率逐渐变大，阀门逐渐开大。

汽轮机进汽后温态升负荷率为3MW/min，热态升负荷率为4.5MW/min。因此，温、热态启动时间较冷态启动少很多。机组整体启动时间冷态启动时大约为210min，温态启动时大约为120min，热态启动时大约为100min。

温、热态启动时，由于余热锅炉系统开始就具有一定压力，所以不需开启启动排空门，但在开启电动主汽门前必须密切注意凝汽器真空变化。

温、热态启动要注意的是启动前的准备工作中要加强疏水，杜绝冷汽、冷水进入汽轮机，防止造成管道水击现象的发生。

温态和热态情况下的疏水暖管：

（1）温态、热态启动时，若汽包压力高于设定值，燃气轮机启动前不需要对主蒸汽管路疏水；燃气轮机吹扫完毕后，开启过热器和再热器疏水阀进行彻底疏水。

（2）温态启动和热态启动时，在余热锅炉入口烟气温度达到 371℃时，确认已经开启高中压旁路阀使过热器和再热器得到蒸汽冷却。

（3）高压主汽管的暖管疏水：开启高压主蒸汽管道疏水阀进行疏水，观察真空变化，充分疏水暖管。观察高压主蒸汽温度、压力的变化，待高压主蒸汽温度至少高于主蒸汽管温度 30℃左右时，打开汽轮机高压主蒸汽联合门前疏水门，观察高压主蒸汽管温升率，然后缓慢打开高压主蒸汽电动门，控制主蒸汽管温升率，关闭高压主蒸汽电动门前疏水门。高压主汽管的暖管靠提高燃气轮机负荷来提高主蒸汽温度和控制旁路压力来控制。

（4）再热主蒸汽管的暖管疏水：打开机侧再热蒸汽管道疏水阀进行疏水时，观察真空变化，充分疏水暖管。观察再热主蒸汽温度、压力的变化，待再热主蒸汽温度至少高于再热主蒸汽管温度 30℃左右时，打开汽轮机再热主蒸汽联合门前疏水门，观察再热主蒸汽管温升率，再热主蒸汽管的暖管就靠提高燃气轮机负荷来提高再热蒸汽温度和控制旁路压力来控制。

（5）低压主汽管的暖管疏水：开启低压主蒸汽管道疏水阀进行疏水时，观察真空变化，充分疏水暖管。待低压主蒸汽温度大于低压主蒸汽联合门前温度至少 30℃左右时，打开汽轮机低压主蒸汽联合门前疏水门，观察低压主蒸汽管温升率，低压主蒸汽管的暖管就靠提高燃气轮机负荷和控制旁路压力来控制。

第二节　燃气-蒸汽联合循环机组停运

燃气-蒸汽联合循环机组的停运是指机组降负荷至 15MW 以下、机组解列、燃气轮机冷却运行、降速惰走、投盘车的过程。停机模式包括正常停机和检修停机两种。

正常停机主要用于满足机组频繁启停的需要，停机后要求保持蒸汽轮机（高压缸）金属温度尽可能高，余热锅炉高压、中压、低压蒸汽压力及温度尽可能高，以缩短下次启动暖机时间，提高效率。正常停机过程从 225MW 发停机令至发电机解列，约需 16min。

检修停机是为了冷却燃气轮机和余热锅炉，这种停机模式用于安排了周期性检查或维修工作。检修停机只能采用手动停机方式。检修停机之前，必须保证辅助蒸汽已经切换为邻机或者燃气锅炉带。采用维修停机模式可以使燃气轮机、蒸汽轮机尽快冷却下来，使机组尽早满足检修条件，同时控制各金属部件的温度变化率、汽轮机上下缸温差和高、中、低压缸胀差等参数不超过限值。整个检修停机过程，从 225MW 发检修停机令至发电机解列，共需要约 45min。

机组采用不同的停机模式，汽轮机高压缸入口金属温度的变化情况也会有所不同，通过对正常停机和检修停机后该温度变化趋势的统计，一般情况下，正常停机后，停机 48h 内可保证热态启机，停机 48h 至 6 天期间为温态启机，超过 6 天则为冷态启机，停机 12 天后高压缸入口金属温度低于 120℃，满足盘车停运条件。

一、机组降负荷及停运过程说明

1. 燃气轮机控制说明

假若机组在满负荷状态下运行，ALR ON 投入运行。当值班员在 ALR SET 按钮下手动降低负荷时，则 ALR SET 值随降低负荷的按钮持续下降。由于设定负荷值低于实际负荷，ALR DWN 为 1，逻辑（G-D016）中 AM 模块输出值变为 ALR SET 设定值。由于 ALR INC RATE 和 ALR DEC RATE 均为 20MW/min，最终输出的 ALR SET 值以 20MW/min 降低。

若在 LOAD LIMIT 模式下，GT LLOPE＝1，ALR SET 引起 LDCSO 的变化；若在 GOVERNOR 模式下，GT LLOPE＝0，ALR SET 引起 GVCSO 的变化；控制系统通过降低 LDCSO 或者 GVCSO 的值来使机组脱离温控状态。

以 GT LLOPE＝1 为例，ALR SET 以 20MW/min 的速度下降，逻辑（G-D019：GT LOAD CONTROL-1）中 ALR SET 和实际负荷相比为负值，进入 AM 模块中 D＝1，使 LDSET 以 20MW/min（1 号机组已修改为 22MW/min）的速率下降，经过 PID 调节后，LDCSO 降低输出。机组进入负荷控制。

当机组负荷降低到 225MW 以后，值班员发出停机令。逻辑（G-D016A）中 GT STOP OPERATION＝1，ALR LOAD DEMAND＝14MW，同时 G-D016A 中 ALR TARGET LOAD SELECT＝1，导致逻辑（G-D016）中输入 AM 中的 T_r＝14MW，同时输入 T_s＝1，从 AM 中输出的值瞬间变成 14MW。ALR SET 以 20MW/min 的速度降低，LDCSO 持续减少。当机组负荷低于 222.75MW 时，GT LOAD HOLD 信号发出，逻辑（G-D019）中的 AM 输出和实际负荷一致。同时由于 GT LOAD HOLD＝1，逻辑（G-D020：GT LOAD CONTROL-2）中 PI 输入值一直为 0，导致 GT LDCSO 一直不变，也就是说，在高中压调节阀全部关闭之前，LDCSO 是不变的。

高中压调阀全关后，GT LOAD HOLD＝0，进入逻辑（G-D019：GT LOAD CONTROL-1）的负荷设定为 14MW，以 20MW/min 的速度下降输出，进入逻辑（G-D020：GT LOAD CONTROL-2）的 ALR SET 和实际负荷的差值经过逻辑（G-D020-FX08）的修正后，修正值×1×0.75 后输入到 PI 中，PI 上限为 GTCSO，下限为 0。输出为 LDCSO，保证机组负荷持续下降。

负荷与修正值的关系（逻辑 G-D020-FX08）见表 5-1。

表 5-1　　负荷与修正值的关系

负荷（MW）	修正值
0	0.5
20	0.5
150	1
300	2
600	2

机组负荷降至 15MW 后，1 号机组、2 号机组 CSO 输出降至 MINCSO，1 号机组为

20.2%，2号机组为22.2%。所谓MINCSO，指在机组点火成功后（延时10s），检测机组输出的CSO大于MIN CSO后，MIN CSO开始进入高选门，也就是说，在之后机组跳闸前，燃气轮机输出的最小CSO不会低于MIN CSO。设置该CSO的目的在于机组突然甩负荷或者其他异常工况时，机组不会跳闸。但是由于设置MIN CSO的时候参考的是固定的热值，一旦发生热值太高的情况，在机组解列后，MIN CSO的力矩也会造成持续升速，最终造成转速偏高。

负荷升降过程中，GVCSO和CSO+5%之间比较，若较低，则发出加信号，发出SP-SET UP信号，使GT SPSET增加；若较高，则发出减信号，发出SPSET DWN信号，使GT SPSET下降；若机组维持在3000r/min，则GVCSO随SPSET的增加而增加，随着负荷降低，CSO下降，持续发出SPSET DWN信号，使GVCSO减少；机组一旦解列，机组控制方式由LOAD LIMIT切换为GOVERNOR，LDCSO输出变为60%。CSO输出切换至GVCSO进行控制，但是GVCSO值此时偏大，造成解列瞬间CSO值偏大，机组转速上升，由于GVCSO=(100−SPEED/3000+SPSET)×10.36+25.2，其中SPSET=0.266，所以随着机组转速升/降，GVCSO随之减/增；最后维持平衡，机组转速维持在某一转速上；如果燃气热值偏高，比如2号机组MINCSO=22.2%，如果CSO已经调整到22.2%而热值仍偏高，机组转速将会超限，机组失去调节功能。假如热值偏低，机组转速降低的同时，CSO会增加，假若转速为2990r/min，则计算输出的燃气轮机CSO将达到31.4%。

2. 汽轮机控制说明

机组停运时，首先降低负荷到225MW，然后在此负荷下发出停机令。降低负荷过程中，后备压力设定值仍然取决于函数，在发出停机令后，汽轮机低压调节阀首先关闭到30%开度，然后开始关闭高、中压调节阀，汽轮机负荷下降。一旦高、中压调节阀开始程序关闭，高、中压旁路退出高、中压旁路阀备用压力模式，进入高、中压旁路实际压力跟踪模式，同时，高压旁路备用压力跟踪开始投入，高压旁路实际压力设定PASS退出。由于高压旁路实际压力设定PASS退出，高压旁路压力设定值从后备压力更改为切换瞬间的实际高压主蒸汽压力。在之后的整个停运过程中，高压主蒸汽压力设定值维持在模式切换时的定值不再改变。随着高、中压调节阀的关闭，高、中压旁路阀逐步开启，维持压力基本不变，但汽轮机负荷持续下降，直至高、中压主蒸汽调节阀全关，低压主蒸汽调节阀维持30%开度，汽轮机负荷显示为零。

在机组熄火后，高中压旁路逐渐关闭，关闭后切换为手动状态，则HPTBVPITRK变化为1，高压旁路压力设定值跟随实际压力，随着实际压力的下降而下降，直到机组再次准备启动。

机组停运至燃气轮机熄火期间。随着汽轮机负荷的降低，高、中压主蒸汽调节阀分别按照逻辑（M-Q366和M-Q369）中的预设曲线逐步关闭。燃气轮机熄火前，高压主蒸汽阀保持全开状态。在燃气轮机熄火后，逻辑（M-Q366：HP SV POSITION DEMAND）发出turbine trip信号，该信号导致逻辑［M-Q366：HP SV POSITION DEMAND（MV）］中信号的指令瞬间变为−5%（具体信号为M-Q366-SG01），转换成HP SV POSITION DEMAND的指令为−12.5%，此−12.5%经过逻辑（G-J108：TCS2 SERVO

CARD SPREAD HIGH-1）转换为0%的高压主蒸汽阀开度指令，因此，此时高压主蒸汽阀立刻完全关闭。逻辑（M-Q366）收到 turbine trip 信号后，信号的指令瞬间变为－5%，转换成 HP CV POSITION DEMAND 的指令为－12.5%，即高压主蒸汽调节阀指令为－12.5%；逻辑（M-Q369）收到 turbine trip 信号后，信号的指令也瞬间变为－5%，转换成 IP CV POSITION DEMAND 的指令为－12.5%，即高压主蒸汽调节阀指令为－12.5%。

二、机组正常停机流程

接到值长停机指令后，应检查确认顶轴油泵及盘车电动机自动备用完好，并通知化学人员做好停机准备。正常停机过程如下：

（1）退出 AGC 控制，手动降负荷至 225MW。

（2）检查一次调频自动退出，检查 IGV 全关。

（3）在燃气轮机控制系统（TCS）上将低压缸冷却蒸汽至低压主蒸汽电动门切至手动位后关闭。

（4）在 TCS 上 GT OPERATION 点击 GT OPERATION 选择"NORMAL STOP"并确认执行。

（5）汽轮机停机开始的条件如下：

1）HP CV 未全关闭或 IP CV 未全关闭或 HP CV DEMAND＞0%或未发出停机令。

2）机组负荷小于 50%。

3）发出停机令。

（6）蒸汽轮机低压调节阀程序关小至冷却开度并保持，低压旁路阀切换至压力跟踪模式，压力设定值为当时的实际蒸汽压力。

（7）蒸汽轮机低压调节阀关小到冷却开度后，高压调节阀和中压调节阀开始关闭，高、中压旁路阀切换至压力跟踪模式，压力设定值为当时的实际蒸汽压力。

（8）负荷降至 120MW 以后，高压主蒸汽调节阀与中压主蒸汽调节阀全关。汽轮机停机完成的标志为：

1）发出停机令。

2）高压调节阀指令小于 0%。

3）高/中压调节阀全关。

4）上述条件满足时，发出 2s 脉冲。

（9）检查 TCS 上 MAIN STEAM 画面上中压进汽压力低于 0.57MPa 后，高压进汽管道疏水阀开启，高、中压缸缸体疏水阀开启，中压进汽管道疏水阀开启，高压排汽通风阀开启，高压排汽止回阀关闭，高压排汽止回阀前疏水阀开启；检查高压主蒸汽调节阀关闭后，检查 TCS 上 MAIN STEAM 画面上高压主蒸汽调节阀阀体疏水阀开启。

（10）高、中压调节阀全关后燃气轮机负荷以 20MW/min 的速率下降至 15MW，注意监视燃气轮机负荷 100MW 时 FGH 回水从回到凝结水母管切换到回到凝汽器，燃气轮机负荷 90MW 时 TCA 回水从高压汽包切换到回到凝汽器。

（11）降负荷过程中，FGH 需求流量由 37t/h 降至 17t/h；TCA 流量需求由 55t/h 降

至30t/h，机组解列后流量上升88.6t/h。

（12）根据实际情况，如有需要切换机组辅助蒸汽供应源。

（13）退出AVC，手动调整无功，无功降至10Mvar左右。

（14）发电机自动解列（满足机组正常停机信号为1或高、中压主蒸汽调节门全关反馈信号为1，且机组负荷<15MW，且GCB OPEN PERMISSION信号为1，则GCB断开，机组解列）。解列后在DCS侧断开GCB出口隔离开关。

（15）机组继续空载运行5min以冷却燃气轮机。

（16）随后，机组跳闸电磁阀失电打开，安全油泄压，燃气轮机熄火，开始降速。

（17）熄火后，就地每个火焰探测器检测后（无论是否有火焰），接线三路，分别去3个TPS，通过2/3逻辑进行判断是否有火焰，正常情况下，4个火焰信号都消失。

（18）检查燃气轮机燃气关断阀关闭、燃气轮机燃气放散阀开启，检查主A燃气流量调节阀、主B燃气流量调节阀、顶环燃气流量调节阀、值班燃气流量调节阀关闭，检查主A燃气压力调节阀、主B燃气压力调节阀关闭。

（19）检查高压主蒸汽阀、中压主蒸汽阀、低压主蒸汽阀、低压主蒸汽调节阀关闭。

（20）检查低压主蒸汽调节阀阀体疏水阀开启。

（21）检查高压防喘放气阀开启、中压防喘放气阀开启、低压防喘放气阀开启，机组熄火20min后且燃气轮机转速低于300min时，延时10s，再延时10s，高压防喘放气阀、中压防喘放气阀、低压防喘放气阀关闭。

（22）拉开发电机出口隔离开关，检查发电机出口隔离开关断开。

（23）在惰走期间，注意倾听机组各部分声音正常，各缸差胀、轴向位移、轴承金属温度、振动、润滑油温等参数正常。

（24）手动控制高、中、低压给水调节阀，将高、中、低压汽包上水至适当水位，停运凝结水再循环泵。

（25）高、中、低压旁路阀全关后，关闭余热锅炉高、中、低压主蒸汽隔离阀。

（26）机组惰走过程中，应注意观察低压排气温度和末级叶片的温度变化，低压排汽温度大于80℃，或低压缸末级叶片金属温度大于200℃，或低压导流环排汽温度大于200℃，TCS发相应报警。

（27）机组转速小于500r/min时，检查顶轴油泵自动启动，顶轴油压为11.5MPa。

（28）机组转速小于300r/min延时30min，检查余热锅炉烟囱挡板自动关闭。

（29）机组转速小于300r/min时，发出5s脉冲，TCA疏水阀A开启。

（30）机组转速300r/min时，停运真空泵，打开真空破坏阀破坏真空，机组真空到0后，停运轴封蒸汽系统，停止机组辅助蒸汽的供应。

（31）上水完成后停运高中压给水泵。

（32）真空低于−56kPa，延迟10s，低真空保护信号发出，中、低压旁路开闭锁。

（33）机组转速小于300r/min延时120s，检查确认燃气轮机冷却空气隔离阀、燃气轮机冷却空气供气阀打开。

（34）机组转速到0r/min时，手动投入盘车运行，记录盘车转速电流、机组惰走时间；L4信号消失，机组转速低于300r/min后2100s，盘车电动机未运行或齿轮未啮合

TCS发 Turning motor abnormal 报警。

(35) 观察低压缸排汽温度变化趋势，若该温度低于60℃且不再升高，可停运凝结水系统。

(36) 根据机组运行方式需要，调整循环水系统运行方式和闭冷水系统运行方式。

(37) 全面检查机组各参数正常。

三、机组检修停机流程

机组检修停机步骤与正常停机基本相同，主要的不同点在于：

(1) 确认机组停运准备工作完成后，选择“MAINT. STOP”按钮，确认后按“EXEC”按钮。

(2) 机组从当前负荷按照预定速率20MW/min（1号机组已修改为22MW/min）下降至225MW。检查：IGV随着机组负荷的下降逐渐关小直至全关；燃烧室旁路阀随着机组负荷的下降逐渐开大；机组负荷降至225MW后，低压蒸汽调门开始关闭至预设定的冷却位置（30%）。低压旁路门开始打开，由“后备压力控制模式”转为“实际压力控制模式”。

(3) 满足以下条件，机组降负荷速度为2MW/min（SLOW）：

1) 机组负荷大于15MW。

2) 发电机负荷小于225MW。

3) 发出检修停机指令。

(4) 低压蒸汽调节门关闭至冷却位置（30%）后，高压主蒸汽调节门和中压蒸汽调节门按预定程序开始关闭。机组负荷随着高、中压调节门的关闭进一步下降（2MW/min），高、中压旁路门开始打开。高压主蒸汽调节门和中压蒸汽调节门关闭至预定位置（约10.3%），保持该工况运行。

(5) 当满足机组负荷小于15MW延时3000s或汽轮机金属温度小于350℃延时3000s，且机组检修停机信号为1，发电机自动解列。解列后，机组自动进入全速空载运行，5min后燃气轮机自动打闸，检查燃气轮机熄火，转速下降，开始记录惰走时间。

(6) 余下操作与正常停机相同，根据检修计划的安排可合理调整汽包上水水位和打开余热锅炉烟囱挡板。

电 气 部 分

第一节 发电机的正常运行、监督与维护

一、发电机运行调整

（1）当发电机氢气纯度不低于95%、氢压为0.48～0.535MPa、冷氢温度为35～46℃、发电机两组氢气冷却器运行的正常工作条件下，可以按铭牌额定负荷或在“发电机出力曲线”的范围内长期连续运行。

（2）发电机在额定功率因数下，当电压偏差为±5%、频率偏差为±2%时，发电机可带额定出力连续运行。

（3）发电机电压不允许在低于额定值的90%或高于额定值的110%的情况下长期运行。

（4）系统频率在50.5～48.5Hz变化范围内发电机可以连续保持恒定的有功功率输出，系统频率下降至48Hz时有功功率输出减少不超过5%机组额定有功功率。汽轮发电机组频率异常时允许的运行时间不得低于表6-1的规定。

表6-1　汽轮发电机组频率异常时允许的运行时间

频率范围（Hz）	累计允许运行时间（min）	每次允许运行时间（s）
51.0以上～51.5	＞30	＞30
50.5以上～51.0	＞180	＞180
48.5～50.5	连续运行	
48.5以下～48.0	＞300	＞300
48.0以下～47.5	＞60	＞60
47.5以下～47.0	＞10	＞20
47.0以下～46.5	＞2	＞5

（5）发电机在额定冷却介质条件下三相负荷不对称时，发电机所承受的负序电流分量

(I_2) 与额定电流之比 (I_2/I_N) 不超过10%，且每相电流不超过额定值时，可连续运行。当发生不对称故障时，$(I_2/I_N)^2$ 和时间 t (单位秒) 的乘积≤10s。

(6) 发电机定子电压下降到额定值的95%～90%，定子电流不得超过额定值的105%。

(7) 发电机额定运行功率因数为0.85～0.95。进相运行时按进相运行规定执行。

(8) 发电机在进相运行时要满足下列条件：

1) 发电机已做进相试验，且合格。

2) 进相运行时励磁调节投入自动。

3) 失磁、失步保护完好投入。

4) 220kV母线电压不得低于电网电压曲线要求下限。

5) 发电机定子电压不得低于规定值，定子电流不超额定值。

6) 6kV电压不得低于5.7kV。

7) 定子铁芯、绕组温度不超规定值。

8) 无功、功率因数及功角不得超出规定范围。

9) 当机组运行不稳定时，应立即将发电机拉回至迟相运行状态，并汇报值长。

10) 发电机正常运行条件下，各部允许温升和温度不得高于表6-2的规定数值，相同部位或相邻两点的温差不应超过8℃。

表6-2　　允许温升和温度

部位	允许最高温度 (℃)	测量方法
定子铁芯	120	热电偶
定子绕组	100	埋置热电阻
转子绕组	120	电阻法
集电环	120	电阻法

注　全氢冷发电机、定子线棒出口风温差达到8℃或定子线棒间温差超过8℃时，应立即停机，排除故障。

11) 发电机内氢气压力的影响

发电机内氢气压力对运行的影响参照表6-3。

表6-3　　发电机内氢气压力对运行的影响参照表

发电机内氢气压力 (MPa)	发电机输出容量kVA (%)
0.3	80
0.4	90
0.5	100

注　正常情况下不建议降氢压运行，只有在事故情况下可以短时间采用降氢压方式运行。

12) 发电机冷氢的温度范围应为35～46℃，操作人员应调整氢气冷却器冷却水进水量来保持氢气温度在规定范围内，当部分冷却器退出运行时（二组四部分），应按照表6-4规定运行。

表 6-4　　　　部分冷却器运行时规定运行表

氢冷器退出情况	氢冷器退出组数/总计	允许负荷（%）（额定氢压）	说明
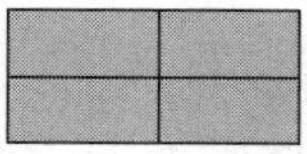	1/4	90	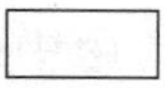 退出运行 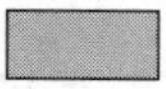 投入运行
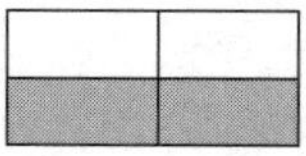	2/4	80	
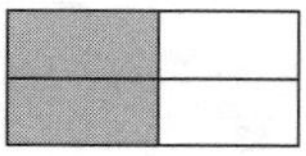	2/4	65	

13）氢气冷却器出风温度最高不超过 46℃，进风温度不超过 90℃。

14）发电机运行中，当氢气纯度低于 95%时，应进行排、补氢，直至大于 95%以上。

15）发电机内氢气露点温度应维持在－25～0℃之间，超出范围应通过排补氢、调节氢气干燥器运行方式等手段调整。

16）发电机密封油系统油氢差压正常运行在（0.06±0.01)MPa 范围内运行，超过此范围应进行相应调整，事故情况下油氢差压不超（0.085±0.01)MPa 范围。

二、运行中的检查与维护

（一）金属封闭母线的运行维护

(1) 发电机出口采用离相封闭母线，正常运行及机组停运后应保证微正压装置可靠投运，并检查其充气压力在 0.3～2.5kPa 范围内。

(2) 01 号高压备用变压器、高压厂用变压器低压侧采用共箱封闭母线，为自然冷却。

(3) 金属封闭母线的外壳及支持结构的金属部分应可靠接地。接地导线应有足够的截面，具有通过短路电流的能力。

(4) 金属封闭母线投运前应使用 2500V 绝缘电阻表测量导线对地绝缘，其绝缘离相封闭母线大于或等于 50MΩ、共箱封闭母线大于或等于 6MΩ。

(5) 对于未设置微正压装置的封闭母线，容易受潮使绝缘下降，停运超过 120h 应测量绝缘，发现绝缘不合格，必须进行干燥处理绝缘合格后方可投运。金属封闭母线运行中各部允许温度及温升见表 6-5。

表 6-5　　　　金属封闭母线运行中各部允许温度及温升表

封闭母线部件	最高允许温度（℃）	最高允许温升（℃）
导体	90	50
外壳	70	30
外壳支持结构	70	30

（二）运行中的发电机组巡回检查规定

（1）正常检查按发电部《巡回检查管理制度》规定的路线和项目进行。

（2）发电机大修并网后8h内，每2h派人检查1次。

（3）系统内发生短路冲击后，应对发电机、励磁变压器进行1次全面检查。

（4）备用中的发电机及其附属设备，每班也应检查维护设备，保证随时具备启动条件。

（三）运行中的发电机检查项目

1. 发电机各部分的检查

（1）发电机声音正常，机组振动、温度不超过允许值。

（2）励磁系统各装置、元件无过热、松动，各指示灯、风机正常，开关位置正确。

（3）封闭母线微正压装置运行正常；压缩空气压力维持在0.3～2.5kPa，封闭母线外壳运行正常，无发热、振动、局部过热。

（4）发电机-变压器组及厂用电系统的保护及自动装置运行正常；连接片位置正确，无松动、过热。

（5）各消防器具完好无损。

（6）发电机励磁系统的开关、母线、互感器及电缆无过热、无放电闪络现象。

（7）发电机励磁变压器运行正常，无异音。

（8）励磁小间温度不高于40℃。

（9）整流柜冷却风机运行正常。

（10）整流元件故障灯应不亮，无熔断器熔断报警。

（11）各元件无过热焦臭味。

（12）整流柜输出电流基本相等。

2. 发电机冷却系统的检查项目

（1）冷氢温度正常。

（2）热氢温度正常。

（3）氢气冷却器的冷却水压力、温度正常。

（4）氢气压力及氢气纯度正常。

（5）检查氢气干燥器运行正常。

（四）碳刷滑环日常检查项目

（1）集电环上电刷有无冒火情况。

（2）电刷在刷盒内有无摇动或卡住情形，电刷在刷盒内应能上下活动。

（3）刷辫是否完好，接触是否良好，有无过热现象；如出现发黑、烧伤等现象，则应更换碳刷。

（4）电刷压力是否正常。

（5）检查电刷的磨耗程度，电刷允许磨损60mm；刷块边缘是否存在剥落现象，如果碳刷磨损厉害或刷块有剥离现象，就必须更换碳刷。

三、发电机相关事故处理

（一）系统事故引起定子过负荷的处理

1. 现象

（1）定子电流超过额定值。

（2）有定子过电流报警。

（3）周波、电压下降。

（4）定子温度升高。

2. 处理

（1）首先检查发电机功率因数和电压。

（2）密切监视运行，注意过负荷时间。正常运行时定、转子绕组温度较高的发电机，应适当缩短过负荷时间。

（3）发电机过负荷超过事故过负荷时间规定时，应汇报值长和调度立即降低出力。若系统有功不足，应降低励磁减无功；若系统无功不足电压低，应减有功。减无功时注意不得使发电机出口和厂用电压过低。

（4）如本厂还有其他机组运行，应将各发电机负荷进行适当调节分配，使该机组不致过负荷。

（5）发电机过负荷时，应对发电机各部温度进行严密监视并做好记录。

（二）系统事故引起转子过负荷的处理

1. 现象

（1）转子电压、电流超过额定值，定子电流升高。

（2）转子过负荷报警。

（3）转子温度升高。

2. 处理

（1）按转子过负荷表监视运行，注意过负荷时间。正常运行时定、转子绕组温度较高的发电机，应缩短过负荷时间。

（2）发电机转子过负荷超过事故过负荷时间规定时，应汇报值长和调度立即降低励磁。

（三）定子三相电流不平衡，超过允许值10%的处理

1. 现象

（1）三相电流表指示不一致。

（2）转子温度上升快。

（3）“负序过负荷”报警。

（4）“发电机负序过负荷”保护可能动作，发变组保护屏上有对应的告警灯。

2. 原因

(1) 系统负荷不平衡。

(2) 线路断线或开关故障出现非全相运行。

3. 处理

(1) 检查网控有关系统负荷及线路情况，若不平衡电流由系统引起，报请中调处理。

(2) 发电机负序过负荷时应密切监视发电机转子温升情况。

(3) 若非全相运行所致，保护拒动，应解列发电机。

(4) 通过降低定子电流或按省调要求进行调整，直至不平衡电流减少到允许值10%以内。

(5) 发电机发生短暂不平衡故障保护动作后，再次启动前，必须对发电机本体进行全面检查无问题后，经总工程师批准后方可投运。

(四) 发电机电压超出允许值的处理

(1) 若电压高于额定电压10%(22kV)，应减励磁降无功。

(2) 若电压低于额定电压10%(18kV)，应加励磁增无功，但注意转子电流不超过额定值。当系统周波正常，而无功不能再加大时，经中调同意，可适当减有功增无功。

(3) 处理过程中注意维持厂用电母线电压在正常范围。

(五) 发电机空载升不起电压的处理

1. 现象

(1) 发电机定子电压显示很低或为零。

(2) 转子电压有显示，而电流无显示。

(3) 转子电流有显示，而电压无显示或显示很低。

(4) 转子电流无显示、电压无显示。

2. 处理

(1) 立即停止升压操作，退出升压操作。

(2) 检查发电机出口TV回路是否正常。

(3) 检查转子回路是否开路。

(4) 检查转子回路表计是否正常。

(5) 测量励磁变是否正常，检查电刷接触是否良好。

(6) 检查励磁调节器各部件、各单元是否正常。

(7) 检查发电机灭磁开关、励磁隔离开关是否合闸良好。

(8) 检查励磁功率柜工作是否正常。

(9) 通知检修处理。

(六) 发电机温升过高，超过允许值的处理

1. 现象

(1) 各部温度指示升高。

(2) 进出氢温差增大。

(3) 氢冷却器出口温度升高。

2. 原因

(1) 定子、转子过负荷。

(2) 冷却系统故障（氢压过低，氢冷水不足等）。

(3) 表计指示不准。

3. 处理

(1) 检查发电机负荷电流、不平衡电流是否超过允许值。

(2) 检查冷却系统。

(3) 联系热工人员核对温度表。

(4) 若无法解决，应降低发电机有功及无功负荷，直到发电机温升正常。

(七) 发电机定子接地的处理

1. 现象

(1) “定子转子接地”报警。

(2) 保护屏上绝缘监察电压表可能有指示。

(3) 发电机定子对地三相电压不平衡。

2. 处理

(1) 检查保护，确认是定子接地信号。

(2) 根据保护信号和绝缘监察电压表指示判断是否真接地还是假接地。

(3) 检查主变压器低压侧是否有接地信号。

(4) 检查发电机-变压器组系统设备，寻找接地点。

(5) 发电机定子接地保护（基波）动作于跳闸，如保护拒动，手动打跳，发电机解列后检查主变压器低压侧接地信号是否消失，如没有消失则接地点在主变压器侧。

(6) 如三次谐波接地保护动作，检查发电机中性点隔离开关是否合好，允许运行30min，时间一到，解列停机。

(7) 机组停运后测量发电机定子绝缘，查找接地点进行处理。如果停机后经检查未发现接地，摇侧绝缘正常后，经总工或生产副厂长同意，可以再试启动机组，并通过零启升压检查正常后并入电网。

(八) 发电机转子回路一点接地的处理

1. 现象

“转子一点接地”报警。

2. 处理

(1) 检查保护，确认是转子接地信号。

(2) 查询励磁回路是否有人工作。

(3) 检查励磁室及封母是否结露。

(4) 检查励磁电刷、滑环积污情况，如积污严重，应进行清抹。

(5) 通知维修人员检查转子接地检测回路。

(6) 若确认转子内部稳定性金属接地，应报告运行部长及中调，立即停机处理。

(7) 在检查处理过程中，应防止人为造成两点接地。

(九) 发电机励磁回路两点接地的处理

1. 现象

(1) 转子电流指示显著增大或为零。

(2) 转子电压指示显著减小或为零。

(3) 无功负荷降低。

(4) 定子电压指示稍降低。

(5) 机组振动增大。

(6) 发电机可能失磁，进相运行。

2. 处理

(1) 若转子两点接地保护动作，按发电机事故跳闸处理。

(2) 如保护拒动应立即解列停机，并切断励磁。

(十) 发电机失磁的处理

1. 现象

(1) 转子电流等于或接近于零。

(2) 发电机电压通常降低，无功功率指示为负值。

(3) 定子电流升高。

(4) 有功功率较正常数值低。

(5) 定子电流和转子电压有周期性摆动。

2. 原因

(1) 励磁回路开路或短路。

(2) 励磁调节器故障（可控硅截止）。

(3) 灭磁开关误跳。

(4) 进相太深，引起静态失稳。

3. 处理

(1) 发电机不允许无励磁运行，如失磁保护未动作，应立即将发电机与电网解列。

(2) 保护动作停机后，查找失磁原因，故障消除后，向省调申请机组并网。

(十一) 发电机强励动作的处理

1. 现象

(1) 励磁系统“强励”报警。

(2) 发电机端电压下降到90％额定电压以下。

(3) 转子定子电流上升。

(4) 发电机无功急剧增加，发电机有可能过负荷。

2. 原因

(1) 发电机本身故障。

(2) 系统发生短路。

(3) 励磁系统故障。

(4) 强励误动。

3. 处理

(1) 强励正确动作后，10s 内不得手动干涉。

(2) 强励动作超过 10s，励磁系统跳闸，此时，查找原因，消除故障后重新开机。

(3) 强励动作超过 10s，励磁系统不跳闸，应将发电机解列灭磁，查找原因后和，消除故障后重新开机。

(4) 强励动作后，应检查励磁系统一次部分（电刷、滑环、灭磁开关、整流柜、过压保护等无损伤）。

(十二) 发电机振荡或失步的处理

1. 现象

(1) 定子电流表指针剧烈摆动，超过正常值。

(2) 发电机和母线电压指示发生剧烈的摆动，经常是电压降低。

(3) 有、无功负荷大幅摆动。

(4) 转子电压、电流在正常值左右摆动。

(5) 发电机随振荡周期发出有节奏的鸣声，与表计摆动合拍。

2. 处理

(1) 首先判断是发电机振荡还是系统振荡。若几台机表计摆动一致，是系统振荡；若某一台机与其他机组表计摆动方向相反，则为该发电机振荡。

(2) 当失步振荡中心在发电机-变压器组内部时，应立即启动失步保护解列发电机。

(3) 当失步振荡中心在发电机-变压器组外部时，应立即增大发电机励磁，同时减少有功负荷，切换厂用电，争取在短时间内恢复同步或在适当时机解列。

(4) 若为发电机非同期并列时引起的振荡，应立即解列。

(5) 若由于发电机组失磁引起系统振荡，则按发电机失磁处理。

(6) 当强励动作后，定子及转子电流突增，10s 内不得干涉强励装置动作，不得调整切换。

(7) 发生振荡时，应及时报告调度。

(十三) 发电机非同期并列的处理

1. 现象

(1) 发电机参数发生大幅度变化及振荡，自动励磁调节器强励可能动作。

(2) 机组发生强烈振动并伴有轰鸣声。

2. 处理

(1) 并列后若很快拉入同步，对发电机组进行全面检查，如无异常则加强监视继续运行；如发现有明显的故障特征（变形、振动增大），则立即解列检查。

（2）如主变压器掉闸，检查厂用电切换正常。

（3）汇报值长，通知设备部人员详细检查发电机系统，并查明非同期并列的原因。

（4）消除故障，发电机手动零起升压无异常后，方可将发电机与系统并列。

（十四）发电机主出口开关自动跳闸的处理

1. 现象

（1）主开关、灭磁开关绿灯闪光。

（2）有功、无功突降至零。

（3）系统电压、周波有可能下降。

（4）保护出现相应报警信号。

2. 处理

（1）检查厂用电系统运行正常。

（2）检查自动灭磁开关是否跳开，如果未跳开，立即同时按下操作台上“灭磁开关跳闸”双按钮将其断开。

（3）检查保护动作情况，判断跳闸原因。

（4）若保护未动，人员误动跳闸，应立即将发电机并网。

（5）若主开关外部系统故障，正、负序过流、主变差动、非全相等保护动作，而内部故障的保护未动作，在消除故障后即可并网。

（6）若差动、转子两点接地、匝间等内部故障的保护动作，应检查保护区内一切设备，测量发电机定子绕组绝缘及各点温度，查明发电机有无烟火焦味、放电、烧伤痕迹。继保班对保护做检查试验，原因查明及隔离故障点后重新开机。

（7）若失磁保护动作跳闸，若转子回路故障，应停机处理。

（8）若甩负荷后，转速升高，过电压保护动作跳闸，应立即将发电机与系统并列。

（9）若属保护误动所致，则经有关领导同意后可先退出该保护，将发电机并入电网。

（十五）发电机保护和仪用 TV1 断线的处理

1. 现象

（1）电压、有功、无功表指示降低或至零，周波表失常。

（2）保护装置上 TV 断线信号发出。

2. 处理

（1）测量 TV 二次侧电压，确认故障 TV 及故障相。

（2）停用发电机-变压器组保护 A 柜逆功率、过电压、失磁、失步保护、启停机、低阻抗保护。

（3）检查二次电压回路是否有人工作。

（4）检查 TV 一、二次回路，若是二次快分开关跳闸，检查无明显故障，可强送一次；若合上后再次跳闸，则不得再次合闸，应告电气检修人员检查处理。

（5）如二压不正常且有零序电压（可在保护柜检查），侧为 TV 一次熔断器，将 TV

拉出，检查无异常，更换熔断器，送回，如再熔断，通知维修处理，检查原因并消除后才能恢复运行。

（十六）励磁调节器用TV2断线的处理

1. 现象

（1）励磁系统发“TV断线”光字牌亮，励磁系统切换至Ⅱ通道运行。

（2）发电机-变压器组保护B柜发“TV断线”信号。

2. 处理

（1）测量TV二次侧电压，确认故障TV及故障相。

（2）停用发电机-变压器组保护B柜逆功率、过电压、失磁、失步保护、启停机、低阻抗保护。

（3）检查二次电压回路是否有人工作。

（4）检查更换TV二次开关是否跳闸，若跳闸可合一次，如再跳，通知继保班处理。

（5）如二压不正常且有零序电压（可在保护柜检查），侧为TV一次熔断器，将TV拉出，检查无异常，更换熔断器，送回，如再熔断，通知维修处理，检查原因并消除后才能恢复运行。

（十七）发电机保护和仪用TV3断线的处理

1. 现象

（1）表计无异常，励磁系统发“TV断线”信号，切换至Ⅰ通道运行。

（2）保护A、B柜发“TV断线”信号。

2. 处理

（1）测量TV二次侧电压，确认故障TV及故障相。

（2）停用发电机-变压器组保护A、B柜匝间保护。

（3）检查二次电压回路是否有人工作。

（4）检查更换TV二次开关是否跳闸，若跳闸可合一次，如再跳，通知继保班处理。

（5）如二压不正常且有零序电压（可在保护柜检查），侧为TV一次熔断器，将TV拉出，检查无异常，更换熔断器，送回，如再熔断，通知维修处理，检查原因并消除后才能恢复运行。

（十八）发电机TA二次侧开路的处理

1. 现象

（1）若仪表回路TA开路，定子电流表指示零，有功无功表指示降低，电度表转慢。

（2）发电机-变压器组保护屏上TA断线的告警灯亮。

（3）断线电流互感器有较大的电磁振动声，开路点火花和放电声。

2. 处理

（1）若保护TA回路断线，发电机差动保护动作停机，按发电机掉闸处理。

（2）若励磁调节器TA回路断线输出不稳时，应切换至备用控制器运行。

(3) 若测量 TA 回路断线，当 DCS 中发电机电流表、有功功率表、无功功率表指示降低或为零时，应立即解除协调，通过机组 AVC 装置中的发电机电流、有功功率、无功功率指示，降低发电机负荷，以降低 TA 开路点电压，通知检修检查处理故障 TA 回路。

(4) 若发电机 TA 内部开路，应汇报值长，尽快联系停机处理。

(十九) 发电机遇有下列情况之一时，应立即将发电机解列停机

(1) 必须停机才可避免的人身和设备事故。
(2) 发电机内部冒烟、着火或氢气爆炸时。
(3) 发电机强烈振动超过限值时。
(4) 发电机滑环碳刷严重环火，且无法处理。
(5) 主变压器、高压厂用变压器或励磁变着火时。
(6) 发电机出口断路器着火。
(7) 氢压、氢气纯度降低至极限以下，密封油系统故障无法维持运行时。
(8) 发电机、主变压器、高压厂用变压器及励磁变系统故障，而保护装置拒动时。

(二十) 发电机漏氢的处理

1. 现象
(1) 机内氢压降低。
(2) 机内漏氢量超过允许值。
(3) 补氢频繁。
2. 原因
(1) 发电机密封不良，油压低于氢压，端盖漏 H_2。
(2) 氢冷器、除湿装置破损，H_2 漏入水路。
3. 处理
(1) 联系汽轮机专业人员检查氢路阀门位置，及时补氢。
(2) 检查密封油压是否过低，供油是否中断。
(3) 检查氢压表是否正常，可根据几块表比较判断。

(二十一) 发电机内爆炸着火的处理

1. 现象
(1) 发电机内爆炸声。
(2) 发电机表计摆动。
(3) 机壳内氢压剧降或剧升。
(4) 发电机内部温度升高。
(5) 氢气纯度下降，随着爆炸声氢压剧烈下降。
2. 处理
(1) 发现爆炸及烟火后，立即紧急停机，通知消防队。
(2) 保护动作跳闸后，按事故停机处理。

（3）若保护未动作，接到值长停机令，立即发停机令，将发电机解列。
（4）尽量保持机组转子转动。
（5）由检修向机壳内充 CO_2 排 H_2 灭火，外部利用 CO_2 灭火器灭火。
（6）对发电机进行隔离，保护事故现场，分析着火原因。

（二十二）冷氢/热氢温度过高

1. 原因
（1）冷氢温度过高。
（2）发电机过载。
（3）氢压低。
（4）测量表计故障。
2. 处理
（1）检查冷却水温度。
（2）检查氢冷器冷却水阀门位置。
（3）检查冷却水系统（压力等）。
（4）从排气阀排尽氢冷器内空气。
（5）清洁氢冷器冷却管。
（6）检查调整负荷条件（有功、无功、功率因数、端电压、定子电流、励磁电流等）。
（7）氢压过低应及时补氢，无法提高氢压时应根据氢压曲线减负荷。

（二十三）发电机发生短路故障后的检查项目

（1）定子机座在基础上的位移。
（2）检查挡油盖及轴瓦是否有损坏。
（3）发电机底部封母引出线、TA 是否有变形、松动。
（4）对 GCB 开关、封母、励磁变压器进行外观检查。
（5）主变压器、高压厂用变压器外壳是否有变形，引线是否有松动。
（6）各一次部分外壳接口及接地点是否有放电、烧焦痕迹。

（二十四）滑环、碳刷异常处理

（1）电刷冒火花，若经处理火花不消失，可降低励磁电流，若仍无效，必要时应申请减发电机有功，通知维修处理。

（2）运行中电刷发红和刷辫变色，应先尽快降低励磁电流，后做调整，抽出其中一组电刷时，应防止其他电刷电流增大，火花增大故障。如采取上述措施无效，应减负荷到零，停机处理。

（二十五）周波不正常

1. 现象
（1）周波表指示上升或下降。

(2) 汽轮机转速升高或降低。

(3) 机组负荷发生变化。

(4) 机组声音发生变化。

2. 处理

(1) 当系统发生功率缺额，引起系统频率低于规定范围时，应根据调度命令调整机组负荷。

(2) 周波运行范围及允许时间：周波在51～51.5Hz期间，允许运行0.5min；周波在50.5～51Hz期间，允许运行3min；周波在48.5～50.5Hz期间，允许长时间运行；周波在48～48.5Hz期间，允许运行1min；周波低于48Hz或高于51.5Hz时不允许运行。

(3) 周波发生变化时，应注意监视机组的蒸汽参数、轴向位移、振动、轴承温度、润滑油压等控制指标不超限额，否则应作相应的处理。

(4) 周波下降时，应注意监视机组的监视段压力及主汽流量不得超过高限值。

(5) 当周波下降时，应加强监视辅机的运行情况，当辅机出现出力不足、电机过热等现象时，视需要可启动备用辅机。

(6) 在低周波运行时，出现定子过电流或过励磁时，应按允许运行的最短时间控制机组运。

第二节　变压器的运行监视与操作

一、变压器的运行操作

变压器的操作包括投入和停用。下面主要介绍变压器操作中的有关问题。

(一) 变压器送电前的准备工作

变压器投入运行前，为鉴定是否具备充电条件，应进行下列准备工作：

(1) 一次回路中的所有短路线、接地线均应拆除，接地隔离开关应拉开；常设遮栏和标示牌应按规定设置妥善；变压器室门应上锁，照明应良好。

(2) 储油柜和充油套管的油位、油色应正常，无渗、漏油现象。

(3) 油箱外壳、油枕、瓦斯继电器及接缝处应不渗油；对充氮变压器，氮气袋内应有气。

(4) 核对分接开关位置应符合运行要求，若分接开关调整时，应测量绕组的直流电阻，确认分接开关接触良好。

(5) 冷却装置运转正常，冷却器控制箱内信号及各电气元件应无异常。

(二) 测量绝缘电阻

该项工作是变压器投运前必不可少的工作。

(1) 对发电机与主变压器不可分开的接线，如要用封闭母线或非封闭母线但无隔离开关者，可与发电机绝缘一并测量，测量前，为避免高压侧感应电压的影响，应先将变压器高压则接地。测量结果不符合规定要求时，如必要，可将主变压器与发电机分开后再分别测量，直至查出原因并恢复正常后方可投运。

（2）发电机与变压器之间装有隔离开关时，可单独测量。

（3）低压厂用变压器已在检修后测量，对准备起动的机组，实际上已在运行状态。

（4）变压器的绝缘电阻值一般规定每千伏工作电压不少于 1MΩ。

（三）二次回路检查

继电保护装置及控制回路压板、小开关等均应符合运行要求。

（四）投入与停用操作

变压器的投入和停用操作随变压器的使用地点各不相同。低压厂用变压器的投入和停用都在全电压情况下进行，即全电压充电合闸和切断空载变压器。

二、变压器运行的监视及检查

为了保证变压器能长期安全可靠地运行，减少不必要的停用和异常情况的发生，运行人员应经常对运行中的变压器进行定期监视和检查。

（一）运行的监视

除根据控制盘上的仪表进行经常性地监视外，还应定期抄录和分析有关数据。变压器的有关表计数据每小时抄录一次。对带缺陷运行的变压器，除重点监视其运行工况，还应设法减轻其负荷，做好事态发展的事故预测，并加强外部检查。无温度遥测装置的变压器，应结合外部检查定期抄录变压器的上层油温。正常情况下，对变压器的外部检查，一般至少每天一次；对负荷轻、影响面小的变压器则可视情况适当延长检查周期；对初次投运或大修后的变压器，在最初一段时（一般约一星期至 10 天左右）内，应适当增加外部检查次数。有条件者还应进行夜间巡查，便于发现一些较难发现的放电、接头烧红等异常情况。运行经验表明，下列情况下的重点针对性检查是必要的：

（1）薄弱环节、易损部件重点查。油位计、冷却系统、套管等属于这一类设备。

（2）重负荷、过负荷情况加强查。因为本身已处于非正常工况，即使没有发生异常运行，也应对承载大电流的部位加强检查。

（3）重视气候条件变化时所产生的运行特性和运行条件的薄弱环节。曾经发生过大风吹断变压器避雷器引线的事例，也发生过气温突然下降时变压器油枕油位下降至瓦斯继电器以下的例子，还多次发生大雾天气变压器套管闪烁放电情况。因此在天气及自然环境变化时必须对变压器的运行情况予以足够重视。

（4）新投运设备和检修过的变压器重复查。特别是投运早期，会逐步暴露其薄弱部分，例如漏油、接头发热、冷却系统故障等。

（5）频发性缺陷和兄弟班组已发现的缺陷应针对性跟踪监视，以便及时掌握其发展情况。

（二）运行中变压器的检查项目

除外部检查项目外，对运行中的变压器还应检查如下内容：

（1）瓦斯继电器内无气体，储油柜集气盒内无气体。变压器油位、油温应正常。

（2）电缆头应无溢胶、漏油、放电、发热等现象，电缆油压指示应在正常值。

（3）变压器电磁声应正常。套管、瓷瓶、避雷器等外部应清洁，无裂纹及放电痕迹。

（4）变压器室内及附近应无焦臭味。

（5）外壳温度应正常，引出线无过热及示温片熔化现象。防爆门、压力释放阀应不动作。吸潮剂应不变色。

（三）变压器油的气相色谱分析

1. 概述

目前，利用油的气相色谱分析来检测充油电气设备的潜伏性故障已越来越广泛的得到采用。所谓气相色谱分析，就是利用运行中充油设备的少量油样，用真空脱气法从油样中取得气样，经色谱分析装置由载气（压缩空气或氢气）携带气样通过色谱柱，将气样各组分分离，用鉴定器测定含量并转换为电气信号，再经放大后，根据信号的大小计算出气样每一组分的浓度（含量），从而判断变压器的早期故障。

当变压器内部存在局部过热或局部放电时，会引起故障点周围的绝缘油和固体绝缘材料的裂解而产生气体，这些气体大部分溶解于绝缘油中，其溶解量与气体的种类有关，对不同性质的故障，产生的气体成分不同，含量也不一样，因此分析溶于油中气体的组成和含量，能在很大程度上反映该变压器内部的实际情况，为判断变压器的潜伏性故障特别是潜伏性的局部发热提供了比较可靠的依据，对比较严重的局部放电故障及其他一些异常情况也能根据气体分析结果作出正确判断。

众所周知，油浸式变压器的主、纵绝缘是由油及浸在油中的电缆纸、绝缘纸板之类的固体绝缘材料组成的，当变压器内部发生过热或放电等故障时，势必导致故障区附近的绝缘物裂解，分解出的气体不断溶解于变压器油中，经一定时间的对流扩散，气体将均匀地溶解于油中。变压器的内部故障一般可分为三类，即电弧性放电、局部火花放电或局部电晕、严重过热。放电性故障和过热性故障可以单独发生，但往往兼而有之。

2. 溶解性气体的来源及种类

除油面接触的气体和正常运行过程中绝缘材料的自然老化所产生的气体外，溶解性气体主要由上述三类故障使绝缘材料裂解所产生。

（1）电弧性放电：主要产生氢气和乙炔。还有少量的甲烷、乙烯和二氧化碳。当放电牵涉到固体绝缘材料时，主要是一氧化碳和少量二氧化碳。

（2）局部火花放电或局部电晕：主要产生氢气和甲烷。

（3）过热（包括固体绝缘材料和裸金属）性故障：裸金属过热时产生氢气、甲烷、乙烯、丙烯和少量乙烷、丙烷；固体绝缘材料过热时产生一氧化碳和二氧化碳。

3. 变压器潜伏性故障的判断

由于变压器油中溶解的气体来源较多，所以在判断一台变压器是否存在潜伏性故障时，不仅要看特征气体的浓度，还需结合电气试验的结果及运行情况等综合分析，才能得到比较正确的判断结论。

三、变压器试验

对经过以上检查处于备用状态且它的继电保护系统都已投入运行的变压器，随时都可根据调度部门发出的命令，经过倒闸操作投入运行。对小修后的变压器，应先将有关的继电保护系统投入运行，然后经过倒闸操作将变压器投入运行。但对经过吊芯大修或新安装竣工的变压器，还应由检修和运行人员共同做一些必要的测量和试验工作，方可投入试运行。试运行几十小时后，如果没有异常情况发生，才认为变压器已属正式运行，运行前的试验项目如下：

（一）空载试验

对大修中更换了绕组或检修了铁芯的变压器以及新安装竣工的变压器，都应作变压器的空载试验，测量出空载电流 I_0和空载损耗 P_0，并与该变压器的出厂原始数值或历史记录（换算到相同条件下）相比较，如果变压器的铁芯有局部短路或多点接地故障或任一相绕组有局部匝间短路时，则空载电流 I_0和空载损耗 P_0会有较大的增加。

空载试验时，变压器的全部继电器保护装置均应投入，电流表应采用小量程的，功率表为低功率因数的。

空载时所加的电压最好从零开始，逐渐升高到额定电压，如果发现电流升高得很快，其数值超过正常几倍时，则应停止试验。查出原因并消除后再继续做试验。当电压达到额定电压的一半时，应检查变压器电磁声是否正常，出线套管，油位等是否正常。如正常便可继续升高到额定值，这时如仍都正常，即可测录空载试验的所有数据，试验便告结束。

在吊芯大修中没有换绕组或没有检修铁芯的变压器，可以不做空载试验。

（二）短路试验

大修后投入运行前的变压器，为了继电保护工作的需要，有条件时应做变压器的短路试验。如容量较大，可用截面较大的导线将变压器高压边短路并接地，在低压边加上一较低的电压，使变压器的电流达到额定值的一半以上，但不超过额定值，这时即可测量变压器差动保护各臂的电流极性及其不平衡电流，以证明二次接线及其整定值的正确性。当没有条件做短路试验时，也可在变压器试运行期间带上部分负载后，进行二次回路的测量工作。

（三）全电压空载冲击合闸试验

在经过上述两项试验后，如果情况都正常，就可作变压器全电压（即额定电压）空载冲击合闸试验，试验次数交接时为 5 次，更换绕组后为 3 次，应无异常现象，以验证变压器的继电保护装置是否能躲过变压器巨大的空载涌流。在冲击合闸过程中应检查变压器的外表（如出线套管等）是否正常，在合闸状态，还应密切监视电流表和电压表的指示是否正常，例如三相电压是否平衡、与额定电压偏差多少、电流是否晃动一下后即回复到零值附近等。

（四）定期取油样试验

由于变压器油在运行时，有可能与空气接触，而安装在户外的变压器，在不正常的情况下，更有可能与雨水接触；此外变压器在运行中有较高的温度，上层油温可能达95℃左右，经过一定的时间，变压器油的质量可能会渐渐地变坏。即它的电气绝缘强度会渐渐地降低，油质会渐渐地老化，故对运行中的变压器油，应积极地采取保护措施，以防止其过早老化。还应定期地取油样试验，以了解油质在运行中的状态，做到心中有数，对新安装的变压器，也应在投入运行前取油样试验。

（五）局部放电的测试

常用的固体绝缘物总不可能做得十分纯净致密，总会不同程度地包含一些分散性的异物，如各种杂质、水分、小气泡等。有些是在制造过程中未去净的，有些是在运行中绝缘物的老化、分散等过程中产生的。由于这些异物的电导和介电常数不同于绝缘物，故在外施电压作用下，这些异物附近将具有比周围更高的场强。当外施电压升高到一定程度时，这些部位的场强超过了该处物质的游离场强，该处物质就产生游离放电，称之为局部放电。气泡的介电常数比周围绝缘物的介电常数小得多，气泡中的场强就较大；气泡的击穿场强又比周围绝缘物的击穿场强低得多，所以，分散在绝缘物中的气泡常成为局部放电的发源地。如外施电压为交变的，则局部放电就具有重复的、发生与熄灭相交替的特征。由于局部放电是分散地发生在极微小的空间内，所以它几乎并不影响当时整体绝缘物的击穿电压，但是，局部放电时产生的电子、离子往复冲击绝级物，会使绝缘物逐渐分解、破坏，分解出导电性的和化学活性的物质来，使绝缘氧化、腐蚀；同时，使该处的局部电场畸变更烈，进一步加剧局部放电的强度；局部放电处也可能产生局部的高温，使绝缘物老化、破坏。如果绝缘物在正常工作电压下就有一定程度的局部放电，则这种过程将在其正常工作的全部时间中继续和发展，这显然将加速绝缘物的老化和破坏，发展到一定程度时，就可能导致绝缘物的击穿。所以，测定绝缘物在不同电压下局部放电强度的规律，能预示绝缘的情况，也是估计绝缘电老速度的重要根据。

四、异常与事故处理

变压器运行中发生的异常运行主要包括上层油温超限，油色、油位异常，瓦斯继电器报警，冷却系统故障及色谱分析不正常等。当运行人员发现异常运行时，应及时分析其性质、原因及影响，并采取适当的处理措施，以防止事态的发展，保证变压器的安全运行。表6-6中列出常见变压器断路和短路故障现象及原因，可供参考用。

表6-6　常见变压器断路和短路故障现象及原因

序号	连接法	故障原因	故 障 现 象
1	Yyn	原边一相断路	三相四线制一灯泡不发光，另两相灯泡较正常略暗。三相电动机不能起动或单相运转

续表

序号	连接法	故障原因	故 障 现 象
2	Yd	原边一相断路	照明一相不发光，其他两相灯光较暗，副边三根线上均有电流。电动机不能起动或单相运转
3	Dy	原边一相电源断路	副边出现某一个线电压为零，而接在这两相的灯泡又能发光但比正常暗些；另一组灯泡发光正常。电动机不管接成Y或D都不能启动或单相运转
4	Dy	原边一线绕组断路	副边三个相电压相等（三相灯泡发光正常），但三个线电压只有一个正常，有两个已降为相电压。电动机都反转，人工倒相后不管电动机接成Y或D，启动都很困难（电压不对称，启动转矩减小）
5	两台Yy变压器并联	一台原边一相断路	外部无短路故障但送不上电（继电保护装置动作）或烧毁变压器
6	Yny	原边一相绕组接地短路	短路环流达正常值的数倍到数十倍，烧毁变压器
7	Yy	原边一相绕组短路	短路相的副边相电压正常，其余两相电压升高；良好两相间的线电压正常，其他两相线电压升高。原边短路相的电流较大，其他两相电流较小且相等。短路匝数不多，电流的差异较小，短路匝数多电流差异显著，电流比在1～1.73之间
8	Yd	原边一相绕组短路	副绕组内出现均压环流使原边电流增大，均压环流比副边端子上任何一种短路方式的电流均大。如原绕组只是部分匝数短路，均压环流和原边电流要相对减小，但同等的匝间短路时，Yd接法的原边电流要比Yy接法的原边电流大
9	Dy	副边一相部分匝数短路	副边三相线电压仍相等，故障相的相电压降低，其他两相相电压升高。原边故障相相电流较其他两相相电流为大。原边线电流有两相相等且较大，其余一相较小
10	Dy	副边两相部分匝数相碰短路	副边两相电压降低，一相相电压正常。副边线电压有两相变动不大，一相降低了。原边线电流一相最大为其他两相的两倍，其他两相线电流相等

（一）上层油温超限

当运行中变压器的上层油温较快升高时，应从以下几个方面进行分析处理：

（1）首先应检查变压器的负荷和冷却介质的温度是否发生了较大幅度的变化，并根据有关的技术记录，与在这种负荷和冷却温度下同工况的应有油温进行比较。

（2）检查变压器冷却装置是否发生故障，如风扇、油泵是否运转正常。如果故障，应及时消除。故障消除前，应相对降低变压器的负荷。

（3）同时核对表计及其回路是否正常，可能通过现场表计与遥测表进行比较和直接通知仪表人员校验。在仪表人员进行校验前，两者比较的结果应以高值者作为控制的依据。

（4）在比较分析后发现油温较正常情况下高出10℃以上且有继续上升趋势时，如果冷却系统与表计均正常，则应怀疑为变压器内部发生故障的可能性，应设法停用变压器并进行检查分析。

(5) 单相变压器的任一相油温异常时，应同样视为异常，必须迅速分析处理。

(二) 油位异常

正常情况下，变压器的油位随油温的变化而变化，而油温则取决于变压器所带负荷的多少、周围环境温度和冷却系统的运行情况。

如果变压器的有关部件发生油渗漏时，油位将会相应降低。

变压器油位异常的三种表现形式：

1. 油位过高

产生主要原因如下：

(1) 变压器长期受高温的影响，油受热膨胀，造成油位上升。

(2) 加油时油位偏差较低，一旦周围环境温度明显上升时，引起油位过高。

变压器油位过高时，要引起溢油，因此，检查时发现油位偏高，应及时通知检修人员采取放油措施，但应控制油位与当时油温相对应。

2. 油位过低

造成油位过低的原因如下：

(1) 变压器漏油。

(2) 原来油位不高，遇有变压器负荷突然降低或外界环境温度明显降低时。

(3) 强油导向水冷变压器的冷油器渗漏，导致变压器油渗入水中时间较长引起。

一般说来，除非是大量漏油，变压器的油位降低不可能在很短时间内形成。因此，运行人员进行正常检查时，应注意油位变化情况，有时还应进行针对性跟踪监视，以及时掌握油位的变化情况。

当变压器油位低于瓦斯继电器时，瓦斯继电器将动作报警。如油位低于变压器上盖则使变压器引线暴露在空气中，这不但降低了绝缘能力，可能产生闪络放电，而且对变压器本身的绝缘强度也有很大的影响。油位的继续降低将使铁芯甚至绕组与空气直接接触，后果更为严重，因此遇有变压器油位明显降低时，应设法尽快使油位恢复正常。是因漏油严重而导致油位明显降低，则应禁止将瓦斯保护由跳闸改投信号，同时必须迅速消除漏油途径，并恢复正常油位，否则，应将变压器退出运行。

3. 假油位

所谓"假油位"即指虚假的油位，它指示的不是变压器的真正油位，造成"假油位"的可能原因如下：

(1) 油枕内存有一定数量的空气。

(2) 胶囊呼吸不畅，如阻塞现象。

(3) 装设位置不合理。

(4) 胶囊袋破裂。

(三) 冷却系统故障

冷却系统发生故障时，可能迫使变压器降低容量，严重者可能被迫停用甚至烧坏变压器。

对于强制风冷变压器，发生风扇电源故障时，应立即调整变压器所带的负荷，使之不超过70%额定容量，单台风扇发生故障，可不降低变压器的负荷。对于强油导向循环的迅速恢复一个或两个母线电源。在进行处理的同时，必须密切注意变压器的上层油温，适当降低负荷，如果10min内不能恢复电源，则应立即停用变压器。如果是部分冷却器损坏或1/2电源失去，应根据冷却器台数与相应数量关系立即调整变压器的负荷使之不超过允许值，直至供电电源恢复或冷却器修复。在大型变压器一般设有备用或辅助冷却器，因此仅个别冷却器故障时，投入备用或辅助冷却器即可，无须调整变压器的负荷。

冷却系统故障的可能原因一般为：

（1）电源故障或供电母线故障，控制回路故障。

（2）电源熔断器熔断或冷却装置电源开关跳闸。

（3）单台冷却器开关故障跳闸。

（4）油泵、风扇损坏。

（5）连接管道漏油。

在处理变压器冷却系统故障时，应十分重视，并采取可靠措施，以免造成设备和人身事故。

（四）瓦斯保护报警

瓦斯保护由瓦斯继电器即气体继电器实现，瓦斯保护分为重瓦斯保护和轻瓦斯保护，前者动作于跳闸，后者动作于信号报警。当变压器内部发生短路故障时，故障点的电弧引起高温造成绝缘物和变压器油分解，产生大量气体，重瓦斯保护就是利用这些气体产生后造成油的高速流动使气体继电器动作将变压器跳闸。

但当变压器因种种原因只产生少量气体（包括空气）时，这些气体能积聚在瓦斯继电器内，积聚的体积达一定数量后，轻瓦斯动作报警。

1. 产生气体的主要原因

（1）滤油、加油或冷却系统不严密，导致气体（空气）进入变压器，积聚在气体继电器内。

（2）变压器油位下降，并低于气体继电器，使空气进入气体继电器。

（3）变压器内部轻微故障，产生少量气体。

以上气体达一定数量后，均将使瓦斯保护继电器发出报警信号，此外，如果直流系统发生接地或瓦斯继电器引线绝缘不良，也会发出“报警”信号。

2. 瓦斯保护报警的处理

运行中的变压器发生瓦斯保护报警时，运行人员应立即进行分析和现场检查，分析确定该变压器是否是新投运变压器或要检修后刚投入运行的变压器，因为这些变压器往往内部残存有空气，投运后由于变压器油温升高，油循环建立而逐步溢出，这属于正常现象。

（1）现场检查应根据变压器的外部情况和瓦斯继电器内的气体情况进行分析并作出相应处理。

1）如果是变压器油位过低所引起，应设法消除并恢复正常油位。

2）如果瓦斯继电器内无气体，则应考虑二次回路故障造成误报警，这时应将重瓦斯改投报警，并通知继电保护人员检查处理，正常后方可重新投入跳闸。

3）变压器外部检查正常，信号报警是由于瓦斯继电器内气体积聚引起时，应记录气体数量和报警时间，并收集气体进行化学鉴定，再根据鉴定结果处理。

a. 气体无色、无味、不可燃者为空气，应放出空气，并注意下次发出信号的时间间隔，若间隔逐渐缩短，可设法投用备用变压器，并汇报上级。通知有关人员立即查明原因予以消除。如无法投用备用变压器，且短期查不明原因应停运。

b. 如气体可燃且色谱分析不正常，说明变压器内部有故障，应停用变压器。

c. 气体淡灰色有浓烈焦味且可燃时，可能为变压器内的绝缘材料故障，应停用变压器。

d. 如气体为灰黑色或黑色且可燃，可能是变压器油分解引起，或变压器铁芯烧坏，应停用变压器进行检查。

e. 如气体为微黄色，且燃烧困难，可能为变压器内木质材料故障，也应停用变压器。

4）如果在调节变压器有载调压分接头过程中伴随瓦斯报警，有可能是有载调压分接头的连续开关平衡电阻被烧坏。应停止调节，待机停用变压器。

（2）基于上述分析，对运行中的变压器应注意以下事项：

1）在变压器运行进行加油、放油及充氮等工作时，应事先将瓦斯保护改投信号，特别是对大容量变压器，以上工作结束后，应检查变压器的油位正常，瓦斯继电器内无气体且充满油后，方可将瓦斯保护投跳。

2）在变压器运行中，带电滤油，更换硅胶；冷油器或油泵检修后投入，在油阀门或不同回路上进行工作等，应先将瓦斯改投信号，工作结束待24h后无气体产生时，方可投跳闸。

3）遇有特殊情况如地震等，应考虑暂时将瓦斯投信号。

4）在收集瓦斯继电器内的气体时应注意人身安全，弄清瓦斯继电器内校验按钮和放气按钮的区别，以免误动使瓦斯保护误跳闸，对收集好的气体，应立即送去鉴定，在收集气体过程中，不可将火种靠近瓦斯继电器顶端，以免引起火灾。

5）对气体性质的判断，不能光凭颜色及可燃与否来确定，必须由化学部门根据气体的成分和色谱分析结果才可靠。

（五）停用变压器

根据运行经验，当变压器出现下列异常情况时，应立即将其停用。

（1）变压器内部明显异常声响，且有不均匀的爆裂声。

（2）在正常负荷和冷却条件下，变压器油温异常升高，并不断升高。

（3）变压器油枕喷油或从防爆门、压力释放阀喷油。

（4）大量漏油，使油位下降直至看不见油位。

（5）变压器油色发生变化，明显变黑，油内出现炭质。

（6）套管严重破损，并有放电现象。

（7）变压器油着火。

（8）变压器油的气体，色谱分析结论认为不能继续运行时。

第三节　互感器的运行规定

一、电压互感器

1. 运行规定

（1）在额定容量下允许长期运行，60kV 及以下电压互感器，其一次侧都应装熔断器，以免互感器出现事故扩大。110kV 及以上一次测一般不装熔断器，因为这一类互感器采用单相串级式，绝缘强度高，发生事故的可能性比较小，同时熔断器的断流容量亦很难满足要求。在互感器的二次测应装设熔断器或低压断路器（空气开关），当电压互感器二次回路发生故障时，使之能快速切断，以保证电压互感器不受损坏及不造成保护误动。运行中不得造成二次侧短路。

（2）电压互感器运行电压不超过其额定电压的 110%。

（3）电压互感器本体及底座工作时，不仅要把一次测断开，而且二次测有明显断开点，以防反充电。

（4）油浸式电压互感器应装设油位计和呼吸器，以监视油位及减少空气中水分和杂质的影响，新装的 110kV 及以上油浸式压变，都应采用全密封式或微正压的金属膨胀器。

（5）高压侧熔断器的额定电流置一般为 0.5A，断流容量应足够；二次熔丝的额定电流应大于负荷电流的 1.5 倍。

2. 电压互感器的巡视检查

（1）电压互感器瓷瓶是否清洁、完整，有无损坏及裂纹。

（2）引线接头无过热现象，引线无断股、散股现象。

（3）外壳无锈蚀。

（4）油位油色应正常，无渗漏油，硅胶变色不应超过 1/2。

（5）金属膨胀器的油面高度指示线与温度标示线基本相符。

（6）电压互感器的二次侧和外壳接地是否完好。

（7）无异臭味、无放电声及电磁振动声。

（8）压变的消谐器和开口三角绕组上防止铁磁谐振的消谐器完好。

（9）压变高压熔丝完好。

（10）电压互感器端子箱清洁未受潮，箱内无异常。

（11）二次回路电缆及导线无腐蚀损伤现象。

3. 电压互感器的故障分析及处理

（1）异常响声：若系统出现谐振或单相接地故障，互感器会出现较高的“哼哼”声。如其内部出现噼啪声或其他噪声，则说明内部故障，应立即停用故障电压互感器。

（2）高压熔断器接连熔断2～3次。

（3）内部过热产生高温，造成油位上升、漏油。

（4）有臭味或冒烟，说明连接部位松动或互感器高压侧绝缘损伤。

（5）放电声，绕组内部绝缘损坏或连接部位接触不良。

（6）密封件老化引起漏油，应用断路器切断故障互感器，禁止使用隔离开关或取下高压熔丝的方法停用故障互感器。

（7）二次熔丝熔断或空气开关跳闸时，应注意继电保护的动作情况，可试送一次必要时退出保护，查明原因。

二、电流互感器

运行规定如下：

（1）负荷电流不超过额定值的120%。

（2）运行中不允许造成开路。

（3）为监视油位和使绝缘油免受空气中水分和杂质的影响，需装设金属膨胀器。

（4）电流互感器的每个二次绕组至少应有一个端子可靠接地，它属于保护接地。对电流差动保护等每套保护只允许有一个接地点，接地点一般设在保护屏上。

三、事故案例及异常分析

2011年4月29日，某化工生产企业的尿素变电站内，发生了一次爆炸事故，10kV高压配电室Ⅰ段电压互感器严重烧坏，该电压互感器柜的小车面板及柜门炸开，高压配电室的部分门窗也被冲开，本段母线上正在运行的几台高压电动机全部跳闸，尿素装置被迫停车，对全厂生产造成严重影响。

（一）事故经过

该化工生产企业的尿素变电站10kV高压配电室，共有高压柜17台（其中2台进线柜，2台电压互感器柜，1台母联柜，2台变压器柜，10台电动机柜），分别布置在Ⅰ、Ⅱ两段母线上分列运行，从2009年投运后，Ⅰ段电压互感器经常烧坏。更换过几次，怀疑是电压互感器容量小所致，后把容量30VA的换成50VA的互感器。在2011年4月29日14时10分左右，变电站发出10kV系统接地、3号尿素循环水电动机（该电动机接在Ⅰ段母线上）接地信号，随后Ⅰ段母线电压互感器柜的小车面板及柜门被炸开，高压配电室的部分门窗也被冲开，玻璃碎片飞出院外几米远，电压互感器严重烧坏，Ⅰ段母线上正在运行的5台高压电动机全部跳闸，尿素系统被迫停车，严重影响生产。电压互感器就地电器柜如图6-1所示。

（二）事故原因分析

事故发生后，该企业安全处及电气技术人员对事故发生经过进行调查，勘查事故现场情况，对事故原因分析如下：

1. 直接原因

该10kV高压配电室的2台电压互感器柜，分别采用3台JDZJ-10型电压互感器作为

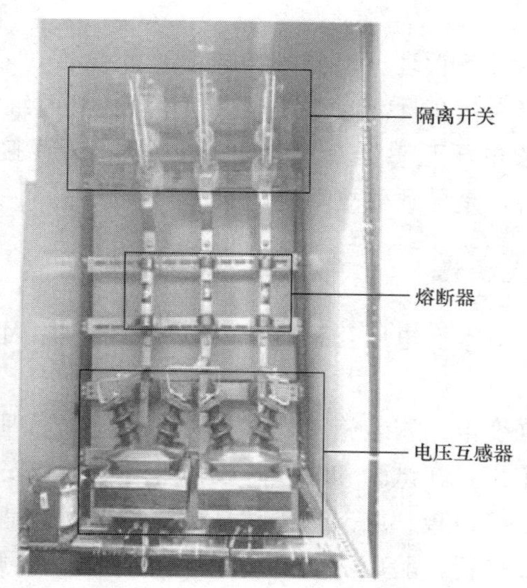

图 6-1　电压互感器就地电器柜

测量电压、电能、功率及绝缘监视和保护之用。3 台电压互感器的一、二次侧绕组为星形接法，辅助绕组为开口三角作为系统绝缘监视之用。10kV 配电系统一般为中性点不接地系统，正常运行时，电压互感器一次侧绕组接在高压侧，承受系统的相电压为 10kV；二次侧绕组分别感应出的相电压为 100V，线电压为 100V；辅助绕组各相感应出的相电压为 100V，接成开口三角，理论上 L 线与 N 线之间的电压为 0V，实际运行中有 3～5V 的电压。当 3 号尿素循环水电动机发生单相接地，即 10kV 系统单相接地时，接地相对地电压为 0V，电压互感器一次侧绕组不接地相对地电压升高到系统的线电压 10kV，电压互感器的开口三角之间会输出 100V 的电压，启动接在开口三角之间的继电器动作，从而发出接地信号或动作于开关跳闸。

而在恢复此柜重新配线中发现，Ⅰ段电压互感器开口三角的Ⅰ线与 N 线接错，把 L 线接在 N 线的端子上，这样就相当于短接了开口三角。当 10kV 系统接地几次后，此次又有 3 号尿素循环水电动机单相接地发生，使电压互感器被严重烧毁，小车面板及柜门被炸开，配电室门窗也被冲开。电压互感器严重毁后，电压小母线失压，导致Ⅰ段母线上正在运行的循环水电动机单相接地发生，使电压互感器被严重烧毁，小车面板及柜门被炸开，配电室门窗也被冲开。电压互感器严重烧毁后，电压小母线失压，导致Ⅰ段母线上正在运行的 5 台高压电动机低电压保护动作全部跳闸，尿素系统被迫停车，严重影响生产。因此在变电站安装过程中，施工人员没有严格按施工图纸要求接线，将Ⅰ段电压互感器开口三角的Ⅰ线与 N 线接错，是导致此次事故发生的直接原因。

2. 间接原因

变电站安装施工完成后，在试验、调试和验收过程中，相关人员没有严格按照相应的规程规范对Ⅰ段电压互感器柜进行检查调试、传动试验，检验整个二次回路是否正确。验收人员也没有进行仔细深入施工现场，认真逐项检查验收，没有及时发现Ⅰ段电压互感器开口三角的 L 线与 N 线接错的事故隐患，并及时整改完善，是导致事故发生的一个间接原因。

变电站的设备管理、检修和检查工作不全面、不到位。在该变电站运行近2年时间内，运行检修人员在日常检查、检修和年度大修时继电保护工作不严不细，也没有及时发现并整改Ⅰ段电压互感器开口三角的L线与N线接错的事故隐患，没能保证设备完好、安全稳定运行，是导致事故发生的又一间接原因。

（三）防范措施

针对以上对本次电压互感器开关柜爆炸事故原因的详细分析，采取了如下具体的整改和防范措施：

（1）加强变电站安装施工、试验调试和验收管理。安装过程中必须严格遵守相应的规程规范按图施工，在试验和验收阶段，继电保护和安全自动装置严格按正式定值通知单进行整定，设备的检查、调试、传动是检验整组回路是否正确的必要手段，验收工作应由专门的验收人员进行，验收人员应深入施工现场，了解情况，熟悉设计图纸和继电保护装置，逐项检查验收，及时发现、排查事故隐患，予以整改完善，经验收合格的继电保护装置才能投入运行。

（2）加强电气设备的检查检修，按照电气设备检修规程和完好标准，做到定期检测、定期维护等预检预修工作。特别是在每年年度大修期间，对变电站所有设备进行全面彻底检查试验，电压互感器二次侧接线至少要一年进行一次检查紧固，确保电压互感器二次侧不短路，尤其开口三角形二次侧容易被忽略，更应该进行检查、校验。保证完好，及时消除各类事故隐患，防止类似事故再次发生。

（3）对于有电压并列装置的手车式电压互感器，需要进行并列使用时，应将电压并列装置打到并列后，迅速将需退出运行的电压互感器二次侧熔丝拔掉，将电压互感器拉至试验位置，防止二次侧向一次侧反送电，危及人身与设备安全。

（4）强化对员工日常安全教育和培训，进一步提高员工安全素质和安全意识，提高发现问题、处理紧急情况和一般事故的能力。

第四节　发电机出口开关的运行规定

一、机组启动前发电机出口开关应完成的工作

（1）检查有关工作票已结束。

（2）检查一、二次接线连接良好，无松动。

（3）合上发电机出口开关的控制电源开关及发电机出口隔离开关、接地开关的控制电源、动力电源开关；合上控制柜内加热及照明电源开关。

（4）检查就地控制柜上无异常报警。

（5）检查发电机出口开关的发电机侧、主变压器侧接地隔离开关均在分闸状态。

（6）检查开关SF_6压力、密度在正常范围。

（7）开关操作机构液压油泵工作正常，检查弹簧蓄能在正常范围内。

（8）如有需要，配合检修人员完成开关的各项试验，并检查试验合格。

（9）就地控制柜面板“远方/就地”选择旋钮打到“远方”位置。

二、发电机出口开关运行规定

（1）发电机出口开关、隔离开关、接地开关正常时在远方操作，如需在就地操作，必须经值长请示相关领导同意后方可进行。

（2）SF_6 气体密度：气室内 SF_6 额定密度为 40.7kg/m^3，报警值为 36.1kg/m^3，闭锁值为 34.7kg/m^3。

（3）正常运行中，发电机出口开关密度指示器指针应在绿色的范围内。

三、发电机出口开关运行中的检查项目

（1）检查发电机出口开关柜上开关、隔离开关、接地开关位置指示显示正常，机械位置指示正确。

（2）检查 SF_6 密度正常。

（3）检查就地控制柜选择开关在“远方”位。

（4）检查就地控制柜无异常报警信号。

（5）检查就地控制柜各接头无发热、变色现象。

（6）巡视时，注意可疑噪声和气味。

四、异常及事故处理

（一）开关内的 SF_6 压力密度低

1. 现象

（1）集控有“GCB SF_6 压力低”报警。

（2）SF_6 压力低于报警压力密度以下。

（3）就地控制柜面板“SF_6 气体密度低”报警灯亮。

2. 处理

（1）及时联系维修人员补充 SF_6 气体，查找漏气原因并进行处理。

（2）如果漏气不能处理，SF_6 气体压力继续降低至闭锁值时，按下述（二）处理。

（3）大量漏气，SF_6 压力下降很快时，将该机组的 6kV 厂用段倒换至 01 号高压备用变压器带，做好事故停机准备。

（二）开关内的 SF_6 压力低于分合闸闭锁压力

1. 现象

（1）集控有“GCB SF_6 闭锁”报警。

（2）开关不能进行分合闸操作。

（3）SF_6 压力低于闭锁压力以下。

（4）就地控制柜面板“闭锁分闸”“闭锁合闸”报警灯亮。

2. 处理

(1) 报告省调，并通知维修迅速处理。

(2) 做好发电机故障引起发电机-变压器组跳闸的事故预想。

(3) 若故障未消除，但中调要求该机组停运，则按下列原则进行。

(4) 将该机组的 6kV 厂用段倒换至 01 号高压备用变压器带。

(5) 用主变压器高压侧开关解列停机。

(6) 机组解列后拉开发电机出口隔离开关将发电机进行隔离，恢复主变压器运行，将高压厂用电倒回至高压厂用变压器带。

(三) 断路器操作机构油压低闭锁开关操作

1. 现象

(1) 集控有“GCB 跳合闸闭锁”报警。

(2) 就地操作机构弹簧处于松弛状态，无法储能。

(3) 开关不能进行合闸或分合闸操作。

2. 处理

(1) 报告省调，并通知维修迅速处理。

(2) 检查储能油泵电动机是否运行正常，如果没有启动，立即通知检修处理。

(3) 如果电动机在运行，观察弹簧的蓄能情况，若未见弹簧蓄能或蓄能缓慢，应将其电源开关拉开，停止油泵运行并通知检修处理。

(4) 做好发电机故障引起发电机-变压器组跳闸的事故预想。

(5) 若故障未消除，但中调要求该机组停运，则用主变压器高压侧开关解列该机组。

(6) 机组解列前将高压厂用电倒至 01 号高压备用变压器带，机组解列后拉开发电机出口隔离开关将发电机进行隔离，恢复主变压器运行，将高压厂用电倒回至高压厂用变压器带。

第五节　6kV 开关的运行操作

一、运行监视及操作

(1) 6kV 所有开关的停送电操作必须使用操作票或操作卡，凡测 6kV 绝缘、移动开关的位置、推拉 TV 小车必须由两人执行。

(2) 测辅机或变压器绝缘必须在开关柜后面进行，在打开开关柜后面板前必须注意看清间隔，接地开关确实在合闸位置。测母线或分支绝缘在其 TV 柜内测（如果搭有接地线则测绝缘在接地线处进行），特别注意看清间隔，验明确无电压。

(3) 停送电时必须从各方面检查开关在断开位置（停电时：CRT 上开关的分合闸指示、开关柜上的指示灯、综合保护上的绿灯及状态；送电时：开关的分合闸指示、开关的机构状态）；开关在工作位置时严禁通过操作柜门上的分闸按钮来检查开关在断开位置。

(4) 由于检查不到开关的触头接触情况，将开关摇到工作位置时一定要待手柄摇不动为此，并且要检查开关摇进的垂直深度是否正常，开关无明显向上仰。

（5）开关进车过程中摇不动一定要注意是否有什么闭锁条件，如地刀未断开、帘板未关、开关在合闸状态、真空开关触头将帘板卡住，不能用蛮力。

（6）开关在检修或试验位置分合后必须将开关恢复至断开状态。

（7）作记号的开关送至工作位置后开关本体上的记号必须与开关柜上的记号保持水平，如果不到位必须检查。还没有作记号的真空开关送至工作位置后注意开关柜右侧的接地触头与开关的相对位置；开关送电后必须到后柜检查开关接触情况。

（8）在操作主厂房的真空开关时将操作钥匙打至移动通断后必须检查绿灯熄灭，脱硫系统 6kV 开关操作前必须将远方/就地打至就地位置。

（9）严禁打开开关柜门将开关摇至工作位置。

（10）停送电时必须检查开关在分闸位置。

（11）6kV 母线运行中严禁打开任何一处开关柜后的上面板。

（12）6kV 母线检修时接地线挂在母线 TV 柜后（打开柜后上面板），6kV 工作/备用电源分支检修时接地线装设在分支 TV 柜后（打开 TV 柜后下面板，切记上面板为母线）。

（13）6kV 母线检修时需将所有开关接地开关合上、断开直流分屏上的所有控制电源空气开关、加热小母线电源等。

（14）6kV 母线检修时必须将公用段电源开关、备用分支 TV、备用分支开关柜门锁好，前后用安全围带围好并挂止步高压危险牌，如果工作分支未转检修，工作分支 TV、工作分支开关柜门应锁好，同样用安全围带围好并挂止步高压危险牌。

（15）6kV 电动机非紧急情况严禁就地启动，紧急情况下就地启动前必须确认一次设备、保护完好。

（16）不要将操作工具、绝缘电阻表引线标示牌等物体习惯性放在开关本体上。

（17）经过检修、长期备用的开关送电前必须测断口绝缘合格、试验位置分合正常后方能送电。

（18）拉合接地开关必须要到开关柜后面检查操作效果，接地开关是否拉开或合好、是否与避雷器引线缠在一起。

（19）如果将开关摇到位后操作钥匙不能取出，严禁将开关回退后取操作钥匙。

（20）送电前如果开关在试验位置必须将开关拉至检修位置检查开关本体无异物、各部分完好，开关柜内无异物，帘板状态等正常后方能送电。

（21）将 6kV 小车由试验位置拉至检修位置或由检修位置推至试验位置时用力必须均匀。特别是 TV 小车头重脚轻很容易倒，进行此相操作时应有监护人。电气人员应逐步提高对小车开关的操作技能，当发现小车轨道变形严重后应通知检修处理。

二、高压开关常见故障及事故处理

高压开关又叫高压断路器，在实际工作中，大多称为开关。高压开关的故障大致分为以下几种：

（1）机械故障部分，造成动作失灵或误动作。如操作机构、传动机构动作失灵等。

（2）二次回路故障，造气开关动作失灵或误动作。

(3) 密封失效故障。如漏油、渗油、漏气等，还有液压机构的渗、漏油。

(4) 绝缘破坏故障。如绝缘拉杆或绝缘介质击穿、外部绝缘的闪络等。

(5) 触头或导电回路接触不良。

(6) 灭弧故障。如开关缺油、开关遮断容量不足、开关速度达不到要求等。

(7) 其他故障。如拉杆瓷瓶、支持瓷瓶断裂，小动物造成短路，外力破坏等。

(一) 开关合闸失灵的处理

1. 原因

(1) 操作不当。

(2) 合闸时，线路上有故障、保护后加速动作跳闸。

(3) 操作、合闸电源问题或电气二次回路故障。

(4) 开关本体传动部分和操作机构故障。

2. 处理

(1) 先判断是否属于故障线路、保护后加速动作跳闸。区分依据有合闸操作时，有无短路电流引起的表计指示冲击摆动，有无照明灯突然变暗，电压表指示突然下降。

(2) 判明是否操纵不当。应当检查有无漏装合闸熔断器、控制开关是否复位过快或未扭到位、有无漏投同期并列装置等。

(3) 检查操作合闸电源电压是否过高或过低，检查操作、合闸熔断器是否熔断或接触不良。对于弹簧机构，应检查弹簧储能情况。对于液压机构，应查压力表指示是否正常。直流电压过低或过高，合闸都不可靠。电压过低，使合闸接触器及合闸线圈因磁力过小，而使合闸不可靠；电压过高，对于电磁操作机构和弹簧操作机构，它们的机械动作可能因冲击反作用力过大，使机构不能保持住而合不上。

(4) 如果以上情况都正常，应当根据合闸操作时，红、绿灯指示变化情况，合闸电流表指示有无摆动，合闸接触器和合闸铁芯动作与否，判明故障范围，区分是电气二次回路故障，还是操作机构故障。

(5) 如果在短时间内不能查明故障，在能保证开关跳闸可靠的前提下，允许用手力使合闸接触器（电磁机构）或手打合闸铁芯（液压机构和弹簧机构）合闸操作。应当注意，检查处理开关操作机构问题，应拉开其两侧隔离开关。

3. 小结

(1) 区分判别故障范围和查找故障区分电气二次回路故障、操作机构的机械故障依据有：

1) 对于远方操作控制的开关，看红、绿灯的指示及闪光变化情况及合闸电流表指示有无摆动。

2) 对于就地操作、控制的开关，可以在合闸操作时，看红、绿灯的指示及闪光变化情况及合闸接触器和铁芯是否动作，并看开关动作情况。如果在操作之前，绿灯亮。操作时，把控制开关扭到“预合”位置时，绿灯闪光，则说明操作回路是通的，合闸操作时，如果合闸电流有一定的摆动，则说明合闸接触器（电磁机构）或合闸铁芯（液压机构、弹簧机构）已经动作。上述情况说明，属二次回路问题的可能性小（也有开关的辅助触点打开过早的可能)。对于电磁机构，合闸接触器不动作；对于液压机构和弹簧机构，合闸铁芯不动作，都可以说明是操作回路不通。如果电磁机构的合闸接触器已动作，而合闸铁芯不动作。这种现象说明无合闸电源。

(2) 现将区分故障范围、查找故障的具体方法，按不同的现象分析如下：

1）控制开关扭到“合闸”位置，红、绿灯指示不发生变化（绿灯仍闪光），合闸电流表指示无摆动，说明操作结构没有动作，问题主要二次回路不通：

a. 合闸熔断器熔断或接触不良。

b. 合闸母线电压太低。

c. 合闸操作回路元件接触不良。如控制开关的触点、防跳继电器动断触点、液压机构的“合闸闭锁”微动开关触点、弹簧机构的“储能闭锁”辅助触点等元件接触不良，都会使操作回路不通。

d. 操作回路中端子松动，合闸接触器（电磁机构）或合闸线圈（弹簧、液压机构）断线。

e. 联络线的合闸回路，同期继电器触点不通、同期转换开关接触不良。

2）控制开关扭到“合闸”位置，绿灯灭，红灯亮。控制开关返回到“合后”位置，红、绿灯都不亮。如果同时报出有事故音响信号，说明开关没有合上，可能是在操作时，操作熔断器熔断或接触不良，应查明原因。如果是事故音响信号没有报出，合闸电流表有摆动，应检查开关是否良好，线路有无负荷电流。如果上述一切良好，应检查开关的常开辅助触点是否不良。

3）控制开关扭到“合闸”位置。绿灯灭后复亮（或闪光），合闸电流表有摆动。主要有两个方面的问题：

a. 合闸电源电压过低，合闸硅整流容量过小，以致操作结构未能把开关提升杆提起，传动机构动作未完成。调整合闸电流电压正常后，可以合闸送电。

b. 操作机构调整不当。如合闸铁芯超程或缓冲间隙不够，合闸铁芯顶杆调整不当。

4）控制开关扭到，绿灯灭，“合闸”位置时红灯亮以后又灭，绿灯闪亮，合闸电流表有摆动。此情况说明，开关曾合上过，因机构的机械故障，维持机构未能使开关保持在位置。

主要问题有：

a. 合闸支架坡度大或没有复位。

b. 脱扣机构扣入尺寸不够，四连板机构未过死点。弹簧机构分闸跳扣尺寸不合格，合闸顶块扣入尺寸过小。

c. 合闸电源电压过高。

d. 对于液压机构，可能是自保持油路泄漏引起。

e. 电磁操作机构在合闸时开关跳跃，多属开关常闭辅助接点打开过早或者传动试验时，合闸次数过多，使合闸线圈发热。

（二）开关跳闸失灵的处理

开关跳闸失灵，在发生事故时会越级跳闸，造成母线失压使事故扩大，甚至使系统瓦解。并且由于依靠上一级电源的后备保护动作跳闸，既扩大了停电范围，又延长了切除故障的时间，严重破坏了系统的稳定性，加大了设备的损坏程度。开关跳闸失灵，分以下几种情况。

（1）运行中发生事故，保护拒动或保护动作但开关跳。

（2）运行监视中发现异常，开关可能拒跳。

（3）正常操作时，开关断不开。

处理如下：

1. 发生事故时开关柜跳的处理

发生事故时开关柜跳，就是已经发生了母线失压事故。应将拒跳开关隔离之后，先使母线恢复运行，恢复对用户的供电，恢复系统之间的联络，最后检查处理开关拒跳的原因。

检查开关拒跳的原因，可根据有无保护动作信号掉牌、开关位置指示灯指示、用控制开关断开开关时所出现的现象等判断故障范围。

（1）无保护动作信号掉牌，手动断开开关之前红灯亮，能用控制开关操作分闸。此情况多为保护拒动。

（2）无保护动作信号掉牌，手动断开开关之前红灯不亮，用控制开关操作仍可能拒跳。可能是操作熔断器熔断或接触不良，跳闸回路断线。

（3）有保护信号掉牌，手动断开关前红灯亮，用控制开关操作能分闸。可能是保护出口回路有问题。

（4）有保护信号掉牌，手动断开关时，开关拒动。若红灯不亮，属跳闸回路不通，若操作前红灯亮，可能是操作机构的问题。

2. 运行中发现二次回路问题将引起跳闸失灵的处理

正常运行中，发现开关的位置指示红灯不亮，报出“控制回路断线”信号、“保护直流断线”信号、“交流电压回路断线”信号，都可能在发生事故时不跳闸。应当及时采取相应的措施处理，防止扩大事故，把越级跳闸事故的苗头，消灭在萌芽状态。对于没有“控制回路断线”信号的开关，运行人员必须经常检查开关的位置指示灯。正常运行时，若红灯亮，表示开关在合闸位置且跳闸回路正常。

3. 操作时开关柜拒跳的处理

操作时开关断不开，应简明的判断清楚故障范围，及时将开关停电处理。

（1）处理的程序。

1）检查操作熔断器是否熔断或者接触不良，直流母线电压是否正常。

2）上述情况正常，可以再分闸操作一次，同时注意红、绿灯变化，并有专人同时观察跳闸铁芯动作情况，辨别区分故障。如果在操作之前红灯亮，控制开关扭到“预跳”位置时红灯闪光，操作时跳闸铁芯动作，都说明跳闸回路正常；反之，为跳闸回路不通。跳闸铁芯动作但开关不跳闸，属操作机构和开关本体有问题。

3）判明故障范围后，尽快用手打跳闸铁芯或脱扣机构，断开开关，处理故障。

4）如果用手打跳闸铁芯或脱扣机构，仍断不开开关，应设法将开关停电处理。

5）在无法倒运行方式的情况下，对于35kV及以下的电容电流小于5A的架空线路、励磁电流小于2A的变压器，可以把负荷全部转移以后，用户外三相联动隔离开关拉开其空载电流，拒跳开关停电检修。不具备用隔离开关拉空载电流条件的，只能在不带电条件下，拉开故障开关两侧隔离开关，停电检修。

（2）检查处理拒跳的原因。

1）跳闸铁芯不动作，将控制开关扭到“预跳”位置，红灯不闪光，说明跳闸回路不通。可以在断开操作的同时，测量跳闸线圈两端有无电压。

a. 若测量无电压或很低。原因有：操作熔断器熔断或接触不良，控制开关触点接触不良，跳闸回路其他元件（开关的长开辅助触点、液压机构的分闸闭锁微动开关触点、回路中的连接端子等）接触不良。

b. 跳闸线圈两端电压正常。说明跳闸回路其他元件正常，原因可能有跳闸线圈短路或两串联线圈极性相反，跳闸铁芯卡涩或脱落。

2）跳闸铁芯已动作，脱扣机构不脱扣。原因有：

a. 脱扣机构扣入太深，啮合太紧，四联板机构过“死点”太多。

b. 跳闸铁芯行程不够。跳闸线圈剩磁大，使铁芯未复位，顶杆冲力不足。也可能是跳闸线圈有层间短路。

c. 机构防跳保安螺栓未退出。

d. 弹簧机构的跳扣钩合面角度不良。

3）跳闸铁芯已经动作，机构虽脱扣但仍不分闸。主要原因：

a. 超动、传动、提升机构卡涩，摩擦力增大。

b. 机构轴销窜动或缺少润滑。

c. 开关的分闸力太小（有关的弹簧拉伸或压缩尺寸小，弹簧变质）。

d. 开关动触头融焊、卡涩。

第六节　厂用电动机的运行

一、电动机绝缘电阻的规定

（1）电动机大小修后投运前应检查测量电动机绝缘合格。

（2）发现电动机进水、受潮现象时，应测得绝缘电阻合格后方可启动，环境恶劣地方的电动机停运超过8h，启动前应测量其绝缘电阻。

（3）电动机事故跳闸后测得绝缘电阻合格方可启动。

（4）额定电压为6kV的电动机用2500V绝缘电阻表测量，绝缘电阻值大于或等于6MΩ。

（5）额定电压为380V的电动机用500V测量，绝缘电阻值大于或等于0.5MΩ。

（6）电动机应测量吸收比，其值不得低于1.3。

（7）装有加热器的电动机，连续停转7天或受潮后重新启动前应测量绝缘值合格。未装加热器的电动机，在连续停转3天以后，在投入运行前应测量绝缘值合格。

（8）测量电动机绝缘电阻后，应将绝缘数值记录在绝缘登记簿上。具体规定如下：当电动机绝缘低于规定值或虽高于规定值，但低于前次所测得的1/5～1/3（同温度下）时，应向值长报告。经值长同意后方能启动。

二、电动机启动前检查通则

（1）工作票已终结，电动机及其周围清洁、无杂物；工作人员撤离现场，有关接地线已拆除，电动机绝缘合格且已送电，事故按钮位置正常。

（2）电动机接线绝缘无损伤，接线盒、安全罩完好，外壳可靠接地。

（3）电动机空气冷却器进、出口风道畅通无杂物。

（4）电动机润滑系统、冷却系统投入正常。

（5）电动机所带机械部分完好，允许启动。

（6）二次回路传动正确，保护正确投入。

三、厂用电动机启动通则

（1）电动机启动时应监视启动电流，启动后的电动机电流不应超过额定值且应在规定时间内返回，转速和声音正常。

（2）正常情况下，电动机在冷态允许启动两次，启动间隔大于5min；热态允许启动一次；对于启动时间不超过2～3s的电动机，在事故处理时可以多启动1次。电动机运行30s以上为热态，100kW以上的电动机停运1h或100kW及以下的电动机停运0.5h为冷态。

（3）在进行动平衡校验时，电动机启动时间间隔规定如下：

1）200kW以下的电动机大于30min。

2）200～500kW的电动机大于60min。

3）500kW以上的电动机大于120min。

（4）电动机启动应逐台进行，一般不允许在同一母线上同时启动两台以上较大容量的电动机，启动大容量电动机（如启动电泵），启动前应调整好母线电压。

四、厂用电动机运行维护通则

（1）保持电动机周围干燥清洁，防止水、汽、油侵入，特别是通风口附近应无任何障碍物，通风口无积灰。

（2）电动机的转动部分应装设遮拦或护罩，电动机及启动调节装置的外壳应可靠接地。

（3）电动机的事故按钮应有防护罩，并有明显的标志以指明属于哪一台电动机。

（4）经常检查电动机轴承工作正常。轴承温度即使低于规定值，但突然增高（如5℃/min）应作为异常工况，必须汇报值长，查明原因，及时处理（或做好事故预想）。

（5）有电加热装置的电动机，应确认该装置在电动机启动后自动退出，电动机停止后自动投入。

（6）正常情况下，电动机长期运行时的各部温度应按制造厂规定。无铭牌规定按表6-7规定执行，超过时应采取措施降低出力。

表 6-7　电动机运行中各部温度规定

部件名称	绝缘等级	最高允许温度（℃）	最大温升（℃）
定子绕组及铁芯	A	105	60
	E	120	75
	B	130	80
	F	155	100
滚动轴承		80	45
滑动轴承		70	105

（7）电动机的振动与串动的规定：电动机的振动不得超过表 6-8 数值。

表 6-8　电动机运行中振动值规定

转速（r/min）	3000	1500	1000	750 以下
振动值（双振幅，mm）	0.05	0.085	0.10	0.12

电动机转子轴向串动值不超过：

1）滑动轴承：2～4mm。

2）滚动轴承：0.05mm。

（8）电动机可以在额定电压变动−5%～+10%的范围内运行，其额定出力不变。

（9）当电压低于额定值时，电流可相应增加，但最大不应超过额定电流值的 10%，并监视绕组、外壳及出风温度不超过规定值。

（10）电动机在额定出力运行时，相间不平衡电压不得超过额定值的 5%，三相电流差不得超过 10%，且任何一相电流不得超过额定值。

第七节　励磁系统的运行

一、励磁系统投入运行前的检查及操作

（1）检查励磁回路绝缘合格（用 500V 绝缘电阻表，绝缘不应低于 1MΩ）。应注意励磁回路摇绝缘时应将发电机转子接地 F04 熔断器及 4 台整流柜 F01 熔断器拔下后再进行测量。

（2）合上励磁调节柜两路直流电源开关 Q80、Q81。

（3）将启励电源开关送电，合上励磁调节柜启励空气开关 Q03。

（4）合上风机交流电源开关 Q91 及各整流柜风机电源开关 Q71、Q72、Q73、Q74。

（5）合上辅助交流电源开关 Q90 及调节柜风机电源开关 Q96。

（6）将励磁系统备用交流熔断器 F60 送上，合上调节柜备用电源开关 Q61、Q62。

（7）合上启动盘励磁启动变压器低压侧开关（MDS-4）和励磁变压器低压侧开关（MDS-5）的控制电源开关 Q1 和动力电源开关 Q42、Q52。

（8）励磁启动变压器低压侧开关（MDS-4）和励磁变压器低压侧开关（MDS-5）的控

制方式开关切换至“远方”位置。

(9) 合上励磁变压器温控器电源开关。

(10) 检查励磁系统无报警和故障信息。

(11) 励磁系统切换到远方控制方式。

(12) 励磁系统切换到自动运行方式。

二、励磁系统在燃气轮机启动过程中的运行情况

励磁系统在燃气轮机启动过程分以下4个阶段:

(一) 准备阶段

励磁系统在燃气轮机启动前保持发电机并网等待状态，即控制方式为“电压恒定”模式、灭磁开关（以下简称FCB）分闸、MDS-5合闸、MDS4，待TCS确认机组是否具备启动条件。

燃气轮机满足启动条件后，由TCS向SFC发出“SFC投入”，SFC会完成一系列的开关分合闸流程，其中包括MDS-5分闸、MDS-4合闸。MDS-4和MDS-5的状态切换使得励磁系统由自并励模式切换为他励模式，因为在SFC投入运行时向发电机定子侧输入的是变频电源，通过励磁变压器后无法作为励磁源为转子提供励磁电流，这期间发电机的励磁电流由高压厂用电源通过励磁启动变压器施加到整流柜的交流侧来提供，此时退出启励回路。

SFC完成各开关的分合后，向AVR发出“SFC已投入”开关量信号，AVR收到该信号后，控制模式由“电压恒定”模式切换为“励磁电流恒定”模式，此时的电流给定值由SFC发出的外部模拟量（4～20mA）确定。

(二) 启动阶段

机组启动一切准备就绪后，由TCS同时分别向SFC和励磁系统发出“投入令”，控制FCB合闸并触发励磁投入令给AVR，AVR运行状态由等待状态转入空载状态，触发可控硅控制脉冲，由于此时SFC的转子电流给定值仍为0，触发角置逆变角。此刻AVR发出“SFC已投入”开关量信号给SFC，反馈当前控制状态。随后SFC发出“转子电流给定”模拟量信号（4～20mA）给AVR，AVR根据模拟信号对应的实际电流给定值进行控制，维持发电机转子电流在给定水平。

(三) 升速阶段

燃气轮机启动之后会经历吹扫、点火等一系列阶段，最终达到自持转速（2100r/min)。SFC控制励磁使发电机按一定的磁通与转速的关系曲线运行，整个过程AVR都是工作在“励磁电流恒定”模式下，并接受SFC发出的电流给定值实时控制。

(四) SFC退出阶段

燃气轮机达到2100r/min后，透平的输出功率已足够继续升速到额定转速，SFC退出

运行。TCS向励磁系统发出“励磁退出”，灭磁开关分闸，AVR收到停机令，触发角置逆变角，将转子能量逆变至电网侧，转子电流下降为0，AVR运行状态由空载状态回到等待状态。随后SFC合上MDS5，分开MDS4。“SFC已投入”开关量置0，AVR控制模式由“励磁电流恒定”模式切回“电压恒定”模式，为之后的并网开机做准备。

机组达到额定转速（3000r/min）后，已具备升压条件。励磁系统再次接受TCS的“励磁投入令”，灭磁开关合闸并发出励磁投入令，AVR发出可控硅触发脉冲，同时控制启励接触器投入启励回路，待定子电压达到20%额定机端电压后，切除启励回路，完全由励磁变压器提供励磁电源。升压过程中AVR工作在“电压恒定”模式，一般以软启励的方式上升发电机的额定定子电压，完成发电机升压过程。此后准同期装置通过增磁/减磁以调整励磁系统的电压给定，使实际定子电压与系统电压保持一致，并在同期点合上发电机出口断路器，完成发电机的同期并网发电。

当发电机停机解列后，灭磁开关自动断开，机组维持3000r/min，燃气轮机冷却运行5min，TCS发出燃气轮机熄火指令。

三、励磁系统运行规定

（1）当励磁调节器的自动调节回路故障时，禁止机组启动。

（2）SFC运行过程中，检查发电机电压应按给定曲线变化，无过调。

（3）发电机自动升至额定过程中，检查发电机空载励磁电压不超133.4V，空载励磁电流不超1265A。

（4）在机组小修或大修后首次并网前，应进行发电机励磁通道切换试验和机端电压调节高、低值限制试验。

（5）在40℃周围环境，湿度达95%时不结露条件下允许连续运转。

（6）为确保的正常运行和达到设计使用寿命，其运行环境保持在20～30℃之间。

（7）保持环境清洁，设备不应受到振动、冲击、潮气、温度的特变，浓烟以及外界电磁干扰等影响。

（8）发电机励磁系统的许可运行方式：正常运行时AVR运行方式应投“自动”位置。励磁调节器的自动通道发生故障时应及时修复并投入运行。严禁发电机在手动励磁调节下长期运行。在手动励磁调节运行期间，必须严密监视，在调节发电机的有功负荷时必须先适当调节发电机的无功负荷，以防止发电机失去静态稳定性。

四、励磁系统调节方式

（1）励磁系统自动方式下，自动调节发电机电压。手动方式下，自动维持发电机恒定励磁（磁场电流）；需人为根据负荷变化来调整励磁（磁场电流的给定值），以维持发电机电压恒定。

（2）AVR具有手动限制功能，采用励磁电流调节方式，励磁电流可以从额定空载励磁电流的20%到额定励磁电流的110%连续变化。

（3）励磁系统在自动方式下运行，所有的限制器都投用。电压调节器可以快速调节励磁电流以适应发电机的负载变化。

（4）手动调励方式：无论发电机在何种工况下运行，均能维持励磁电压为某一常数。其控制范围为额定励磁电压的20%～120%。

（5）自动励磁方式：正常运行中，当负荷变化时，能维持发电机端电压在90%～110%范围内恒定，并根据系统负荷情况自动调节无功功率的大小。在机组启动时，可自动将发电机端电压升至额定值。此外，当发电机与系统解列时，根据负荷变化情况自动调整发电机的端电压和无功功率。

（6）正常运行中，应选择自动励磁方式，手动励磁方式处于自动跟踪状态。

（7）正常运行中，若发生自动励磁回路故障时，励磁调节方式将自动由自动方式切换到手动励磁方式，此时应查明原因待故障排除后，励磁画面进行故障复位后，方可将励磁调节方式由手动方式切换到自动励磁方式运行。

（8）正常运行中，若要将励磁方式由自动调励方式切至手动或手动切至自动调励方式时，应在励磁画面检查跟踪电压指示，监视手动、自动信号灯指示。

（9）正常运行中励磁系统出现故障时，运行人员应认真记录故障信息，并及时通知有关检修人员到现场进行检查。

（10）励磁调节器不允许在手动调节器方式下长期运行。若自动调节器故障，应尽快修复。短期不能修复，应及时汇报领导，以便安排停机处理。

五、励磁系统运行中的检查

（1）励磁变压器温控器电源正常，无异常报警。

（2）励磁变压器温度控制器运行正常，冷却风机运行正常，绕组温度指示正常。

（3）励磁变压器无异声、焦味和异常振动。

（4）励磁变压器周围无积水，柜门锁好，通风孔无堵塞现象。

（5）整流柜冷却风机运行正常，无异声，进风滤网无堵塞现象，晶闸管无过热现象。

（6）励磁小室无异声、异味、环境温度正常。

（7）励磁系统各一次接头接触良好，无过热现象。

（8）励磁系统各二次接线无松动过热现象。

（9）检查各装置面板指示灯正常。

（10）在励磁画面上检查发电机励磁电压、励磁电流指示应正常，自动和手动跟踪正常，运行状态显示正常，无故障报警。

六、PSS运行

电力系统稳定器PSS（电力系统稳定器）的投退必须根据中调指令执行。

电力系统稳定器PSS投退操作：

（1）电力系统稳定器PSS投入：手动按下AVR（自动电压调节器）控制面板上“PSS投”按钮，检查“PSS投入”灯亮。同时注意检查发电机各运行参数无明显变化，若出现波动应立即按“PSS退”按钮，将PSS退出，并立即向中调汇报。

（2）电力系统稳定器PSS退出：手动按下AVR控制面板上“PSS退”按钮，检查“PSS投入”灯灭。

(3) 电力系统稳定器 PSS 投入运行中，若系统出现振荡时，应由电力系统稳定器 PSS 自动调节，不得自行将电力系统稳定器 PSS 退出。

第八节　220kV GIS 运行操作

一、220kV GIS 运行操作规定

(1) 220kV GIS 的开关、隔离开关、接地开关的正常操作都必须先在五防（微机防误闭锁装置）机上进行预演操作，预演操作完成后将预演票传至 NCS（网络监控系统）操作员站后进行实际操作。严禁不经五防预演进行操作。

(2) 220kV GIS 的开关、隔离开关、接地开关的运行操作，正常在集控室 NCS 操作员站远方进行操作，只有在远方操作失灵且短时不能消除缺陷又影响事故处理时，且必须领导批准，才能到现场就地控制柜上进行操作。

(3) 在设备检修时，检修人员需要进行检修、调试时，经值长联系领导同意，方可在就地控制柜上操作及用摇把手动操作隔离开关、接地开关。

(4) 线路快速接地开关操作合闸前，应确认线路确实停电后才能进行操作。

(5) 220kV GIS 所有开关、隔离开关、接地开关均设有防止误操作的闭锁回路。正常操作必须保证联锁正常投入，需要解锁操作，必须经总工程师批准。

(6) 正常运行中，所有就地控制柜上的控制方式选择开关应置于“远方”位置，联锁方式选择开关应置于“联锁”位置。

(7) 在雷雨、冰雹等恶劣天气情况下，一般不进行 220kV GIS 操作。

二、220kV GIS 运行操作应具备的条件

220kV GIS 运行操作前必须全面检查，具备下列条件：

(1) 检修工作完成，工作票已终结，安全措施已恢复。现场清洁，无杂物。

(2) 检查开关三相断开，位置指示正确一致，回路设备正常，符合投运条件。

(3) 就地检查各隔离开关、接地开关位置指示在“分闸”位置。

(4) 就地检查 GIS 系统各气室 SF_6 气体压力正常，无泄漏，各阀门位置正确。

(5) 检查就地控制柜接线完整，端子无松动，绝缘无破损，各二次接头连接紧固。

(6) 检查各就地控制柜内已送电，开关、隔离开关、接地开关位置指示正常，无异常报警。

(7) 检查各就地控制柜内“远方/就地”切换开关在“远方”位置，“联锁/解锁”切换开关在“联锁”位置。

(8) 检修后的 SF_6 开关、隔离开关、接地开关，送电投运前必须经过分合闸操作试验。

三、220kV GIS 维护检查

（一）运行中的 GIS 外部巡视检查内容

(1) 检查开关、隔离开关、接地开关的位置指示与其控制柜及实际运行方式指示

一致。

（2）观察架空出线的瓷套管外绝缘污染情况，无闪络痕迹。

（3）观察架空出线导线接头无过热、无断股，瓷瓶无破裂现象。

（4）若巡视中发现异常情况应立即汇报领导，查明原因，妥善处理。

（5）巡视中不得触及 GIS 外壳和靠近设备的连杆，拐臂等可动部分。

（6）当 GIS 发生故障大量 SF_6 外逸时，应立即撤离，汇报值长。

（7）检查各控制柜上的信号，控制开关的位置，电热正常。

（8）检查 GIS 各部分无异声、异味，防爆膜完好，其释放出口无异物。

（9）检查 GIS 各气室压力表指示正常，有无漏气现象。

（10）检查开关、避雷器的动作计数器指示值。

（11）检查各配管及阀门有无损伤、锈蚀，开闭位置是否正确。

（二）运行中的 GIS 特殊情况下巡视项目

（1）高峰负荷期间增加对设备的巡视和测温工作。

（2）气候发生变化时，如气温突降或高温天气、雪、雷雨、冰雹、大风、沙尘暴等，根据气候情况增加特巡工作，雷雨天气后及时检查各避雷器动作情况。

（3）倒闸操作后检查操作机构传动机构良好、断路器机构和本体处于良好状态。

（4）事故跳闸故障后，对相关设备进行特巡检查。

（5）GIS 设备发生故障时，如弹簧未储能、气室压力降低、气室红外测温温度偏高等，及时进行设备检查，在故障未消除前，应加强巡检，制定反事故措施。

四、异常及事故处理

（一）220kV GIS SF_6 气室发生漏气的处理

（1）气室发生漏气时，应首先确认漏气所在气室和隔离范围，停运该间隔，拉开该间隔各侧开关、隔离开关进行隔离。

（2）当 220kV 进、出线开关、220kV 母联开关气室漏气时，应断开该间隔开关，拉开开关两侧隔离开关进行隔离。

（3）当母线各气室（包括与母线连接的隔离开关、接地开关、母线 TV）漏气时，应将漏气气室所在母线上的其他负荷倒至另一条母线，断开 220kV 母联开关，断开漏气气室所在间隔各侧开关、隔离开关进行隔离。

（4）当进出线隔离开关、TV、接地开关各气室漏气时，应停运漏气气室对应的线路或发电机，断开漏气气室所在间隔各侧开关、隔离开关进行隔离。

（二）220kV 开关储能电动机频繁启动的处理

（1）检查开关储能是否正常，如储能正常电动机仍启动，应通知检修处理。

（2）当确因储能机构原因使弹簧储能后不能保持引起储能电动机频繁启动时，应通知检修查明原因。如果由于储能不正常可能引起开关慢分时，应汇报值长，与省调联系退出故障开关运行或采用上一级开关将故障开关隔离。

（3）由于储能电动机频繁启动，为防止电动机发热烧毁，应配合检修做好必要的措施。

（三）220kV 开关储能电动机无法启动的处理

（1）检查储能电动机电源是否正常，如果电源开关跳闸，检查保护没有动作、无明显的发热、烧损现象，可以送电，送电后检查储能电动机运转是否正常。

（2）如果储能电动机电源开关送电后又跳闸，应通知检修处理。

（3）检查储能电动机热偶保护有无动作。

（4）当确因电动机保护动作跳闸，应查明原因、测量电动机绝缘。

（5）当储能电动机无法启动，使弹簧储能不正常，可能引起开关慢分时，应汇报值长，与省调联系退出故障开关运行或采用上一级开关将故障开关隔离。

（四）220kV 系统电压异常

（1）系统电压应按照省调下达的电压曲线调整，当电压超过允许的偏差范围时，应立即汇报值长，并调整发电机无功。

（2）当系统电压升高时，最高不得高于额定电压的10%，在发电机许可的情况下，应保持发电机进相运行。

（3）当系统电压降低时，最低不得低于额定电压的5%，应立即增加发电机的无功出力，必要时，可适当降低有功负荷，保持无功负荷的极限运行。

（4）调整电压时，高峰按电压曲线上限运行，低谷按电压曲线下限运行，必要时，可使用发电机的过负荷能力，使220kV电压保持在额定电压的−5%～+10%范围内。

（五）220kV 开关拒绝分闸或合闸的处理

（1）检查控制柜上操作方式选择开关位置是否正确、控制电源开关是否合上。

（2）检查开关气室压力是否正常。

（3）检查开关电动弹簧储能机构是否正常。

（4）根据运行方式检查是否符合联锁要求。

（5）检查同期回路是否正常。

（6）通知检修处理。

（六）220kV GIS SF_6 漏气时的处理

1. 现象

（1）集控室警铃响。

（2）发“SF_6 压力低”报警。

（3）漏气气室 SF_6 气体压力降低至报警值。

2. 处理

（1）气室发生漏气时，应首先确认漏气所在气室和隔离范围，防止由于连接的一次设备未及时隔离，扩大事故。

（2）当开关室压力低于0.66MPa、其他气室低于0.62MPa时，报警后应通知检修查漏补气，补气仍无法恢复正常压力或已查明漏气点不能消除时，应尽快向省调申请停电，进行隔离处理。

（3）当开关气室压力低于0.64MPa时，闭锁开关分合闸时，应断开开关控制电源开关，防止开关误动。必要时，应向省调申请停电，采用将故障开关所在母线的其他负荷倒至另一条母线，断开母联开关隔离故障开关。

（4）当出现防爆膜破裂等事故大量漏气时，进入现场进行事故处理，应根据情况佩戴防毒面具或氧气呼吸器。

（5）事故处理后应将所有的防护用品清洗干净。

（七）220kV系统频率异常

1. 现象

（1）集控室警铃响。

（2）发电机频率异常升高或降低。

2. 处理

（1）系统频率正常为（50±0.2）Hz，电网频率降至49.8Hz以下时，应不待调度命令立即在15min内自动增加出力至可能最高出力，并汇报调度。

（2）当系统频率超过50.2Hz以上时，应在15min内迅速将机组出力降低，直到频率恢复到50.2Hz以下为止，并汇报调度，根据调度员的命令处理。

（3）如果机组在AGC方式运行，则应汇报调度，然后根据调度员的命令处理。

（八）220kV系统电压回路断线

1. 现象

（1）集控室警铃响。

（2）220kV母差保护屏上“TV断线”灯亮。

（3）发“220kV TV断线”报警。

（4）有电压回路断线信号。

（5）故障TV所带电压表、有功表、无功表指示下降或为零。

2. 处理

（1）汇报调度并根据调度命令停运断线TV有关保护和自动装置。

（2）若二次开关跳闸，检查二次电压回路。若有明显异常时，应予以隔离；若无明显异常时，合二次开关。

（3）恢复正常后，投入TV有关保护和自动装置。

（4）如果是由于TV故障引起，停运故障TV有关保护和自动装置，断开故障TV二次开关，并将故障TV进行隔离，通知检修处理。

（九）220kV系统振荡

1. 现象

（1）发电机、变压器及并列线路的电压、电流、功率表周期性摆动。机组出现周期性鸣音。

（2）振荡中心的电压摆动最大，最低可能是零。照明灯光或明或暗、闪动。

（3）发电机强励可能动作，严重时机组可能失步。

2. 处理

（1）根据表计反映情况，判明是内部振荡还是系统振荡。

（2）如各机组表计变化或摆动方向、频率一致，则说明系统振荡，否则为内部振荡。

（3）若是机组与系统失步，则应增加失步机组的无功负荷，同时可适当降低机组的有功负荷。

（4）振荡期间如频率升高，则应降低有功出力，使频率保持在（50±0.1）Hz 内，如频率降低，则应在允许范围内增加有功负荷。

（5）如振荡不能恢复，则应在值长的统一指挥下进行处理。必要时请示调度同意后，将失步机组与系统解列。

（十）220kV 线路开关跳闸

1. 现象

（1）线路保护装置跳闸出口指示灯亮，操作继电器箱跳闸指示灯亮，事故报警音响发出，跳闸开关断开。

（2）跳闸线路三相电流、功率指示为零。

（3）“某某线路保护动作”“重合闸动作”等报警发出。

（4）故障录波器录波动作，“故障录器波动作”报警发出。

2. 处理

（1）检查表计、开关状态及保护动作情况，判断故障原因及范围。

（2）无论开关重合闸成功与否都应汇报调度并对开关设备进行详细检查。

（3）立即汇报值长、调度，等待调度命令。

（4）若确认为保护误动或故障处理完毕，根据调度及值长命令经同期或无压鉴定将跳闸线路投运。

（十一）220kV 正（副）母线故障

1. 现象

（1）升压站网络控制电气自动化系统（NCS）上事故音响报警，相应“正（副）母差动作”。

（2）母差保护装置保护动作指示灯亮。

（3）故障录波动作。

（4）故障母线上所有开关跳闸，220kV 母联开关跳闸。故障母线电压指示到零。

2. 处理

（1）检查故障母线上所有连接开关跳开，否则手动拉开。

（2）加强调整监视仍在运行中的母线、线路及发电机组。

（3）监视运行中的 220kV 线路是否过负荷。

(4) 检查01高压备用变压器工作状态，恢复厂用备用电源及跳闸机组厂用电运行。

(5) 全面检查故障母线及连接元件，若有明显故障，应予迅速隔离，若无法隔离或故障发生在母线上，应将负荷倒至正常母线运行。

(6) 查明原因并消除后（或隔离后），联系调度，用线路向空母线充电。

(7) 接调度令，恢复母线正常运行方式。

（十二）220kV开关失灵保护动作

1. 现象

(1) NCS上事故音响报警，相应“正（副）母失灵动作”报警发出。

(2) 拒动开关所属母线上所有连接开关和母联开关跳闸，该母线上所有电流、电压、功率指示到零。

2. 处理

(1) 根据保护动作、开关跳闸、表计指示、当时运行方式等情况，判断拒动开关。

(2) 全面检查现场情况，确定故障原因及范围。检查拒动开关两侧确无电压的情况下，拉开该开关两侧隔离开关，予以隔离，做好安全措施并通知检修。

(3) 恢复220kV运行系统正常运行方式。

（十三）220kV母线全停

1. 现象

(1) 事故音响报警，“正母差动动作”“副母差动动作”报警发出，母联失灵时还有“正母失灵动作”“副母失灵动作”“母联失灵动作”等报警。

(2) 所有220kV开关断开，电流、功率指示到零。

(3) 所有运行机组全部甩负荷，机组全停，厂用电中断。

2. 处理

(1) 根据保护动作、开关跳闸、表计指示及事故发生时系统运行方式判断故障性质及范围并立即汇报值长及调度。

(2) 全厂停电后，应检查各机组柴油机启动情况，确保保安电源运行正常。同时应监视直流系统及UPS系统运行情况。

(3) 检查两组母线上所有线路、变压器开关已断开，否则应手动拉开。

(4) 全面检查现场设备情况，当有明显故障点时，应予以迅速隔离，并做好安全措施，通知检修处理。现场检查时应重点检查母联开关本体、开关流变侧设备及母联端子箱。

(5) 故障隔离后或查无明显故障时，应联系调度用系统电源向一组空母线充电。充电良好时，应迅速恢复01高压备用变压器运行。

(6) 恢复机组及出线运行。

第九节　厂用电系统的运行

一、厂用电系统运行规定

(1) 正常情况下，不得任意改变厂用电运行方式，在紧急情况或事故处理中，改变厂用电运行方式后，应立即汇报值长。

(2) 01 高压备用变压器只能带一台运行机组 6kV 母线负荷，当 01 号高压备用变压器已接带一台运行机组的 6kV 母线时，应解除其他正在运行机组 6kV 母线的厂用电快切装置。

(3) 用快切装置进行高压厂用变压器和 01 号高压备用变压器之间的倒换时，正常采用“并联自动”方式。

(4) 380V 系统两段母线并列倒换时，应采用“先合后切”方式进行，但两台变压器并列时间应尽量短。

(5) 01 高压备用变压器及高压厂用变压器具有有载调压功能，可就地及远方操作，正常运行投远方。

(6) 厂用系统变压器送电时，应先合电源侧开关，再合负荷侧开关，停电时，与此相反。

(7) 厂用系统电压互感器停电时，先退出其所带的保护及自动装置，再停电，送电时，与此相反。

二、厂用电系统正常运行方式

(1) 正常运行时，高压厂用变压器带 6kV 母线运行。01 号高压备用变压器处于充电备用状态，各机组 6kV 备用电源快切装置投入。

(2) 发电机停运后，6kV 厂用电由 220kV 系统通过主变压器，高压厂用变压器倒送至厂用 6kV 系统。

(3) 主变压器停运或事故跳闸后，6kV 厂用电通过快切装置切换至备用电源。

(4) 6kV 厂用 1A、1B 段工作电源取自 1 号高压厂用变压器，1 号高压厂用变压器的高压侧接至 1 号主变压器低压侧，低压侧引接至 6kV 1A 段和 6kV 1B 段母线。

(5) 6kV 厂用 2A、2B 段工作电源取自 2 号高压厂用变压器，2 号高压厂用变压器的高压侧接至 2 号主变压器低压侧，低压侧引接至 6kV 2A 段和 6kV 2B 段母线。

(6) 380V PC 段正常运行时，采用母线分段运行，正常运行时母联开关断开，处于备用状态。当其中一段母线失电后，需要手动合上母联开关恢复送电。

(7) 机组的 380V 工作 PC A 段和 380V 工作 PC B 段母线分段运行，分别由 1A (2A) 低压厂用变压器和 1B (2B) 低压厂用变压器供电，母联开关暗备用。

(8) 380V 办公楼 PC A 段和 380V 办公楼 PC B 段母线分段运行，分别由 380V 12A 综合办公楼变压器和 12B 综合办公楼变压器供电，母联开关暗备用。

(9) 380V 公用 PC A 段和 380V 公用 PC B 段母线分段运行，分别由 380V 12A 厂区公用变压器和 12B 厂区公用变压器供电，母联开关暗备用。

(10) 机组主厂房事故保安段有三路电源供电。380V 工作 PC A 段电源作为正常工作电源，380V 工作 PC B 段电源为备用电源，柴油发电机作为事故备用电源。燃气轮机 EMCC 段和调压站 EMCC 段的事故保安电源取自主厂房事故保安段。

(11) 380V MCC 段正常运行时，有两路电源供电，分别取自不同的 380V PC 段，通过进线电源切换开关来选择其中的一路电源供电，当工作电源失电后，需要手动切换至另一路电源。

三、6kV高压厂用开关柜防误闭锁功能说明

（1）防止走错间隔：使用五防锁具实现，必须经计算机钥匙解锁。

（2）防止带负荷拉开关：开关在合闸位，闭锁摇把插入。

（3）防止误入带电间隔：

1）开关在运行位，前柜门不能打开。

2）接地开关合入且开关在试验位上锁取下开锁钥匙，方可打开后柜门。

（4）防止带电合接地开关：开关在运行位，闭锁接地开关合闸。

（5）防止带地线送电：接地开关合入，闭锁开关送电。

（6）防止运行位拔下二次插头。

四、厂用电系统的倒闸操作

1. 厂用电母线送电前的操作

（1）检查所有有关的工作票已结束，临时安全措施已拆除，接地开关（或地线）已拉开（或拆除），母线上所有开关已在分闸位置。

（2）测母线绝缘合格。

（3）6kV母线TV送电，先送上TV一次保险，合TV一次隔离开关，再合上TV的二次小开关。

（4）380V母线TV送电，先送TV一次熔断器，再合TV二次小开关。

（5）检查电源进线开关的保护投入正确，无异常报警。

（6）将电源进线开关推入工作位置。

（7）合上电源进线开关。

（8）检查母线充电正常，三相电压正常，检查各保护信号正常。

（9）对于6kV母线，应检查TV各低电压继电器没有动作，合上TV直流控制小开关。

2. 6kV厂用段由01号高压备用变压器转由高压厂用变压器带的操作步骤

（1）检查高压厂用变已在“充电”状态，各保护投入正确，无异常信号，6kV厂用母线电源进线开关在热备用。

（2）检查快切装置已投入，无报警，快切装置“合备用电源”“跳备用电源”“合工作电源”“跳工作电源”已投入。

（3）调整发电机机端电压，使厂用高压变压器低压侧电压与6kV母线电压接近。

（4）在6kV快切装置画面上选择并联切换方式（“MANUAL CHANGE OFF”变红）。

（5）在DCS画面上选择“MANUAL START”启动开关。

（6）检查DCS画面上6kV工作段母线电源进线开关已合上，备用电源开关已分闸，6kV母线电压正常。

（7）调整发电机机端电压，保持6kV母线电压在正常范围。

（8）复位快切装置。

3. 6kV厂用段由高压厂用变压器转由01高压备用变压器的操作步骤

(1) 检查01号高压备用变压器已在“充电”状态，各保护投入正确，无异常信号，6kV厂用母线备用电源开关在热备用。

(2) 检查快切装置已投入，无报警，快切装置“合备用电源”“跳备用电源”“合工作电源”“跳工作电源”已投入。

(3) 调整01号高压备用变压器抽头（或发电机机端电压），使6kV母线电压与高压备用变压器低压侧电压接近。

(4) 在6kV快切装置画面上选择并联切换方式（“MANUAL CHANGE OFF”变红）。

(5) 在DCS画面上选择“MANUAL START”启动开关。

(6) 检查DCS画面上6kV工作段母线备用电源进线开关已合上，工作电源开关已分闸，6kV母线电压正常。

(7) 调整高压备用变压器分接头，保持6kV母线电压在正常范围。

(8) 复位快切装置。

第十节　UPS

一、UPS投运操作注意事项

新安装或检修后第一次投用UPS前应用500V绝缘电阻表测绝缘电阻，其值应不小于0.5MΩ。当由旁路切逆变器或由逆变器切旁路前，应注意观察同步指示LED6灯是否亮，若不亮则禁止切换。

UPS装置停用后，在3s内不许重新投用。UPS装置允许环境温度为0～40℃。操作应由两人进行，实行操作监护制。

二、UPS的巡检项目、报警指示及故障处理

UFS装置应按规定进行巡视检查，发现异常情况及时汇报处理。巡视检查内容有检查柜内各元件有无异声、异味，有无过热现象。检查柜内冷却风扇运转是否正常，环境温度是否在允许范围内。检查旁路输出电压、逆变器输出电压、负载电压、整流电压是否正常，输出频率是否正常且指示灯发光是否正确。检查主线电流、逆变器输出电流、UPS输出电流、UPS输出电流峰值、负载电流、电池电流、直流电流，电池温度等是否正常。检查UPS盘上各开关是否均在合上位置，如未合上应查明原因。检查有无异常报警信号、盘面光字牌按实际运行方式指示是否正确。

发生以上所列异常报警信号时，首先应分析故障原因，并作初步处理，原则上应确保UPS负载安全供电，如解决不了，通知检修处理。

三、UPS工作模式

UPS拥有4种不同的工作模式，它们分别是正常工作模式、电池后备模式、旁路备用

电源模式和维修旁路模式。

（一）正常工作模式

正常工作模式电路图如图 6-2 所示。

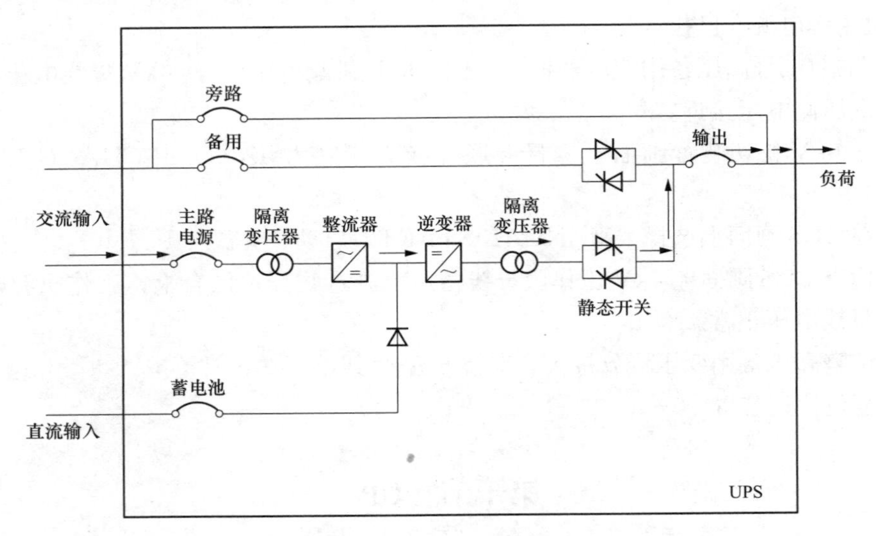

图 6-2 正常工作模式电路图

在正常市电输入情况下，整流器将交流市电转换直流电源，然后提供给逆变器并同时对电池充电（如果选配充电器）。在将交流市电转换为直流市电时，整流器能消除市电中所产生的异常突波、噪声及频率不稳定等产生的干扰，从而确保逆变器能够提供稳定及干净电源输出给负载。

（二）电池后备模式

电池后备模式电路图如图 6-3 所示。

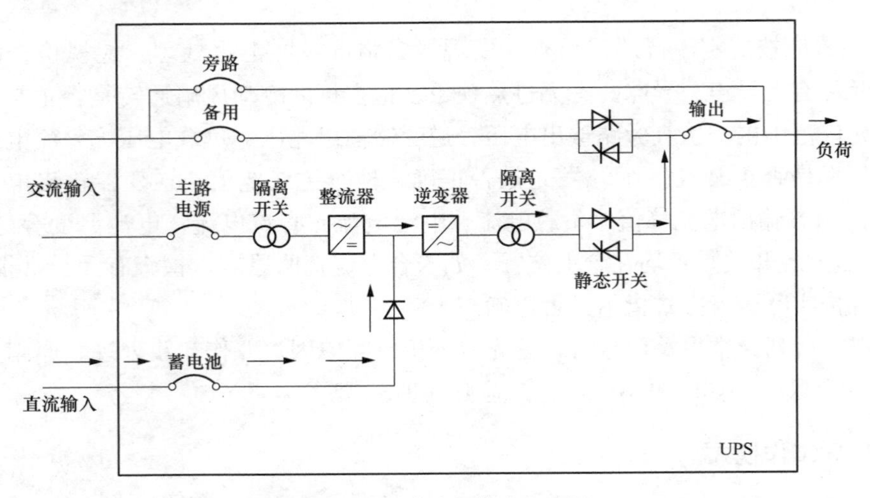

图 6-3 电池后备模式电路图

当市电输入发生异常时，电厂提供的直流电源可以迅速替代整流器为逆变器提供直流电输入，因此，由逆变器转换的输出交流电将不会有任何中断，输出端所连接的负载可以得到很好的保护。

（三）旁路备用电源模式

旁路备用模式电路图如图 6-4 所示。

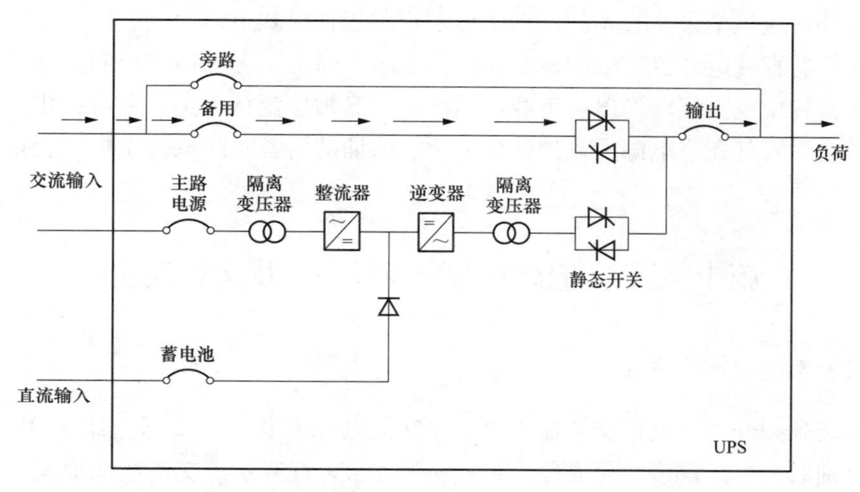

图 6-4　旁路备用模式电路图

当逆变器处于不正常状况，诸如过温、短路、输出电压异常或者过载超出逆变器承受范围等，逆变器将自动停止工作以防损坏。若此时市电正常，静态开关会转换至备用电源输出给负载使用。

（四）维护旁路模式

维护模式电路图如图 6-5 所示。

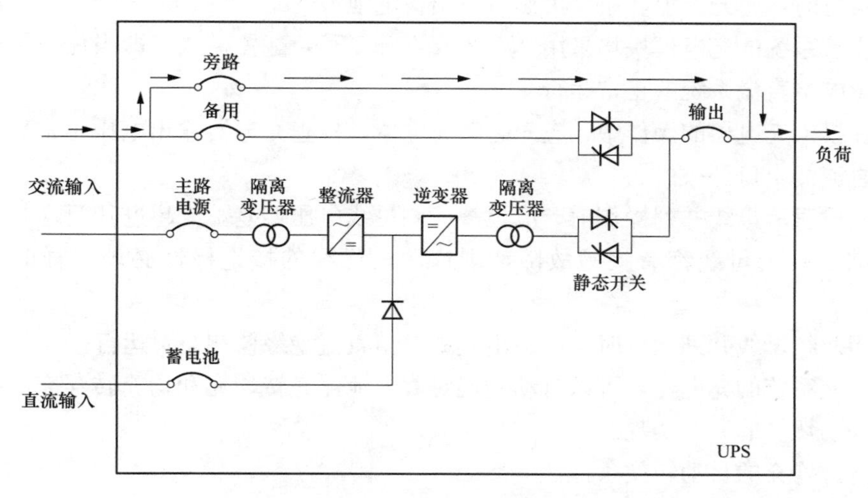

图 6-5　维护模式电路图

当UPS设备需要进行例行维护或者电厂提供的直流屏需要更换而输出不能中断的情况下，用户可以先让逆变器停止工作，进而闭合维修旁路空气开关，接着断开整流器和备用旁路空气开关。这样，提供给负载的交流电在该切换过程中不会发生中断，但UPS内部除了输出端变压器以外，其他地方无交流或直流电存在，因而能够有效确保维护人员的安全。

UPS设备一旦正确安装，除了过载超出设备承受范围而造成设备停机或需要进行维护等情况以外，应该全天24h不间断地工作于正常工作模式下。

电厂提供的直流电源也可以为逆变器提供干净、稳定、无任何噪声和其他干扰的纯净电源供逆变器转换成交流电输出至负载，因此，UPS被广泛认为是一种可提供高品质交流电源的设备，尽管其在主电源失效的情况下所能保证的后备时间取决于电厂提供的直流屏供给时间。

第十一节　直流系统的运行方式及运行规定

一、直流系统的运行方式

直流系统高频开关充电柜交流输入由一路交流电源供电。1、2号机组110V直流系统交流电源分别取自主厂房事故保安段，单元机组220V直流系统交流电源取自各自机组主厂房事故保安段，网控110V直流系统交流电源分别取自1、2号机主厂房主厂房事故保安段。

（1）正常情况下，直流系统为浮充电方式运行。蓄电池组和充电器并列运行，充电器供给正常的负荷电流，还以很小的电流给蓄电池浮充电，以补偿蓄电池的自放电，蓄电池作为冲击负荷和事故供电电源。

（2）正常运行时，不允许由蓄电池或充电器单独带直流母线运行。

（3）两段直流母线不允许长期并列运行。正常运行时联络开关应断开，当一组蓄电池需要退出运行时，应先合上联络开关然后退出蓄电池。

（4）直流系统的充电模块均采用$N+2$或$N+1$冗余配置模式，即当任何一充电模块故障，不影响本直流系统的正常运行。

（5）在投入充电器的操作中，应先起动充电器，检查充电器输出电压正常后，再合上充电器的直流侧出口开关。

（6）两段直流母线并列操作前，应检查两侧母线电压偏差不应超过其额定电压的5%。如果两段准备并列母线都有接地故障，则这两段母线的接地极性必须一样时，才允许并列。

（7）当两组母线并列运行时，应退出其中一组直流绝缘监测装置运行。

（8）直流系统的充电器，可以自动实现对蓄电池浮充转均充和均充转浮充的操作，也可以采取手动切换的方式实现。

（9）浮、均充的自动转换条件：

1）当满足下面其中一个条件时，系统自动由浮充转为均充方式：

a. 在浮充运行方式时，蓄电池的充电电流大于8%蓄电池容量。

b. 浮充运行时间超过4320h（约6个月）。

2）当满足下面其中一个条件时，系统将自动由均充转为浮充运行方式：

a. 当蓄电池充电电流小于1%蓄电池容量时，延时3h。

b. 均充时间大于24h。

二、直流系统的巡视检查项目

（1）检查充电器各信号指示正常无报警、直流母线电压、充电器输出电压、电流正常，充电器冷却风扇运行正常，浮充电压正常。

（2）检查各直流系统绝缘检测装置运行正常，无接地报警。

（3）检查各充电器、蓄电池开关，隔离开关实际运行位置与运行方式相符。

（4）检查直流系统各回路接触良好，无局部过热现象。

（5）检查蓄电池清洁，无裂纹、渗漏现象。

（6）检查蓄电池电瓶各接头无松动、过热、腐蚀现象。

（7）检查蓄电池的电池巡检仪各指示灯显示正常，装置运行正常，无报警。

（8）检查蓄电池室通风，照明良好，室温保持在40℃左右。

（9）检查各馈线柜表计、指示灯指示正常，各开关、隔离开关位置正确。

三、直流系统异常及事故处理

1. 直流系统充电器故障跳闸处理

（1）断开故障充电器的交、直流开关。

（2）检查两段母线电压差在允许范围内，合上联络开关，将两段母线并列运行。

（3）退出故障充电器所在段蓄电池运行。

（4）退出故障充电器所在段绝缘检查装置运行。

（5）同时通知设备部处理。

2. 直流母线电压低报警处理

（1）通过充电器的集中监控器，检查充电器的输出、输入电压是否正常，如不正常则退出该充电器，转为另一段直流母线供电，并通知检修处理。如是因输入电压低造成的，应检查厂用电系统。

（2）检查充电器及蓄电池的输出电流，是否是由于负荷过流大而造成系统电压低，进一步查找过流原因，排除故障。

（3）检查核对电压表计。

3. 直流母线电压高报警处理

（1）定期均充时会发电压高报警，均充结束报警会消失。

（2）检查是否充电器失控，如果是退出充电器运行，切换至另一段直流母线供电。

4. 直流系统接地处理

（1）根据直流系统接地绝缘检查装置的报告判明支路、接地极及接地段，并检查接地电压。

（2）查询有无检修人员在直流回路上工作。

（3）短时退出充电器判断故障点是否在充电器内部，如是则退出该充电器运行。

（4）短时退出蓄电池判断接地点是否在蓄电池内部。

（5）对于可停电负荷可用瞬时停电法查找接地点。

（6）对于保护或热控的重要负荷，运行人员不可拉路，通知继保或热控处理。

（7）查出故障支路，通知维修人员处理。

燃气-蒸汽联合循环机组典型操作票

表 A.1　　1 号机前置模块 A 燃气终端过滤器氮气置换天然气（1 号机组运行时）

1	接值长令，1 号机前置模块 A 燃气终端过滤器由天然气置换为氮气（1 号机组运行时）
2	检查 1 号机组运行，1B 天然气终端过滤器滤网已经投入运行
3	检查氮气汇流排氮气纯度、压力正常
4	关闭 1A 燃气终端过滤器进口手动阀
5	关闭 1A 燃气终端过滤器出口手动阀
6	开启 1A 燃气终端过滤器后放散一次阀
7	开启 1A 燃气终端过滤器后放散二次阀
8	检查 1A 燃气终端过滤器天然气压力下降至零
9	开启 1A 燃气终端过滤器前充氮手动一次阀
10	开启 1A 燃气终端过滤器前充氮手动二次阀，对 1A 燃气终端过滤器进行置换
11	测量 1A 燃气终端过滤器出口处天然气含量小于 20%LEL
12	关闭 1A 燃气终端过滤器后放散一次阀
13	关闭 1A 燃气终端过滤器后放散二次阀
14	关闭 1A 燃气终端过滤器前充氮手动一次阀
15	关闭 1A 燃气终端过滤器前充氮手动二次阀
16	操作结束，汇报值长

表 A.2　　1 号机盘车投运

1	接值长令，投运 1 号机盘车
2	检查盘车系统相关检修工作票已终结
3	检查压缩空气系统已投运，且运行正常
4	检查润滑油系统已投运，且运行正常
5	检查密封油系统已投运，且运行正常
6	检查顶轴油系统已投运，且运行正常
7	检查系统各表计投入正常
8	检查系统各气动阀气源已送上，阀门动作正常

续表

9	检查高中低压缸胀差、转子偏心度、轴向位移正常
10	检查盘车装置处于脱扣状态
11	检查机组转速小于 1r/min
12	检查盘车啮合用压缩空气压力正常
13	检查润滑油温度大于 20℃，盘车装置供油压力正常
14	测量盘车电动机绝缘合格后送电，确认盘车电动机开关控制方式旋钮在“ON”位，盘车电动机控制旋钮在“JOG”位
15	点按 13m 层盘车装置旁盘车点动按钮
16	盘车电动机惰走过程中手动啮合盘车装置
17	确认啮合到位后按下点动按钮
18	确认转子转动后，放开按钮
19	对机组进行机械检查，注意机组振动、油温、轴承金属温度、转子偏心度、轴向位移等，确认无异常
20	将盘车电动机控制旋钮切换至“REMOTE”位
21	检查盘车电动机自动启动一次，盘车电动机惰走过程中盘车齿轮与大轴齿轮啮合
22	当盘车装置啮合后延时 5s，盘车电动机自动启动并保持运行
23	检查啮合手柄啮合到位，无摆动
24	检查盘车电动机运行正常，电动机电流无摆动现象
25	检查机组转速维持约 3r/min
26	检查机组轴系无异声，动静部分无摩擦
27	检查转子偏心度、转子轴向位移、各轴承振动、金属温度和回油温度正常
28	检查顶轴油系统和密封油系统运行正常
29	操作完毕，汇报值长

表 A.3　　1 号机压气机离线水洗

1	接值长令，1 号机压气机离线水洗
2	检查 1 号燃气轮机已停运，润滑油及盘车系统运行正常
3	检查检修工作已全部结束，1 号燃气轮机具备高盘启动条件
4	检查 1 号燃气轮机最高轮盘温度低于 95℃
5	测量 1 号燃气轮机水洗泵绝缘合格，送电后检查水洗就地控制盘电源正常，无异常报警
6	检查除盐水系统已投运正常，压气机入口温度高于 9℃
7	检查系统管道及容器已冲洗干净
8	关闭水箱底部放水阀
9	关闭清洗水泵进口阀
10	关闭清洗水泵进口管道疏水阀
11	关闭水箱水位计底部放水阀
12	关闭清洗水泵再循环阀
13	关闭清洗水箱补水阀
14	关闭在线水洗供水阀

续表

15	关闭离线水洗供水阀
16	关闭燃气轮机 1、2 号轴承密封空气总阀
17	关闭 TCA 放气试验阀 1
18	开启 1、2 号轴承密封空气管疏水一次阀
19	开启 1、2 号轴承密封空气管疏水二次阀
20	开启压气机缸体疏水一次阀
21	开启压气机缸体疏水二次阀
22	开启压气机第 6 级抽气管疏水 1 一次阀
23	开启压气机第 6 级抽气管疏水 1 二次阀
24	开启压气机第 6 级抽气管疏水 2 一次阀
25	开启压气机第 6 级抽气管疏水 2 二次阀
26	开启透平第 4 级冷却空气管疏水一次阀
27	开启透平第 4 级冷却空气管疏水二次阀
28	开启压气机第 11 级抽气管疏水 1 一次阀
29	开启压气机第 11 级抽气管疏水 1 二次阀
30	开启压气机第 11 级抽气管疏水 2 一次阀
31	开启压气机第 11 级抽气管疏水 2 二次阀
32	开启透平第 3 级冷却空气管疏水一次阀
33	开启透平第 3 级冷却空气管疏水二次阀
34	开启压气机第 14 级抽气管疏水一次阀
35	开启压气机第 14 级抽气管疏水二次阀
36	开启燃烧室壳体疏水一次阀
37	开启燃烧室壳体疏水二次阀
38	开启燃兼压缸疏水一次阀
39	开启燃兼压缸疏水二次阀
40	开启透平第三级疏水一次阀
41	开启透平第三级疏水二次阀
42	开启透平第四级疏水一次阀
43	开启透平第四级疏水二次阀
44	开启排气缸疏水 1 一次阀
45	开启排气缸疏水 1 二次阀
46	开启排气缸疏水 2 一次阀
47	开启排气缸疏水 2 二次阀
48	开启排气道疏水一次阀
49	开启排气道疏水二次阀
50	开启排气膨胀节疏水阀 1
51	开启排气膨胀节疏水阀 2

续表

52	开启 TCA 管道疏水阀 1
53	开启 TCA 管道疏水阀 2
54	开启 TCA 滤网疏水一次阀
55	开启 TCA 滤网疏水二次阀
56	开启 TCA 冷却器旁路疏水 1 一次阀
57	开启 TCA 冷却器旁路疏水 1 二次阀
58	开启 TCA 冷却器旁路疏水 2 一次阀
59	开启 TCA 冷却器旁路疏水 2 二次阀
60	开启 TCA 冷却器进口管疏水 1 一次阀
61	开启 TCA 冷却器进口管疏水 1 二次阀
62	开启 TCA 冷却器出口管疏水 2 一次阀
63	开启 TCA 冷却器出口管疏水 2 二次阀
64	开启 TCA 分离器排污试验一次阀
65	开启 TCA 分离器排污试验二次阀
66	检查机组具备高盘条件
67	开启 1 号燃气轮机清洗水箱补水阀，水箱注水至 800mm 后关闭
68	开启 1 号燃气轮机清洗水泵进口阀
69	在就地启动 1 号燃气轮机清洗水泵
70	调节供水调节门，维持供水压力约为 0.4MPa
71	选择机组启动模式为 SPIN
72	在 GT COMP OFF LINE BLADE WASH SELECT 面板上投入 OFF LINE WASH MODE ON
73	在 GT OPERATION 画面上启动 1 号机组
74	检查 FG 单元值班吹扫空气阀、FG 单元主 A 吹扫空气阀、FG 单元主 B 吹扫空气阀、FG 单元顶环吹扫空气阀开启到位
75	检查机组正常升速至 700r/min，检查转速正常稳定
76	开启 1 号燃气轮机离线水洗供水阀
77	2min 内使用 300L 除盐水，关闭 1 号燃气轮机离线水洗供水阀
78	关闭 1 号燃气轮机离线水洗供水隔离阀 5min
79	检查 1 号燃气轮机清洗水箱水位在 500mm，加入一桶水洗液（25L）
80	重复上述水洗步骤
81	停止 1 号燃气轮机清洗水泵，发停机令，在低速盘车状态浸泡 30min
82	将 1 号燃气轮机清洗水箱水洗液放出，注入清水冲洗直到水箱中的水和排出的污水无泡沫为止
83	在 GT COMP OFF LINE BLADE WASH SELECT 面板上投入 OFF LINE WASH MODE ON
84	检查 FG 单元值班吹扫空气阀 FG 单元主 A 吹扫空气阀、FG 单元主 B 吹扫空气阀、FG 单元顶环吹扫空气阀开启到位
85	再次启动 1 号燃气轮机高盘，启动清洗水泵
86	重复上述步骤，直至排污管排出清水为止
87	停止 1 号燃气轮机清洗水泵

续表

88	开启水箱底部放水阀和清洗水泵进口管道疏水阀将清洗水箱中的水放干
89	继续高盘 60min 进行疏水和干燥
90	停运 1 号燃气轮机高盘
91	检查离线水洗模式自动退出
92	检查 FG 单元吹扫关断阀关闭，FG 单元吹扫放散阀开启到位
93	检查 FG 单元值班吹扫空气阀、FG 单元主 A 吹扫空气阀、FG 单元主 B 吹扫空气阀、FG 单元顶环吹扫空气阀关闭到位
94	转速到 0 后投入低速盘车运行
95	将 GT OPERATION 模式从 SPIN 模式切换为 NORMAL 模式
96	开启 1 号燃气轮机压气机进气室疏水阀
97	开启燃气轮机 1 号、2 号轴承密封空气总阀
98	开启 TCA 放气试验阀 1
99	关闭 TCA 分离器排污试验一次阀
100	关闭 TCA 分离器排污试验二次阀
101	关闭 1 号、2 号轴承密封空气管疏水一次阀
102	关闭 1 号、2 号轴承密封空气管疏水二次阀
103	关闭压气机缸体疏水一次阀
104	关闭压气机缸体疏水二次阀
105	关闭压气机第 6 级抽气管疏水 1 一次阀
106	关闭压气机第 6 级抽气管疏水 1 二次阀
107	关闭压气机第 6 级抽气管疏水 2 一次阀
108	关闭压气机第 6 级抽气管疏水 2 二次阀
109	关闭透平第 4 级冷却空气管疏水一次阀
110	关闭透平第 4 级冷却空气管疏水二次阀
111	关闭压气机第 11 级抽气管疏水 1 一次阀
112	关闭压气机第 11 级抽气管疏水 1 二次阀
113	关闭压气机第 11 级抽气管疏水 2 一次阀
114	关闭压气机第 11 级抽气管疏水 2 二次阀
115	关闭透平第 3 级冷却空气管疏水一次阀
116	关闭透平第 3 级冷却空气管疏水二次阀
117	关闭压气机第 14 级抽气管疏水一次阀
118	关闭压气机第 14 级抽气管疏水二次阀
119	关闭燃烧室壳体疏水一次阀
120	关闭燃烧室壳体疏水二次阀
121	关闭燃兼压缸疏水一次阀
122	关闭燃兼压缸疏水二次阀
123	关闭透平第三级疏水一次阀

续表

124	关闭透平第三级疏水二次阀
125	关闭透平第四级疏水一次阀
126	关闭透平第四级疏水二次阀
127	关闭排气缸疏水 1 一次阀
128	关闭排气缸疏水 1 二次阀
129	关闭排气缸疏水 2 一次阀
130	关闭排气缸疏水 2 二次阀
131	关闭排气道疏水一次阀
132	关闭排气道疏水二次阀
133	关闭排气膨胀节疏水阀 1
134	关闭排气膨胀节疏水阀 2
135	关闭 TCA 管道疏水阀 1
136	关闭 TCA 管道疏水阀 2
137	关闭 TCA 滤网疏水一次阀
138	关闭 TCA 滤网疏水二次阀
139	关闭 TCA 冷却器旁路疏水 1 一次阀
140	关闭 TCA 冷却器旁路疏水 1 二次阀
141	关闭 TCA 冷却器旁路疏水 2 一次阀
142	关闭 TCA 冷却器旁路疏水 2 二次阀
143	关闭 TCA 冷却器进口管疏水 1 一次阀
144	关闭 TCA 冷却器进口管疏水 1 二次阀
145	关闭 TCA 冷却器出口管疏水 2 一次阀
146	关闭 TCA 冷却器出口管疏水 2 二次阀
147	关闭 1 号燃机压气机进气室疏水阀
148	操作结束，汇报值长

表 A.4　　1 号机高中压给水泵 A 启动

1	接值长令，1 号机高中压给水泵 A 启动
2	检查 1 号机高中压给水泵系统检修工作结束，所有工作票已终结并收回，所有管道、设备完好，现场清洁、无杂物
3	检查确认 1 号机凝结水系统运行正常
4	检查确认 1 号机闭式水系统运行正常
5	检查 1 号机低压汽包水位正常
6	检查 1 号机高中压给水泵 A 电动机冷却水回水通畅
7	检查 1 号机高中压给水泵 A 润滑油冷却器冷却水回水通畅
8	检查 1 号机高中压给水泵 A 工作油冷却器冷却水回水通畅
9	检查 1 号机高中压给水泵 A 润滑油油箱油位不低于 1/3
10	检查 1 号机高中压给水泵 A 工作油油箱油位不低于 1/3

续表

11	检查1号机高中压给水泵A辅助油泵在自动状态且运行正常，润滑油系统压力正常
12	检查1号机高中压给水泵A各轴承润滑油回油通畅，轴承油位正常
13	检查1号机高中压给水泵A高压出口电动阀关闭到位并投自动
14	检查1号机高中压给水泵A中压出口电动阀关闭到位并投自动
15	检查1号机高中压给水泵A液力耦合器勺管在最小开度位置
16	检查1号机高中压给水泵A、B入口手动阀开启到位
17	检查1号机高中压给水泵A、B再循环阀开启到位
18	在DCS上启动1号机高中压给水泵A
19	检查1号机高中压给水泵A高压出口电动阀自动开启到位
20	检查1号机高中压给水泵A中压出口电动阀自动开启到位
21	检查1号机高中压给水泵A启动电流正常、1号机高中压给水泵A出口流量正常、1号机高中压给水泵A出口压力正常
22	就地确认1号机高中压给水泵A电动机、轴承振动正常，给水管道无异常振动，系统无泄漏
23	检查1号机高中压给水泵A辅助油泵自动停运，油系统母管压力正常
24	待1号机高压给水母管和中压给水母管压力均在正常运行值后，将1号机高中压给水泵B投入联锁备用
25	检查1号机高中压给水泵B高压出口电动阀联锁开启到位
26	检查1号机高中压给水泵B中压出口电动阀联锁开启到位
27	操作结束，汇报值长

表A.5　　1号机真空严密性试验（停泵试验）

1	接值长令，1号机真空严密性试验
2	检查机组负荷在360MW左右稳定运行，汽轮机负荷稳定在100MW左右
3	检查机组真空泵在运行状态，真空泵备用状态
4	退出备用真空泵自动，启动备用真空泵
5	就地检查备用真空泵运行正常
6	停运备用真空泵
7	记录下列参数：机组负荷MW，汽轮机负荷MW，凝汽器真空kPa，低压缸排汽温度℃，主蒸汽压力MPa、温度℃，再热蒸汽压力MPa、温度℃
8	手动停止运行真空泵，严密监视机组真空下降情况，若真空下降较快，则应立即停止试验，启动真空泵运行
9	试验过程中，如果真空低于−87kPa或排汽温度高于60℃时，应立即停止试验，恢复运行工况
10	0.5min后凝汽器真空kPa，低压缸排汽温度℃
11	1.0min后凝汽器真空kPa，低压缸排汽温度℃
12	1.5min后凝汽器真空kPa，低压缸排汽温度℃
13	2.5min后凝汽器真空kPa，低压缸排汽温度℃
14	3.5min后凝汽器真空kPa，低压缸排汽温度℃
15	4.5min后凝汽器真空kPa，低压缸排汽温度℃

续表

16	5.5min后凝汽器真空 kPa，低压缸排汽温度℃
17	6.5min后凝汽器真空 kPa，低压缸排汽温度℃
18	7.5min后凝汽器真空 kPa，低压缸排汽温度℃
19	8.5min后凝汽器真空 kPa，低压缸排汽温度℃
20	取后5min的平均值作为测试结果，计算真空下降速率为 kPa/min
21	试验结束后，启动原工作真空泵，全面检查真空泵运行正常
22	真空恢复到正常值，将备用真空泵投入备用
23	操作完毕，汇报值长

表 A.6　　1号机发电机二氧化碳置换氢气

1	接值长令，1号机发电机二氧化碳置换氢气
2	检查1号机组已停运，氢气系统具备停运条件
3	检查1号机 CO_2 供给正常，气量充足，纯度、压力合格
4	检查1号机密封油系统运行正常
5	停运1号机氢气干燥装置，若1号机氢气干燥装置无检修工作则关闭1号机氢气干燥装置进口二次阀、关闭1号机氢气干燥装置出口一次阀进行隔离不进行置换
6	退出1号发电机氢气冷却器运行
7	关闭1号机供氢总阀1（H1）、1号机供氢总阀2（H2）、1号氢气供应装置进氢阀（H-3）及1号发电机氢气汇流排总出口阀（H-54），并上锁
8	微开1号阀门站氢管排空阀（H-16）（1/4圈），氢气开始下降，当氢压降至0.2MPa时可适当开大排空阀
9	当1号机内氢压降至0.07MPa时，1号机排氢调节油箱油位上升时，开启旁路视窗进、出口阀，关闭1号机排氢调节油箱回油进口阀，关闭1号机排氢调节油箱出口阀，关闭1号机排氢调节油箱压力平衡阀，关闭1号机排氢调节油箱排空阀，通过调节旁路视窗出口阀调节油位在1/2左右
10	降压过程中开启氢气阀门站1号氢气供应装置出口阀（H-8）、1号供氢减压器旁路手动阀（H-9）将补氢管道泄压，然后关闭上述两个阀门
11	当1号发电机内氢压小于0.03MPa时，关闭阀门站1号阀门站氢管排空阀（H-16）
12	检查开启湿度检测旁路阀（H-110）
13	检查关闭湿度检测进口阀（H-109）
14	检查关闭湿度检测出口阀（H-108）
15	开启置换气体检测进口阀（高）（H-80）（1号发电机顶部气体置换检测进口阀）
16	关闭置换气体检测进口阀（低）（H-81）（1号发电机底部气体置换检测进口阀）
17	关闭纯度检查进气口（高）阀（H-84）
18	关闭纯度检测出口阀（低）（H-85）
19	关闭纯度检查出口阀（低）（H-95）
20	开启气体检测出口排空阀（H-102）
21	开启1号二氧化碳汇流排总出口阀（H-69）
22	开启1号二氧化碳汇流排减压器A进口阀（H-65）

续表

23	开启1号二氧化碳汇流排减压器A出口阀（H-67）
24	开启1号二氧化碳汇流排减压器B进口阀（H-66）
25	开启1号二氧化碳汇流排减压器B出口阀（H-68）
26	通知检修人员在1号机 CO_2 汇流排接上 CO_2 气瓶并开启气瓶角阀，向发电机内充入 CO_2，调整减压器后压力为0.2MPa左右
27	开启1号阀门站进 CO_2 阀（去发电机）（H-14）
28	微开1号阀门站氢管排空阀（H-16）维持发电机内气体压力在0.02～0.03MPa
29	调节1号机 CO_2 流量旋钮至有一定开度
30	随着 CO_2 不断进入，纯度仪显示 CO_2 浓度不断上升，当显示达"CO_2-85%"时，停止向机内充 CO_2，通知化学人员通过1号机发电机气体置换检测进口排污阀手动取样分析 CO_2 浓度，检查浓度大于85%
31	持续监视1号发电机内气体纯度5～10min，检查机内 CO_2 纯度大于96%，否则应继续置换
32	若1号机氢气干燥装置需要置换，则开启1号机氢气干燥装置出口一次阀后排空阀，检查机内 CO_2 纯度大于96%5min后关闭，手动切换氢气干燥装置至另一侧运行，则开启1号机氢气干燥装置出口一次阀后排空阀，测量 CO_2 纯度大于96%后关闭
33	若1号机排氢调节油箱需要置换，则开启1号机排氢调节油箱压力平衡阀和排空阀，测量 CO_2 纯度大于96%后关闭
34	关闭1号阀门站氢管排空阀（H-16）
35	关闭1号阀门站进 CO_2 阀（去发电机）（H-14）
36	关闭1号二氧化碳汇流排总出口阀（H-69）
37	关闭1号二氧化碳汇流排减压器A进口阀（H-65）
38	关闭1号二氧化碳汇流排减压器B进口阀（H-66）
39	关闭1号二氧化碳汇流排减压器B出口阀（H-68）
40	关闭气体检测出口排空阀（H-102）
41	关闭置换气体检测进口阀（高）（H-80）（1号发电机顶部气体置换检测进口阀）
42	关闭置换气体检测进口阀（低）（H-81）（1号发电机底部气体置换检测进口阀）
43	通知检修人员关闭气瓶角阀、CO_2 汇流排上所有阀门，停止充 CO_2
44	开启纯度检查进气口（高）阀（H-84）
45	开启纯度检测出口阀（低）（H-85）
46	开启纯度检查出口阀（低）（H-95）
47	操作结束，汇报值长

表A.7　1号机组冷态启动

1	接值长令，1号机组冷态启动
2	检查影响1号机组启动的所有工作票全部终结，机组具备启动条件
3	检查1号机组TCS中ST OPERATION画面上汽轮机状态为冷态（COLD）
4	检查网控系统正常，无异常报警
5	检查厂用6kV、380/220V系统及直流系统供电正常

续表

6	厂房内外各处照明充足，事故照明处于良好的备用状态
7	重要设备及装置区域的门禁系统无异常闭锁
8	检查运行区域整洁，所有垃圾、脚手架、材料、工具等已经被拆出，各通道畅通
9	检查确认所有设备安装正确，所有容器及管道压力试验合格
10	1号压缩空气系统运行正常，仪用压缩空气压力在0.7MPa左右
11	天然气调压站工作正常，调压站入口ESD阀打开，供气压力为（ ）MPa
12	检查1A燃气轮机调压撬入口隔离阀开启到位
13	检查1B燃气轮机调压撬入口隔离阀开启到位
14	检查1号循环水系统运行，循环水母管压力（ ）MPa
15	检查1号闭式冷却水系统运行，闭冷水母管压力为（ ）MPa
16	检查1号机组润滑油系统1号发电机顶轴油系统及盘车系统已在运行，且连续盘车时间不少于12h；润滑油箱压力为−2.5kPa，润滑母管油压不低于0.189MPa，润滑油温在33℃左右，主油箱油位正常；润滑油各备用泵在良好备用状态，各控制及监视仪表在线投入
17	检查1号密封油系统运行，氢油压差约为60kPa
18	检查1号氢气系统运行，发电机内氢气压力高于450kPa
19	检查1号除盐水系统运行正常，供水压力为正常
20	检查1号辅助蒸汽系统工作正常，供汽压力高于0.8MPa，蒸汽温度为230～250℃
21	检查1号凝结水系统工作正常，变频凝结水泵运行，凝结水母管压力为（ ）MPa
22	检查1号控制油系统工作正常，控制油母管压力在11.8MPa左右
23	检查1号汽水取样系统正常投入
24	检查1号轴封系统投入运行，轴封母管压力为25kPa，高中低压轴封投入运行
25	检查1号真空系统投入运行，真空高于−92kPa
26	检查1号余热锅炉各阀门处于启动状态
27	检查打开1号余热锅炉烟囱挡板
28	启动一台高中压给水泵，将备用泵投入
29	将1号高压给水调节阀切“手动”，根据汽包水位情况，进行小范围开关操作，确认流量与阀门开度匹配
30	将1号中压给水调节阀切“手动”，根据汽包水位情况，进行小范围开关操作，确认流量与阀门开度匹配
31	将1号汽轮机高压旁路阀切“手动”，进行手动开关操作，确认阀门动作正常，反馈值与指令相符
32	将1号汽轮机中压旁路阀切“手动”，进行手动开关操作，确认阀门动作正常，反馈值与指令相符
33	打开1号余热锅炉、中、低压过热蒸汽隔离电动阀
34	检查1号余热锅炉高压汽包上下壁温差小于30℃，中压汽包上下壁温差小于50℃，低压汽包上下壁温差小于50℃
35	将1号余热锅炉高、中、低压汽包分别上水至启动水位−300mm、−150mm、−400mm
36	检查盘车电流正常，各轴承振动值小于125μm，转子轴向位移在−1.4～0.7mm之间；燃气轮机透平上下缸温差在±90℃之间，燃兼压缸上下缸温差在±65℃之间，汽轮机各缸上/下缸温差小于42℃
37	转子偏心度小于75μm

续表

38	1号高、中、低压防喘放气阀开关正常
39	TCA系统投入运行，TCA流量正常，TCA给水温度小于60℃
40	1号低压缸后缸喷水阀投入“自动”
41	1号凝汽器水幕喷水阀投入“自动”
42	1号高压排汽通风阀和高压排汽止回阀正常
43	检查1号汽轮机各疏水阀在启动状态
44	合上1号机GCB就地控制柜内F1分/合闸Ⅰ电源开关
45	合上1号机GCB就地控制柜内F5分闸Ⅱ电源开关
46	合上1号机GCB就地控制柜内F3隔离开关/接地开关控制电源开关
47	检查1号机GCB就地控制柜内操作面板上无异常报警，SF_6压力及弹簧蓄能正常
48	检查1号发电机出口开关在断开位置
49	检查1号发电机出口隔离开关在断开位置
50	检查1号发电机出口开关两侧接地开关在断开位置
51	检查1号发电机出口开关远方就地手把切至“REMOTE”位
52	检查1号机SFC开关在断开位置
53	检查1号发电机同期装置电源送上，同期方式在远方
54	检查1号机组运行方式为“LOAD LIMIT”
55	检查ALR MODE SELECT上已经选择“ALR ON”
56	检查CRT上的报警盘，复归机组跳闸信号并确认无影响机组启动的报警存在
57	1号发电机保护A、B套跳闸信号复位
58	1号机励磁系统复位
59	对选择启动用的SFC系统复位，检查该套SFC系统及1号机励磁系统全部开关状态正常
60	在TCS画面中点击“SFC-1 RESET”（“SFC-2 RESET”）
61	在弹出的操作端中点击“SFC-1 RESET”及“EXEC”（“SFC-2 RESET”及“EXEC”）进行复位
62	30s后在TCS画面中点击“SFC-1 SELECT”（“SFC-2 SELECT”）
63	在弹出的操作端中点击“SFC-1 SELECT”及“EXEC”（“SFC-2 SELECT”及“EXEC”），选择1号SFC或者2号SFC
64	检查1号燃气轮机启动条件满足，CRT上“READY TO START”灯亮
65	在CRT上选择“NORMAL”启动方式，并执行“START”（记录时间）
66	检查SFC系统各开关切换正常，1号发电机灭磁开关QD2自动合闸，机组开始升速
67	IGV　从关闭位置移动到半开位置（36.1%）
68	1号高压防喘放气阀在关闭位置，中压防喘放气阀、低压防喘放气阀打开
69	1号燃气轮机转速上升，盘车自动脱扣，盘车电动机自停
70	检查低压缸冷却蒸汽温度、压力正常
71	1号盘车润滑油供油阀在300r/min时关闭
72	检查确认1号燃气轮机700r/min时开始吹扫计时，吹扫结束后自动降速点火成功，检查燃机点火CSO＝3.65%（记录时间）

续表

73	检查1号机组600r/min时顶轴油泵自动停运
74	低压缸冷却蒸汽满足条件，轴封减温水控制阀在“自动”方式
75	视情况（水位或水质）适当开启高、中、低压汽包连续排污阀
76	视情况投入炉水加药系统
77	严密监视汽包水位，待建立连续蒸发量后，将各给水调节阀投“自动”
78	监视燃料流量调节阀工作正常，无异常波动
79	升速期间，检查燃气轮机BPT温度、燃烧室压力波动、转子偏心、轴系振动、润滑油温度和压力、控制油压力、汽包水位等机组参数在正常范围
80	监视1号余热锅炉各汽包水位，必要时手动调节水位至正常范围
81	检查1号余热锅炉产生蒸汽后手动缓慢开启高、中、低压旁路，注意控制水位，防止发生管道撞击，根据凝汽器真空控制旁路开度和开关各个疏水阀
82	进行全面检查，确认机组各部分工作正常
83	当1号机组转速达2180r/min时，检查确认SFC退出，转速上升平稳
84	检查1号机励磁控制方式AVR MODE在“VOLTAGE CONSTANT”方式，否则手动切换
85	检查1号机电力系统稳定器PSS是否在投入，否则手动投入
86	检查1号发电机灭磁开关在断开位置，励磁系统无异常报警
87	检查1号发电机中性点隔离开关在合闸位
88	核对1号发电机保护A柜保护名称和编号正确
89	核对SFC故障联跳连接片名称和编号正确
90	退出SFC故障联跳连接片
91	检查SFC故障联跳连接片确已退出
92	核对1号发电机保护B柜保护名称和编号正确
93	核对SFC故障联跳连接片名称和编号正确
94	退出SFC故障联跳连接片
95	检查SFC故障联跳连接片确已退出
96	转速在2745r/min时，检查至全关位置
97	检查1号低压防喘放气阀在2815r/min时关闭，1号中压防喘放气阀在1号低压防喘放气阀关闭5s后关闭
98	转速在约3000r/min时，控制方式从“FUEL LIMT”变成“GOVERNOR”
99	检查确认CRT上额定转速“RTD SPEED”灯亮，无异常报警（记录时间）
100	记录1号汽轮机低压缸排汽温度为（ ）℃
101	记录1号燃气轮机排烟温度为（ ）℃
102	记录1号机组升速过程中，整个轴系中振动值最大为（ ）μm，发生在（ ）轴承处，转速为（ ）r/min
103	合上1号发电机出口隔离开关
104	检查DCS1号机发变组系统中“GCB分合闸允许”GCB合闸条件确保满足
105	检查1号发电机（10MKA01）出口开关控制GEN. CONTROL在“REMOTE”方式

续表

106	检查1号机灭磁开关QD2自动合闸，确认发电机端电压在21.5kV左右，频率在49.9～50.1Hz的正常范围
107	检查1号发电机空载励磁电压不超133.4V
108	检查1号发电机空载励磁电流不超1265A
109	检查1号发电机三相定子电流为零
110	接值长1号发电机并网命令
111	在“GEN. SYN. MODE”面板上点击“SYNCHRO AUTO”并确认，检查“AUTO”变红同期投入
112	检查当同期条件满足时1号发电机出口开关自动合闸，CRT上“GEN ON”灯点亮，发电机已带上初始负荷（15MW），汇报值长，记录并网时间
113	检查1号发电机同期控制“GEN. SYN. MODE”模式“OFF”变绿，确认同期装置退出
114	检查1号发电机电压、电流正常，无功正常，没有进相运行
115	如果是第一台机组并网，并网后要进行220kV 4条线路关口电量抄表工作，如果已有机组在运行，则不进行抄表工作
116	投入1号机组AVC装置
117	确认1号高压主汽阀（HPSV）在并网5min后打开到5%开度
118	确认1号燃气轮机负荷自动升到暖机负荷58MW，等待汽轮机进汽条件满足
119	在机侧充分疏水和抽真空后，手动调节高、中、低压旁路开度，使高、中、低压主汽压力满足旁路逻辑要求后投入高、中、低压旁路，防止汽包水位突变
120	核对1号发电机保护A柜名称和编号正确
121	核对启停机保护连接片名称和编号正确
122	退出启停机保护连接片
123	检查启停机保护连接片确已退出
124	核对误上电保护连接片名称和编号正确
125	退出误上电保护连接片
126	检查误上电保护连接片确已退出
127	检查1号发电机保护A柜运行正常，无异常报警
128	核对1号发电机保护B柜名称和编号正确
129	核对投误上电保护连接片名称和编号正确
130	退出投误上电保护连接片
131	检查投误上电保护连接片确已退出
132	核对投启动过程保护连接片名称和编号正确
133	退出投启动过程保护连接片
134	检查投启动过程保护连接片确已退出
135	检查1号发电机保护B柜运行正常，无异常报警
136	检查1号汽轮机进汽条件满足后，高、中、低压主汽调节阀按照程序逐渐开启
137	检查1号汽轮机各疏水阀已全部关闭
138	检查1号高压主蒸汽调节阀开度>2%后，高压主汽调节阀由暖阀开度快速全开
139	1号机组负荷上升过程中检查确认高中压缸上下缸体温度差、各个汽缸胀差、轴系振动、支持轴承和推力轴承金属温度、轴承回油温度等参数在正常范围

续表

140	当1号汽轮机中压进汽处压力达0.38MPa时，将低压缸冷却蒸汽由辅助蒸汽切至低压主蒸汽
141	当1号机组负荷达到225MW时，确认汽轮机高、中、低压主汽调节阀完全打开，所有旁路阀完全关闭，高、中、低压主汽调节阀均进入压力控制模式
142	当1号机组负荷达到225MW时，投入一次调频
143	全面检查1号机组各系统运行正常
144	操作结束，汇报值长

表A.8　　1号机组正常停机步骤

1	接值长令，1号机组正常停机
2	全面检查1号机组各参数正常
3	确认1号机组3台顶轴油泵在自动备用状态
4	手动将1号机组负荷降低至225MW，检查一次调频自动退出，检查IGV全关
5	将1号机低压缸冷却蒸汽至低压主汽电动门切至手动位后关闭到位
6	在CRT上选择“NORMAL STOP”并确认执行，记录时间
7	检查1号机低压主汽调节阀逐渐关至30%的冷却开度
8	检查1号机低压主汽旁路阀自动打开
9	检查1号机高压主汽调节阀逐渐关闭
10	检查1号机中压主汽调节阀逐渐关闭
11	检查1号机高压主汽旁路阀逐渐开启
12	检查1号机中压主汽旁路阀逐渐开启
13	检查1号机中压进汽压力低于0.57MPa时，1号高压进汽管道疏水阀开启到位
14	检查1号高中压缸缸体疏水阀开启到位
15	检查1号中压进汽管道疏水阀开启到位
16	检查1号机高压排汽通风阀开启到位
17	检查1号机高压排汽止回阀关闭到位
18	检查1号机高压排汽止回阀前疏水阀开启到位
19	检查1号机高压主汽调节阀关闭后，1号高压主汽调节阀阀体疏水阀开启到位
20	检查1号机中压主汽调节阀关闭到位
21	1号机组继续减负荷（以20MW/min的速率），负荷140MW以下，退出1号机组AVC，手动调整无功
22	核对1号发电机保护A柜名称和编号正确
23	核对启停机保护连接片名称和编号正确
24	测量启停机保护连接片间电压正常（12V）
25	投入启停机保护连接片
26	检查启停机保护连接片确已投好
27	核对误上电保护连接片名称和编号正确
28	测量误上电保护连接片间电压正常（12V）
29	投入误上电保护连接片

续表

30	检查误上电保护连接片确已投好
31	检查1号发电机保护A柜运行正常，无异常报警
32	核对1号发电机保护B柜名称和编号正确
33	核对投误上电保护连接片名称和编号正确
34	测量投误上电保护连接片间电压正常（24V）
35	投入投误上电保护连接片
36	检查投误上电保护连接片确已投好
37	核对投启动过程保护连接片名称和编号正确
38	测量投启动过程保护连接片间电压正常（24V）
39	投入投启动过程保护连接片
40	检查投启动过程保护连接片确已投好
41	检查1号发电机保护B柜运行正常，无异常报警
42	检查1号机组负荷降低至15MW时，无功降至10Mvar左右，确认发电机解列，记录时间
43	检查1号发电机出口开关断开
44	检查1号发电机灭磁开关QD2断开
45	检查1号发电机三相定子电流为零
46	1号机组解列后，如果全厂机组全停，进行220kV 4条线路关口电量抄表工作。如果有其他机组在运行，则不必抄表
47	1号发电机解列后延时5min，检查机组跳闸，机组转速开始下降
48	检查1号燃气轮机燃气关断阀关闭到位
49	检查1号燃气轮机燃气放散阀开启到位
50	检查1号机主A燃气流量调节阀、1号机主B燃气流量调节阀、1号机顶环燃气流量调节阀、1号机值班燃气流量调节阀关闭到位
51	检查1号机主A燃气压力调节阀、1号机主B燃气压力调节阀关闭到位
52	检查1号机高压主汽阀、1号机中压主汽阀、1号机低压主汽阀关闭到位
53	检查1号机低压主汽调节阀关闭到位
54	检查1号机低压主汽调节阀阀体疏水阀开启到位
55	检查1号机高压防喘放气阀开启到位
56	检查1号机中压防喘放气阀开启到位
57	检查1号机低压防喘放气阀开启到位
58	拉开1号发电机出口隔离开关
59	检查1号发电机出口隔离开关断开
60	断开1号机GCB就地控制柜内F1分/合闸Ⅰ电源开关
61	断开1号机GCB就地控制柜内F5分闸Ⅱ电源开关
62	断开1号机GCB就地控制柜内F3闸刀/接地开关控制电源开关
63	1号机组转速小于500r/min时，检查顶轴油泵自动启动，记录顶轴油压为（ ）MPa
64	1号机组转速300r/min时，停运真空泵，打开真空破坏阀破坏真空

续表

65	1号机组转速小于300r/min延时120s，检查确认1号燃气轮机冷却空气隔离阀、1号燃气轮机冷却空气供气阀打开
66	1号机组解列20min后，检查1号机高压防喘放气阀、1号机中压防喘放气阀、1号机低压防喘放气阀关闭到位
67	1号机组转速小于300r/min延时30min，检查1号余热锅炉烟囱挡板自动关闭到位
68	检查1号机高压主汽旁路阀、1号机中压主汽旁路阀、1号机低压主汽旁路阀关闭到位
69	将1号低压缸冷却蒸汽至低压主汽电动门切回自动位
70	将1号机组高、中、低压汽包上水至高水位，停运高中压给水泵
71	停运1号机组凝结水再循环泵，关闭1号机低压给水电动隔离阀
72	1号机组转速到0r/min时，手动投入盘车装置，记录盘车转速为（　）r/min，盘车电机电流为（　）A
73	记录1号机组惰走时间（　　）
74	1号机组转速到0r/min后，退出轴封系统运行
75	核对1号发电机保护A柜保护名称和编号正确
76	核对SFC故障联跳连接片名称和编号正确
77	测量SFC故障联跳连接片间无电压
78	投入SFC故障联跳连接片
79	检查SFC故障联跳连接片确已投好
80	核对1号发电机保护B柜保护名称和编号正确
81	核对SFC故障联跳连接片名称和编号正确
82	测量SFC故障联跳连接片间无电压
83	投入SFC故障联跳连接片
84	检查SFC故障联跳连接片确已投好
85	操作结束，汇报值长

表A.9　6kV 1A段1A高中压给水泵开关 由“检修状态”转“热备用状态”操作

1	核对6kV 1A段1A高中压给水泵开关双重编号正确
2	摘下6kV 1A段　1A高中压给水泵开关处“禁止合闸，有人工作”标示牌
3	检查6kV 1A段　1A高中压给水泵开关机构在“分闸”位
4	插上6kV 1A段　1A高中压给水泵开关二次插头
5	合上6kV 1A段　1A高中压给水泵开关操控装置电源/多功能表电源开关
6	检查6kV 1A段　1A高中压给水泵开关智能操控装置显示开关在“分闸”位
7	检查6kV 1A段　1A高中压给水泵开关“接地合闸”位状态显示灯亮
8	拉开6kV 1A段　1A高中压给水泵开关接地开关
9	检查6kV 1A段　1A高中压给水泵开关“接地分闸”位状态显示灯亮
10	检查6kV 1A段　1A高中压给水泵开关接地开关断开
11	合上6kV 1A段　1A高中压给水泵开关控制电源开关
12	合上6kV 1A段　1A高中压给水泵开关、电动机加热器开关

续表

13	合上 6kV 1A 段 1A 高中压给水泵开关、计算机装置电源开关
14	检查 6kV 1A 段 1A 高中压给水泵开关、储能切换开关在“储能”位
15	摇入 6kV 1A 段 1A 高中压给水泵开关至“运行”位
16	检查 6kV 1A 段 1A 高中压给水泵开关“运行”位状态显示灯亮
17	切 6kV 1A 段 1A 高中压给水泵开关“就地/远方”转换开关至“远方”位
18	检查 6kV 1A 段 1A 高中压给水泵开关、各保护连接片已投入
19	检查 6kV 1A 段 1A 高中压给水泵开关、面板显示正常

表 A.10 1 号主变压器及 1 号主变压器高压侧开关、1 号高压厂用变压器由运行转检修操作

1	值长令执行 1 号主变压器及 1 号主变压器高压侧开关、1 号高压厂用变压器由运行转检修
2	检查 1 号机 6kV 1A、1B 段母线已倒至 01 高压备用变压器带
3	检查 1 号机 6kV 1A、1B 段母线及 01 高压备用变压器运行正常
4	检查 1 号机出口开关在“分闸”位
5	检查 1 号机出口隔离开关在“分闸”位
6	检查 1 号机 GCB 就地控制柜 F1 分/合闸 Ⅰ 电源开关断开
7	检查 1 号机 GCB 就地控制柜 F5 分闸 Ⅱ 电源开关断开
8	合上 1 号机 GCB 就地控制柜 F3 闸刀/接地开关控制电源开关
9	核对 1 号主变压器保护 C 柜、主变压器冷却器故障 LP3 连接片名称和编号正确
10	退出 1 号主变压器保护 C 柜、主变压器冷却器故障 LP3 连接片
11	检查 1 号主变压器保护 C 柜、主变压器冷却器故障 LP3 连接片确已退出
12	检查 1 号主变压器中性点接地开关在合闸位
13	切 1 号主变压器冷却器控制柜“工作\试验”切换开关至“试验”位
14	接值长令断开 220kV 1 号主变压器高压侧开关
15	核对 NCS 上 220kV 1 号主变压器高压侧开关双重编号正确
16	在 NCS 上断开 220kV 1 号主变压器高压侧开关
17	在 NCS 上检查 220kV 1 号主变压器高压侧开关确在“分闸”位
18	就地检查 220kV 1 号主变压器高压侧开关 A 相确在“分闸”位
19	就地检查 220kV 1 号主变压器高压侧开关 B 相确在“分闸”位
20	就地检查 220kV 1 号主变压器高压侧开关 C 相确在“分闸”位
21	检查 1 号主变压器冷却器运行正常
22	核对 NCS 上 1 号主变压器高压侧正母闸刀双重编号正确
23	在 NCS 上拉开 1 号主变压器高压侧正母闸刀
24	在 NCS 上检查 1 号主变压器高压侧正母闸刀确在“分闸”位
25	就地检查 1 号主变压器高压侧正母闸刀确在“分闸”位
26	就地检查 1 号主变压器高压侧副母闸刀确在“分闸”位
27	切 1 号主变压器冷却器就地控制柜冷却器电源切换开关在“停止”位
28	检查 1 号主变压器冷却器停运

续表

29	在 NCS 上拉开 1 号主变压器中性点接地开关
30	在 NCS 上检查 1 号主变压器中性点接地开关在分闸位
31	就地检查 1 号主变压器中性点接地开关在分闸位
32	检查 1 号机主厂房 MCC A 段 1 号主变压器中性点隔离开关控制电源开关双重编号正确
33	断开 1 号机主厂房 MCC A 段 1 号主变压器中性点隔离开关控制电源开关电源空气开关
34	检查 1 号机主厂房 MCC A 段 1 号主变压器中性点隔离开关控制电源开关面板上“红灯”灭
35	检查 1 号机主厂房 MCC A 段 1 号主变压器中性点隔离开关控制电源开关电源空气开关在“分闸”位
36	摇出 1 号机主厂房 MCC A 段 1 号主变压器中性点隔离开关控制电源开关至“分离”位
37	在 1 号机主厂房 MCC A 段 1 号主变压器中性点隔离开关控制电源开关处挂上“禁止合闸，有人工作”标示牌
38	断开 GCB 就地控制柜 F41 故障录波器、主变压器 A、厂用变压器 A TV 二次小开关
39	断开 GCB 就地控制柜 F42 GCP、主变压器 B、厂用变压器 B TV 二次小开关
40	断开 GCB 就地控制柜 F43 电度表变送器 TV 二次小开关
41	断开 GCB 就地控制柜 F44 零序 TV 二次小开关
42	断开 GCB 就地控制柜 F45 主变压器 A TV 二次小开关
43	断开 GCB 就地控制柜 F46 主变压器 B TV 二次小开关
44	断开 GCB 就地控制柜 F47 厂用变压器 A TV 二次小开关
45	断开 GCB 就地控制柜 F48 厂用变压器 B TV 二次小开关
46	核对 6kV 1A 段 工作电源进线开关双重编号正确
47	检查 6kV 1A 段 工作电源进线开关多功能表电流指示为零
48	检查 6kV 1A 段 工作电源进线开关智能操控装置显示开关在“分闸”位
49	检查 6kV 1A 段 工作电源进线开关机构在“分闸”位
50	切 6kV 1A 段 工作电源进线开关“就地/远方”转换开关至“解除”位
51	摇出 6kV 1A 段 工作电源进线开关至“试验”位
52	检查 6kV 1A 段 工作电源进线开关“试验”位状态显示灯亮
53	断开 6kV 1A 段 工作电源进线开关控制电源开关
54	断开 6kV 1A 段 工作电源进线开关操控装置电源开关
55	拔下 6kV 1A 段 工作电源进线开关二次插头
56	在 6kV 1A 段 工作电源进线开关处挂上“禁止合闸，有人工作”标示牌
57	检查 6kV 1A 段 工作电源进线 TV 开关双重编号正确
58	断开 6kV 1A 段 工作电源进线 TV 测量电压开关
59	断开 6kV 1A 段 工作电源进线 TV 保护电压开关
60	摇出 6kV 1A 段 工作电源进线 TV 开关至“试验”位
61	检查 6kV 1A 段 工作电源进线 TV“试验”位状态显示灯亮
62	断开 6kV 1A 段 工作电源进线 TV 装置电源开关
63	拔下 6kV 1A 段 工作电源进线 TV 二次插头
64	在 6kV 1A 段 工作电源进线 TV 处挂上“禁止合闸，有人工作”标示牌

续表

65	核对6kV 1B段 工作电源进线开关双重编号正确
66	检查6kV 1B段 工作电源进线开关多功能表电流指示为零
67	检查6kV 1B段 工作电源进线开关智能操控装置显示开关在“分闸”位
68	检查6kV 1B段 工作电源进线开关机构在“分闸”位
69	切6kV 1B段 工作电源进线开关“就地/远方”转换开关至“解除”位
70	摇出6kV 1B段 工作电源进线开关至“试验”位
71	检查6kV 1B段 工作电源进线开关“试验”位状态显示灯亮
72	断开6kV 1B段 工作电源进线开关控制电源开关
73	断开6kV 1B段 工作电源进线开关操控装置电源开关
74	拔下6kV 1B段 工作电源进线开关二次插头
75	在6kV 1B段 工作电源进线开关处挂上“禁止合闸，有人工作”标示牌
76	检查6kV 1B段 工作电源进线TV开关双重编号正确
77	断开6kV 1B段 工作电源进线TV　测量电压开关
78	断开6kV 1B段 工作电源进线TV　保护电压开关
79	摇出6kV 1B段 工作电源进线TV开关至“试验”位
80	检查6kV 1B段 工作电源进线TV“试验”位状态显示灯亮
81	断开6kV 1B段 工作电源进线TV装置电源开关
82	拔下6kV 1B段 工作电源进线TV二次插头
83	在6kV 1B段 工作电源进线TV处挂上“禁止合闸，有人工作”标示牌
84	核对220kV BP母线保护柜1号主变压器失灵联跳出口1S12LP连接片名称和编号正确
85	退出220kV BP母线保护柜1号主变压器失灵联跳出口1S12LP连接片
86	检查220kV BP母线保护柜1号主变压器失灵联跳出口1S12LP连接片确已退出
87	核对220kV BP母线保护柜主变压器1跳闸出口1 1C12LP1连接片名称和编号正确
88	退出220kV BP母线保护柜主变压器1跳闸出口1 1C12LP1连接片
89	检查220kV BP母线保护柜主变压器1跳闸出口1 1C12LP1连接片确已退出
90	核对220kV母线保护屏一1号主变压器失灵联跳连接片名称和编号正确
91	退出220kV母线保护屏一1号主变压器失灵联跳连接片
92	检查220kV母线保护屏一1号主变压器失灵联跳连接片确已退出
93	核对220kV母线保护屏一1号主变压器跳闸出口连接片名称和编号正确
94	退出220kV母线保护屏一1号主变压器跳闸出口连接片
95	检查220kV母线保护屏一1号主变压器跳闸出口连接片确已退出
96	核对1号主变压器保护A柜（WFB-802A）名称和编号正确
97	核对保护动作触点1（启动失灵）LP27连接片名称和编号正确
98	退出保护动作触点1（启动失灵）LP27连接片
99	检查保护动作触点1（启动失灵）LP27连接片确已退出
100	核对保护动作触点2（启动失灵）LP28连接片名称和编号正确
101	退出保护动作触点2（启动失灵）LP28连接片

续表

102	检查保护动作触点 2（启动失灵）LP28 连接片确已退出
103	核对 1 号主变压器保护 B 柜（PCS-985）名称和编号正确
104	核对启动高压侧断路器失灵 1 2C1LP7 连接片名称和编号正确
105	退出启动高压侧断路器失灵 1 2C1LP7 连接片
106	检查启动高压侧断路器失灵 1 2C1LP7 连接片确已退出
107	核对启动高压侧断路器失灵 2 2C1LP8 连接片名称和编号正确
108	退出启动高压侧断路器失灵 2 2C1LP8 连接片
109	检查启动高压侧断路器失灵 2 2C1LP8 连接片确已退出
110	核对 1 号高压厂用变压器保护 A 柜（WFB-802A）名称和编号正确
111	核对保护动作 1（启动失灵）LP27 连接片名称和编号正确
112	退出保护动作 1（启动失灵）LP27 连接片
113	检查保护动作 1（启动失灵）LP27 连接片确已退出
114	核对保护动作 2（启动失灵）LP28 连接片名称和编号正确
115	退出保护动作 2（启动失灵）LP28 连接片
116	检查保护动作 2（启动失灵）LP28 连接片确已退出
117	核对 1 号高压厂用变压器保护 B 柜（RCS-985TS）名称和编号正确
118	核对启动高压侧失灵 1 2TLP17 连接片名称和编号正确
119	退出启动高压侧失灵 1 2TLP17 连接片
120	检查启动高压侧失灵 1 2TLP17 连接片确已退出
121	核对启动高压侧失灵 2 2TLP18 连接片名称和编号正确
122	退出启动高压侧失灵 2 2TLP18 连接片
123	检查启动高压侧失灵 2 2TLP18 连接片确已退出
124	核对 NCS 上 1 号主变压器高压侧开关母线侧地刀双重编号正确
125	在 NCS 上合上 1 号主变压器高压侧开关母线侧接地开关
126	在 NCS 上检查 1 号主变压器高压侧开关母线侧接地开关确在“合闸”位
127	就地检查 1 号主变压器高压侧开关母线侧接地开关确在“合闸”位
128	核对 NCS 上 1 号主变压器高压侧开关、主变压器侧接地开关双重编号正确
129	在 NCS 上合上 1 号主变压器高压侧开关、主变压器侧接地开关
130	在 NCS 上检查 1 号主变压器高压侧开关、主变压器侧接地开关确在“合闸”位
131	就地检查 1 号主变压器高压侧开关、主变压器侧接地开关确在“合闸”位
132	核对 DCS 上 1 号机出口开关主变压器侧接地开关双重编号正确
133	在 DCS 上合上 1 号机出口开关、主变压器侧接地开关
134	在 DCS 上检查 1 号机出口开关、主变压器侧接地开关确在“合闸”位
135	就地检查 1 号机出口开关、主变压器侧接地开关确在“合闸”位
136	断开 1 号机 GCB 就地控制柜 F3 闸刀/接地开关控制电源开关
137	在 1 号机 GCB 就地控制柜门上挂“禁止合闸，有人工作”标示牌
138	在 1 号高压厂用变压器低压侧共箱母线上挂上一组地线（检修自理）

续表

139	检查1号高压厂用变压器低压侧共箱母线上地线已接好
140	断开1号主变压器保护A柜后主变压器高压侧开关控制电源开关DK4
141	断开1号主变压器保护A柜后主变压器高压侧开关控制电源开关DK5
142	核对1号主变压器间隔就地控制柜双重编号正确
143	断开1号主变压器间隔就地控制柜内隔离/接地电动机电源F106开关
144	断开1号主变压器间隔就地控制柜内隔离/接地控制电源F102开关
145	断开1号主变压器间隔就地控制柜内位置指示及报警电源F104开关
146	断开1号主变压器间隔就地控制柜内断路器电动机电源F107开关
147	将1号主变压器间隔就地控制柜断路器就地-远方转换开关切至0位
148	将1号主变压器间隔就地控制柜隔离/接地就地-远方转换开关切至0位
149	在1号主变压器间隔就地控制柜门上挂“禁止合闸，有人工作”标示牌
150	在1号主变压器高压侧开关00AED02GS100本体上挂“在此工作”标示牌
151	检查第一套母线保护屏电压切换箱上隔离开关所接母线组别显示正常
152	复归第一套母差保护屏隔离开关变位告警信号
153	检查第二套母线保护屏电压切换箱上隔离开关所接母线组别显示正常
154	复归第二套母差保护屏隔离开关变位告警信号
155	在1号主变压器本体上挂“在此工作”标示牌
156	在1号高压厂用变压器本体上挂“在此工作”标示牌
157	汇报值长1号主变压器及1号主变压器高压侧开关、1号高压厂用变压器由运行转检修操作完毕

表A.11　　A除盐设备投运

1	开启A阳床进水调节门
2	开启A阳床进水气动门
3	开启A阳床排气门
4	启动A清水泵
5	待A阳床排气门出水后打开正洗排水门
6	关闭A阳床排气门
7	冲洗至出水钠小于100μg/L，酸度稳定
8	开启A除碳风机
9	开启A阳床出水气动门
10	关启A阳床正洗排水气动门
11	当中间水箱液位升至1/2～2/3处时
12	开启A阴床进水气动门
13	开启A阴床排气门
14	启动A中间水泵
15	待A阴床排气门出水后
16	开启A阴床正洗排水气动门

续表

17	关闭A阴床排气门
18	冲洗至出水电导率小于5μS/cm，出水硅小于100μg/L
19	开启A混床进水气动门
20	开A混床排空气门
21	开启A阴床出水气动门
22	关闭A阴床正洗排水气动门
23	待A混床排气门出水后
24	开启A混床正洗排水气动门
25	关闭A混床排气门
26	冲洗至混床出水电导小于0.2μS/cm，出水硅小于20μg/L
27	开启A混床出水气动门
28	开启A混床树脂捕捉器出水门
29	关闭A混床正洗排水气动门，除盐系统投入运行

表A.12　　A一级除盐设备再生

1	接值长通知A一级除盐设备再生
2	开启阳床酸计量箱进酸气动门
3	开启阴床碱计量箱进碱气动门
4	压酸、碱至一定高度
5	关闭阳床酸计量箱进酸气动门
6	关闭阴床碱计量箱进碱气动门
7	开启A阴床反洗排水门
8	开启A阴床小反洗进水门
9	启动A再生泵
10	开启A再生泵调节门，阴床小反洗时间为15min
11	开启A阳床反洗排水门
12	开启A阳床小反洗进水门，反洗时间为15min
13	关闭A阴床小反洗进水门
14	关闭A阴床反洗排水门
15	停运A再生泵
16	关闭A再生泵调节门
17	关闭A阳床小反洗进水门
18	关闭A阳床反洗排水门
19	开启A阴床中间排水门
20	开启A阴床排气门、中排门排尽
21	开启A阳床中间排水门
22	开启A阳床排气门、中排门排尽

续表

23	关闭 A 阴床中间排水门
24	关闭 A 阴床排气门
25	关闭 A 阳床中间排水门
26	关闭 A 阳床排气门
27	开启 A 阴床进气门（压力到 0.05～0.08MPa）
28	开启 A 阳床进气门（压力到 0.05～0.08MPa）
29	开启 A 阴床中间排水门
30	开启 A 阳床中间排水门
31	开启 A 阳床进酸门
32	开启 A 阴床进碱门
33	开启阳床酸喷射器进水门
34	开启阴床碱喷射器进水门
35	启动 A 再生泵，延时 5s 开启 A 再生泵调节门
36	投酸碱浓度计，开启阳床酸喷射器进液门，进酸时间为 50min（设定）
37	开启阴床碱喷射器进液门，进碱时间为 50min（设定）
38	进酸时间到时，关闭阳床酸喷射器进液门，阳床开启始置换
39	进碱时间到时，关闭阴床碱喷射器进液门，阴床开启始置换
40	进酸和进碱结束时置换开启始计时，时间为 50min
41	置换到时间时，停 A 再生泵，关闭再生泵调节门
42	关闭阳床酸喷射器进水门
43	关闭 A 阳床进酸门
44	关闭阴床碱喷射器进水门
45	关闭 A 阴床进碱门
46	关闭 A 阳床进气门、中间排水门
47	关闭 A 阴床进气门、中间排水门
48	开启 A 阳床进水调节门、阳床进水门
49	开启 A 阳床排气门，排气门出水后
50	开启 A 阳床中间排水门
51	关闭 A 阳床排气门，时间为 10min
52	开启 A 阳床正洗排水门
53	关闭 A 阳床中间排水门，时间为 25min
54	启动 A 除碳风机
55	开启 A 阳床出水门
56	关闭 A 阳床正洗排水门
57	开启 A 阴床进水气动门
58	启动 A 中间水泵
59	开启 A 阴床排气门，排气门出水后

续表

60	开启 A 阴床中间排水门
61	关闭 A 阴床排气门，时间为 10min
62	开启 A 阴床正洗排水门
63	关闭 A 阴床中间排水门，时间为 25min
64	化验正排出水 SiO_2≤100μg/L，DD≤5μS/cm 后
65	关闭闭全部阀门
66	停运 A 中间水泵和 A 除碳风机